德性与生存

传统儒家人学基本原理

沈顺福　著

创于1897
商务印书馆
The Commercial Press

国家社科基金一般项目“比较视野下的儒家哲学基本问题研究”
（项目编号：15BZX052）

总　序

山东大学素以文史见长。20世纪30年代与50—80年代，闻一多、梁实秋、杨振声、老舍、沈从文、冯沅君、陆侃如、高亨、萧涤非、殷孟伦、殷焕先、丁山、郑鹤生、黄云眉、张维华、杨向奎、童书业、王仲荦、赵俪生等先贤学人，铸就了山东大学文史研究的两次辉煌。2002年，山东大学组建文史哲研究院。2012年，为进一步发挥山东作为孔孟故里、儒学发祥地的地域优势和山东大学“文史见长”的学科特色，文史哲研究院、儒学高等研究院、儒学研究中心和《文史哲》编辑部，整合组建为新的儒学高等研究院（“文史哲研究院”名称保留）。重组后的儒学高等研究院，以儒学研究为特色，以古文、古史、古哲、古籍研究为重心，倡导多学科协同发展，推出了一批具有时代高度与全球影响力的重大研究成果。为深入阐发中华传统文化精髓，持续推进以儒学为代表的中华优秀传统文化创造性转化与创新性发展，积极参与并推动世界文明交流互鉴，构建中国特色哲学社会科学学科体系、学术体系、话语体系，我们特别策划推出了以象征孔子诞生地、儒家思想与中华人文精神的尼山为名的“尼山文库”。该套丛书侧重理论研究，以儒学与中华文化的义理凝练与阐释为特色，第一辑自推出后受到学术界的广泛关注与好评。在此基础上，现全力推出“尼山文库”第二辑，欢迎海内外朋友提出宝贵意见。

山东大学儒学高等研究院

2023年6月

目　录

导论　存在即生存：比较视野下的儒家世界观

对世界本源的关注与思考是哲学的基本使命。在西方哲学史上，对世界的终极性思考或追问构成了哲学的基本分支即形而上学。因此，形而上学追问世界的终极性存在。这种终极性存在，在柏拉图那里，表现为客观的、实在的理念（idea）；在亚里士多德那里，它是现实之物即实物（substance）。到了近代哲学，人们将对世界的终极性存在的追问从客观对象转向主观之思中。存在是思维：我思故我在（笛卡尔）、存在就是被感知（贝克莱）、存在超越的物自体与主观相结合而产生的超验综合判断（康德）。这三种终极性追问构成了人类认识世界的三种模式，即存在是客体；存在是实物；存在是理性。其中的存在应该有两种所指，即存在之物和存在本体。前者表明了它的研究视域，即它追问世界上的一切存在者：日月星辰、飞禽走兽、山川河流以及人类社会。从近代开始，思维领域成为西方哲学尤其是形而上学的主战场。作为后者的存在本体则是人们对存在者的认识。二者一起构成了西方形而上学的主要研究内容。

与之相比，在中国古人看来，存在是什么？它同样涉及两个问题，即存在与存在本体。前者涉及存在的视域，后者则是存在的终极性认识。也就是说，中国古代哲学（主要是儒家哲学）关心的对象是什么呢？其终极性存在本体是什么呢？这便是本书关心的核心问题。本书将从比较的视野出发，通过比较中西方宇宙观的相同与差异，揭示出中国古代形而上学的基本视域与主题，同时探讨中西方思维方式的差异。

一、宇宙是生命体

对宇宙世界，中国古人在不同的阶段有不同的认识。在先秦时期，人们通常以为天人相分而有别。在汉代，人们通常将宇宙世界分为天、地、人三个部分，天人相别而相似（“副”）。从魏晋时期开始，天地合用，共指一物。郭象曰：“天地者，万物之总名也。天地以万物为体，而万物必以自然为正。自然者，不为而自然者也。”[①]天地指宇宙间的所有的物体或生物体的总和。或者说，天地等同于宇宙。天地即宇宙，也包括人。天地人统称天地。或者说，魏晋时期开始，人们用天地来统称宇宙。至此，中国古人开始形成对宇宙世界的整体性认识。宇宙观与世界观因此而产生。

对天地的认识便是一种宇宙观、世界观。中国古人认为，天地宇宙是一个活生生的生物之体，宇宙是一生物。这一思想滥觞于《中庸》：“唯天下至诚，为能尽其性。能尽其性，则能尽人之性。能尽人之性，则能尽物之性。能尽物之性，则可以赞天地之化育。可以赞天地之化育，则可以与天地参矣。”[②]天地人共同参与，构成了生生不息的宇宙。宇宙是一个生命体。《淮南子》进一步指出：“天地宇宙，一人之身也。六合之内，一人之制也。是故，明于性者，天地不能胁也。审于符者，怪物不能惑也。”[③]天地宇宙仿佛是一个身体、一个生命体。魏晋儒者王肃亦云：“人于天地之间，如五藏之有心矣。”[④]天地如同一个生物，人便是其心脏，是其生存的本原。至此，人们开始形象地将宇宙世界理解为一个人，以为宇宙如同一人。

至宋代，儒家明确提出宇宙天地合为一物。这一观点首倡于张载：“通天下为一物而已，惟是要精义入神。”[⑤]宇宙为一物。这也是张载《西铭》的中心主题：“乾称父，坤称母；予兹藐焉，乃混然中处。故天地之

① （周）庄周撰，（晋）郭象注：《庄子》，《二十二子》，上海：上海古籍出版社，1986年，第14页。

② （汉）郑玄注，（唐）孔颖达等正义：《礼记正义》，《十三经注疏》（下），上海：上海古籍出版社，1997年，第1632页。

③ （汉）刘安著，（汉）高诱注：《淮南子注》，《诸子集成》卷七，上海：上海书店，1986年，第115页。

④ （汉）郑玄注，（唐）孔颖达等正义：《礼记正义》，《十三经注疏》（下），第1424页。

⑤ （宋）张载著，章锡琛点校：《张载集》，北京：中华书局，1978年，第217页。

塞，吾其体；天地之帅，吾其性。民吾同胞，物吾与也。”[①] 万物一物。万物属于同一个生命体。至此，中国古代哲学正式形成了自己的特殊宇宙观或世界观，即：宇宙世界乃是一个生命体，或曰万物一体。程明道曰：“‘天地之大德曰生’，‘天地细缊，万物化醇’，‘生之谓性’，告子此言是，而谓犬之性犹牛之性，牛之性犹人之性，则非也。万物之生意最可观，此元者善之长也，斯所谓仁也。人与天地一物也，而人特自小之，何耶？”[②] 人与天地万（生）物统一于这个生气上。万物贯通一体而为仁。万物生生不息。天地、宇宙生生不息。这便是中国古代的宇宙观或世界观。故，方东美指出：“时间创造化育，生生不已，象效天地大生广生之德，适以表现生命之大化流行，瀓上瀓下，旁通弥贯。在全幅时间化育之领域中，宇宙生命广大无限，宇诸不朽。就代表时际人之儒家心灵眼光看来，宇宙元是一个包罗万象之大生机，无一刻不发育创造，而生生不已，无一地不流动贯通，而亹亹无穷。”[③] 宇宙是一个生命体，生生不已。

不仅中国人将宇宙视为有生命的存在，在西方思想史上，也有人将宇宙视作一个生命体。阿那克萨哥拉（Anaxagoras）认为：“所有的事物都混合为一体；然后灵魂（nous）来将它们安排在合理的秩序中。”[④] 万物混合为一物。其动力则是灵魂。所谓的灵魂，“他进一步教导说，是运动的基础”[⑤]，即“宇宙事物的生成、变化的原因或动力”[⑥]。简单地说，万物一体，而灵魂是其动力与主宰。这一思想为柏拉图的宇宙观奠定了基础。

柏拉图完全继承了阿那克萨哥拉思想。在《斐多篇》中，柏拉图曰：“假如所有的事物都是混合的，没有分离的事物，那么，阿那克萨哥拉的

---

① （宋）张载著，章锡琛点校：《张载集》，第 62 页。

② （宋）程颢、程颐著，王孝鱼点校：《二程集》（上），北京：中华书局，2004 年，第 120 页。

③ 方东美著，孙智燊译：《中国哲学精神及其发展》，北京：中华书局，2012 年，第 111—112 页。

④ Diogenes Laërtius, *The Lives and Opinions of Eminent Philosophers*, translated by R. D. Hicks, London: Henry G. Bohn, York Street, Covent Garden, 1853, p. 59.

⑤ Diogenes Laërtius, *The Lives and Opinions of Eminent Philosophers*, translated by R. D. Hicks, p. 60.

⑥ G. S. Kirk, *The Presocratic Philosophers: A Critical History with a Selection of Texts*, Cambridge University Press, 1957, p. 375.

观点便是正确地，即‘所有的事物都混合为一体’。同理，亲爱的塞布，假如所有的有生命的生物最终死亡，而不能够产生新的生命，是不是所有的生物最终灭亡而无生命？”[①]这一基本立场构成了柏拉图《蒂迈欧篇》的主旨，即宇宙是一个生命体。柏拉图指出：“宇宙最初自身包含着所有的理智存在者，如同这个世界理解我们以及所有其他可见的生物。……我们能够说只有一个世界吗？或者说它们是无限之多吗？假如被造者与原型相符，那一定只有一个世界。包含了其他理性生物的东西不能够有第二个或伙伴。这样的话，便需要有其他生物来囊括二者。同时他自己成为部分，相似者可以说不是像它们而是涵括其中。为了这个世界的唯一性，如同最完美的动物，造物者并没有造出两个世界或者无限个世界，而是只创造出一个天地或世界。”[②]神创造出一个世界。一个宇宙世界也是一个物体。柏拉图说：“造物者将所有这些摆好，创造出一个宇宙。这个宇宙也是一个物体，它自身还包括其他的物体[③]，有生死的和无生死的。作为神圣的造物者，他将有生死的创造物当成自己的子孙。这些子孙模仿他，从他那里获得不朽的灵魂。他们产生出物体，使其成为灵魂的载体。在这个肉体内部，他们为另外的有生命的东西建构灵魂。”[④]宇宙一物。在这一个物体身上又可以分别为众多的物体或部分。这些物体，有些有生死寿命，有些无生死之别。同时，由这些生命体所组成的宇宙，在柏拉图看来，又是一个生命体，即天地宇宙也是一个生物。柏拉图说：“世界包含着物体，

---

① *Plato: Complete Works*, edited by John M. Cooper and D. S. Htchinson, Indianapolis: Hackett Publishing Company, 1997, p. 63.

② *The Dialogues of Plato*, translated by Benjamin Jowett, Encyclopaedia Britain Inc., 1952, p. 448.

③ “物体”（ζωον）在现代希腊语中的意思是生物、动物。故，有些英文版本如本文所用的版本便将其翻译为 animal（动物）。也有些版本如阿切-黑德所注释的《柏拉图的蒂迈欧篇》（R. D. Archer-Hind, *The Timaeus of Plato*, Macmillan and CO. and New York, 1888）以及康福德的《柏拉图的宇宙观：柏拉图的蒂迈欧篇》（Francis Macdonald Cornford, *Plato's Cosmology: The Timaeus of Plato*, Indianapolis: Hackett Publishing Company, 1935）则翻译为 creature，即被创造物。还有版本如《柏拉图全集》（*Plato: Complete Works*, edited by John M. Cooper and D. S. Htchinson, Indianapolis: Hackett Publishing Company, 1997）则将其翻译为 thing。从上下文来看，它的意思应该接近于现代汉语的物体。

④ *The Dialogues of Plato*, translated by Benjamin Jowett, p. 466.

有些有寿命，有些无寿命。世界充斥着这些，并因此成为一个可见的生物。在这个生物里，内含着可见、可知的上帝，理性的生物的影像是伟大的、最好的、最公道的、最完美而无与伦比的。我们的宇宙，唯一的世界诞生了。”[①] 造物主创造了一个“唯一的世界”，或“单个的生物体”。[②] 宇宙是一个生命体，即万物一体。

天地或宇宙是一个生物。这是古代儒家与柏拉图的共同立场。一些学者如钱穆等以为“‘天人合一’论是中国文化对人类文化的最大贡献”[③]，将天人合一论的“专利权”“霸”为国人，似乎有些“霸道”和不妥。其实，西方人也持类似的宇宙观。

二、天地生存与宇宙思维

尽管古代儒家与柏拉图都将宇宙看作一个有生命的整体，甚至是一种生物，但是二者视野中的这种生物性质、形态等却有很大的差异。其中，最重要的差异在于自然与人为，即儒家的宇宙天地是自然的生命体，而柏拉图的宇宙是人为的生命体。

早期中国哲学将天地与万物分别开来，即万物不包含天地。由此，古人相信天或天地生万物。《诗经》曰：“天生烝民，有物有则。民之秉彝，好是懿德。”[④] 人源自天生。《尚书》曰：“惟天生民有欲，无主乃乱；惟天生聪明时乂，有夏昏德，民坠涂炭，天乃锡王勇智，表正万邦。”[⑤] 天生民。《尚书》进一步指出：“惟天地万物父母；惟人万物之灵。”[⑥] 天地是

---

① *The Dialogues of Plato*, translated by Benjamin Jowett, p. 477.

② Francis Macdonald Cornford, *Plato's Cosmology: The Timaeus of Plato*, p. 41.

③ 转引自刘笑敢：《天人合一：学术、学说和信仰——再论中国哲学之身份及研究取向的不同》，《南京大学学报（哲学·人文科学·社会科学）》2011 年第 6 期。

④ （汉）毛公传，（汉）郑玄笺，（唐）孔颖达等正义：《毛诗正义》，上海：上海古籍出版社，1997 年，第 568 页。

⑤ （汉）孔安国传，（唐）孔颖达等正义：《尚书正义》，上海：上海古籍出版社，1997 年，第 161 页。

⑥ （汉）孔安国传，（唐）孔颖达等正义：《尚书正义》，第 180 页。

万物的父母。万物生于天地。孔子曰：“天生德于予，桓魋其如予何？”[①]德性天生。《老子》曰：“谷神不死，是谓元牝。元牝之门，是谓天地根。绵绵若存，用之不勤。”[②]天地为根，万物由此而生。《周易》曰：“至哉坤元，万物资生，乃顺承天。”[③]万物因天地而生。这也是《咸》卦的意义所在：“天地感而万物化生。”[④]万物生于天地。“天生万物。”[⑤]董仲舒称天为万物之祖，以为：“天地人，万物之本也。天生之，地养之，人成之。”[⑥]天地生养万物。

那么，天地如何生万物呢？或者说，万物生于自然还是生于故意呢？汉儒王充作出了全面的解释：“夫天地合气，人偶自生也。犹夫妇合气，子则自生也。夫妇合气，非当时欲得生子，情欲动而合，合而生子矣。且夫妇不故生子，以知天地不故生人也。然则人生于天地也，犹鱼之于渊，虮虱之于人也。因气而生，种类相产，万物生天地之间，皆一实也。”[⑦]天地并非故意生育万物，而是自然而然地产生的。自然无为便是天道：“夫天道自然，自然无为，二令参偶，遭适逢会，人事始作，天气已有，故曰道也。使应政事，是有，非自然也。”[⑧]天道自然而无为。自然无为便没有了事先的筹划，没有了故意。也就是说，天地生万物完全出于自然，而非故意。天地生万物。天或天地似乎成为万物的造物主。这几乎是确定无疑的结论。于是很多人将古人的天等同于或类同于西方的上帝。事实不然。从魏晋时期开始，人们将天与万物合起来，即天成为指代世界万物的总名。在这个总名之下，世界万物也合成一体。这便是万物一体说。

---

① 杨伯峻译注：《论语译注》，北京：中华书局，2006年，第82页。

② （春秋）老子著，（魏）王弼注：《老子道德经》，《诸子集成》卷三，上海：上海书局，1986年，第4页。

③ （魏）王弼等注，（唐）孔颖达等正义：《周易正义》，《十三经注疏》（上），上海：上海古籍出版社，1997年，第18页。

④ （魏）王弼等注，（唐）孔颖达等正义：《周易正义》，《十三经注疏》（上），第46页。

⑤ （汉）河上公章句：《宋刊老子道德经》，福州：福建人民出版社，2008年，第89页。

⑥ （清）苏舆撰，钟哲点校：《春秋繁露义证》，北京：中华书局，2015年，第165页。

⑦ （汉）王充著，张宗祥校注，郑绍昌标点：《论衡校注》，上海：上海古籍出版社，2013年，第70页。

⑧ （汉）王充著，张宗祥校注，郑绍昌标点：《论衡校注》，第293页。

万物一体说产生于魏晋时期。[①] 于是，天生万物说转变为万物自生说。万物自生，造物主消失了。

宋代儒家基本接受这一主张。朱熹曰："有太极，则一动一静而两仪分；有阴阳，则一变一合而五行具。然五行者，质具于地，而气行于天者也……五行具，则造化发育之具无不备矣。"[②] 万物生于阴阳之气、五行之质。于是，"有理，便有气流行，发育万物"[③]。万物皆由气发育而来。气酝酿凝聚生物。万物之生便是气的大化流行："天只是一气流行，万物自生自长，自形自色，岂是逐一妆点得如此！圣人只是一个大本大原里发出，视自然明，听自然聪，色自然温，貌自然恭，在父子则为仁，在君臣则为义，从大本中流出，便成许多道理。只是这个一，便贯将去。所主是忠，发出去无非是恕。"[④] 朱熹将仁理解为"生"："一言以蔽之，曰'生'而已。'天地之大德曰生'，人受天地之气而生，故此心必仁，仁则生矣。"[⑤] 仁即生。他以四时为例，仁如同春："只如四时：春为仁，有个生意；在夏，则见其有个亨通意；在秋，则见其有个诚实意；在冬，则见其有个贞固意。在夏秋冬，生意何尝息！"[⑥] 仁是生，贯穿于春夏秋冬中。"且如程先生言：'仁者，天地生物之心。'只天地便广大，生物便流行，生生不穷。"[⑦] 万物自然流行，生长不息。

天地万物自生，且生生不息。这便是中国古人的宇宙观。在这个宇宙观中，并无造物主。与之相反，在柏拉图看来，宇宙世界是上帝的杰作。上帝、神（the Demiurge）是造物者。"让我来告诉你造物者为什么创造出变化的世界。他是善良的，不嫉妒任何事情。由于不喜欢嫉妒，他期望每一个事物都能够尽力像自己一样。……在可能的条件下，神希望

---

① 沈顺福：《魏晋天人一体论生成的义理脉络》，《求索》2017年第2期。

② （宋）朱熹：《太极图说解》，见（宋）朱熹撰，朱杰人、严佐之、刘永翔主编：《朱子全书》第十三册，上海：上海古籍出版社、合肥：安徽教育出版社，2010年，第73页。

③ （宋）黎靖德编，王星贤点校：《朱子语类》五，北京：中华书局，1986年，第1页。

④ （宋）黎靖德编，王星贤点校：《朱子语类》三，北京：中华书局，1986年，第1150页。

⑤ （宋）黎靖德编，王星贤点校：《朱子语类》一，北京：中华书局，1986年，第85页。

⑥ （宋）黎靖德编，王星贤点校：《朱子语类》一，第105页。

⑦ （宋）黎靖德编，王星贤点校：《朱子语类》一，第85页。

所有的事物都是好的，没有坏东西。”[1] 上帝希望能够创造出某种类似于完美的自己的生物，以让美好的事物存在。柏拉图说：“造物者利用火、水、气和土造就出世界，或者说这个世界不缺其中的任何部分，也不无视它们的各自的能量。他的意图是：首先，动物应该是一个尽可能的完美整体，也可以是完美的部分。其次，这个创造过程能够将所有材料一览无余，不给创造另一个类似的世界留余地。因此，它避免老龄化，也不会受疾病的影响。”[2] 上帝用四种物质材料，即火、水、气与土，混合而造就出宇宙的物质身体。因此，“被造物一定具有身体，既可以见，也可以触。没有火光便不可以见到事物，没有固体便没有触感。没有土便没有固体。因此，上帝在造物之初利用火与土创造了宇宙之躯。但是仅仅有二者而没有第三者还不够。在二者之间必须有一个纽带来连接它们。……因此，利用这四个元素，上帝造出了世界之躯，它根据比例而获得和谐，并因此具备友谊的灵魂，同时能够自我妥协。它除了造物者之外，无人能够将其分解”[3]。

上帝不仅用四种元素创造出宇宙肉体之躯，而且赋予其灵魂：“造物者在反思那些可见的事物之后，发现那些无理性的被造物不如那些理性生物连成一个整体。如果缺少了灵魂便会没有理智。因此，他在创造宇宙时，将理性植入了灵魂，并将灵魂植入身体。因此，他大概是这个最公平、最好的杰作的创造者。如果用可能性来表达，我们可以这样说，这个世界因为有了神所赋予的灵魂与理性而成为一个生机勃勃的生物。”[4] 有了肉体之躯以及灵魂之魂，便产生了一个生命。

因此，宇宙是上帝的有意创造。上帝在创造世界的过程中，始终充满着目的。“这便是永恒的上帝的整个计划。在这个计划中，上帝为这个神创造了肉体，光滑和崎岖，从中心延伸出的各个方向上都有一个表面，

---

① *The Dialogues of Plato*, translated by Benjamin Jowett, pp. 447-448.

② *The Dialogues of Plato*, translated by Benjamin Jowett, p. 448.

③ *The Dialogues of Plato*, translated by Benjamin Jowett, p. 448.

④ *The Dialogues of Plato*, translated by Benjamin Jowett, p. 448.

形成一个完美的身体。在中心，它植入灵魂。并通过身体，使自己成为它的外部环境。他将宇宙造成一个独立的、在圆形内运动的圆形，自己能够和自己对话，无需友谊和交情。正因为有了这些目的，伟大的神创造了宇宙。”[①]上帝有目的地创造了宇宙。“出于设计，他如此创造宇宙，将自己的排泄物当作自己的食物，自作自受，自己解决。在造物者看来，自足的存在远比欠缺某物的存在优秀。……造物者认为无需手足，也无需行走的器官。但是宇宙的运动却适合于自己的球形，具备七星。它和思想与理性较为匹配。它立足于同一点上，以一样的方式，绕圆圈。其他六种运动远离于它。它因此不再参与它们的离心运动。由于这一圆圈运动无需脚，神在创造宇宙时，便没有造出腿和脚。”[②]自然界的所有生物的存在形态都是上帝的有意安排。圆形的运动无需脚，故宇宙没有脚。“他将表面磨光滑，有许多的原因，首要的原因是，假如所有的事物都在自己的视野范围内的话，这一生物便无需眼睛。”[③]宇宙无需眼睛。

上帝是宇宙万物之父。“当父亲和造物者看到自己的创造物、永恒的神祇的影像能够运动和生存时，他很高兴，并因此决定创造出更多的原始物的摹本。原始者是永恒的，他便尝试着让宇宙也尽可能地永恒。理想的偶像的本质是永存的，但是要想将这种特性完整地放到被造物身上，那是不可能的。因此，他转向设置一个永恒的运动影像。当他将其安置于宇宙（heaven）[④]时，他让这个影像变成永恒者，但是却依据数字而运动。这种永恒性存在于整体中，这种影像，我们称之为时间。在天空创造之前，并无白天、黑夜、年月等。当他创造了天空之后，便创造了时间。”[⑤]上帝创造出日月星辰。之所以有日月星辰，柏拉图指出：“太阳、月亮和其余五

---

① *The Dialogues of Plato*, translated by Benjamin Jowett, p. 449.

② *The Dialogues of Plato*, translated by Benjamin Jowett, p. 449.

③ *The Dialogues of Plato*, translated by Benjamin Jowett, p. 449.

④ “在这个对话中，heaven 和宇宙（cosmos）属于同义词，表示世界，而不是天空。”（Francis Macdonald Cornford, *Plato's Cosmology: The Timaeus of Plato*, p. 22）

⑤ *The Dialogues of Plato*, translated by Benjamin Jowett, p. 450.

星之所以被创造出来，原因在于造物者想以此区别时间的数量。”[①] 日月星辰的存在服务于一定的目的。比如，“当月亮完成了自己的轨道运行便是一个月。太阳也是如此”[②]。这便是计算时间的目的。

自然存在都有一定的目的。比如“色彩，它是发自某个物体的光焰，具备能够被视觉的分子。我在前面说过产生视觉的原因。在此，我们自然而然需要阐述色彩的理论”[③]。色彩的目的是为了看见。比如身体结构：“神为我们创造了接受过量饮食的肠胃，并形成一个肠道环。这样，食物便可以防止食物快速地通过和压迫身体以摄取更多食物，从而产生暴饮暴食。”[④] 肠胃的形状、结构、大小等便服务于我们对饮食的适量需求。“上帝给那些无知觉的生物更多的支持，让它们能够被地球所吸引。最笨的生物，即那些将自己的身子置于地上的生物而无四肢的需要，它也能够在地上爬行。第四类是水里的生物。它属于最无知觉类，几乎完全无知，转换者也认为它们没有必要呼吸，因为它们的灵魂是由那些各种不纯粹的、违法的东西组成。”[⑤] 宇宙间的各种生物，各自具备不同的种类和形态，柏拉图以为，这些都是上帝的设计和安排，具有一定的目的性。故，柏拉图的结论是：“据此我们可以说，被造物和可见的神本质上都有一个目的。”[⑥] 在柏拉图看来，宇宙的存在是上帝的有意行为，任何的自然事物的存在皆具有某种目的。这种宇宙观，在亚里士多德那里得到了发展和完善，并因此构成西方重要的思维方式。

柏拉图以为，宇宙是上帝或神的有意杰作，体现了上帝的意图，具有目的性。儒家则认为天地自然流行，没有造物主的意图，目的性不足。这意味着：以柏拉图为代表的西方哲学不仅关心生生不息的宇宙世界，同样也会关心这个思维者的思维。客观世界与主观思维共同构成了西方哲学

---

① *The Dialogues of Plato*, translated by Benjamin Jowett, p. 451.
② *The Dialogues of Plato*, translated by Benjamin Jowett, p. 451.
③ *The Dialogues of Plato*, translated by Benjamin Jowett, p. 465.
④ *The Dialogues of Plato*, translated by Benjamin Jowett, pp. 467-468.
⑤ *The Dialogues of Plato*, translated by Benjamin Jowett, p. 477.
⑥ *The Dialogues of Plato*, translated by Benjamin Jowett, p. 452.

研究视域，即西方哲学不仅研究客观之物，而且探讨主观之思。与之不同的是，中国古代哲学仅仅将宇宙视为生命的存在，而无视思维特点。生命者的生存便成为中国古代哲学的主要研究视域，同时缺乏对思维的关注。存在即是生存。这是中国古代形而上学的重要特征。

三、天地之心与宇宙之魂

宇宙生存或存在。那么，宇宙存在是什么呢？这便是对世界的终极性追问。这种追问分别落实到天地之心与宇宙之魂。

宇宙存在究竟是什么？这个本体论式的追问，在中国古代哲学那里表现为“宇宙生存的本源是什么”的问题。什么是宇宙存在的本源呢？这个问题，在中国思想史上，应该产生于魏晋时期。自魏晋时期开始，中国思想家便开始将宇宙世界视作一个整体的生命体。既然是生命体，便有生命之本原，如同人有心脏一般。这便是天地之心。天地之心即宇宙之心。作为心脏，宇宙之心是宇宙生长的决定性基础。它不仅仅是宇宙生命的开始，而且从根本上确定了生长的性质或方向。我们把它叫作本体（being），即存在者的终极性本源或本性。那么，决定宇宙生存性质的基础即宇宙之心的内涵是什么呢？它是否是意识呢？

张载曰：“大抵言‘天地之心’者，天地之大德曰生，则以生物为本者，乃天地之心也。地雷见天地之心者，天地之心惟是生物，天地之大德曰生也。雷复于地中，却是生物。”[①] 天地万物生生不息，其本源便是天地之心。这个本源之心，张载认为便是仁：“天本无心，及其生成万物，则须归功于天，曰：此天地之仁也。”[②] 仁便是天地万物之心。于是，张载曰：“为天地立志，为生民立道，为去圣继绝学，为万世开太平。”[③] 其中的天地立心之心，即强调以儒家之仁为天地万物之本、宇宙生存之本。

这种天地之心，仅仅具有生存之本，而无思维之义。朱熹的弟子黄

① （宋）张载著，章锡琛点校：《张载集》，第 113 页。
② （宋）张载著，章锡琛点校：《张载集》，第 266 页。
③ （宋）张载著，章锡琛点校：《张载集》，第 320 页。

樵仲曰："向者先生教思量天地有心无心。近思之，窃谓天地无心，仁便是天地之心。若使其有心，必有思虑，有营为。天地曷尝有思虑来！然其所以'四时行，百物生'者，盖以其合当如此便如此，不待思维，此所以为天地之道。"[①] 黄樵仲便将心理解为思维和观念，认为如果主张天地有心，便意味着天地能够思维。这似乎有些荒谬。故，他否认存在"天地之心"。针对黄樵仲否认天地之心的立场，朱熹指出："天下之物，至微至细者，亦皆有心……且如一草一木，向阳处便生，向阴处便憔悴，他有个好恶在里。至大而天地，生出许多万物，运转流通，不停一息，四时昼夜，恰似有个物事积踏恁地去。天地自有个无心之心。"[②] 天地万物有心。此心决定了它的生长。朱熹说，天地"若果无心，则须牛生出马，桃树上发李花，他又却自定"[③]。此心近乎性、理：它从根本上决定了未来生长的性质。故，天地之心是存在的。

朱熹不仅以为有天地之心，而且此心非彼心。朱熹解释道："天地之心不可道是不灵，但不如人恁地思虑。伊川曰：'天地无心而成化，圣人有心而无为。'"[④] 天地之心不如人类的大脑与思维。或者说，天地之心，仅指心脏，而非大脑，更非思虑。朱熹称之为"无心之心"：前者之心，可以被理解为大脑或观念（mind），后者则是生存之本的心脏（heart）。这个基础性的心，朱熹指出："仁者，天地生物之心。"[⑤]"仁者生之理，而动之机也。惟其运转流通，无所间断，故谓之心。"[⑥] 仁即天地之心。天地指称万物。天地之心即万物生存之本。仁即此本："生底意思是仁"[⑦]，仁则"浑沦都是一个生意"[⑧]，譬如，"春为仁，有个生意；在夏，则见其有个亨通意；在秋，则见其有个诚实意；在冬，则见其有个贞固意。在夏秋

---

① （宋）黎靖德编，王星贤点校：《朱子语类》一，第4页。
② （宋）黎靖德编，王星贤点校：《朱子语类》一，第60页。
③ （宋）黎靖德编，王星贤点校：《朱子语类》一，第4页。
④ （宋）黎靖德编，王星贤点校：《朱子语类》一，第4页。
⑤ （宋）黎靖德编，王星贤点校：《朱子语类》六，北京：中华书局，1986年，第2440页。
⑥ （宋）黎靖德编，王星贤点校：《朱子语类》六，第2418页。
⑦ （宋）黎靖德编，王星贤点校：《朱子语类》一，第107页。
⑧ （宋）黎靖德编，王星贤点校：《朱子语类》一，第107页。

冬，生意何尝息！本虽彫零，生意则常存”[①]。“人之所以为人，其理则天地之理，其气则天地之气。……其气则天地阳春之气，其理则天地生物之心。”[②]仁为万物生长之本、基础。仁即生生不息：“天地之心，别无可做，‘大德曰生’，只是生物而已。”[③]天地之心即仁。天地以仁生万物。仁即生生不已。

古代柏拉图也认为宇宙在其诞生之时起便存在一个灵魂（soul）。这便是宇宙灵魂，简称宇宙之魂。所谓灵魂，古希腊语 ψυχή（psychē）的含义指：“如果没有了 ψυχή，一个人便不能活着。”[④] Soul（psychē）主生，是生物体生存的标志或符号。柏拉图基本接受了 soul 的原始内涵：soul 主生。柏拉图借苏格拉底之口说：“那么，回答我：什么东西确保一个肉体的生命？灵魂。总是如此么？当然。只要有灵魂，它就一定带来生命？是的。是否有生命的对立面？有。它是什么？死亡。这样看来，灵魂永远不会允许它的对立面的存在，正如我们前面所说的？当然如此。”[⑤]Soul 意味着生存、生命，没有了 soul，便意味着死亡。Soul 是生物体的生存的基础。中国古人称之为气、精或神。柏拉图的 soul 与中国古人的“精神”（现代汉语称为“灵魂”）的内涵基本一致。

柏拉图说：“造物者在开始时便植入了灵魂，甚至比肉体还要早，并因此成为它的主宰。造物者以以下材料与方式创造了灵魂，即不可分的、不变的东西，以及那些和物质体相关的可分的东西，造物主将二者组合起来，产生了第三种同时也是某种中介性本质，它涵括了自身与他者。造物主将这种组合物作为可分者与不可分的、材料性事物之间的东西。他将自身、他者和本质三个要素混合为一个形式，将这些本来不一致的、不相容的东西强行糅合为一样的东西。”[⑥]灵魂由可分的物质与不可分的物体合

① （宋）黎靖德编，王星贤点校：《朱子语类》一，第 105 页。
② （宋）黎靖德编，王星贤点校：《朱子语类》一，第 111 页。
③ （宋）黎靖德编，王星贤点校：《朱子语类》五，第 1729 页。
④ Jan Bremmer, *The Early Greek Concept of the Soul*, Princeton University Press, 1983, p. 14.
⑤ *The Dialogues of Plato*, translated by Benjamin Jowett, p. 245.
⑥ *The Dialogues of Plato*, translated by Benjamin Jowett, p. 449.

成，介于可分与不可分之间。同时具备自身、他者与本性三项内涵。

柏拉图将灵魂分成三类，分别分管学习、生气和贪欲。[①]尽管这三种名称，柏拉图自己也说，并不是很精确，但是这种分类与所指表明，这时的灵魂已经不是原始意义上的灵魂了，而是某种主观意识："我们的灵魂什么时候具有知识呢？当然是在人们还没有出生之前。"[②]即便没有身体做依托，人的灵魂便已经拥有了理智。理智是灵魂最重要的内涵之一。就功能来说，"当造物者依照自己的意愿创造了灵魂，并给灵魂配备了物质的宇宙，然后将二者组合起来，以中心对中心。灵魂渗透至各处，从中心到天空边缘。即便是在天空之边，灵魂也置身于此，并开始了自己的永不休止的、贯穿始终的理性的生存。天地之身是可见的，但是理性的、和谐的灵魂却是不可见的。它是最好的理性与永恒的自然的最佳作品"[③]。当宇宙具备了灵魂时，它不再是盲目的，而是有理性的。宇宙也是一种理性化的存在。宇宙灵魂成为宇宙的主宰，宇宙服从于理性。柏拉图以为："当灵魂与肉体结合在一起时，自然命令灵魂去统治和管理，而肉体则服务与服从。"[④]灵魂主宰身体，即在某个生物体身上，灵魂是其主宰。对于宇宙来说，它是理性的存在者。这种理性化的存在表明，宇宙的存在不仅仅是自在的，而且可能是自为的，即宇宙设定自己的目的并依此而为。宇宙的生存是自为的。

自为的存在是有目的的存在。有目的的存在一定以理性为本源。故，亚里士多德设想出四因说，其中包含目的因。理性是目的产生的根本基础。因此，西方哲学从一开始便将理性视为世界存在的基础或本源。这为后来的思维本体的出现埋下了伏笔。

儒家将仁视作天地之心，以为仁才是宇宙生存的决定性力量，是宇宙万物生存或存在的基础。立仁便是理所当然的事了。天地之心即生物

---

① *Plato: Complete Works*, edited by John M. Cooper and D. S. Htchinson, p. 1188.

② *Plato: Complete Works*, edited by John M. Cooper and D. S. Htchinson, p. 67.

③ *The Dialogues of Plato*, translated by Benjamin Jowett, p. 450.

④ *The Dialogues of Plato*, translated by Benjamin Jowett, p. 232.

之所以能够生生不息的基础。这个作为基础或本源的天地之心，如朱熹所云，并非能“思虑”、好“营为”的心灵。准确地说，它属于无心之心。这个无心之心，仅仅为生存提供本源和基础，却没有思维的意图。因此，由天地之心自然产生生生不已。这便是中国古人的宇宙观。它与西方古人的宇宙观迥然不同。

结语　存在：德性与理性

儒家的宇宙观与柏拉图的宇宙观，既有一致性，也有不同。二者一致之处在于：他们皆以为宇宙是一个整体性的存在者，且具有活力。宇宙世界是一个生物体。万物一体。

然而，对这个生物体的存在基础与性质等，儒家与柏拉图存在着分歧。首先，柏拉图以为，宇宙世界是造物主的杰作，是造物者的故意行为。因此，宇宙的存在具有目的性。更重要的是，柏拉图等以为，宇宙不仅仅具有生命力，而且具有理智（understanding）或理性（reason）能力。有学者甚至将造物之神理解为“神圣理性的代表”[①]，宇宙似乎能够思考。有理性的宇宙自然具有理解力，其行为具有目的性。宇宙的生存与理性的思维共同构成了西方哲学的研究视域，即西方哲学不仅关注于宇宙生存，而且关心于理性思维。客观的生存与主观的理性构成了西方哲学的研究视域。

与之形成鲜明对比的是，以朱熹为代表的儒家以为，天地宇宙自然自在，它不是某个造物主的有意行为的产品。天地宇宙虽以天地之心为本，但是这种天地之心却是本原之性，缺少思维的功能。因此，在传统儒家视野下，宇宙的存在仅仅是生存，是天理的大化流行而已，它无目的性，无理性。或者说，宇宙虽然也是一生物，却无理智。这意味着：中国古代哲学主要关心于生生不息的宇宙生存。存在便是生存。至于西方人特别关注的理性思维等，中国古人不甚关心。

---

① Francis Macdonald Cornford, *Plato's Cosmology: The Timaeus of Plato*, p. 38.

其次，在柏拉图那里，宇宙决定于上帝，决定于宇宙之魂。宇宙之魂是其决定者。宇宙之魂既有实体性一面，又包含思维性功能。实体与思维共同成为古人理解存在的关键。亚里士多德将存在的本体理解为实体。所谓实体，他说"意思有四点：（1）单一物体，比如土、火、水等类的事物。它是所有事物（无论是动物还是神灵）的组成部分。（2）它存在于事物中，不可以作为谓项来定义他者，是事物存在的原因，如同动物的灵魂是其存在的原因一般"[①]。灵魂便是动物的实体，即"根据公式，动物的灵魂（因为这是生物体的实体）是它们的实体，即某种事物的理念或本性"[②]。实体的第一种存在便是形式或理念。故，灵魂也是某种理念。与之不同的是，中国古代哲学将德性视为天地之心、宇宙之本。存在即生存。生存即德性的生存。德性是生存的本源，生存是德性的展开。因此，在中国古代哲学中，存在的基础（理学家称之为本体）是德性。

最后，儒家的宇宙世界是一个自在的自然世界，缺少目的性。柏拉图的宇宙世界是一个目的的世界、理智的世界。两种不同的宇宙观，其实反映了两种不同的决定论传统方式。在儒家那里，其决定论的方式是本原论，即本原决定一切。在柏拉图那里，其决定论的方式是目的论，即目的决定行为。这一理念后来在亚里士多德那里得到发扬，并逐渐形成目的因学说和目的论传统。"事物是什么与事物为了什么，本来就是一回事。"[③]目的决定存在。这可能是中西方思维方式的重要区别之一。

---

① *The Works of Aristotle*, Vol. Ⅰ, Encyclopaedia Britannia Inc., 1952, p. 538.

② *The Works of Aristotle*, Vol. Ⅰ, p. 559.

③ *The Works of Aristotle*, Vol. Ⅰ, p. 275.

第一章 德性与本体

在儒家看来，宇宙世界，或者是各种生命体的聚集体，或者其本身便是一个有机的生命体。对宇宙世界的终极性追问便是对这个生命体的哲学追问。追问其终极性根据的哲学或形而上学因此主要关注于生物体的生存世界。或者说，中国传统哲学主要关注于生存的世界。对于非生存的存在，比如无生命的物体、主观意识等，儒学乃至中国传统哲学都很少关注。因此，中国传统哲学几乎没有心理学，也没有关于思维的理论探讨。学术界通常认为中国古代没有逻辑学，也不完全是空穴来风。这和西方关注于存在和意识的哲学传统迥然不同。我们把中国形而上学称作生存论，西方形而上学称作存在论。前者主要关注于生命的生存。中国传统儒家哲学是一种生存论。生存论主要关注三个方面，即生存之本、生存之身和生存之成。生存之本便指生存的本源。

第一节 性与本：本源论与传统儒家思维方式[①]

中国具有悠久的哲学传统。这种哲学传统，过去学术界将其概括为“宇宙生成论”[②]。笔者以为，与其称之为“宇宙生成论”，毋宁将其概括为本源论或本原论。这种本源论具有两个发展阶段，即前宋明时期和宋明时期。前宋明时期主要指先秦至唐朝时期。这个阶段的哲学可以称之为本源论。宋明及之后的哲学可以称作体用论。而源自佛学的体用论，在理学家

① 本节主要内容曾经作为《本源论与传统儒家思维方式》发表于《河北学刊》2017 年第 2 期。

② 冯友兰在其 *A Short History of Chinese Philosophy of Feng Yu-Lan* 中将名家学说称作 Cosmology（*Selected Philosophical Writings of Feng Yu-Lan*, Foreign Languages Press, 1998, p. 224）。其弟子涂又光将其翻译为宇宙生成论（参见冯友兰：《中国哲学简史》，北京：北京大学出版社，1985 年，第 39 页）。

们那里，仍然被视作一种本源论或本原论。这两种本源论构成了中国传统本体论或形而上学，并鲜明地呈现出中国传统思维方式，即本源决定生存。本节将通过探讨本源论的结构与发展形态，揭示出传统儒家哲学思维的特色。

所谓“本”，《说文解字》云：“木下曰本，从木，一在其下。徐锴曰：一，记其处也，本末朱皆同义。”[①] 木指树木。树木的下部即是本。本指树木的下部或根部。这是“本”字的原义。对于树木来说，其根部至少具备这些内涵：起点、基础和决定者等。

一、孟子：性与本

本是起点。对于生物比如人类来说，起点即生存之初，便是性。告子说：“生之谓性。”[②] 人生而具有的东西便是人性。后来的荀子亦曰：“凡性者，天之就也，不可学，不可事。”[③] 人性即人天生就具备的东西，接近于生物学中的本能。生即性。或者说，性即生之初。近人傅斯年对先秦遗文进行了一番统计，“统计之结果，识得独立之性字为先秦遗文所无，先秦遗文中皆用生字为之。至于生字之含义，在金文及《诗》、《书》中，并无后人所谓‘性’之一义，而皆属于生之本义。后人所谓性者，其字义自《论语》始有之，然犹去生之本义为近”[④]。古时只有生字，尚无性字。至孔子始有性字，其内涵接近于生。性即生，或者说，性即出生时的状态。这大约是性字的原始内涵。

出生之初便是生命的开始，为本。孟子认为人天生具有四心：“恻隐之心，仁之端也；羞恶之心，义之端也；辞让之心，礼之端也；是非之心，智之端也。人之有是四端也，犹其有四体也。有是四端而自谓不能者，自贼者也；谓其君不能者，贼其君者也。凡有四端于我者，知皆扩而

---

① （汉）许慎：《说文解字》，天津：天津市古籍书店，1991年，第118页。

② 杨伯峻译注：《孟子译注》，北京：中华书局，2008年，第196页。

③ （清）王先谦：《荀子集解》，《诸子集成》卷二，上海：上海书店，1986年，第290页。

④ 傅斯年：《傅斯年全集》第二卷，长沙：湖南教育出版社，2000年，第510页。

充之矣，若火之始然，泉之始达。”[①] 人天生具备恻隐之心、羞恶之心、辞让之心和是非之心。这四种心不仅天生，而且是仁义礼智四种美德的本源。这些本源之心，天生固有：“仁义礼智，非由外铄我也，我固有之也，弗思耳矣。”[②] 仁义礼智四德根源于人自身。人类天生具备这等心或性。这便是天然固有的本领。孟子曰：“口之于味也，有同耆焉；耳之于声也，有同听焉；目之于色也，有同美焉。至于心，独无所同然乎？心之所同然者何也？谓理也，义也。圣人先得我心之所同然耳。故理义之悦我心，犹刍豢之悦我口。”[③] 如同人有口味之美一样，人皆有此心，此心自然倾向于理。这种倾向之心便是性。人皆有此心、此性，为人生而即有的东西。这是人性的第一个内涵，即性乃天性，天生的材质。从这一点上来看，孟子、告子、荀子，乃至后来的宋儒等皆是一致的。性乃出生之际便已然具备的材质与属性。

在孟子看来，这些天生之性是人类的仁义道德与制度规范的基础。孟子曰：“恻隐之心，仁之端也；羞恶之心，义之端也；辞让之心，礼之端也；是非之心，智之端也。”[④] 性乃四端。这四端分别生长出仁、义、礼、智四道，即恻隐之心长出仁，羞恶之心长出义，辞让之心长出礼，是非之心长出智。仁、义、礼、智之道以四端之性为本。而仁、义、礼、智等人道近似于现代人的文明与道德。因此，人性便成为人类道德与文明的基础。孟子曰：“人之所不学而能者，其良能也；所不虑而知者，其良知也。孩提之童无不知爱其亲者，及其长也，无不知敬其兄也。”[⑤] 这里的良知与良能，人们常常将其理解为道德知识、道德能力等。其实不然。此处的知和能作动词用。良知即正当地行为（包括认知），良能即正当地作为。人所以能够正当地行为，原因在于天生善性。故，王阳明曰：“孟子

① 杨伯峻译注：《孟子译注》，第 59 页。
② 杨伯峻译注：《孟子译注》，第 200 页。
③ 杨伯峻译注：《孟子译注》，第 202 页。
④ 杨伯峻译注：《孟子译注》，第 59 页。
⑤ 杨伯峻译注：《孟子译注》，第 238 页。

性善，是从本原上说。”[①] 人性是本原。天生善性之动，自然善良而合理。善良行为起源于自身之性。这便是仁内义内说。

针对告子的仁内义外说，孟子提出：“异于白马之白也，无以异于白人之白也；不识长马之长也，无以异于长人之长与？且谓长者义乎？长之者义乎？……吾弟则爱之，秦人之弟则不爱也，是以我为悦者也，故谓之内。长楚人之长，亦长吾之长，是以长为悦者也，故谓之外也。……耆秦人之炙，无以异于耆吾炙，夫物则亦有然者也，然则耆炙亦有外与？”[②] 规范之义源自人自身，如同人对美味的爱好一般。爱好美味便是欲。欲源自性。故，仁义终究本源于性。孟子指出：“其为气也，至大至刚，以直养而无害，则塞于天地之间。其为气也，配义与道；无是，馁也。是集义所生者，非义袭而取之也。行有不慊于心，则馁矣。我故曰，告子未尝知义，以其外之也。”[③] 其中的“浩然之气”便是产生于善性的气质。一旦它获得了聚集和充实，便自然产生义，这便是“是集，义所生者”：义本源于由浩然之气所构成的性。性是儒家仁义之道的本源。

作为生存之初的人性不仅具有基础性地位，而且具有决定性作用，即这种天生之质不仅是初生的材质，而且“从孟子开始，性便具有了性质的属性”[④]。善的材质可以至善，恶的材质可以致乱。孟子提出四端说，认为“人之有是四端也，犹其有四体也。有是四端而自谓不能者，自贼者也；谓其君不能者，贼其君者也。凡有四端于我者，知皆扩而充之矣，若火之始然，泉之始达。苟能充之，足以保四海；苟不充之，不足以事父母”[⑤]。要想成为圣贤，就必须因循人性。人性是决定一个人是否能够成圣贤（成人）的决定性因素。孟子曰：“诚者，天之道也；思诚者，人之道

① （明）王阳明撰，吴光、钱明、董平、姚延福编校：《王阳明全集》（上），上海：上海古籍出版社，1992年，第61页。

② 杨伯峻译注：《孟子译注》，第197—198页。

③ 杨伯峻译注：《孟子译注》，第46—47页。

④ 沈顺福：《试论中国早期儒家的人性内涵——兼评“性朴论”》，《社会科学》2015年第8期。

⑤ 杨伯峻译注：《孟子译注》，第59页。

也。至诚而不动者，未之有也；不诚，未有能动者也。”[①] 做人之道便是承循天性之路。性、诚或道是做人的主导性力量。扩充本性便可以成为圣贤，放弃“本心”便成为小人。对于人的生存来说，人性不仅是基础，而且是决定者。人性决定生存。

二、荀子：礼法与本源

中国古代儒家哲学有两个传统，即以孟子为代表的性本论传统和以荀子为代表的人本论传统。人本论传统将人文教化视为一种本源或基础，从而形成了另一种本源论。其代表人物便是荀子和董子。

和孟子的性善论不同，荀子提出了影响久远的性恶论。荀子曰：“古者圣王以人之性恶，以为偏险而不正，悖乱而不治，是以为之起礼义，制法度，以矫饰人之情性而正之，以扰化人之情性而导之也。始皆出于治，合于道者也。”[②] 人天生恶性。因此，对于普通人来说，这些恶性需要矫正与引导。矫正的内容便是圣贤之仁道。“今之人化师法，积文学，道礼义者为君子。”[③] 通过学习圣王所立的仁义之道，普通人也可以成为圣贤。因此，人能否成人，关键不仅在于天性（荀子也不否认这些天然材质），而在于后天的学习和教化。在荀子看来，学习或教化仁义之道乃是决定一个人能否成人的关键性因素。人文教化是决定者。我们把这种本源论叫作人本论，即以人文教化为本源，为决定者。荀子曰：“天地者，生之始也；礼义者，治之始也；君子者，礼义之始也。为之贯之，积重之，致好之者，君子之始也。故天地生君子。君子理天地。君子者，天地之参也，万物之揔也，民之父母也。……君臣父子兄弟夫妇，始则终，终则始。与天地同理，与万世同久，夫是之谓大本。”[④] 仁义之道（“礼义”）是生存之本（“大本”）。荀子创立了以人文教化为生存基础的人本论传统。

---

① 杨伯峻译注：《孟子译注》，第 130 页。
② （清）王先谦：《荀子集解》，《诸子集成》卷二，第 289—290 页。
③ （清）王先谦：《荀子集解》，《诸子集成》卷二，第 290 页。
④ （清）王先谦：《荀子集解》，《诸子集成》卷二，第 103—104 页。

先秦的性本论与人本论在汉代得到了继承和发展。董仲舒曰："何谓本？曰：天地人，万物之本也。天生之，地养之，人成之。天生之以孝悌，地养之以衣食，人成之以礼乐，三者相为手足，合以成体，不可一无也。"[①] 万物的生存有三个基础：天、地、人。其中，不仅天生之性是成人的基础，而且人文教化也是成人的基础。前者吸收了孟子的性本论，后者继承了荀子的人本论。董仲舒融合了二者，并最终形成了自己的三本论。董仲舒曰："今万民之性，有其质而未能觉，譬如瞑者待觉，教之然后善。当其未觉，可谓有善质，而不可谓善，与目之瞑而觉，一概之比也。静心徐察之，其言可见矣。性而瞑之未觉，天所为也……性如茧如卵。卵待覆而成雏，茧待缫而为丝，性待教而为善。此之谓真天。"[②] 万民之性有其质，却尚未成形，如目未觉。经过教化，性可以致善。故，董仲舒曰："性者，天质之朴也；善者，王教之化也。无其质，则王教不能化；无其王教，则质朴不能善。"[③] 人不仅有天质善性，而且只有经过人文教化，这种天生善性才能够化蛹成蝶、致善成人。人文教化是成人的基础。或者说，对于人的生存来说，人文教化具有基础性、决定性作用和地位。这便是人本论。

尽管董仲舒持三本论[④] 立场，即以天、地、人三者为本，但是事实上，他侧重于人本论，侧重于人文教化对于人的生存的意义和作用，并最终强化了人文教化对于人的成长所起作用的地位，且在事实上弱化了人的天性的价值。这便是玄学所面临的难题。

三、玄学：本源与自然之性

魏晋玄学承续了传统儒家的本源论思维方式，并由此而重新确立了人性的独一本源地位，从而立身于性本论阵营中，成为儒家思想的代表之一。

① （清）苏舆撰，钟哲点校：《春秋繁露义证》，第 165 页。
② （清）苏舆撰，钟哲点校：《春秋繁露义证》，第 290—293 页。
③ （清）苏舆撰，钟哲点校：《春秋繁露义证》，第 304 页。
④ 沈顺福：《三本论与董仲舒思想的历史地位》，《衡水学院学报》2018 年第 4 期。

王弼吸收了《道德经》的某些说法，如“道生”说。王弼曰：“万物皆由道而生，既生而不知其所由。故天下常无欲之时，万物各得其所，若道无施于物，故名于小矣。”[①]万物生于道。“道者，物之所由也；德者，物之所得也。由之乃得，故曰不得不失；尊之则害，不得不贵也。”[②]道即万物之本原。王弼以树为喻，指出：“自然之道，亦犹树也。转多转远其根，转少转得其本。多则远其真，故曰‘惑’也。少则得其本，故曰‘得’也。”[③]从这段文献来看，王弼似乎相信：道为万物之本。道的本义是存在方式。它仅仅回答了存在的方式问题。哲学追问存在。然而，一旦我们追问此问题时，存在便一定分化出两个部分，即存在者存在。道仅仅回答了“存在者存在”中的“存在”，它并未回答“存在者”问题。不回答、不言说并不意味着它无视或没有“存在者”的观念。

那么，存在是谁的存在呢？道是谁的道呢？王弼明确指出：“道不违自然，乃得其性，法自然也。法自然者，在方而法方，在圆而法圆，于自然无所违也。自然者，无称之言，穷极之辞也。用智不及无知，而形魄不及精象，精象不及无形，有仪不及无仪，故转相法也。”[④]道即无为。无为即任自然。任自然即顺应物性：性圆自然为圆，性方自然为方。“顺自然而行，不造不始，故物得至，而无辙迹也……顺物之性，不别不析，故无瑕谪可得其门也……因物之数，不假形也……因物自然，不设不施，故不用关楗、绳约，而不可开解也。此五者，皆言不造不施，因物之性，不以形制物也。”[⑤]因物之性、顺其自然而无为的生存方式便是道。由此看来，道仅仅指事物的存在方式或生存方式。在这种经验性的方式的背后，依然存在着方式或形式所依赖的实体性基础。在《老子》和王弼那里，这种实体性的、为事物存在奠立基础的东西便是事物的自然之性。如果说道

① （魏）王弼著，楼宇烈校释：《王弼集校释》，北京：中华书局，1980年，第86页。
② （魏）王弼著，楼宇烈校释：《王弼集校释》，第137页。
③ （魏）王弼著，楼宇烈校释：《王弼集校释》，第56页。
④ （魏）王弼著，楼宇烈校释：《王弼集校释》，第65页。
⑤ （魏）王弼著，楼宇烈校释：《王弼集校释》，第71页。

是存在，那么，自然之性便是存在者。自然之性才是真正的、实体性本源。准确地说，老子和王弼持二本论，即性本与道本。其中，性是实体性本源，道是方式本源。也就是说，在“存在者存在”的命题中，自然之性替代了存在者，道替代了存在。道仅仅回答如何存在的问题。它并不能成为存在者的本源。故，后来的郭象对于“道生”说提出批评，认为：“无既无矣，则不能生有。”[①] 虚无之道如何生出万物呢？最终，郭象提出了自生说。

以王弼为代表的玄学将自然之性视为本，儒家的礼教等视为末。性是人的天生之质，天生固有，故性内在于我。仁义之道本于自然之性，即仁义之道发于内：“仁义发于内，为之犹伪，况务外饰而可久乎！故夫礼者，忠信之薄而乱之首也。”[②] 仁义之道是末。自然之性是本。人性与仁义之道的关系便是本末关系。针对汉代的仁义之道压倒人性的本末倒置的困局，玄学家们特别强调：“仁义，母之所生，非可以为母。”[③] 仁义是子，是末，绝不可以成为本。在此，自然之性重新获得了本源性地位。

作为本源的自然之性，不仅具有基础性地位，而且是决定者或主宰者。王弼称之为本。王弼曰：“仁义，母之所生，非可以为母。形器，匠之所成，非可以为匠也。舍其母而用其子，弃其本而适其末，名则有所分，形则有所止。虽极其大，必有不周；虽盛其美，必有患忧。功在为之，岂足处也。”[④] 仁义之道，如同母子关系中的子、匠器关系中的器一般。这种母子之子、匠器之器般的仁义制度，王弼借用了汉代的流行的本末论思维方式，将其定义为末：“母，本也。子，末也。”[⑤] 子是末。仁义名教等也如子一般是末。它有自己的本。对于本，王弼主张“崇”：“然则，《老子》之文，欲辩而诘者，则失其旨也；欲名而责者，则违其义也。

① （晋）郭象著，（唐）成玄英疏：《庄子注疏》，北京：中华书局，2011 年，第 26 页。
② （魏）王弼著，楼宇烈校释：《王弼集校释》，第 94 页。
③ （魏）王弼著，楼宇烈校释：《王弼集校释》，第 95 页。
④ （魏）王弼著，楼宇烈校释：《王弼集校释》，第 95 页。
⑤ （魏）王弼著，楼宇烈校释：《王弼集校释》，第 139 页。

故其大归也，论太始之原以明自然之性，演幽冥之极以定惑罔之迷。因而不为，损而不施；崇本以息末，守母以存子；贱夫巧术，为在未有；无责于人，必求诸己；此其大要也。”[①]对待自然之性，王弼主张“崇”：尊重它，服从于它。自然之性成为仁义之道的主宰者。王弼称之为“主”：“道顺自然，天故资焉。天法于道，地故则焉。地法于天，人故象焉。所以为主，其一之者主也。”[②]自然之性是本源，也是主导者和决定者。

郭象也坚持自然之性的本源地位：“丘者，所以本也；以性言之，则性之本也。夫物各有足，足于本也。付群德之自循，斯与有足者至于本也，本至而理尽矣。”[③]性是本。它具有决定性地位：有了本，人文之理自然会实现。因此，性不仅是本，而且是主：“以情性为主也。”[④]情性是主宰。郭象曰：“故罔两非景之所制，而景非形之所使，形非无之所化也，则化与不化，然与不然，从人之与由己，莫不自尔，吾安识其所以哉！故任而不助，则本末内外，畅然俱得，泯然无迹。”[⑤]影子、形状的变化都是源自于自然（“任而不助”）。事物自己才是决定者。决定者因此是“贵”。贵本便是任性：“夫小大虽殊，而放于自得之场，则物任其性，事称其能，各当其分，逍遥一也，岂容胜负于其间哉！”[⑥]崇本与贵性都承认了作为本源的天性的决定者地位。崇本论因此成为玄学的共同主张。崇本便是尊自然之人性。自然人性再次获得了重视。

四、程朱理学：理与本

宋明时期的主要哲学形态是体用论。因此，无论是理学还是心学，它们对本源与决定者的认识都分为两个视角，即超越之体与经验之用。于是，万物便有了两个本源，即形而下的本源和形而上的本原。前者类似于

① （魏）王弼著，楼宇烈校释：《王弼集校释》，第196页。
② （魏）王弼著，楼宇烈校释：《王弼集校释》，第65页。
③ （周）庄周撰，（晋）郭象注：《庄子》，《二十二子》，第28页。
④ （周）庄周撰，（晋）郭象注：《庄子》，《二十二子》，第45页。
⑤ （周）庄周撰，（晋）郭象注：《庄子》，《二十二子》，第20页。
⑥ （周）庄周撰，（晋）郭象注：《庄子》，《二十二子》，第12页。

现代哲学所说的经验本源，后者则近似于超越本源。从经验存在来说，心是本源；从超越存在的角度来说，理是本原。气质人心与超越天理共同成为万物存在的两个本源。

从经验存在来看，理智之心及其产物即知识是基础。二程曰："故人力行，先须要知。……譬如人欲往京师，必知是出那门，行那路，然后可往。如不知，虽有欲往之心，其将何之？……到底，须是知了方行得。若不知，只是觑却尧学他行事。无尧许多聪明睿知，怎生得如他动容周旋中礼？有诸中，必形诸外。德容安可妄学？如子所言，是笃信而固守之，非固有之也。"① 意识之知是人类行为的前提或指南。二程称之为"本"："知至则当至之，知终则当遂（一无遂字）。终之，须以知为本。知之深，则行之必至，无有知之而不能行者。"② 人的行为必须首先有认识。认识是行为的基础。这便是知本。朱熹完全继承了二程的知行观，曰："知、行常相须，如目无足不行，足无目不见。论先后，知为先；论轻重，行为重。"③ 从践行的角度来说，知先行后。所以，朱熹将知视为最要紧的事情："伊川常说：'如今人说，力行是浅近事，惟知为上，知最为要紧。'《中庸》说'知仁勇'，把知做擗初头说，可见知是要紧。"④ 心知才是最重要的事情。朱熹甚至将心知提到几乎与性并列的地位："横渠'心统性情'语极好。又曰：'合性与知觉有心之名，则恐不能无病，便似性外别有一个知觉了！'"⑤ 心包含了性与知。朱熹曰："明德为本，新民为末。知止为始，能得为终。本始所先，末终所后。"⑥ 明德便是致知。致知是开始。因此，从经验的角度来看，理智之知是基础和决定者，即人类的所有理性的行为必定基于我们的认识。

在此基础上，朱熹又进一步提出理本论："有是理便有是气，但理

---

① （宋）程颢、程颐著，王孝鱼点校：《二程集》（上），第 187 页。
② （宋）程颢、程颐著，王孝鱼点校：《二程集》（上），第 164 页。
③ （宋）黎靖德编，王星贤点校：《朱子语类》一，第 148 页。
④ （宋）黎靖德编，王星贤点校：《朱子语类》四，北京：中华书局，1986 年，第 1290 页。
⑤ （宋）黎靖德编，王星贤点校：《朱子语类》一，第 91—92 页。
⑥ （宋）朱熹：《大学章句》，《四书五经》（上），天津：天津市古籍书店，1988 年，第 1 页。

是本，而今且从理上说气。”[①]形而上之理是形而下的物的生存之本。朱熹曰：“有太极，则一动一静而两仪分；有阴阳，则一变一合而五行具。然五行者，质具于地，而气行于天者也……五行具，则造化发育之具无不备矣，故又即此而推本之，以明其浑然一体，莫非无极之妙。而无极之妙，亦未尝不各具于一物之中也。”[②]朱熹赞同周敦颐的太极说，以为万物之生存遵循了如下逻辑：太极→阴阳→五行→物体。其中的太极便是理、性。万物生于五行之质。五行之质则积于阴阳之气。阴阳之气本于太极。故，太极、理、性为万物之终极本原。这种终极性存在先于万物。朱熹曰：“太极只是天地万物之理。在天地言，则天地中有太极；在万物言，则万物中各有太极。未有天地之先，毕竟是先有此理。动而生阳，亦只是理；静而生阴，亦只是理。”[③]太极即理乃是万物之本。朱熹甚至提出：“未有天地之先，毕竟也只是理。有此理，便有此天地；若无此理，便亦无天地，无人无物，都无该载了！有理，便有气流行，发育万物。……有此理，便有此气流行发育。”[④]这似乎是将超越天理时空化。其实，朱熹的本义是说理是绝对的本源性存在。在其之前已经没有别的东西了。理是一个超越于时间与空间的绝对实体。这个绝对实体并非可以脱离气质而独立存在。理离不开气。理只能借助于气质活动而发育万物。没有了气，理便失去了“挂搭处”[⑤]。万物之生，同时具备理与气。在理气关系中，理是本，具有主宰性地位。朱熹曰：“天道流行，发育万物，有理而后有气。虽是一时都有，毕竟以理为主，人得之以有生。”[⑥]理是万物生存的真正主宰。理是本。

于是，理学便有了两个本源，即理本与知本。这两个本源，朱熹等

---

① （宋）黎靖德编，王星贤点校：《朱子语类》一，第 2 页。

② （宋）朱熹：《太极图说解》，见（宋）朱熹撰，朱杰人、严佐之、刘永翔主编：《朱子全书》第十三册，第 73 页。

③ （宋）黎靖德编，王星贤点校：《朱子语类》一，第 1 页。

④ （宋）黎靖德编，王星贤点校：《朱子语类》一，第 1 页。

⑤ （宋）黎靖德编，王星贤点校：《朱子语类》一，第 3 页。

⑥ （宋）黎靖德编，王星贤点校：《朱子语类》一，第 36—37 页。

又用体用论模式予以统一。其中，理是体，知是用。朱熹曰："心有体用。未发之前是心之体，已发之际乃心之用，如何指定说得！盖主宰运用底便是心，性便是会恁地做底理。性则一定在这里，到主宰运用却在心。情只是几个路子，随这路子恁地做去底，却又是心。"[①] 性理是体，情知是用。这种体用关系，朱熹又称之为未发与已发："'心统性情'，故言心之体用，尝跨过两头未发、已发处说。仁之得名，只专在未发上。恻隐便是已发，却是相对言之。……然'心统性情'，只就浑沦一物之中，指其已发、未发而为言尔；非是性是一个地头，心是一个地头，情又是一个地头，如此悬隔也。"[②] 这种未发，相对于已发，显然处于时间之先。故，"体、用也定。见在底便是体，后来生底便是用"[③]。体先用后。这种具有先后关系的体用论，最终又变为本源论。其中，理是本，对知等具有基础性和决定性作用。这种作用最终体现于道心与人心说中，即"人心如卒徒，道心如将"[④]。道心如同指挥士兵的将军一般，"人心听命于道心。"[⑤] 道心掌管人心。尽管此处道心与人心的关系似乎有些问题，但是朱熹的大意应该很清楚。没有天理的人心决不能做主。做主的只能是内含天理的道心。道心主导了人的正确的生存。而道心的合法性地位的成立原因完全在于其内含天理。因此，理借助于道心成为人类生存的主宰者与决定者。这个决定之理便是本原。超越之理是生存的本原。

五、心学：心与本

王阳明也继承了孟子的性本论，甚至直接借用了孟子的一些术语，如良知、本心等，倡导一种本体、发用合一的本原论。这种本原论主张："心外无物，心外无事，心外无理，心外无义，心外无善。吾心之处事物，

---

① （宋）黎靖德编，王星贤点校：《朱子语类》一，第 90 页。
② （宋）黎靖德编，王星贤点校：《朱子语类》一，第 94 页。
③ （宋）黎靖德编，王星贤点校：《朱子语类》一，第 101 页。
④ （宋）黎靖德编，王星贤点校：《朱子语类》五，第 2012 页。
⑤ （宋）黎靖德编，王星贤点校：《朱子语类》五，第 2012 页。

纯乎理而无人伪之杂，谓之善，非在事物之有定所之可求也。处物为义，是吾心之得其宜也，义非在外可袭而取也。格者，格此也；致者，致此也。”[1] 万事万物皆是心之所作。心是万事万物之本原。心是本。由于王阳明之心内涵丰富，故，这个命题便可以分为若干维度来理解。

首先，此心是“无善无恶”的超越心。王阳明说：“凡人之为不善者，虽至于逆理乱常之极，其本心之良知，亦未有不自知者。但不能致其本然之良知，是以物有不格，意有不诚，而卒人于小人之归。故凡致知者，致其本然之良知而已。”[2] 人本心之中含有良知。或者说良知是人心的内在内容之一。王阳明将良知称为“未发之中”：“‘未发之中’即良知也，无前后内外而浑然一体者也。”[3]“未发之中”自然是对应于已发之和，即它不是一种已发的存在。“未发之中”便是不显现的超越的存在。良知是“体”：“知此则知未发之中，寂然不动之体，而有发而中节之和，感而遂通之妙矣。……盖良知虽不滞于喜怒忧惧，而喜怒忧惧亦不外于良知也。”[4] 未发之良知是寂然不动的实体。其用便有喜怒之情。用体用论的术语来说，良知是体，情是用。王阳明说：“盖良知只是一个天理，自然明觉发见处，只是一个真诚恻怛，便是他本体。”[5] 良知是天理，是超越的实体。心中有超越的良知。这种内在良知便是天理。比如忠、孝、信等，“都只在此心，心即理也。此心无私欲之蔽，即是天理，不须外面添一分。以此纯乎天理之心，发之事父便是孝，发之事君便是忠，发之交友治民便是信与仁。只在此心去人欲、存天理上用功便是”[6]。忠孝之事本于心，心是其本、基础与根据。这种作为基础的心便是理学所说的天理。因此，此心有时候便直接等同于良知、天理。这便是超越之心。这也是王阳明心

---

① （明）王阳明撰，吴光、钱明、董平、姚延福编校：《王阳明全集》（上），第 156 页。
② （明）王阳明撰，吴光、钱明、董平、姚延福编校：《王阳明全集》（下），上海：上海古籍出版社，1992 年，第 1011 页。
③ （明）王阳明撰，吴光、钱明、董平、姚延福编校：《王阳明全集》（上），第 64 页。
④ （明）王阳明撰，吴光、钱明、董平、姚延福编校：《王阳明全集》（上），第 65 页。
⑤ （明）王阳明撰，吴光、钱明、董平、姚延福编校：《王阳明全集》（上），第 84 页。
⑥ （明）王阳明撰，吴光、钱明、董平、姚延福编校：《王阳明全集》（上），第 2 页。

的最重要内涵：心是天理、良知，是形而上学的实体。这种超越之心是本原。良知内藏于本心之中，是超越的、形而上的实体。“人孰无是良知乎？独有不能致之耳。……是良知也者，是所谓‘天下之大本’也。致是良知而行，则所谓‘天下之达道’也。”[①] 良知是决定万物生存的终极性本原。超越心是万物存在的终极性本原。

良知又叫作性。王阳明曰：“性无善无不善，虽如此说，亦无大差；但告子执定看了，便有个无善无不善的性在内。”[②] 良知或性都是无善无恶的超越实体。这种超越实体内在于人而为性。王阳明曰：“以其理之凝聚而言，则谓之性；以其凝聚之主宰而言，则谓之心；以其主宰之发动而言，则谓之意；以其发动之明觉而言，则谓之知；以其明觉之感应而言，则谓之物。”[③] 天理在人便是性。人性即天理在人间的代表。这样，按照张载或朱熹的心统性情观，心中包含了性与情。性在心中。故，王阳明曰：“喜怒哀乐，性之情也；私欲客气，性之蔽也。”[④] 性或良知是喜怒哀乐之情的终极性依据。如果有了客气，此性便会被遮蔽。性、良知、天理，在王阳明那里，贯通一体。心中有性、良知，故，心即理。此天理之心是超越的实体。

其次，王阳明的心不仅是超越实体，而且也是有团血肉：“这视听言动皆是汝心：汝心之视，发窍于目；汝心之听，发窍于耳；汝心之言，发窍于口；汝心之动，发窍于四肢。若无汝心，便无耳目口鼻。所谓汝心，亦不专是那一团血肉。若是那一团血肉，如今已死的人，那一团血肉还在，缘何不能视听言动？所谓汝心，却是那能视听言动的，这个便是性，便是天理。有这个性才能生。这性之生理便谓之仁。这性之生理，发在目便会视，发在耳便会听，发在口便会言，发在四肢便会动，都只是那天理发生，以其主宰一身，故谓之心。”[⑤] 心是一团血肉，是气质人心。这种气

① （明）王阳明撰，吴光、钱明、董平、姚延福编校：《王阳明全集》（上），第 279 页。
② （明）王阳明撰，吴光、钱明、董平、姚延福编校：《王阳明全集》（上），第 107 页。
③ （明）王阳明撰，吴光、钱明、董平、姚延福编校：《王阳明全集》（上），第 76—77 页。
④ （明）王阳明撰，吴光、钱明、董平、姚延福编校：《王阳明全集》（上），第 68 页。
⑤ （明）王阳明撰，吴光、钱明、董平、姚延福编校：《王阳明全集》（上），第 36 页。

质人心是人类气质生存的发动者，即心动而有视听言动等行为。“先生游南镇，一友指岩中花树问曰：‘天下无心外之物，如此花树，在深山中自开自落，于我心亦何相关？’先生曰：‘你未看此花时，此花与汝心同归于寂。你来看此花时，则此花颜色一时明白起来。便知此花不在你的心外。’”[①] 这里所说的心便是气质人心。气质人心的活动是气质流行。在万物一体的视域下，山上的花草与人同为一物。人与花草依气而流通。其中，“人者，天地万物之心也；心者，天地万物之主也”[②]。人是宇宙生命体的主宰者。花开花落等显然都听从于人类的召唤。如果没有了作为宇宙之心的人类，万物便失去其主宰并最终失去生命。比如死去的人，“他这些精灵游散了，他的天地万物尚在何处？”[③] 没有人类，自然失去了心，也就失去了生命。心生出万物，因此是万物之本。这里所说的心不同于良知之心，而是气质人心。气质人心是形而下的气质生存的本源。

这样，在王阳明这里，人心被分为两个部分或两项内涵，即天理之心和气质人心。前者是形而上的超越实体，后者是形而下的气质之物。二者合起来，共同构成了万物生存的本原。故，王阳明反复强调曰：“心者身之主也，而心之虚灵明觉，即所谓本然之良知也。其虚灵明觉之良知，应感而动者谓之意；有知而后有意，无知则无意矣。知非意之体乎？意之所用，必有其物，物即事也。……凡意之所用无有无物者，有是意即有是物，无是意即无是物矣。物非意之用乎？”[④] 心是主宰。这个主宰不仅有形而上的视角，而且有形而下的考量。从形而上的角度来看，心中的良知是万物存在的终极性主宰。这是心本论。从形而下的视角来看，万物生存源于心。王阳明曰：“夫人必有欲食之心然后知食：欲食之心即是意，即是行之始矣。食味之美恶必待入口而后知，岂有不待入口而已先知食味之美恶者邪？必有欲行之心然后知路：欲行之心即是意，即是行之始矣。

---

① （明）王阳明撰，吴光、钱明、董平、姚延福编校：《王阳明全集》（上），第 107—108 页。
② （明）王阳明撰，吴光、钱明、董平、姚延福编校：《王阳明全集》（上），第 214 页。
③ （明）王阳明撰，吴光、钱明、董平、姚延福编校：《王阳明全集》（上），第 124 页。
④ （明）王阳明撰，吴光、钱明、董平、姚延福编校：《王阳明全集》（上），第 47 页。

路歧之险夷必待身亲履历而后知，岂有不待身亲履历而已先知路歧之险夷者邪？‘知汤乃饮’，‘知衣乃服’，以此例之，皆无可疑。”[①] 由心而知，然后才有行为。心知是行为的基础。这便是知心为本。这样，无论是从形而上的角度看，还是从形而下的角度来看，心都是生存之本。由超越之心与气质人心合成的心是万物存在的本原。这个本原决定了万物的生存。

结语　本即主：本源决定生存

从上述分析来看，儒家哲学具有一个本源（原）论的传统。它或者以自然人性为本，如孟子、王弼、朱熹、王阳明等，或者以人文教化为本，如荀子、董仲舒等。无论是性本论，还是人本论，皆承认本源。而本源，在中国传统文化中，却具有重要的地位。本即主。古汉语的“主”，《说文解字》曰：“主，灯中火主也。”[②] 主即灯芯，灯火之原。源头是本。源头既是本，又是主。主即源头。比如《黄帝内经》曰：“心主脉，肺主皮，肝主筋，脾主肉，肾主骨，是谓五主。”[③] 所谓“心主脉”，即脉搏源自心脏，或曰，心脏乃是生命力之元。“主”的这一内涵依然保留在现代汉语中，比如主人、主队等。比赛中的主队（home team），并非主导比赛的队伍，而是指留在原地的队伍。和客人相对应的主人，不同于对立于奴仆的主人。它主要指留在原处的人。原处、本原乃是主的原始内涵。朱熹曰：“宗，犹主也。”[④] 从这个原始内涵来看，本源便是主。本源是事物的原点，并从根本上决定了事物生长的属性和方向，如同种子一般。它显然具有主宰的功能。由此便形成了中国传统决定论模式：本源决定论。树木的根部不仅是树木生长的起点，同时也是树木生长的基础，并且从根本上决定了生物生长的方向或性质，比如杨树的根部或苗（在未经人为干涉的

---

① （明）王阳明撰，吴光、钱明、董平、姚延福编校：《王阳明全集》（上），第 41—42 页。

② （汉）许慎：《说文解字》，第 105 页。

③ （唐）王冰注，（宋）林亿等校正：《补注黄帝内经素问》，《二十二子》，上海：上海古籍出版社，1986 年，第 904 页。

④ （宋）朱熹：《论语集注》，《四书五经》（上），天津：天津市古籍书店，1988 年，第 3 页。

前提下），只能够长出杨树，而不能够长成榕树。事物的本源决定事物的性质。本即主，是事物生存的决定者。

这种本源决定论与现在流行的决定论差异较大。现在流行的决定论强调理性的决定作用，我们可以将其定义为目的决定论。它在理性指导下选择一定的目的，然后将这个目的当作指导自己行为的指南。目的的确定立足于理智或理性。故，这种理性指导下的目的论模式常常分为两类，即规范性原理和描述性原理。前者“力图为管理最优化决策寻找并形成某种规范性原理，而描述性选择理论的目标在于描述人们如何真正做出决策”[①]。前者侧重于目的，后者偏重于方法。无论是哪一种，皆重视理性的作用。这便是理性传统中的决定论。在理性决定论体系中，理性设立目标，确定手段。因此，在正常情况下，我们总是在理性的指导下生活与践行。理性是决定者。和这种理性决定论相比，中国传统决定论似乎不太重视理性的作用。

对本源的追问，从存在的角度来说，是对决定者、主宰者的寻找，并力图由此掌控生存或存在。这便是古人的知性，知天而知命。知性的目的并非出自对认知的爱好，而是为了知晓天意，并由此而掌控命运。这便是古人的现实企图。与此同时，这种寻找，也体现了中国古代儒家对存在的哲学探求。对本源的追问便是对终极存在的追问。而这种追问，正是哲学或形而上学的使命所在。它也是中国传统哲学的开始处。同时，古代儒家的这种追问历程也反映了古代儒家的形而上学思想进程。

第二节 性与体：体用论与传统儒家形而上学[②]

中国传统儒家哲学大约可以分为两个阶段。一个是本源论阶段，主要指先秦至隋唐等前宋明理学时期的儒学。另一个阶段是体用论阶段，

① Donald M. Borchert (editor in Chief), *Encyclopedia of Philosophy*, 2nd edition, Thomson Gale, 2006, pp. 654-655.

② 本节主要部分已经发表于《哲学研究》2016年第7期。

主要指宋明理学。本源论与体用论构成了中国古代儒家哲学或形而上学的两个组成部分或形态。其中的体用论主要以体、用两个范畴之间的关系方式来揭示世界的存在形态，从而形成一种思辨的、超越性的（transcendental）世界观或存在论。这一学说的出现，不仅是一种新学说的诞生，更是一种革命性的改造，即彻底改变了中国传统儒家哲学的思维方式。本节将试图通过分析体用概念的内涵、体用论思维方式的哲学性质等，揭示出体用论的产生在中国儒家哲学史上的地位和价值。

体用之“体”字，其原始含义，《说文解字》曰：“总十二属也，从骨，豊声。”[①]所谓“十二属”，依段玉裁注，是指人身的各部肢体。“总十二属”可作两种解释，即肢体和身体。《礼记·乐记》曰：“惰慢邪辟之气，不设于身体，使耳目鼻口心知百体，皆由顺正，以行其义。”[②]其中，前者的“身体”之体，当指称全体的身体；后者的“百体”，则指称肢体。无论全体还是肢体，都指身体。故，身体是体字的原义。《周易·系辞传上》曰：“神无方而易无体。”[③]东晋韩康伯注《系辞》曰：“道者何？无之称也……寂然天体，不可为象。”[④]此处的体，主要指载体。身体之义进而扩展为载体之义。

用，其甲骨文字形像桶形。桶可用，故引申为用。《说文解字》曰：“用，可施行也。从卜从中，卫宏说，凡用之属皆从用。”[⑤]用指作用、功用。将体与用合起来看，体用关系，主要指身体（或部位）与其作用，如朱熹曰：“假如耳便是体，听便是用；目是体，见是用。”[⑥]耳朵是体，听觉是用；眼睛是体，视觉是用。正是这种直观的事物及其功能属性之间的关系理论，逐渐演化出后来的一种哲学理论学说。

---

① （汉）许慎：《说文解字》，第86页。
② （汉）郑玄注，（唐）孔颖达等正义：《礼记正义》，《十三经注疏》（下），第1536页。
③ （宋）朱熹：《周易本义》，《四书五经》（上），天津：天津市古籍书店，1988年，第58页。
④ （魏）王弼等注，（唐）孔颖达等正义：《周易正义》，《十三经注疏》（上），第78页。
⑤ （汉）许慎：《说文解字》，第70页。
⑥ （宋）黎靖德编，王星贤点校：《朱子语类》一，第3页。

一、体即空：思辨哲学的引进

从哲学史来看，体用概念虽然在我国的先秦时期已经出现，但是它们并无鲜明的哲学属性。即便是魏晋玄学时期的王弼等人，也没有形成真正的体用论，即“王弼并没有形成一个明确的‘体用’范畴，他从来没有把‘体用’放置在与‘本末’、‘母子’两对范畴相同的高度上，更不要说把它看作是一个高过‘本末’、‘母子’的本体论范畴”[①]。真正将其当作哲学范畴来使用的人，按照黄宗羲的说法，当为（印度）佛教理论家，即“体用所自，乃本乎释氏”[②]。体用论源自于佛教哲学。

据《佛教汉梵大辞典》，与“体”字相关联的梵文主要有五个，即bhāva、svā-bhāva、ātman、dravya和śarīra。[③]其中，ātman为印度哲学中的“神我”，属于精神性、意念性存在。dravya指胜论派的实体概念，包含土、水、火、气、以太、时间、空间、自我和心灵九类。[④]它具有哲学抽象性。而śarīra，即汉语的“舍利”，类似于身体之“体”。对于bhāva一词，金克木曾指出：“bhāva，也是指存在，但一般指的是情况、性质、感情”，在语法术语中，“指抽象含义、概念等”[⑤]，它有性质之义。而sva-bhāva，则由bhāva与svā合成，前者意思是性质，后者的意思是自己，合起来，svā-bhāva便被译作“自性”。故，从梵文原义来看，体主要有三类内涵，即身体（śarīra）、性质（bhāva、dravya）、独立的自性（svā-bhāva、ātman）。这三层内涵，层层渐进，逐渐从具体走向抽象。最终的自性，指事物自身的所以然者，类似于康德的物自体（thing in itself）。

从经典文本来看，佛教之体，首先具有物理性的身体和载体的内涵。《法华经》曾曰：“所谓诸法如是相、如是性、如是体、如是力、如

---

① 李晓春：《王弼“体用论”述真》，《兰州大学学报（社会科学版）》2010年第4期。

② （明）黄宗羲等编：《宋元学案》（上），北京：中国书店，1990年，第418页。

③ 〔日〕平川彰：《佛教汉梵大辞典》，东京：东京灵友会，1997年，第1285页。

④ Kanada, *The Vaisesika Sutras of Kanada*, translated by Nandalal Sinha, Vol. Ⅵ, Vijaya Press, 1923, p. 17.

⑤ 金克木：《试论梵语中的“有——存在”》，《哲学研究》1980年第7期。

是作、如是因、如是缘、如是果、如是报、如是本末究竟等。”[①] 后来的天台宗据此形成了“十如说”，即相、性、体、力、作、因、缘、果、报、本末究竟等十个范畴。其中的体，便指体质或物理性载体：“如是体者主质故名体。此十法界阴俱用色心为体质也。”[②] 体即体质。它和身体类似。故，智顗曰：“体又三：初慈悲叹应身，中间两句叹心慧报身，后一句叹法身。”[③] 体可以分为三种形态，即应身、报身和法身。这类身、体接近于身体与载体。后来体逐渐演化为抽象的实体或实相：“体即实相无有分别。用即立一切法差降不同，如大地一生种种芽，非地无以生，非生无以显。寻流得源推用识体，用有显体之功故。”[④] 体即实相、事物的本来形态、真正存在。至此，体获得了哲学性质。

那么，什么是事物的最终载体呢？在唯识学看来，心、阿赖耶识是体：“若离阿赖耶识无别可得。是故成就阿赖耶识以为心体，由此为种子。意及识转何因缘故亦说名心，由种种法熏习种子所积集故。”[⑤] 阿赖耶识是万法的终极性种子或本原。“此中何法名为种子？谓本识中亲生自果功能差别。此与本识及所生果不一不异，体用因果理应尔故，虽非一异而是实有。假法如无非因缘故。此与诸法既非一异，应如瓶等是假非实。若尔真如应是假有。许则便无真胜义谛。然诸种子唯依世俗说为实有不同真如。”[⑥] 阿赖耶识又叫第八识，为诸识种子的所以体。阿赖耶识是体。阿赖耶识之体乃指心为体。故，《起信论》曰：“心真如者，即是一法界大总相法门体，所谓心性不生不灭。一切诸法唯依妄念而有差别。若离妄念则无一切境界之相。是故一切法从本已来，离言说相离名字相离心缘相，毕竟平等无有变异不可破坏。唯是一心故名真如。”[⑦] 心是万法之体。它便是真

---

① （后秦）鸠摩罗什译：《妙法莲华经》，〔日〕高楠顺次郎编辑：《大正新修大藏经》（简称《大正藏》），东京：大正一切经刊行会，1928年，第9册，第5页。

② （隋）智顗：《摩诃止观》，《大正藏》第46册，第53页。

③ （隋）智顗：《妙法莲华经文句》，《大正藏》第34册，第21页。

④ （隋）智顗：《妙法莲华经文句》，《大正藏》第34册，第38页。

⑤ （唐）玄奘译：《成唯识论》，《大正藏》第31册，第134页。

⑥ （唐）玄奘译：《成唯识论》，《大正藏》第31册，第8页。

⑦ （南朝）真谛译：《大乘起信论》，《大正藏》第32册，第576页。

如：最真切的存在。心是体。“所言灭者，唯心相灭，非心体灭。如风依水而有动相，若水灭者，则风相断绝，无所依止；以水不灭，风相相续；唯风灭故，动相随灭，非是水灭。无明亦尔，依心体而动，若心体灭，则众生断绝，无所依止；以体不灭，心得相续；唯痴灭故，心相随灭，非心智灭。”[①] 心生万物。心具万物。故，心是万物之本原、本体。这也基本符合佛教的基本立场。

从般若学的角度来看，体便是空。《心经》曰：“若善男子及善女人，欲修行甚深般若波罗蜜多者，彼应如是观察，五蕴体性皆空。色即是空，空即是色。色不异空，空不异色。如是受想行识，亦复皆空。”[②] 体即是空。或者说，空即万物之体、万物存在的终极根据。中观派提出：“若说相空不说法体空；说自相空即法体空。”[③] 空是物（法）之体。体即空。从佛教哲学的角度来看，体主要指事物的自身、自体和自性，即，能够确保事物真实性、独立性、自身性、确定性的性质、性状、本性或存在，是事物的所以依者、所以然者。这种自性，根据不同佛教派别的不同立场，或者为心，或者为空，或者为实相，或者为法界，等等。它们皆指向事物的自性（identity）。

按照常人的理解，事物的自性便是具体的实物，比如康德物自体等。而佛教的自性，从般若学来看，却毫无自性，甚至连柏拉图的理念、康德的物自身都不是。它是彻底的、绝对的虚无，连抽象的实体都没有。自性是无。这不仅是佛教空宗的立场，而且被所有佛教派别奉为圭臬，以之为真谛。这一观点不仅超越了常人的经验事物，而且超越了柏拉图的抽象实在。这不仅仅是一种抽象思维，更是一种纯粹的终极性追问与终极性回答。什么是究竟？究竟即真如。真如是一个无法进一步分割，也无法言说，甚至根本不存在的空无。这才是真正的、彻底的终极性追问与回答。因此，佛教哲学不仅给中国人带来了某些观念或思想，尤为重要的是，它

---

① （南朝）真谛译：《大乘起信论》，《大正藏》第 32 册，第 578 页。
② （唐）法成译：《般若波罗蜜多心经》，《大正藏》第 8 册，第 850 页。
③ 〔印〕龙树菩萨作，（后秦）鸠摩罗什译：《大智度论》，《大正藏》第 25 册，第 293 页。

还带来了真正的、彻底的终极性思维方式。正是这种真正的终极性思维方式促进了中国哲学的里程碑式的进步和发展。

二、物有体用

作为名词的体，在朱熹看来，分为两类，一类是有形的形体或“体质”，另一类是无形的实体或“道理”。体本来指体质、形体。朱熹也承认这一内涵。比如在讨论“易”时，朱熹曰：“如此然后可见至神之妙无有方所，易之变化无有形体也。”[①] 这种“无有形体”之体便是形而下的体质。朱熹曰：“这般处极细，难说。看来心有动静：其体，则谓之易；其理，则谓之道；其用，则谓之神。……体不是‘体用’之‘体’，恰似说‘体质’之‘体’，犹云‘其质则谓之易’。理即是性，这般所在，当活看。”[②] 此处的体，显然不同于体用之体，而是载体之体、体质之体，具有物质性。他有时候便以此论道：“道无形体可见。只看日往月来，寒往暑来，水流不息，物生不穷，显显者乃是‘与道为体’。”[③] 道没有具体的形体，故，“道本无体”[④]，意思是：道并无物理性的、形而下的形体。

形体是载体，有一定的功用。故，体有用。“只就那骨处便是体。如水之或流，或止，或激成波浪，是用；即这水骨可流，可止，可激成波浪处，便是体。如这身是体；目视，耳听，手足运动处，便是用。如这手是体；指之运动提掇处便是用。”[⑤] 物体能够作用。由此形成体用论的基础。体用论主要描述了事物及其存在方式，比如眼睛为体，视觉为用。朱熹吸收了佛教的体用观并将其广泛运用于哲学思维中。在朱熹看来，所有的事物都可以分为体与用：“体、用也定。见在底便是体，后来生底便是用。此身是体，动作处便是用。天是体，‘万物资始’处便是用。地是体，‘万

---

① （宋）朱熹撰，朱杰人、严佐之、刘永翔主编：《朱子全书》第一册，上海：上海古籍出版社、合肥：安徽教育出版社，2010年，第126页。

② （宋）黎靖德编，王星贤点校：《朱子语类》一，第84页。

③ （宋）黎靖德编，王星贤点校：《朱子语类》三，第975页。

④ （宋）黎靖德编，王星贤点校：《朱子语类》三，第976页。

⑤ （宋）黎靖德编，王星贤点校：《朱子语类》一，第101页。

物资生’处便是用。就阳言，则阳是体，阴是用；就阴言，则阴是体，阳是用。”[①] 天地之体各有作用，如同身体的作用。

作为哲学思维方式的体用论之体，其内涵便发生了一定的变化，即从形而下的载体转向形而上的实体。朱熹曰：“体是这个道理，用是他用处。如耳听目视，自然如此，是理也；开眼看物，着耳听声，便是用。江西人说个虚空底体，涉事物便唤做用。”[②] 体即道理、依据，比如佛教（“江西人”）的虚空之理便是体。用即道理的作用处与显现处。朱熹曰：“只事理合当做处。凡事皆有个体，皆有个当然处。”[③] 事有体。这个体便是当然处。体即道理。伊川曰：“凡理之所在，东便是东，西便是西，何待信？凡言信，只是为彼不信，故见此是信尔。”[④] 东之所以为东，西之所以为西，皆有自己的定性。

这种定性便是事物的所以然者。道、理，在朱熹看来，指事物的“所以然者”：“穷物理者，穷其所以然也。天之高，地之厚，鬼神之幽显，必有所以然者。”[⑤] 理即所以然者。所以然者即事物的本性：某类物为某类物的根据。比如伊川曰：“凡眼前无非是物，物物皆有理。如火之所以热，水之所以寒，至于君臣父子间皆是理。”[⑥] 火热之性、水寒之性，以及君臣父子的本质性关系等，皆是理。理规定了火的热性、水的寒性，以及人伦之间的本质规定。朱熹曰：“凡事固有‘所当然而不容已’者，然又当求其所以然者何故。其所以然者，理也。”[⑦] 理即事物的“所以然者”，比如“竹椅便有竹椅之理。枯槁之物，谓之无生意，则可；谓之无生理，则不可。如朽木无所用，止可付之焚灶，是无生意矣。然烧甚么木，则是甚么气，亦各不同，这是理元如此”[⑧]。万物都有自己的所以然之理。它是某物

① （宋）黎靖德编，王星贤点校：《朱子语类》一，第 101 页。
② （宋）黎靖德编，王星贤点校：《朱子语类》一，第 101 页。
③ （宋）黎靖德编，王星贤点校：《朱子语类》六，第 2449 页。
④ （宋）程颢、程颐著，王孝鱼点校：《二程集》（上），第 296 页。
⑤ （宋）程颢、程颐著，王孝鱼点校：《二程集》（下），第 1272 页。
⑥ （宋）程颢、程颐著，王孝鱼点校：《二程集》（上），第 247 页。
⑦ （宋）黎靖德编，王星贤点校：《朱子语类》二，北京：中华书局，1986 年，第 414 页。
⑧ （宋）黎靖德编，王星贤点校：《朱子语类》一，第 61 页。

成为某类物的定性。朱熹曰："如这片板，只是一个道理，这一路子恁地去，那一路子恁地去。如一所屋，只是一个道理，有厅，有堂。如草木，只是一个道理，有桃，有李。如这众人，只是一个道理，有张三，有李四；李四不可为张三，张三不可为李四。"[①]物的道理便是此物之为某类物的依据、所以然者，是事物的本性，"略如希腊哲学中之概念或形式"[②]，即理念（idea）。比如张三是人，有人性，李四也是人，也有人性。这种共同的人性即理乃是张三、李四等人共有的定性。它决定了某物是某类物而非彼类物，如张三是人而非禽兽等。性、理、体等是事物的本性。事物的本性是超越的。对事物的超越的本性的追问，显然是一种思辨的、超越性思考。

所以然之理属于形而上者。二程道："离阴阳则无道。阴阳，气也，形而下也。道，太虚也，形而上也。"[③]道、理属形而上者。二程曰："形而上者，存于洒扫应对之间，理无小大故也。"[④]理是形而上者。因此，形而上的理显然是超越的。从经验的角度来看，超越之理是隐微的、无形的，也是不可知的。故，伊川曰："理无形也，故因象以明理。理见乎辞矣，则可由辞以观象。故曰：'得其义则象数在其中矣。'"[⑤]"理无形也，故因象以明理，理既见乎辞，则可以由辞而观象，故曰：'得其理，则象数举矣。'"[⑥]象有形而理无形。无形之理是密、微、神。二程曰："凡物皆有理，精微要妙无穷，当志之尔。德者得也，在己者可以据。"[⑦]理亦是微妙而无穷。伊川曰："人心私欲，故危殆。道心天理，故精微。灭私欲则天理明矣。"[⑧]所谓"道心天理"，人们常常将其理解为道心即是天理。其实，在笔者看来，这段话仅仅揭示了道心与天理的关系，即道心之中内含

① （宋）黎靖德编，王星贤点校：《朱子语类》一，第102页。
② 冯友兰：《中国哲学史》（下），重庆：重庆出版社2009年，第261页。
③ （宋）程颢、程颐著，王孝鱼点校：《二程集》（下），第1180页。
④ （宋）程颢、程颐著，王孝鱼点校：《二程集》（下），第1175页。
⑤ （宋）程颢、程颐著，王孝鱼点校：《二程集》（上），第271页。
⑥ （宋）程颢、程颐著，王孝鱼点校：《二程集》（下），第1205页。
⑦ （宋）程颢、程颐著，王孝鱼点校：《二程集》（上），第107页。
⑧ （宋）程颢、程颐著，王孝鱼点校：《二程集》（上），第312页。

天理。或者说，道心之中有天理。人心因为有了天理而为道心，并因此区别于纯粹的人欲。道心与人心的区别在于多了一份精微的天理。微即微小，不可认识。“至微莫如理。”[①]理至微而不可识别。形而上之理因此是“神”：“神（一本无）。与性元不相离，则其死也，何合之有？如禅家谓别有一物常在，偷胎夺阴之说，则无是理。”[②]神与性不可分离。性是神秘的存在实体。伊川曰：“神是极妙之语。”[③]性即极妙者、神秘者，也是说不得的。

与体对应的用，其内涵比较清晰，“用即体之所以流行”[④]。用即体之作用、功用与流通。朱熹曰：“体是这个道理，用是他用处。如耳听目视，自然如此，是理也；开眼看物，着耳听声，便是用。江西人说个虚空底体，涉事物便唤做用。”[⑤]体是道理，用即事用。比如“以名义言之，仁自是爱之体，觉自是智之用，本不相同。但仁包四德。苟仁矣，安有不觉者乎！”[⑥]仁是体，爱是其用。智是体，觉知便是其用。假如我们将体视为一种存在者，那么，用便是这个存在者的在世方式。因此，体用论其实揭示了“存在者存在”这一存在论内涵。

不少人以为，“体用的基本含义，按照西方哲学的术语就是指本体与现象”[⑦]。体为本体，大差不离。用为现象，则有些出入了。用仅仅指体的流行，比如人心，“理遍在天地万物之间，而心则管之；心既管之，则其用实不外乎此心矣。然则理之体在物，而其用在心也”[⑧]。对于人来说，其体是理、性，心便是其用。性体心用。如果说性体是形而上的存在，那么，用便是它的呈现。人皆有性理，却发为心思之用。理是本原之体，用则是其呈现。体、理的呈现是否是现象呢？这便需要分开说。呈现仅仅指

① （宋）程颢、程颐著，王孝鱼点校：《二程集》（下），第1222页。
② （宋）程颢、程颐著，王孝鱼点校：《二程集》（上），第64页。
③ （宋）程颢、程颐著，王孝鱼点校：《二程集》（上），第64页。
④ （宋）黎靖德编，王星贤点校：《朱子语类》三，第1095页。
⑤ （宋）黎靖德编，王星贤点校：《朱子语类》一，第101页。
⑥ （宋）黎靖德编，王星贤点校：《朱子语类》一，第118页。
⑦ 景海峰：《朱子哲学体用观发微》，《深圳大学学报（人文社会科学版）》1995年第4期。
⑧ （宋）黎靖德编，王星贤点校：《朱子语类》二，第416页。

体的流行或在世方式。它并不直接回答自己是否属于现象。有些呈现与现象无异，有些呈现则不敢归为现象。比如，“只就那骨处便是体。如水之或流，或止，或激成波浪，是用；即这水骨可流，可止，可激成波浪处，便是体”[①]。波浪、水流等便是物的现象。又比如孝慈，“万物皆有此理，理皆同出一原。但所居之位不同，则其理之用不一。如为君须仁，为臣须敬，为子须孝，为父须慈。物物各具此理，而物物各异其用，然莫非一理之流行也”[②]。理是体，仁敬孝慈等此体的发挥处，是用。这些用便属于人伦规范，是可知晓的，可以属于现象类。用是事。朱熹赞同小程的主张，以为“仁是理，孝弟是事。有是仁，后有是孝弟”[③]。仁是体、理，孝便是用、事。事是可做的，也是可知的。它们和现象类似。朱熹曰：“忠者天道，恕者人道。天道是体，人道是用。”[④]人道等属于人类的经验，归属于现象。“理者，天之体；命者，理之用。性是人之所受，情是性之用。”[⑤]命便是用。此时的用便是一种显现，与现象大差不离。

但是，这并不意味着用等同于现象。有时候用便不属于经验现象。朱熹曰：“费，道之用也；隐，道之体也。用则理之见于日用，无不可见也。体则理之隐于其内，形而上者之事，固有非视听之所及者。”[⑥]形而上的理隐于现实日用之中。用是触手可得的，于是有人便问：“‘季丈谓，费是事物之所以然。某以为费指物而言，隐指物之理而言。’曰：‘这个也硬杀装定说不得，须是意会可矣。以物与理对言之，是如此。只以理言之，是如此。看来费是道之用，隐是道之所以然而不可见处。’……形而上下者，就物上说；‘费而隐’者，就道上说。”[⑦]费是否可以指物？朱熹说不能如此理解。费仅仅是用处之广。它与是否属于形而上下的问题不是

---

① （宋）黎靖德编，王星贤点校：《朱子语类》一，第101页。
② （宋）黎靖德编，王星贤点校：《朱子语类》二，第398页。
③ （宋）黎靖德编，王星贤点校：《朱子语类》二，第462页。
④ （宋）黎靖德编，王星贤点校：《朱子语类》二，第674页。
⑤ （宋）黎靖德编，王星贤点校：《朱子语类》一，第82页。
⑥ （宋）黎靖德编，王星贤点校：《朱子语类》四，第1532页。
⑦ （宋）黎靖德编，王星贤点校：《朱子语类》四，第1532页。

一回事。用仅仅表明体的流行、作用。至于是否属于经验之物，不好简单论之。体用关系便“不是西方式的本体与现象的关系”[①]。事实上，如朱熹所曰：“假如耳便是体，听便是用。”[②]听仅仅是体的动作、存在方式。

存在不同于静止的现象。用是流动的活动。事实上，功用与流行，在二程与朱熹那里，与鬼神相关。二程曰：“盖上天之载，无声无臭，其体则谓之易，其理则谓之道，其用则谓之神，其命于人则谓之性，率性则谓之道，修道则谓之教。”[③]作用是鬼神之功，“鬼神只是往来屈伸，功用只是论发见者。所谓‘神也者，妙万物而为言’，妙处即是神。其发见而见于功用者谓之鬼神，至于不测者则谓之神。如‘鬼神者，造化之迹’，‘鬼神者，二气之良能’，二说皆妙”[④]。功用便是鬼神之力。因此，用与鬼神属于一类。鬼神等存在，从哲学的角度来说，显然不属于经验现象类。故，此时的用不能等同于现象。

由此来看，体用论之体大体上可以被解释为本体。但是，用有时候可以被解读为现象，有时候则不可以被解读为现象。它仅仅描述了本体的在世方式，至于是否属于人类经验或者为人类所知晓，它则并未回答。事实上，这种欠缺也体现了中国传统哲学对此问题的认识有所不足。他们将用与利混为一谈，以为用便是利。利是一种现象描述。用则是现象之前的存在。事物处在作用中因而有用或有利。利并不同于用。用仅仅回答了存在自身的本真状态。这个本真状态，对于生物来说便是生存，对于无机物来说便是存在，对于人类来说便是思维。总之，用即流通、活动。它是动态的，而非静止的。动而非静的用显然区别于形式化的现象。对体的探讨便是对事物的永恒的、绝对的所以然之理的追问。理、体的发现标志着绝对的、超越的存在者的诞生。体是超越者。最初的有形的、形而下的载体之体转换为无形的、形而上的、思辨的实体。从此，绝对抽象的、思辨的

---

① 蒙培元：《两个世界还是一个世界——朱子哲学辩证之一》，《学术月刊》2008年第3期。
② （宋）黎靖德编，王星贤点校：《朱子语类》一，第3页。
③ （宋）程颢、程颐著，王孝鱼点校：《二程集》（上），第4页。
④ （宋）黎靖德编，王星贤点校：《朱子语类》五，第1686页。

概念与思维方式逐渐渗透到了中国儒家哲学中。

三、体用与本末

中国传统思维方式是本末论。来自于佛家的体用论与传统的本末论是什么关系呢？朱熹承认了这两种思维方式。朱熹曰："故夫子警之曰，汝平日之所行者，皆一理耳。惟曾子领略于片言之下，故曰：'忠恕而已矣。'以吾夫子之道无出于此也。我之所得者忠，诚即此理，安顿在事物上则为恕。无忠则无恕，盖本末、体用也。"[①] 忠恕之道，本末、体用而已。其中，忠是本、体，恕为末、用。故，朱熹以本末论与体用论两种模式考察了存在（忠恕）。其中，本末论属于传统中国哲学思维，体用论则与佛学相关。这两种思维方式并存于朱熹理学体系中，有时甚至结合起来，从而形成了别有中国风味的体用论。

从直观来看，体用关系显然具有经验上的先后与本末之分，即体先用后，体本用末。我们将这种独特的中国哲学思维模式称为本源论。其中，逻辑在先的体被视为本。二程明确指出："在天曰命，在人曰性，循性曰道，各有当也。大本言其体，达道言其用，乌得混而一之乎？"[②] 体是大本。朱熹从两个方面予以了论证。首先，从行为来看，体是行为的主体（body），相当于行为人（agent），"体与用不相离。且如身是体，要起行去，便是用。'赤子匍匐将入井，皆有怵惕恻隐之心'，只此一端，体、用便可见。如喜怒哀乐是用，所以喜怒哀乐是体。淳录云：所以能喜怒者，便是体"[③]。体即能动之体。这种体，是行为的来源，故，体先于用，是本。

同时，从时间的角度来说，假如说用为已发，那么体便是未发："心有体用。未发之前是心之体，已发之际乃心之用，如何指定说得！盖主宰运用底便是心，性便是会恁地做底理。性则一定在这里，到主宰运用却在

---

① （宋）黎靖德编，王星贤点校：《朱子语类》二，第679页。
② （宋）程颢、程颐著，王孝鱼点校：《二程集》（下），第1182页。
③ （宋）黎靖德编，王星贤点校：《朱子语类》二，第386页。

心。情只是几个路子，随这路子恁地做去底，却又是心。”[①]体是未发之存在。“心之全体湛然虚明，万理具足，无一毫私欲之间；其流行该遍，贯乎动静，而妙用又无不在焉。故以其未发而全体者言之，则性也；以其已发而妙用者言之，则情也。然‘心统性情’，只就浑沦一物之中，指其已发、未发而为言尔；非是性是一个地头，心是一个地头，情又是一个地头，如此悬隔也。”[②]这种未发之体，相对于已发之用，至少在逻辑上来看，显然处于时间之先：“体、用也定。见在底便是体，后来生底便是用。”[③]体先用后。这和理先气后的立场是一致的。

体是本。或者说，体包含了本原之义。于是，在本体一词中，体已有本之义。体便可以指代本体。本体即体。“未发之际，便是中，便是‘敬以直内’，便是心之本体。”[④]未发是中、性、体，又叫作本体。故，本体与体几乎为一个意思。这种本源论模式，显然受到了中国传统哲学思维方式的影响，比如孟子的哲学便是一种本源论模式，汉代儒学、魏晋玄学化哲学等也是某种本源论形态。在这种传统哲学思维模式影响下，朱熹形成了自己早期的本末式体用观。这种思维模式，在理学史上，人们称之为“中和旧说”，即未发之性为体，已发之情为用，其中，未发之体在先，已发之用在后。

后来，朱熹又觉得不妥，于是发明了“中和新说”。中和新说的核心问题之一是如何看待体用关系？朱熹首先明确指出：“人自有生即有知识，事物交来，应接不暇，念念迁革，以至于死，其间初无顷刻停息，举世皆然也。然圣贤之言，则有所谓未发之中，寂然不动者。夫岂以日用流行者为已发，而指夫暂而休息，不与事接之际为未发时耶？”[⑤]未发之体与已发之用的分别似乎不妥。它有割裂体用的嫌疑。朱熹指出：“尝试以此求

① （宋）黎靖德编，王星贤点校：《朱子语类》一，第90页。
② （宋）黎靖德编，王星贤点校：《朱子语类》一，第94页。
③ （宋）黎靖德编，王星贤点校：《朱子语类》一，第101页。
④ （宋）黎靖德编，王星贤点校：《朱子语类》六，第2262页。
⑤ （宋）朱熹撰，朱杰人、严佐之、刘永翔主编：《朱子全书》第二十一册，上海：上海古籍出版社、合肥：安徽教育出版社，2010年，第1315页。

之，则泯然无觉之中，邪暗郁塞，似非虚明应物之体，而几微之际，一有觉焉，则又便为已发，而非寂然之谓。盖愈求而愈不可见，于是退而验之于日用之间，则凡感之而通，触之而觉，盖有浑然全体应物而不穷者。是乃天命流行、生生不已之机，虽一日之间万起万灭，而其寂然之本体则未尝不寂然也。所谓未发，如是而已，夫岂别有一物，限于一时，拘于一处，而可以谓之中哉？然则天理本真，随处发见，不少停息者，其体用固如是，而岂物欲之私所能壅遏而梏亡之哉？"[①] 简单地说，未发之性体与已发之情用并不能够各自独立而别为异物。二者贯通一致，寂然的本体也是不寂然。前者指体，后者指用。体用无二，贯通无间。这便是二程所称道的"体用一源，显微无间"[②]。

朱熹指出："若夫所谓体用一源者，程子之言盖已密矣。其曰'体用一源'者，以至微之理言之，则冲漠无朕，而万象昭然已具也……然则所谓一源者，是岂漫无精粗先后之可言哉？况既曰体立而后用行，则亦不嫌于先有此而后有彼矣。"[③] 体用一源，说到底讨论了理物关系。理物关系，在中和旧说背景下，似乎坚持理先气后。在中和新说背景下，它坚持理气不二的立场，"即事即物而无所不在"[④]，事在理在，"即事而理之体可见"[⑤]，"至微之理"在，则"万象昭然已具也"[⑥]。体用、理事同时俱在。朱熹曰："'乾乾不息'者，体；'日往月来、寒来暑往'者，用。有体则有用，有用则有体，不可分先后说。"[⑦] 体用同时，不分先后。体用关系是一种超越于经验即超越于时间和空间的思辨关系。

不分先后的体用成为一物。朱熹曰："体用元不相离。如人行坐：坐则此身全坐，便是体；行则此体全行，便是用。"[⑧] 体用不离而一贯。"体

---

① （宋）朱熹撰，朱杰人、严佐之、刘永翔主编：《朱子全书》第二十一册，第 1315 页。
② （宋）程颢、程颐著，王孝鱼点校：《二程集》（下），第 1200 页。
③ （宋）朱熹撰，朱杰人、严佐之、刘永翔主编：《朱子全书》第十三册，第 78 页。
④ （宋）黎靖德编，王星贤点校：《朱子语类》一，第 272 页。
⑤ （宋）朱熹撰，朱杰人、严佐之、刘永翔主编：《朱子全书》第十三册，第 78 页。
⑥ （宋）朱熹撰，朱杰人、严佐之、刘永翔主编：《朱子全书》第十三册，第 78 页。
⑦ （宋）黎靖德编，王星贤点校：《朱子语类》六，第 2412 页。
⑧ （宋）黎靖德编，王星贤点校：《朱子语类》二，第 326 页。

与用不相离。且如身是体，要起行去，便是用。‘赤子匍匐将入井，皆有怵惕恻隐之心’，只此一端，体、用便可见。如喜怒哀乐是用，所以喜怒哀乐是体。”[①] 这如同身体必有行，即存有必定活动。“忠是体，恕是用，只是一个物事。如口是体，说出话便是用。不可将口做一个物事，说话底又做一个物事。”[②] 朱熹称之为一个物事，即二者是统一的、俱在的。朱熹曰：“说体、用，便只是一物。不成说香匙是火箸之体，火箸是香匙之用！如人浑身便是体，口里说话便是用。不成说话底是个物事，浑身又是一个物事！万殊便是这一本，一本便是那万殊。”[③] 体用一物，二者无间。“盖通天下只是一个天机活物，流行发用，无间容息。据其已发者而指其未发者，则已发者人心，而凡未发者皆其性也，亦无一物而不备矣。夫岂别有一物拘于一时、限于一处而名之哉？即夫日用之间，浑然全体，如川流之不息、天运之不穷耳。此所以体用、精粗、动静、本末洞然无一毫之间，而鸢飞鱼跃，触处朗然也。存者存此而已，养者养此而已。”[④] 体用无间。有体自然发用。朱熹曰：“又有谓体用一源，不可言体立而后用行者；又有谓仁为统体，不可偏指为阳动者；又有谓仁义中正之分，不当反其类者。是数者之说，亦皆有理。然惜其于圣贤之意，皆得其一而遗其二也。夫道体之全，浑然一致，而精粗本末、内外宾主之分，粲然于其中，有不可以毫厘差者。此圣贤之言，所以或离或合，或异或同，而乃所以为道体之全也。”[⑤]“中和新说”即体用不二的体用论的诞生，标志着纯粹的思辨哲学的真正诞生，即体用论不再是对存在的经验性描述，而是对存在的一种理解或思辨。它仅仅表达了人们对存在的一种思维模式，其中的体并无物理性，并不表征任何的现实之物。它仅仅指向某种抽象的存在。抽象之体与现实之用构成了人们对世界存在的一种理解。体用论变成人们思考世

---

① （宋）黎靖德编，王星贤点校：《朱子语类》二，第 386 页。
② （宋）黎靖德编，王星贤点校：《朱子语类》二，第 672 页。
③ （宋）黎靖德编，王星贤点校：《朱子语类》二，第 677 页。
④ （宋）朱熹撰，朱杰人、严佐之、刘永翔主编：《朱子全书》第二十一册，第 1393—1394 页。
⑤ （宋）朱熹撰，朱杰人、严佐之、刘永翔主编：《朱子全书》第十三册，第 76—77 页。

界的思维方式。它是一种对认识与思维的总结。在这个框架下，人们借此追问了存在的若干问题。

从早期的中和旧说到后来的中和新说，体现了朱熹对两种思维方式的取舍。或者说，早期的朱熹的体用论是一种是本末式体用论，以为体是本，用是末。晚期的体用论则放弃了具有某种时间性或经验性特征的本末论思维，以为体用“元不相离”，从而进入了一种纯粹思辨的思维模式阶段，并因此而将儒家哲学提升到一个新高度。

结语　体用论是一种“本体论”

早期的本源论，虽然是一种终极式追问：追问事物的来源、本原，但是，这种追问依然是经验的、直观的，缺乏超越性或思辨性，即它们所提供的本源（本）和本源的产物（末）之间，不仅仅是直接关联的，更是同质的，如同一棵树，本源指树根，树枝或果实为末。树根与树干、枝叶、果实等不但是实在的事物，而且本源与后者之间并不存在绝对与相对、无限与有限、普遍与个体、永恒与暂时等超越性关系。它们仅仅用一个经验的事物来说明另一个经验的事物。这种解释方式仅仅是经验的，缺乏超越性和思辨性。

佛教的体用论与真理观给中国人带来了一种崭新的超越性思维方式：事物的本原、所依者、所以然者、体甚至可以是虚无的，完全脱离或超越现实的存在。理、真如、体是空。这种终极性存在的设定给中国哲学带来了一种崭新的思维模式，即事物的本原、所以然者是一种超越于经验事物的存在，事物之体不仅仅是事物之本原，更是事物的所以然者。它既可以是具体的事物，比如载体，也可以是完全抽象的东西，比如道、理。无论是哪一种内涵，它们的功能都是指向追问万物的终极性存在：理。体用论的产生不仅仅“体贴”出天理，更标志着一种新型的思维方式的诞生。从此，儒家开始利用超越的概念、思辨的方式，对世界万物的终极性问题进行考察，并最终诞生了宋明理学。宋明理学的体用论，和西方的 ontology（本体论）一样，都是以抽象的概念与范畴，运用思辨的方式，对世界万物的终极性存在进行理论追问，并最终设想出一种超越的存在即理。从这些角度来看，体用论属于一种“本体论”。

当然，西方的本体论并不完全等同于体用论。因为西方的本体论不仅仅追问事物的客观性存在，即本与体，而且考察了事物的主观性基础（本体），包含了思维方式或结构的内容。这却是中国的体用论或本体论所欠缺的。中西方本体论或存在论存在着较大的差异。

第三节　物与气：儒家生命哲学[①]

儒家哲学是一种生存论。生存论将世界看作一种生生不息的生命体或生命体的集合。那么，这些生命体从何而来呢？这便是生存论首先需要解决的世界观问题：万物从何而来？传统思想家（包括儒家）提出天生万物说。如《周易》曰“至哉坤元，万物资生，乃顺承天”[②]，河上公曰“天生万物”[③]，等等。那么，为什么会产生“天生万物”说呢？这便是本节所要回答的两个中心问题。本节将通过文字考察和文献分析，试图指出：天、气、神之间的关系决定了“天生万物”的宇宙观。而这种起源论必定将天视为万物的本源。作为本源，天决定了万物的生存。人类也听从天，即天主人从。

一、物指“生物”

天生万物。那么，什么是“物”呢？由于“物”字不仅是一个学术术语，而且是一个日常语言，人们通常会望文生义，以为古人之“物”字同于今人之“物”字。其实不然。古人之“物”字，从卜辞文献来看，

---

① 本节部分内容曾经作为《精神与生存——中西哲学对话》（《江西社会科学》2011年第7期）、《试论中国早期儒家的人性内涵——兼评“性朴论”》（《社会科学》2015年第8期）和《性即气：略论汉代儒家人性之内涵》［《中山大学学报（社会科学版）》2017年第1期］等公开发表。

② （魏）王弼等注，（唐）孔颖达等正义：《周易正义》，《十三经注疏》（上），第18页。

③ （汉）河上公章句：《宋刊老子道德经》，第89页。

王国维指出："物亦牛名。"[①]《说文解字》亦曰："万物也。牛为大物。天地之数，起于牵牛，故从牛。勿声。"[②]物与牛相关。《诗经》曰："鱼丽于罶，鲿鲨。君子有酒，旨且多。鱼丽于罶，鲂鳢。君子有酒，多且旨。鱼丽于罶，鰋鲤。君子有酒，旨且有。物其多矣，维其嘉矣！物其旨矣，维其偕矣！物其有矣，维其时矣！"[③]此处的"物"应该专指鲿鲨等鱼类生物。又曰："四牡骙骙，载是常服。猃狁孔炽，我是用急。王于出征，以匡王国。比物四骊，闲之维则。"[④]此处之"物"字，《毛传》解释曰："物，毛物也。"[⑤]物即带毛的东西。带毛的东西通常为生物。朱熹将其注释为"马"："比物，齐其力也。凡大事、祭祀朝觐会同，毛马而颁之。凡军事，物马而颁之。毛马齐其色，物马齐其力。"[⑥]物指马匹等生物。《尚书》曰："惟天地万物父母；惟人万物之灵。"[⑦]天地是万物之父母、人则是万物之灵。这里的"万物"，如果解读为物品，则语义不通：天地何曾生器具？在所有的东西中，人是最聪明的东西，等等。相反，如果"物"被释为生物，语义便顺畅了。

物能够生存。孔子曰："天何言哉？四时行焉，百物生焉，天何言哉？"[⑧]能够生存的百物应该属于生命体。孟子曰："夫物之不齐，物之情也；或相倍蓰，或相什百，或相千万。子比而同之，是乱天下也。巨屦小屦同贾，人岂为之哉？从许子之道，相率而为伪者也，恶能治国家。"[⑨]物即自然而生长的物体。"夫夷子信以为人之亲其兄之子为若亲其邻之赤子乎？彼有取尔也。赤子匍匐将入井，非赤子之罪也。且天之生物也，使

---

① 王国维：《观堂集林》，石家庄：河北教育出版社，2001 年，第 141 页。
② （汉）许慎：《说文解字》，第 30 页。
③ （汉）毛公传，（汉）郑玄笺，（唐）孔颖达等正义：《毛诗正义》，第 417 页。
④ （汉）毛公传，（汉）郑玄笺，（唐）孔颖达等正义：《毛诗正义》，第 424 页。
⑤ （汉）毛公传，（汉）郑玄笺，（唐）孔颖达等正义：《毛诗正义》，第 424 页。
⑥ （宋）朱熹：《诗经集传》，《四书五经》（中），天津：天津市古籍书店，1988 年，第 78 页。
⑦ （汉）孔安国传，（唐）孔颖达等正义：《尚书正义》，第 180 页。
⑧ 杨伯峻译注：《论语译注》，第 211 页。
⑨ 杨伯峻译注：《孟子译注》，第 95 页。

之一本，而夷子二本故也。”[①] 物由天生，即物产生于天或天然。“生”是物的属性。荀子曰：“物类之起，必有所始。荣辱之来，必象其德。肉腐出虫，鱼枯生蠹。…… 草木畴生，禽兽群焉，物各从其类也。”[②] 此处所言之物，包括虫、蠹、草木、禽兽等。这些显然属于生命体。荀子曰：“列星随旋，日月递炤，四时代御，阴阳大化，风雨博施，万物各得其和以生，各得其养以成。不见其事而见其功，夫是之谓神。”[③] 万物得生，且能够有神，自然属于生命体。《礼记》曰：“方以类聚，物以群分。”[④] 孔颖达注曰：“‘物以群分’者，物，谓殖生，若草木之属，各有区分，自殊于薮泽者也。郑注《易》云‘类聚群分，谓水火也’，而此注云‘方，谓行虫。物，谓殖生者’，言三注不同，各有以也。类聚称‘方’者，行虫有性识道理，故称‘方’也。群分称‘物’者，谓殖生无心灵，但一物而已，故云‘物’也。”[⑤] 物指草木等。草木等虽然没有心灵，但有生命。所以，物指有生命的物体。

从道家来看，生生乃万物之本质。《老子》曰：“万物作焉而不辞，生而不有。为而不恃，功成而弗居。夫唯弗居，是以不去。”[⑥] 万物能够生存。“夫物芸芸，各复归其根。归根曰静，是谓复命。复命曰常，知常曰明。”[⑦] “芸芸”即生生之貌。万物生生。《庄子》亦曰：“且道者，万物之所由也。庶物失之者死，得之者生。”[⑧] 万物有生有死。《庄子》曰：“当是时也，山无蹊隧，泽无舟梁；万物群生，连属其乡；禽兽成群，草木遂长。”[⑨] 根据“禽兽成群”，“万物群生”便可以被解释为：万物依靠群居来生存。《庄子》曰：“万物云云，各复其根，各复其根而不知…… 物故自

---

① 杨伯峻译注：《孟子译注》，第 101 页。
② （清）王先谦：《荀子集解》，《诸子集成》卷二，第 4 页。
③ （清）王先谦：《荀子集解》，《诸子集成》卷二，第 206 页。
④ （汉）郑玄注，（唐）孔颖达等正义：《礼记正义》，《十三经注疏》（下），第 1531 页。
⑤ （汉）郑玄注，（唐）孔颖达等正义：《礼记正义》，《十三经注疏》（下），第 1531 页。
⑥ （春秋）老子著，（魏）王弼注：《老子道德经》，《诸子集成》卷三，第 2 页。
⑦ （春秋）老子著，（魏）王弼注：《老子道德经》，《诸子集成》卷三，第 9 页。
⑧ （清）王先谦：《庄子集解》，《诸子集成》卷三，上海：上海书店 1986 年，第 209 页。
⑨ （清）王先谦：《庄子集解》，《诸子集成》卷三，第 57 页。

生。”[1] 芸芸万物能够自生。《庄子》曰：“夫至乐者，先应之以人事，顺之以天理，行之以五德，应之以自然，然后调理四时，太和万物。四时迭起，万物循生。”[2] 万物能够生生不息。故，《玉篇》解释曰：“凡生天地之间皆谓物也。”[3] 天地之间自然生存的东西都叫作物。故，笔者曾经指出：“物指生物，有生命者。万物指一切有生命者、一切生物。”[4] 物即“生物”，即有“生命”的物体。

当然，需要说明的是，古人的“生物”与今日之生物的内涵有所不同。有学者曾指出：“在中国，人们持有一种信仰，认为宇宙以及存在于其中的每一个事物都具有生命。……用今日的话来说，便是万物有灵论（animism）。”[5] 中国传统文化属于万物有灵论。根据万物有灵论，一切自然存在的东西比如山川草木、日月星辰等都有生命。因此，中国古人所讲的“生物”不仅包含芸芸众生等生物，而且包含着日月星辰等在今天看来属于无生命的物体。荀子曰：“水火有气而无生，草木有生而无知，禽兽有知而无义，人有气有生有知，亦且有义，故最为天下贵也。”[6] 水火有气，是生命的基本素材。或者说，水火等是世界万物生成的基本材料。而草木、禽兽等便是生物即有生命的物体。这些生物甚至可以包括那些我们今天看来是无生命的物体如日月星辰、山川等。在古人看来，这些自然存在物体比如日月山川等也有生命。这便是后来的日神、月神、山神、河神等概念产生的原因。

二、精、气、神：词源学的考察

万物有生命。那么，什么是其生命的本质呢？在中国传统思想中，万物指所有的“有生命”的物体。生命力是它们的共同特征。这种生命

① （清）王先谦：《庄子集解》，《诸子集成》卷三，第 67 页。
② （清）王先谦：《庄子集解》，《诸子集成》卷三，第 89 页。
③ （梁）顾野王：《大广益会玉篇》，北京：中华书局，1987 年，第 109 页。
④ 沈顺福：《道家哲学是一种世界观吗？》，《安徽大学学报（哲学社会科学版）》2013 年第 4 期。
⑤ J. J. M. Degroot, *The Religion of the Chinese*, New York: The Macmillan Company, 1910, p. 3.
⑥ （清）王先谦：《荀子集解》，《诸子集成》卷二，第 104 页。

力，最终体现为“气”“精”和“神”。这也是生命力的三种形态，即气、精和神。那么，什么是气、精、神呢？我们首先来看气的内涵。

气的繁体字为氣。《说文解字》曰：“氣，馈客刍米也。从米，气声。”[①] 氣字的边旁是气，《说文解字·气部》解释曰：“云气也。象形。”[②] 这是气之本义。气即天上的云气。气后来引申为气体，如《庄子》所言：“夫大块噫气，其名为风。”[③] 气还有呼吸、气息之义，如《玉篇·气部》曰：“气，息也。”[④]《论语》曰：“屏气似不息者。”[⑤] 气也是一个中医术语，指人体内流动着的富有营养、能使各器官正常发挥机能的精微物质，也指脏腑组织的活动能力，如《史记·扁鹊仓公列传》曰：“太子病血气不时，交错而不得泄。”[⑥] 后由此而引申出来的诸多含义，如气势、习气、志气、义气、风气、气象、气力、气数、气味等。从上述的内涵来看，古人所言之气，无外乎呼吸吐纳之气。它属于某种实体性物质。故《周易·系辞上》说：“精气为物，游魂为变。”[⑦] 它之所以被称为气或精气，目的便是强调它的实在性。中医上将这种物质视为主宰生命的物质能量。它有时候被称为风（《庄子》），有时候被称为空气（宋应星）。同时还有一个重要的特征：不可认识（张载）。

精的内涵，《说文解字·米部》曰：“精，择也。”[⑧] 选择上好的米，如《论语》曰：“食不厌精，脍不厌细。”[⑨] 后引申为精华，如《周易》曰：“刚健中正，纯粹精也。”[⑩] 它还有精微、细小之义，《庄子》曰：“夫精，小之微也。”[⑪] 气之精微者便是精气，简称精。《灵枢》曰：“生之来谓之

---

① （汉）许慎：《说文解字》，第 148 页。
② （汉）许慎：《说文解字》，第 14 页。
③ （清）王先谦：《庄子集解》，《诸子集成》卷三，第 6 页。
④ （梁）顾野王：《大广益会玉篇》，第 75 页。
⑤ 杨伯峻译注：《论语译注》，第 113 页。
⑥ （汉）司马迁：《史记》，长沙：岳麓书社，1988 年，第 748 页。
⑦ （魏）王弼等注，（唐）孔颖达等正义：《周易正义》，《十三经注疏》（上），第 77 页。
⑧ （汉）许慎：《说文解字》，第 147 页。
⑨ 杨伯峻译注：《论语译注》，第 117 页。
⑩ （魏）王弼等注，（唐）孔颖达等正义：《周易正义》，《十三经注疏》（上），第 17 页。
⑪ （清）王先谦：《庄子集解》，《诸子集成》卷三，第 102 页。

精。”[①] 由此而引发诸多种种含义。从上述文献所列之义来看，精专指经过精心选择后的事物，它纯洁至正，同时也细小至微。当我们说精气时，所言之义指：精微的气。由此可以得出一个结论：在某些场合，精指精气，精和气保持了某种一致性。或者说，此时，人们将气作了进一步的分化，比如气被分为气与质两类。其中气提供生命体，质提供物理材质。作为生命力的气，相对于材质之质，显然要精微、细致得多。这便是精气或精的主要内涵。

关于神的内涵，歧义较多且大。《汉语大字典》列举了十一种内涵，即天神、精神、表情、肖像、神奇、尊重、治理、谨慎、陈列、方言和姓。[②]《说文解字・示部》曰：“神，天神，引出万物者也。”[③] 神指天神。天神也是一种神灵。故，神指神灵。《尚书》曰：“今殷民，乃攘窃神祇之牺牷牲。”[④] 神祇即神灵。《正字通・示部》曰：“神，阳魂为神，阴魄为鬼。气之伸者为神，气之屈者为鬼。”[⑤] 神指神灵。这是神的最重要内涵。后人将其与宗教中的神灵等同，比如将耶稣等看作神。其实不尽然。此处的神与精源自同一种内涵，天神也是“精神”。或者说，“精神”便是神。《荀子》曰：“形具而神生。好恶喜怒哀乐臧焉。”[⑥] 杨倞注曰：“神谓精魂。”[⑦] 神即“精神”。《淮南子・原道训》曰：“耳目非去之也，然而不能应者何也？神失其守也。”[⑧] 高诱注曰：“精神失其所守。”[⑨]“精神”便是神。由于神，“精神”具有不可知性，如《周易》曰：“阴阳不测之谓神。”[⑩] 神的活动方式是不可测知的。神后来引申出神秘的内涵，正源于此。

---

① （唐）王冰注，（宋）林亿等校正：《补注黄帝内经素问》，《二十二子》，第 1004 页。

② 《汉语大字典》（中），成都：四川辞书出版社、武汉：湖北辞书出版社，1995 年，第 2392—2393 页。

③ （汉）许慎：《说文解字》，第 8 页。

④ （汉）孔安国传，（唐）孔颖达等正义：《尚书正义》，第 178 页。

⑤ 转引自《汉语大字典》（中），第 2392 页。

⑥ （清）王先谦：《荀子集解》，《诸子集成》卷二，第 206 页。

⑦ （清）王先谦：《荀子集解》，《诸子集成》卷二，第 206 页。

⑧ （汉）刘安著，（汉）高诱注：《淮南子注》，《诸子集成》卷七，第 17 页。

⑨ （汉）刘安著，（汉）高诱注：《淮南子注》，《诸子集成》卷七，第 17 页。

⑩ （魏）王弼等注，（唐）孔颖达等正义：《周易正义》，《十三经注疏》（上），第 78 页。

尽管气、精、神三个词具有不同的内涵，但是，在古代文献中，三者在有一点上达成了一致：生命之元。《管子》[①]曰："凡人之生也，天出其精，地出其形，合此以为人。"[②]《管子》中所说的形指人的身体、形体、肉体。人除了肉体之外，还有一个重要的部分，即精。精与形合，而有了人。所以，精气说试图解决的问题是：人是什么？这既是一个经验科学的研究，也是一个形而上学的思考。也就是说，这段文献试图回答一个哲学人类学的问题：人究竟是什么？在《管子》看来，人是精与形的合一。人之精来源于天，形来源于地。那么，什么是精呢？"精也者，气之精者也。"[③]精指精气。精气的提法本身意味着两点。第一，精气的确存在，如同普通的气体一般，是实实在在的存在。精气是某种确定的实在。第二，精气不同于普通的气。它是一种特殊的气。这种特殊之气不仅有活力，而且更精微。这便是精气。气本来就难以捉摸了，气之精者，可以想象，比气更要难捉摸。精气是难以捉摸的，甚至是不可认识的实体。

精气的作用是什么呢？精气使人生。《管子》曰："有气则生，无气则死。生者以其气。"[④]精气和人的生存相关。一个人活着，不但有健康的躯体，而且还要有精气。正是有了精气，才确保人的生命。精气是生命之要素与根本。汉代的王充继承了精气说，提出："人之所以生者，精气也，死而精气灭。"[⑤]精气主导人的生死存亡。人活着就有精气在。精气不在，人便是死亡。从精气与生死的必然关系来看，精气直接指向人类的生命。有了精气，这个形体便是活着的人，否则便是一个物件，和生命无关。精

---

① 《管子》中的《心术》上下、《白心》和《内业》等四篇统称为"管子四篇"。这四篇的作者在学术界争论已久。据张连伟统计，至少有五种说法。1. 宋钘、尹文说，代表有郭沫若、李学勤等。2. 田骈、慎到说，代表有蒙文通、裘锡圭等。3. 稷下黄老学派作品，代表有冯友兰、冯契等。4. 稷下道家说，代表有吴光等。5. 管仲学派作品，代表有张岱年等。（参见张连伟：《论〈管子〉四篇的学派归属》，《管子学刊》2003 年第 1 期）这些说法有一个共识：它们不属于管子时期的作品。它们出现得比较晚，可能是战国时期的作品。

② （清）戴望：《管子校正》，《诸子集成》卷五，上海：上海书局，1986 年，第 272 页。

③ （清）戴望：《管子校正》，《诸子集成》卷五，第 270 页。

④ （清）戴望：《管子校正》，《诸子集成》卷五，第 64 页。

⑤ （汉）王充著，张宗祥校注，郑绍昌标点：《论衡校注》，第 414 页。

气意味着人的生命。它是人之为生命的基本保证。这个保证者，后来变成了“精神”。

《庄子》明确探讨了人的生死问题：“人之生，气之聚也。聚则为生，散则为死。”[①]什么是生命？生命无非是气的聚集。一旦气散了，生命便消失了。生命的标志在于气。《庄子》以气作为人的生存的标准。联想到前面的《管子》中的精气说，我们可以体会出二者之间的某种默契与关联。《庄子》说：“且彼有骇形而无损心，有旦宅而无情死。”[②]形体可以变化，甚至腐败乃至消失，但是精（情通精）却是不死的、不灭的、永恒的。为什么呢？《庄子》曰：“精神生于道，形本生于精，而万物以形相生。”[③]万物之为物，在于其形。形即形体。形体则生于精。精即精气。精气来源于道。道是精气之源、万物之本。精气是人的生命之源。作为事物的本、源，无论是道还是精，都是不变的。精气是永恒不变的。荀子则提出“形具而神生”：“形具而神生，好恶喜怒哀乐臧焉，夫是之谓天情。”[④]荀子的形神论，突出了形对于神的意义和作用：离开了形体、身体，人之神便不存在。至于此神是什么，语焉不详，暂不多说。

《黄帝内经》区别了精、气、神三者，曰：“人始生，先成精”[⑤]；“精者，身之本也”[⑥]。精是生命的开端，称为生之本。而生命则兆形于神：“得神者昌。失神者亡。”[⑦]没有了神，便没有了生命。司马迁总结了前人的观点，提出：“凡人所生者神也，所托者形也……神者生之本也，形者生之具也。”[⑧]这两句话，高度概括了神与形的本质与哲学意义。神，即人的生存之本。所谓生存之本，通俗地说，即人之所以活着，便是因为有了这个神。离了这个神，即便有躯体，也只能是一个物件，而不再是活人了。

---

① （清）王先谦：《庄子集解》，《诸子集成》卷三，第138页。
② （清）王先谦：《庄子集解》，《诸子集成》卷三，第46页。
③ （清）王先谦：《庄子集解》，《诸子集成》卷三，第139页。
④ （清）王先谦：《荀子集解》，《诸子集成》卷二，第206页。
⑤ （唐）王冰注，（宋）林亿等校正：《补注黄帝内经素问》，《二十二子》，第1005页。
⑥ （唐）王冰注，（宋）林亿等校正：《补注黄帝内经素问》，《二十二子》，第879页。
⑦ （唐）王冰注，（宋）林亿等校正：《补注黄帝内经素问》，《二十二子》，第891页。
⑧ （汉）司马迁：《史记》，第942页。

作为一个联用词，“精神”大约最早出现于《礼记》和《庄子》等文献中。《礼记》曰：“气如白虹，天也；精神见于山川，地也；圭璋特达，德也；天下莫不贵者，道也。”[①]《庄子》曰：“彼至人者，归精神乎无始，而甘冥乎无何有之乡。”[②]到了汉代，“精神”概念便经常出现于有关文献中，如《淮南子》《太平经》等。《太平经》提出“精神”主生：“人有一身，与精神常合并也。形者乃主死，精神者乃主生。常合即吉，去则凶。无精神则死，有精神则生。常合即为一，可以长存也。”[③]“精神”主生。生命即“精神”的存在。有了“精神”才有生命。同时，“精神”还是生命形体的主宰：“精神减则老，精神亡则死，此自然之分也。安可强争乎？凡事安危，一在精神。故形体为家也，以气为舆马，精神为长吏，兴衰往来，主理也。若有形体而无精神，若有田宅城郭而无长吏也。夫长吏者，乃民之司命也，忠臣孝子大顺之人所宜行也。”[④]“精神”与形体的关系，如同掌管与田宅的关系。田宅之所以是田宅在于它是人所种、人所住。正因为有了人，田宅才是田宅。另一方面，在二者关系中，“精神”是主宰，田宅是随动。《太平经》甚至提出生物皆有“精神”：“凡物自有精神，亦好人爱之，人爱之便来归人。”[⑤]比如“草木有德有道而有官位者，乃能驱使也，名之为草木方，此谓神草木也……此草木有精神，能相驱使，有官位之草木也”[⑥]。此处的万物，当指生物。“精神”便是生物之所以为生物的根据。后来的桓谭用薪火来比喻“精神”与形体的关系，并由此而引发了一场争论。桓谭提出：“精神居形体，犹火之然烛矣。”[⑦]“精神”与形体，好比火与烛，“精神”是火，形体是烛。火与烛的关系是什么呢？烛之所以是烛，就在于它能够燃烧。燃烧是烛之性。能够

---

① （汉）郑玄注，（唐）孔颖达等正义：《礼记正义》，《十三经注疏》（下），第 1694 页。
② （清）王先谦：《庄子集解》，《诸子集成》卷三，第 211 － 212 页。
③ 《太平经》，上海：上海古籍出版社，1993 年，第 132 页。
④ 《太平经》，第 119 页。
⑤ 《太平经》，第 279 页。
⑥ 《太平经》，第 233 页。
⑦ （汉）桓谭著，朱谦之校：《新辑本桓谭新论》，北京：中华书局，2009 年，第 32 页。

燃烧的、带油脂的木头，我们称之为烛。如果不能够燃烧，那样的东西便不是烛，而是其他的什么东西。燃烧或火性是烛的规定性，且是根本规定性：烛作为烛的东西。于是，“精神”对于生命体的意义，在于：“精神”决定了人的生命体之所以为人的生命体的东西。离开了神，生命不再是生命。神是生命的保证和依据。

“精神”是生命的依据。用我们今天的话来说，“精神”是我们判断一个物体是否具有生命的标准，比如医学上的死亡判断。从哲学的角度来看，有“精神”便是活的、有生命。失去了“精神”便是无生命的，便是死亡。假设我们能够以某种具体的物质来指代“精神”的话，比如笛卡尔所说的松果腺（pineal gland），医学上判断死亡的标准难题就解决了。

三、“精神”的功能：生存、理智与主宰

“精神”主生。那么，它是如何工作的呢？它的工作主要分三类。第一，它为生存提供动力或能量；第二，它使生灵有知；第三，它主宰生命。

慧远提出形灭神不灭。在他看来，神不仅生成万事，而且在悄悄地推动着存在物生存：“化以情感，神以化传。情为化之母，神为情之根。情有会物之道，神有冥移之功。”[①]“精神”推动生物生存。张载说：“惟屈伸、动静、终始之能一也，故所以妙万物而谓之神，通万物而谓之道。”[②]神即妙用万物。妙用万物即鼓动万物：“鼓天下之动者存乎神。天下之动，神鼓之也，神则主动，故天下之动，皆神为也。”[③]神主动万物。万物因神而生动。世界存在。从本质上来讲，存在即生生不息。生生不息在于生。生如何工作？生因为有了一定的能量而能够生生不息。故，对于生命体来说，生存的能量是确保生命体的依据。生生不息自保生命体的生存。这是自明的。这个自明体便是“精神”。“精神”确保生命。我们通常称之为

---

① （晋）慧远：《形尽神不灭》，见（梁）僧祐：《弘明集》，上海：上海古籍出版社，1991年，第32页。

② （宋）张载著，章锡琛点校：《张载集》，第63—64页。

③ （宋）张载著，章锡琛点校：《张载集》，第205页。

求生的本能。

“精神”不仅提供生命力，而且使生灵有知。《管子》最早提出这一观点：精气使人有知，有意识。“思之思之，又重思之，思之而不通，鬼神将通之，非鬼神之力也，精气之极也。”[①]精气不但确保人的生命，而且使人有知，有思维。也许在《管子》看来，知觉与意识是人的根本特征。这个特征来源于精气。或者说，人因为有了精气，从而能够知觉、思维和意识，从而成人。朱熹说：“人生初间是先有气。既成形，是魄在先。‘形既生矣，神发知矣。’既有形后，方有精神知觉。”[②]人类的“精神”知觉来源于神，即“精神”激发了人类的理性与意识，或者说，人类的理性意识来源于“精神”。从植物的神经到动物的感觉，乃至人类的思维等来看，“精神”不仅能动生物，而且促使生物体有知。

那么，“精神”为什么使生物有知呢？有两个原因。第一个原因是：这是自然的安排，即生物的生存方式中，天然地具备了知的能力，如同人类有四肢，植物趋向阳的实然性，自然而自足，无法解释。另一个原因是：知本身便是一种行为。它是生物生存的一种方式。这种方式，对于人类来说便是思维，对于动物来说便是感知。思维与感知，首先是作为动作而存在。因为有了思维等动作，然后才有了思想与知觉。“精神”是生物生存的动力。它当然也是知的动力。于是，“精神”使生物有知。

《淮南子》曰：“夫形者生之舍也；气者生之充也；神者生之制也……故夫形者，非其所安也而处之，则废；气不当其所充而用之，则泄；神非其所宜而行之，则昧。”[③]神制约着、主宰着生存。《太平经》曰：“夫人本生混沌之气，气生精，精生神，神生明。本于阴阳之气，气转为精，精转为神，神转为明。”[④]这实际上描述了“精神”主宰生命的机制：人因气而生精、神，因“精神”而明觉。什么是明觉？明觉不仅仅指一种

---

① （清）戴望：《管子校正》，《诸子集成》卷五，第271页。

② （宋）黎靖德编，王星贤点校：《朱子语类》一，第41页。

③ （汉）刘安著，（汉）高诱注：《淮南子注》，《诸子集成》卷七，第17页。

④ 《太平经》，第572页。

理智的认识，更是一种主体的觉悟。觉悟类似康德所说的启蒙：主体能够控制自己的理智。人类因此而产生自觉与主动。什么叫自觉与主动？主体不但认识事物或事情，而且能够作出自己的抉择，能够在众多的认识或现象中选择出自己要依靠的认识或现象。这个选择过程便是主体主宰自己的过程，便是主体主宰生命的过程。

笛卡尔将“精神”的作用分为两类，一类是积极的，另一类是消极的。积极类作用体现在“精神”的意愿中。消极的作用体现在觉察中。觉察源于“精神”的指导。①“精神”并不是单纯的意识。它将身体的所有部分连接起来②，然后指导人的身体。刨除神学假说不提，就人类来说，“精神”是人类身体与行为的主宰。这和人类的特征相关。人类的所有的行为源于自身的理解和判断。理解和判断来源于“精神”。正是“精神”使人类不但具备了理解与理智，同时，也使人类能够产生判断和抉择。而判断和抉择正是主宰的本质所在。主宰在于做主。

四、“精神”的不可知性与医学伦理学上的难题

作为生命力的“精神”，从经验认识的角度来看，是不可知的。从这个概念的最初表达来看，它便代表了某种不可知性。精气、“精神”本身便包含了不可知性。气本身便具有不可捉摸性。精比普通的气还要精致、微妙，自然更是难以捉摸。“精神”之神本身便有神秘的意思。《周易》说阴阳莫测之谓神，天台宗说往来莫测之谓神。总之，神即神秘，具有不可知性。慧远说：“夫神者何耶？精极而为灵者也。精极则非卦象之所图，故圣人以妙物而为言。虽有上智，犹不能定其体状，穷其幽致。”③“盖神者可以感涉，而不可以迹求。必感之有物，则幽路咫尺；苟求之无主，则

① *The Philosophical Writings of Descartes*, Vol. I, translated by John Cottingham, Robert Stoothoff, and Dugald Murdoch, Cambridge University Press, 1984, p. 335.

② *The Philosophical Writings of Descartes*, Vol. I, translated by John Cottingham, Robert Stoothoff, and Dugald Murdoch, pp. 339-340.

③ （晋）慧远：《沙门不敬王者论》，见（梁）僧祐：《弘明集》，第 32 页。

眇茫何津？”[①] 神为精极，不是图像所能够表述的，故无法确定其形状。我们只能够感涉、体悟它，却无法把它具体化为事物。

“精神”为什么是不可认识的呢？“精神”本身便是一个最小的整体。最小单位即不可分离的单位。不可分离的整体使人类的认识难以完成，因为所有的经验认识都是对某种关系的描述与再现。单一的整体排除了两者在场的事实，也让关系失去了在场的理由。认识因而不可能。从形而上学的角度来说，这个单一者是形而上的实体。它不是知识有效范围之内的对象。我们的经验认识无法准确地、合理地、有效地描述形而上的“精神”。故，“精神”是不可知的。

几十年来，医学伦理学上一直存在着一个难题：如何界定生命的终结？传统的死亡标准是心脏停止跳动。后来随着西学的发达，人们可以人工促使心脏跳动、血液循环，即当一个人死亡以后，我们还可以做到让其心脏跳动、血液循环。这样，心脏标准遇到了困境。1968 年哈佛医学院脑死亡定义审查特别委员会提出了脑死亡的标准，认为大脑的死亡是死亡的标准。这是目前医学界通用的标准。可是，对于这个标准，一些医学家、神学家、哲学家如汉斯·约纳斯（Hans Jonas）等也提出了一些质疑。最近十多年来，质疑声越来越烈，尤其是一些外科医生和神经科医生。其标志是著名的 *Hastings Center Report* 上刊登了一篇文章《是放弃脑死亡的时候了吗？》。尽管在这些质疑声的背后掺杂着一些利益，比如器官移植的需要等，但是不可否认，在理论上这些质疑还是有些道理的：脑死亡不等于生命的终结。[②]

为什么会有医学伦理学上的这些难题呢？原因便在于问题本身的超经验性和不可知性。我们的界定总是依据某种经验的事实。这些经验的事实都是形而下者。当我们依据这些事实时，我们谈论的不再是生命、“精神”本身了。“精神”在瞬间悄悄地转换为某种表征，如同美与美的事

---

① （梁）释慧皎撰，汤用彤校注，汤一玄整理：《高僧传》，北京：中华书局，1992 年，第 214 页。

② 参见 Michael Potts, Paul A. Byrne and Richard D. Nilges, *Beyond Brain Death: The Case against Brain Based Criteria for Human Death*, New York: Kuwer Academic Publisher, 2000。

物一样。医学上总是，也只能依据某些医学表征来断定“精神”存在与否、生命存在与否。而这些所谓的表征都无法真正等同于“精神”。“精神”的确存在，却无法被人类经验认识。“精神”是神秘的。故，莱布尼茨称这类的原理为“不可识别的同一性原理”（the principle of identity of indiscernible）。身份原理（the principle of identity）是不可识别的。

五、“精神”的永恒性与形神之辨

作为形而上的存在，“精神”同时也是永恒的、绝对的。我们首先需要解释一下永恒的含义。人们通常以为，永恒即没有时间的限度，从古经今而至将来。永恒即永久。“久，弥异时也；宇，弥异所也。”[①] 永恒、久的意思是跨越了不同的时间。从普通存在物的角度来看，永恒者指在该事物从生到死的整个过程中始终在场者。生命的不同阶段，我们称之为时间。涵括了所有的时间便是永恒。存在于所有时间的存在者便是该事物的永恒者。对于生物来说，种子便是它的永恒者；对于人类来说，人性便是它的永恒者。所以，永恒仅仅指相对于某个物体的存在而言：它贯穿了存在物的始终，我们便可以称之为永恒。永恒以具体时间为限度。反过来说，具体时间又以永恒为指向。永恒仅限于具体存在的时间性。没有什么绝对的永恒。永恒仅仅是某个存在的永恒。无条件的永恒或普遍是不存在的。

可是在常人们看来，永恒即绝对的、永久的。这又怎么解释呢？其实，这个观点，和上述的理解性质是完全一致的：从某个存在物的存在角度来看，永恒即贯穿了这个存在物的存在始终。在这里，这个存在物便是宇宙。我们从宇宙的角度来看，从宇宙之生，到宇宙之亡（假设有这种可能），贯穿其中者便是永恒，比如苍苍之天。所以，所谓的永恒，指的是相对于某个存在物而言的存在者。如果有某个东西贯穿了这个存在物的始终，我们便称之为永恒。最大的永恒便是相对于宇宙之存在而言的永恒

① （清）孙诒让：《墨子间诂》，《诸子集成》卷四，上海：上海书局，1986年，第194页。

者，如天。如果没有一定的事物作为参照，所谓的永恒者是不存在的。永恒只能是某个事物的永恒者。正是从这个意义上，我们认为“精神”是永恒的。“精神”的永恒性，在中外哲学史上叫作神不灭论。

《文子·守朴》说：“形有靡而神未尝化。”[①] 人的形体会不断地朽坏，但是“精神”不曾变化。慧远根据当时人们的薪火之喻指出：“火之传于薪，犹神之传于形；火之传异薪，犹神之传异形。前薪非后薪，则知指穷之术妙；前形非后形，则悟情数之感深。惑者见形朽于一生，便以谓神、情共丧，犹睹火穷于一木，谓终期都尽耳。”[②] 形神的关系好比薪火的关系，前薪虽然尽，火却可以传于后薪，故而薪尽而火存，前形虽灭，神已传于后形，因此形灭而神存。人的身体因为是“四大”所造，故会腐朽，但是“精神”确是不变的、永恒的、绝对的。

人的身体是变化的：从幼年到老年，从强壮到衰老，甚至从男人变成女人等，这些都是可能的，有些也是现实的。人的身体在不断地变化。那么，人的“精神”是不是也会因此而变化的？是不是一个人从男人变成了女人，他的“精神”就不在了呢？一个人从幼年长成了成年，他的“精神”也变了呢？显然不能这么说。无论是从男人变女人，还是从幼年变成年，只要他还活着，其“精神”依旧存在。“精神”因此是不变的。对于一个生命体来说，“精神”是它最确定、最根本的规定，是它的身份。对于这个生命体来说，它的形体可以发生这样或那样的变化，但是它的生命却始终如一，坚持不懈，不可更改。它是绝对的。一旦失去了这个规定，它便从生命体变成了非生命体。没有了生命体，永恒与否便失去了参照。再讨论永恒便失去了意义。

在中国思想史上，有些学者主张形灭神灭论，主要代表便是桓谭和范缜。桓谭说：“精神居形体，犹火之然烛矣……烛尽火，亦不能独行于虚空，又不能后然其灺。”[③] 烛尽火灭、形尽神灭。范缜以刀与锋的关系来

---

① （元）杜道坚：《文子缵义》，《二十二子》，上海：上海古籍出版社，1986年，第838页。
② （晋）慧远：《沙门不敬王者论》，见（梁）僧祐：《弘明集》，第32页。
③ （汉）桓谭著，朱谦之校：《新辑本桓谭新论》，第32页。

解说形神关系："神之与质，犹利之与刃。形之于用，犹刃之与利。利之名，非刃也，刃之名，非利也。然而舍利无刃，舍刃无利。未闻刃没而利存，岂容形亡而神在？"[①] 刀在锋存，形亡神灭。这些思想家的观点，看起来很有道理，不少学者因此将其看作无神论的代表而大加赞赏。其实，这些美言似乎有些言过其实。首先，这里讨论的形神关系中的神并不等同于有神论的神。所以对神的否定无关乎有神论。其次，他们的理解似乎仅仅限于一种情形：形体的有与无，即当形体不在时，神亦不在。他们只接受形体的一种变化形式：有或无。至于从小到大、从男到女等形体的变化，他们不管了。问题是：当形体变化时，神是否变化呢？他们没有作出回答。他们的结论，看起来很合理，其实没有什么哲学意义：当生命的形体存在了，再来讨论神是否存在几乎没有意义。相反，慧远等人的观点更具有哲学意义。当形体变化时，人的"精神"是不变的。这就是形灭神不灭的本义。人的生命力长存，而形貌却在不断地改变。

结语　精、气、神贯通与生命之元

在中国思想史上，精、气、神有着必然的关联。精气，有时候简称为精，如《管子》；有时候简称为气，如《庄子》。神则是"精神"的简称。从汉代以后，人们开始有意识地分别精、气、神三者：气生精，精生神，神生明。气在于突出"精神"的实在性：如气一般实在，精在于突出神秘性：精妙隐微，神突出了"精神"的主宰性：神灵明觉。这种分别，一方面体现了人类对"精神"概念的认识的进步，另一方面也反映了"精神"的三种不同的功能："精神"为生命体提供动力；"精神"使生物体有知；"精神"主宰生物体。它是生物体的身份：生物体所以然者。"精神"是永恒的，故神不灭，同时也是不可知的。

神的最主要内涵是生命之元。当我们说天神、山神等，我们的意思是：天、山等自然事物都具有生命。其标志便是神。有了神便有生命，无

① （南北朝）范缜：《神灭论》，见（梁）僧祐：《弘明集》，第56页。

生命便无神。反之，当我们说某人无神时，意思是说他的生命力出现了问题。神是生命力之元。而生命力之元，古人又称之为气。由此看来，神与气便产生了关联。事实上，神便是神气。或者说，神也是一种气。故，精、气、神三者其实指同一个东西。气之精者被称为精气，如《管子》所言："精也者，气之精者也。"[①] 故，精即精气。神是精的一种功能或存在方式。此时，神与精相贯通。由此，精、气、神贯通为一。故，当有人向王阳明寻问仙家的"元气""元神""元精"三者的分别时，王阳明回答道："只是一件：流行为气，凝聚为精，妙用为神。"[②] 精、气、神本为一件事物。精、气、神相通，只不过是侧重点不一而已。当人们说气时，意在强调此物的实在性，即必定为某物，如同风一般实在；当人们说精时，意在突出此物的微妙和不可认知性；当人们说神时，意在明确它的功能，即神妙万机。

当然，我们说精、气、神相贯通，意思是说三者之间具有某种一致性。这并不是说三个概念之间完全没有差别。我们承认三者之间的差异。其间的差异恰恰体现了人类认识的不同阶段。在气的阶段，人们对世界的理解处于质朴的，甚至是肤浅的阶段。或许人们以为世界的终极性存在于某种实在的物质性的气体。中国古代如此，西方古代也是如此。在精的阶段，人们从质朴的阶段上升到了一个新的阶段。在这个阶段，人们相信这个世界一定存在着某种终极性事物。这个事物不是某种可以认识的气体，而是某种不可觉察的精微之物。说它是精微，表明对它的认识的困难；说它是气，表明了思想家们对终极性事物的实在性的坚信：一定有某种实在的物体存在。到了神的阶段，人们不仅坚信终极事物的存在，而且相信至少在人的身上不仅仅有这样的实体事物存在，而且它能够主宰人类的生活世界，并且是神秘的。这便是神妙万物而生生。

① （清）戴望：《管子校正》，《诸子集成》卷五，第270页。
② （明）王阳明撰，吴光、钱明、董平、姚延福编校：《王阳明全集》（上），第19页。

第四节　性与气：儒家性命观[①]

在传统儒家看来，天地生万物，包括人。天生人类的最初形体便是性。告子曰："生之谓性。"[②] 这应该是当时主流儒家的立场。这句话至少包含了两项内容，即性由天生，以及性是初始之物。这个天生之性的第一个基本性质即人性的首要内涵，并非如过去所理解的抽象性质，而是具体的气质。性即气质之物。那么，这个构成气质之性的来源的气质或气从何而来呢？这是我们需要回答的首要问题之一。气来源于天。

一、气的来源与天

中国古代生命哲学认为，万物的生命力便是气。那么，什么是气呢？气从何处而来呢？作为生命力的气乃是一种实体之物。这种气，在《庄子》看来，"彼方且与造物者为人，而游乎天地之一气"[③]。创生万物的气游荡于天地之间。这里的气既有生命性质，又类似于空气。事实上，古人可能未分二者。张载曰："气坱然太虚，升降飞扬，未尝止息，《易》所谓'细缊'，庄生所谓'生物以息相吹'、'野马'者与！此虚实、动静之机，阴阳、刚柔之始。浮而上者阳之清，降而下者阴之浊，其感《通》聚《结》，为风雨，为雪霜，万品之流形，山川之融结，糟粕煨烬，无非教也。"[④] 气升降飞扬。这种飞扬飘荡的气体便是生命力之元。那么这些飘荡的气体从何而来呢？

这种流荡的气体源自于苍天。这便是"天气"。《庄子》曰："天气不合，地气郁结，六气不调，四时不节。今我愿合六气之精，以育群生，为之奈何？"[⑤] 万物生于六气，其中有天气和地气。《周易》曰："《彖》曰：

---

① 本节部分内容曾经发表于《湖南大学学报（社会科学版）》2017 年第 2 期。
② 杨伯峻译注：《孟子译注》，第 196 页。
③ （清）王先谦：《庄子集解》，《诸子集成》卷三，第 44 页。
④ （宋）张载著，章锡琛点校：《张载集》，第 8 页。
⑤ （清）王先谦：《庄子集解》，《诸子集成》卷三，第 66 页。

咸，感也。柔上而刚下，二气感应以相与，止而说，男下女，是以亨利贞取女吉也。天地感而万物化生，圣人感人心而天下和平。观其所感，而天地万物之情可见矣！”[①]《咸卦》（辞）揭示了感应原理。而感应的主体便是天气和地气。其中，来自于天上的气自然下降。《尔雅》：“日出而风为暴，风而雨土为霾，阴而风为曀。天气下地不应曰雺，地气发天不应曰雾。”[②]天气与地气的不同运动状态造成了不同的自然现象。《礼记》曰：“气如白虹，天也；精神见于山川，地也；圭璋特达，德也；天下莫不贵者，道也。”[③]气如白虹源自天，“精神”则现于地。或者说，气来源于天，体现于地。王肃曰：“魂气升而在天，形体藏而在地。”[④]魂气在天。这种来自于天上的气便是“天气”。《礼记》曰：“是月也，天气下降，地气上腾，天地和同，草木萌动。此阳气蒸达，可耕之候也。”[⑤]天气下降与地气上升相合作，生成万物，生命因此而诞生。生命产生于天气。

汉儒陆贾曰：“夫驴骡骆驼，犀象玳瑁，琥珀珊瑚，翠羽珠玉，山生水藏，择地而居，洁清明，朗润泽，而濡磨而不磷，涅而不淄，天气所生，神灵所治，幽闲清净，与神浮沉，莫之效力为用，尽情为器。故曰，圣人成之。所以能统物通变，治情性，显仁义也。”[⑥]其中的“驴骡骆驼，犀象玳瑁，琥珀珊瑚，翠羽珠玉”等皆为有生命的“物”。它们的生命来源于“天气”。天生物以气。董仲舒曰：“是以春秋变一谓之元。元，犹原也。其义以随天地终始也。故人唯有终始也，而生不必应四时之变。故元者为万物之本。而人之元在焉。安在乎？乃在乎天地之前。故人虽生天气及奉天气者，不得与天元本、天元命而共违其所为也。”[⑦]人生于“天气”。“天气”是人的生命之元，天气又产生于天。故，生命源自于天：

---

① （魏）王弼等注，（唐）孔颖达等正义：《周易正义》，《十三经注疏》（上），第46页。
② （晋）郭璞注，（宋）邢昺疏：《尔雅注疏》，上海：上海古籍出版社，2010年，第299页。
③ （汉）郑玄注，（唐）孔颖达等正义：《礼记正义》，《十三经注疏》（下），第1694页。
④ 《家语卷一》，《钦定四库全书荟要》子部。
⑤ （汉）郑玄注，（唐）孔颖达等正义：《礼记正义》，《十三经注疏》（下），第1356页。
⑥ （汉）陆贾：《新语》，《诸子集成》卷七，上海：上海书店，1986年，第2页。
⑦ （清）苏舆撰，钟哲点校：《春秋繁露义证》，第66—67页。

“地出云为雨，起气为风。风雨者，地之所为。地不敢有其功名，必上之于天。命若从天气者，故曰天风天雨也，莫曰地风地雨也。勤劳在地，名一归于天，非至有义，其孰能行此？故下事上，如地事天也，可谓大忠矣。”[①] 地上的风雨等“有生命者”，看似源自于地，实际上来源于天，因此被称作“天风天雨”。生命源自于天。和以前的认识不同，董仲舒将生命的生存视为综合作用的结果，即：“天德施，地德化，人德义。天气上，地气下，人气在其间。春生夏长，百物以兴；秋杀冬收，百物以藏。故莫精于气，莫富于地，莫神于天。天地之精所以生物者，莫贵于人……带而上者尽为阳，带而下者尽为阴，各其分。阳，天气也；阴，地气也。故阴阳之动，使人足病，喉痹起，则地气上为云雨，而象亦应之也。”[②] 人生于天与地的共同作用。其中天提供天气，地提供地气。天地之气造就了万物。其中的天气，董仲舒又称之为阳或阳气。后人注释《礼记》便曰：“‘天气下降’者，天地之气谓之阴阳。”[③] 阳气便是天气。而地气，后人则将其解释为五行之质或“地质”。《白虎通》曰：“人所以有姓者何？所以崇恩爱，厚亲亲，远禽兽，别婚姻也。故纪世别类，使生相爱，死相哀，同姓不得相娶者，皆为重人伦也。姓者，生也，人禀天气所以生者也。”[④] 姓即生也。生存则源自于“天气”。《淮南子》曰：“所谓有始者，繁愤未发，萌兆牙蘖，未有形埒垠堮，无无蠕蠕，将欲生兴而未成物类。有未始有有始者，天气始下，地气始上，阴阳错合，相与优游竞畅于宇宙之间，被德含和，缤纷茏苁，欲与物接而未成兆朕。”[⑤] 万物生于天气与地气。天气下降，地气上升，合而生物。王充曰：“故凡世间所谓妖祥，所谓鬼神者，皆太阳之气为之也。太阳之气，天气也。天能生人之体，故能象人之容。夫人所以生者，阴阳气也。阴气主为骨肉，阳气主为精神。人之生

---

① （清）苏舆撰，钟哲点校：《春秋繁露义证》，第307—308页。
② （清）苏舆撰，钟哲点校：《春秋繁露义证》，第347—349页。
③ （汉）郑玄注，（唐）孔颖达等正义：《礼记正义》，《十三经注疏》（下），第1357页。
④ （清）陈立撰，吴则虞点校：《白虎通疏证》（下），北京：中华书局，1994年，第401页。
⑤ （汉）刘安著，（汉）高诱注：《淮南子注》，《诸子集成》卷七，第19页。

也，阴阳气具，故骨肉坚，精气盛。”[①] 人的生命源自于阴阳二气，其中阳气给予生命（“精神”），阴气给予形体。这便是理学气质说的雏形。

宋明理学接受了天气说。张载曰：“由太虚，有天之名；由气化，有道之名；合虚与气，有性之名；合性与知觉，有心之名。”[②] 天是一个超越性存在：它是超越的太虚与气的统一体。天气变化而成道。天地创生万物。万物之初便是性。（天地之）性，作为初始的存在物不仅有太虚之义，而且有气。其中的气确保了万物的生机。这便是太虚与气合作而形成的性。二程曰：“天地日月一般。月受日光而日不为之亏，然月之光乃日之光也。地气不上腾，则天气不下降。天气降而至于地，地中生物者，皆天气也。惟无成而代有终者，地之道也。”[③] 天气下降于地上而生物。万物生于“天气”，即天气是万物的生命力之元。朱熹对气的内容作了进一步的分化，“天气地质”说：“性只是理。然无那天气地质，则此理没安顿处。”[④] 不仅存在着形而上的性、理，而且还需配备形而下的器物。这些器物便是“天气地质”。所谓“天气地质”显然是对以前的天气、地气说的深化或改造，即地气改成地质。这样天气与地质合起来成就万物。在《太极图说解》中，朱熹指出：“有太极，则一动一静而两仪分；有阴阳，则一变一合而五行具。然五行者，质具于地，而气行于天者也……五行具，则造化发育之具无不备矣，故又即此而推本之，以明其浑然一体，莫非无极之妙。而无极之妙，亦未尝不各具于一物之中也。盖五行异质，四时异气，而皆不能外乎阴阳。阴阳异位，动静异时，而皆不能离乎太极。”[⑤] 朱熹给我们描绘了一幅万物发生路线图：太极→阴阳→五行→万物。其中太极是万物生存之理；阴阳实为一气，即或为阳气，或为阴气；五行则指金、木、水、火、土五种材质。阴阳之气为“天气”，五行之质为“地

---

① （汉）王充著，张宗祥校注，郑绍昌标点：《论衡校注》，第 454 页。
② （宋）张载著，章锡琛点校：《张载集》，第 9 页。
③ （宋）程颢、程颐著，王孝鱼点校：《二程集》（上），第 129 页。
④ （宋）黎靖德编，王星贤点校：《朱子语类》一，第 66 页。
⑤ （宋）朱熹：《太极图说解》，见（宋）朱熹撰，朱杰人、严佐之、刘永翔主编：《朱子全书》第十三册，第 73 页。

质”。前者为生物提供生命，后者为生物提供材质。天提供气，并使万物获得生机。

二、天生万物与天命观的产生

气是万物的生存的本质。那么，气从何而来呢？传统思想认为，作为一种自然存在的气来源于天。《庄子》曰：“是故天地者，形之大者也；阴阳者，气之大者也；道者为之公。因其大而号以读之，则可也，已有之矣，乃将得比哉！则若以斯辩，譬犹狗马，其不及远矣。”[①] 天地是最大的形体，阴阳则是最大的气。比如苍天中的云，《庄子》曰：“穷发之北有冥海者，天池也。有鱼焉，其广数千里，未有知其修者，其名为鲲。有鸟焉，其名为鹏，背若泰山，翼若垂天之云，抟扶摇羊角而上者九万里，绝云气，负青天，然后图南，且适南冥也。”[②] 气与云相关联。云在天上，故气在天上。而阴阳之气，人们又称之为天地之气：“是月也，天气下降，地气上腾，天地和同，草木萌动。”[③] 气即天气。这种天气和地气结合，能够生长万物。地气便是地质即五行之材质。天气便是生命力。作为生命力的气源自于天。这便是天气。

天赋予万物以气，从而使万物获得生机或生命。其中，天生万物的最初形态便是性。孟子曰：“且天之生物也，使之一本，而夷子二本故也。”[④] 孟子以天生之性为本。天是人性的唯一来源。这种源自于天的人性又被叫作本心：“乡为身死而不受，今为宫室之美为之；乡为身死而不受，今为妻妾之奉为之；乡为身死而不受，今为所识穷乏者得我而为之，是亦不可以已乎？此之谓失其本心。”[⑤] 失去本心即失去本性。性即本。孟子曰：“天下之本在国，国之本在家，家之本在身。”[⑥] 此处的身指修得本性

---

① （清）王先谦：《庄子集解》，《诸子集成》卷三，第 174 页。
② （清）王先谦：《庄子集解》，《诸子集成》卷三，第 2 页。
③ （汉）郑玄注，（唐）孔颖达等正义：《礼记正义》，《十三经注疏》（下），第 1356 页。
④ 杨伯峻译注：《孟子译注》，第 101 页。
⑤ 杨伯峻译注：《孟子译注》，第 205 页。
⑥ 杨伯峻译注：《孟子译注》，第 125 页。

之身。身之所以是本源，原因在于其性。故，孟子最终以性为本，并因此开辟了性本论传统。这个传统不仅得到了后来儒家的秉承，而且也大体符合道家的思路。

在孟子和庄子时期，性与天产生了联系。产生于天的本性便是天性。其中的天，在古汉语中主要有两种用法，即名词之天和形容词之天。其中名词之天便是苍天。而形容词之天的意思是“像苍天一样的，自然而然的”。因此，天性便包含两层内涵。其一，天性指苍天的本性；其二，天性指像苍天一样的、自然的本性。《庄子》亦曰：“天在内，人在外，德在乎天。知天人之行，本乎天，位乎得。蹢躅而屈伸，反要而语极。……牛马四足，是谓天；落马首，穿牛鼻，是谓人。故曰：无以人灭天，无以故灭命，无以得殉名。谨守而勿失，是谓反其真。”[①]“天在内”应该指自然而固有的天性。天生而固有的本性当然是内在于人身体中的东西，故而叫作“内”。牛马四足便是天生自然如此。这种自然存在物便是天性。天性指生来既有的、自然而然存在的东西。故意而人为的东西便是“人”。这里的“天”可以被视为“天性”的代称，但是它并不是真正意义上的名词概念。它被当作形容词来使用，构成天性。这个复杂结合体可以被简化为“天”，用来突出性的自然性。尊重自然的方案才是最好的方案。这便是“无以人灭天”。自然（“天”）胜过人为（“人”）。孟子曰：“诚者，天之道也。”[②]此处的天并非指苍天之天，而是天性。天道即天性的存在方式。孟子曰：“口之于味也，目之于色也，耳之于声也，鼻之于臭也，四肢之于安佚也，性也，有命焉，君子不谓性也。仁之于父子也，义之于君臣也，礼之于宾主也，知之于贤者也，圣人之于天道也，命也，有性焉，君子不谓命也。”[③]人天生即有食色之本性。这种天生的生理性材质，在孟子看来并不是人性。真正的人性乃是仁义礼智圣等。其中的“天道”便是天性之路。顺性而为不仅符合道，而且能够成就圣贤。后人称作“率性

---

① （清）王先谦：《庄子集解》，《诸子集成》卷三，第105页。

② 杨伯峻译注：《孟子译注》，第130页。

③ 杨伯峻译注：《孟子译注》，第263页。

之谓道”[①]。

性，在荀子思想体系中比较复杂。笔者将其分为“题中之义”和“言外之意”两种。[②]其中“题中之义”的人性即荀子明确定义且重点讨论的邪恶之性。而“言外之意”则是荀子思想中包含或接纳的、非荀子本人创见的人性观念。这种“言外之意”中的人性不同于恶性。它是一种类似于孟子所说的性。这种性，荀子也将其叫作本：“性者本始材朴也；伪者文理隆盛也。无性则伪之无所加，无伪则性不能自美。性伪合，然后成圣人之名一。天下之功于是就也。故曰：天地合而万物生，阴阳接而变化起，性伪合而天下治。天能生物，不能辨物也；地能载人，不能治人也。宇中万物生人之属，待圣人然后分也。”[③]性即天地生物的最初状态。它是人们成就圣贤的基础。这便是本。王充则将人性叫作“本性”：“凡人禀性，身本自轻，气本自长，中于风湿，百病伤之，故身重气劣也。服食良药，身气复故，非本气少身重，得药而乃气长身更轻也。禀受之时，本自有之矣。故夫服食药物，除百病，令身轻气长，复其本性，安能延年，至于度世？有血脉之类，无有不生，生无不死。”[④]性是人类初生的存在物，也是生存之始。道家色彩十分浓厚的《吕氏春秋》曰：“性者，万物之本也，不可长，不可短，因其固然而然之，此天地之数也。”[⑤]性为生物之本。性是一个基础性存在。

性是本心、本性，是万物生存之本。性又来源于天。故，天是万物之本。《礼记》明确将天称作本：“故人者，天地之心也，五行之端也，食味，别声，被色，而生者也。故圣人作则，必以天地为本，以阴阳为端，以四时为柄，以日星为纪，月以为量，鬼神以为徒，五行以为质，礼义以

① （汉）郑玄注，（唐）孔颖达等正义：《礼记正义》，《十三经注疏》（下），第1625页。
② 沈顺福：《善性与荀子人性论》，《求索》2021年第4期。
③ （清）王先谦：《荀子集解》，《诸子集成》卷二，第243页。
④ （汉）王充著，张宗祥校注，郑绍昌标点：《论衡校注》，第155页。
⑤ （秦）吕不韦撰，（汉）高诱注，（清）毕阮校：《吕氏春秋》，《二十二子》，上海：上海古籍出版社，1986年，第720页。

为器，人情以为田，四灵以为畜。”[1] 这段文献中的“人者，天地之心也”被理学家们引用并作了一番新解释，以为“人是天地之主宰”。在笔者看来，其本义未必如此。这段文献的意思是提出人等生物以天地为心、五行为端。天地是生物的主宰（“心”），五行是生物的本源（“端”）。天地给予万物以生命（“心”），五行（金、木、水、火、土）给予万物以形体（“端”）。天地是人的生命力的来源，即本。董仲舒亦曰：“天地者，万物之本，先祖之所出也。广大无极，其德昭明，历年众多，永永无疆。天出至明，众知类也，其伏无不炤也。地出至晦，星日为明，不敢暗。君臣、父子、夫妇之道取之此。”[2] 天地是万物的本源或基础。

天不仅是生物之本，而且是人类社会与文明之本。荀子曰：“礼有三本：天地者，生之本也；先祖者，类之本也；君师者，治之本也。”[3] 礼法文明与天地似乎不相干。但是荀子却提出礼法以天地为本。所为何意呢？如何解释呢？荀子曰：“无天地恶生？无先祖恶出？无君师恶治？三者偏亡焉无安人。故礼上事天，下事地，尊先祖而隆君师，是礼之三本也。”[4] 没有天地，哪来的万物和人类？人和万物产生于天地。因此，天地是人类以及人类所创造的文明的真正本源。《礼记》曰：“是故夫礼，必本于天，殽于地，列于鬼神，达于丧祭、射御、冠昏、朝聘。”[5] 不仅礼本于天，而且“政”也本于天：“是故夫政必本于天，殽以降命。命降于社之谓殽地，降于祖庙之谓仁义，降于山川之谓兴作，降于五祀之谓制度。”[6] 这一理论被董仲舒发展到极致，即“人副天数”：人道本于天道，是对天道的效仿。

根据中国传统思维方式，本源者便是主宰者。天是生物之本、人事之本。宇宙和人类社会的一切便都由天来决定。《老子》曰：“知常容，容

---

① （汉）郑玄注，（唐）孔颖达等正义：《礼记正义》，《十三经注疏》（下），第 1424 页。
② （清）苏舆撰，钟哲点校：《春秋繁露义证》，第 263—264 页。
③ （清）王先谦：《荀子集解》，《诸子集成》卷二，第 233 页。
④ （清）王先谦：《荀子集解》，《诸子集成》卷二，第 233 页。
⑤ （汉）郑玄注，（唐）孔颖达等正义：《礼记正义》，《十三经注疏》（下），第 1415 页。
⑥ （汉）郑玄注，（唐）孔颖达等正义：《礼记正义》，《十三经注疏》（下），第 1418 页。

乃公，公乃王，王乃天，天乃道，道乃久，殁身不殆。”[1]王即世俗主宰。王者便是天。天才是主宰宇宙的力量。故《老子》曰：“故道大，天大，地大，王亦大。域中有四大，而王居其一焉。人法地，地法天，天法道，道法自然。”[2]世界上有四种为大。这四者之间还有个上下级关系，即：人效法地，地遵循天，天服从道，道遵循自然。就天人关系来看，这段文献揭示了最初的天人关系原理，即天主人从。《诗经》曰：“悠悠昊天，曰父母且。无罪无辜，乱如此怃。昊天已威，予慎无罪；昊天大怃，予慎无辜。乱之初生，僭始既涵；乱之又生，君子信谗。君子如怒，乱庶遄沮；君子如祉，乱庶遄已。”[3]苍天如同父母一般掌管着人间事物。

天对人事的管理形式便是天命。《尚书》曰：“呜呼！惟天生民有欲，无主乃乱；惟天生聪明时乂，有夏昏德，民坠涂炭，天乃锡王勇智，表正万邦，缵禹旧服。兹率厥典，奉若天命。”[4]天主人事。这便是天命。子夏曰：“商闻之矣：死生有命，富贵在天。君子敬而无失，与人恭而有礼。四海之内，皆兄弟也——君子何患乎无兄弟也？”[5]在世俗人看来，人的生死与富贵是最重要的几件事。其中生死最大。而生死之事由天决定。这便是天命。所谓天命包含两层内涵，一是苍天的命令，二是命令的内容是寿命。人的生死等大事都是苍天决定的。故，孔子曰：“君子有三畏：畏天命，畏大人，畏圣人之言。小人不知天命而不畏也，狎大人，侮圣人之言。”[6]天命即苍天的命令。苍天决定人世间的主要事务。因此，对于苍天的安排，我们人类需要敬畏它。《左传》记载曰：“吾闻之：民受天地之中以生，所谓命也，是以有动作礼义威仪之则，以定命也。”[7]命体现了苍天对宇宙和人事的安排。这种安排体现了天对人的主宰与决定。尽管从孟子

---

① （春秋）老子著，（魏）王弼注：《老子道德经》，《诸子集成》卷三，第 9 页。

② （春秋）老子著，（魏）王弼注：《老子道德经》，《诸子集成》卷三，第 14 页。

③ （汉）毛公传，（汉）郑玄笺，（唐）孔颖达等正义：《毛诗正义》，第 453—454 页。

④ （汉）孔安国传，（唐）孔颖达等正义：《尚书正义》，第 161 页。

⑤ 杨伯峻译注：《论语译注》，第 140 页。

⑥ 杨伯峻译注：《论语译注》，第 199 页。

⑦ （晋）杜预注，（唐）孔颖达等正义：《春秋左传正义》，《十三经注疏》（下），上海：上海古籍出版社，1997 年，第 1911 页。

开始，儒家人物便对天命观持一种消极态度，但是，命或天命概念的残留至少证明了一个历史事实：孔孟之前，人们相信天命，相信苍天对宇宙和人事的主宰地位。天是宇宙的主人。人也得听从天的安排，接受天命。这便是前孔子时期的天人关系原理。

三、天性与善恶之气

万物来源于天，即天生万物。天生万物不仅赋予万物以生机即气，而且同时赋予其性。因此，天生万物又叫天命之谓性。通过安排性，苍天保持了它对于人间事务的发言权和决定权，即苍天以性的形式来主导人类事务。另一方面，传统儒家又以性的概念来淡化苍天对人间事务的直接主宰权。苍天不再直接干涉人间事务，而只能借助于性来决定或影响人类生活。因此，人性论的产生在天人关系理论史上，是一个革命性进步。它截断了天人之间的直接关联。这种阻断之物便是性。作为天生之物的性与气产生了较多的联系：它们都是人类初生之时的存在物。同为初生物，它或者叫作性，或者叫作气。从二者的这种重合关系来看，性与气关系密切。至少二者之间存在着一定的重合。或者说，性乃是由气质等构成的初始之物。性即气。

孔子提出："性相近也，习相远也。"① 人类初生的性是近似的。这种相近之性，皇侃指出："性者，人所禀以生也；习者，谓生后有百仪常所行习之事也。人俱天地之气以生，虽复厚薄有殊，而同是禀气，故曰'相近也'。"② 天，天生禀赋一定的气质而产生性。性是气质之物。这种气，不仅仅包含阳气、仁气，而且包含阴气、贪气。操仁气者便成为君子、圣人，纵贪气者，则堕落为小人、恶人，故有"相远"之说。孔子时期的性主要指气或气质之物，其气兼具善恶之气。孔子并无善恶之气的分别意识。到了孟子时期，性依然指气质之物。孟子曰："牛山之木尝美矣，以其郊于

---

① 杨伯峻译注：《论语译注》，第 204 页。

② 程树德撰，程俊英、蒋见元点校：《论语集释》，北京：中华书局，1990 年，第 1181 页。

大国也，斧斤伐之，可以为美乎？是其日夜之所息，雨露之所润，非无萌蘖之生焉，牛羊又从而牧之，是以若彼濯濯也。人见其濯濯也，以为未尝有材焉，此岂山之性也哉？虽存乎人者，岂无仁义之心哉？”[①] 人性如同牛山，最初也是仁义之心。这便是“良心”：“其所以放其良心者，亦犹斧斤之于木也，旦旦而伐之，可以为美乎？”[②] 人天生有良心。由于人们不知道养护天生的良心，最终荒废了人性。这种人性，孟子曰：“其日夜之所息，平旦之气，其好恶与人相近也者几希，则其旦昼之所为，有梏亡之矣。梏之反复，则其夜气不足以存；夜气不足以存，则其违禽兽不远矣。人见其禽兽也，而以为未尝有才焉者，是岂人之情也哉？故苟得其养，无物不长；苟失其养，无物不消。”[③] 人身体中有两种气质，即“夜气”和“平旦之气”。其中的“夜气”便指人性：它是某种有助于万物生长之气。夜气不存便会离禽兽不远。夜气是让人区别于禽兽的气质。这种气质所成之物便是人区别于禽兽的本性。这种本性，孟子又称之为“浩然之气”：“我知言，我善养吾浩然之气。……其为气也，至大至刚，以直养而无害，则塞于天地之间。其为气也，配义与道；无是，馁也。是集义所生者，非义袭而取之也。行有不慊于心，则馁矣。我故曰，告子未尝知义，以其外之也。必有事焉，而勿正，心勿忘，勿助长也。”[④] 养性即养浩然之气。人性由浩然之气所构成。或者说，浩然之气便是性。“夜气”说、“浩然之气”论表明：孟子将某类气或气质之物视作性。或者说，孟子之性特指某类能够引人向善之气。《易传》曰：“一阴一阳之谓道，继之者善也，成之者性也。”[⑤] 阴阳二气交换感应而成道。道即阴阳之气化感应。阴阳感应的产物便是性。性是天生之气质。阴阳气质变化而产生性。这便是“成”。

荀子以为：“水火有气而无生，草木有生而无知，禽兽有知而无义，

---

① 杨伯峻译注：《孟子译注》，第 203 页。
② 杨伯峻译注：《孟子译注》，第 203 页。
③ 杨伯峻译注：《孟子译注》，第 203 页。
④ 杨伯峻译注：《孟子译注》，第 46—47 页。
⑤ （魏）王弼等注，（唐）孔颖达等正义：《周易正义》，《十三经注疏》（上），第 78 页。

人有气有生有知，亦且有义，故最为天下贵也。”[1] 山川草木以及人禽等皆有“气”有“生”。“气”是“生物”者最基本的，也是最初的内容或材质，“生”指生命力。这种天生之气表现为“材”。 故，荀子曰：“性者本始材朴也；伪者文理隆盛也。无性则伪之无所加，无伪则性不能自美。性伪合，然后成圣人之名一。天下之功于是就也。”[2] 性是初始材质。这种材质虽然未经加工（“朴”），却也不是“白板”[3]。它具有一定的属性。荀子曰：“材性知能，君子小人一也；好荣恶辱，好利恶害，是君子小人之所同也；若其所以求之之道则异矣。”[4] 人天生之材质是一样的。这种材质享有一致的性质：好利恶害。这种好利恶害的材质，在荀子看来，“今人之性，生而有好利焉，顺是，故争夺生而辞让亡焉；生而有疾恶焉，顺是，故残贼生而忠信亡焉；生而有耳目之欲，有好声色焉，顺是，故淫乱生而礼义文理亡焉。然则从人之性，顺人之情，必出于争夺，合于犯分乱理，而归于暴。……人之性恶明矣，其善者伪也。”[5] 由于顺性纵情会导致灭亡，因此，荀子明确提出：这种材质之性是恶的。也就是说，荀子不但赞同人生而有共同的本初之材，而且指出这种材质的“不好底”[6] 属性：导向恶果。由此来看，这种能够导致恶果之材、气，接近于贪气。

孟子将好的气（“夜气”“浩然之气”）理解为性，荀子将坏的气（“材”）理解为性，二人分别见识一端。故王充评论曰：“天之大经，一阴一阳。人之大经，一情一性。性生于阳，情生于阴。阴气鄙，阳气仁。曰性善者，是见其阳也。谓恶者，是见其阴者也。”[7] 孟子见其阳，荀子识

---

① （清）王先谦：《荀子集解》，《诸子集成》卷二，第 104 页。

② （清）王先谦：《荀子集解》，《诸子集成》卷二，第 243 页。

③ 洛克说：“所有的观念都来自感觉或反映。那么，假如我们将自己的思想视作一张没有一个字母的白纸，也没有任何的想法。这些想法从何而来？……我的答案，用一个词来说便是：经验。”（John Locke, *An Essay Concerning Human Understanding*, London: William Tegg & Co., Cheapside, 1841, p. 53）白板主要指空白者，无内容，无规定性。

④ （清）王先谦：《荀子集解》，《诸子集成》卷二，第 38 页。

⑤ （清）王先谦：《荀子集解》，《诸子集成》卷二，第 289 页。

⑥ （宋）黎靖德编，王星贤点校：《朱子语类》一，第 70 页。

⑦ （汉）王充著，张宗祥校注，郑绍昌标点：《论衡校注》，第 68 页。

其阴。孟子和荀子分别从不同的角度辨析了人的初生本性，各执一端而片面。

四、天性与善恶混性

在先秦时期，儒家通常将天生之性分为某种气质之物，如孟子以善气为性，荀子以恶气为性。到了汉代，一些儒家思想家对孟子与荀子的性进行了汇总，即将性善论与性恶论合并为一体，进而提出性善恶混的人性论。

在儒家最大代表董仲舒那里，人性论也分为两个部分，即“题中之义”和“言外之意”。董仲舒的“题中之义”其实是一种性善论。董仲舒曰：“性之名非生与？如其生之自然之资谓之性。性者质也。”[①] 性即天生之自然材质。这些材质仅仅是基础。董仲舒比喻道：“性如茧如卵。卵待覆而成雏，茧待缫而为丝，性待教而为善。此之谓真天。”[②] 性如目，如茧，如卵，仅仅是一种质料，尚未成形。这种成圣的早期形态之性，董仲舒称之为“中民之性”。“中民之性”仅仅是一种善端，而不可以直接称之为善。董仲舒曰：“中民之性如茧如卵。卵待覆二十日而后能为雏，茧待缲以涫汤而后能为丝，性待渐于教训而后能为善。善，教训之所然也，非质朴之所能至也，故不谓性。性者宜知名矣，无所待而起，生而所自有也。善所自有，则教训已非性也。”[③] 善是已成，性是未成。性仅仅是成善的材质。尽管这种材质的属性是好的、善的，但是不可以直接称之为已然的善。董仲舒曰：“性者，天质之朴也；善者，王教之化也。无其质，则王教不能化；无其王教，则质朴不能善。”[④] 性是天生的材质，可以教化而致善。它仅仅是成善的早期形态。它好比“禾”，虽然能够长出粮食，但是其本身尚未成为粮食。材质、质朴之性可以经过教化和改造而致善，但

① （清）苏舆撰，钟哲点校：《春秋繁露义证》，第 284—285 页。
② （清）苏舆撰，钟哲点校：《春秋繁露义证》，第 293 页。
③ （清）苏舆撰，钟哲点校：《春秋繁露义证》，第 303—304 页。
④ （清）苏舆撰，钟哲点校：《春秋繁露义证》，第 304 页。

是不能够将二者简单地统一，以为性便是善。性是致善的材质或材料。这便是善性。同时，董仲舒曰：“天地之所生，谓之性情。性情相与为一瞑。情亦性也。”[①] 人天生不仅有善性，而且有情。情也是性，为人类固有的原始存在。这样，人天生性与情。其中，性通常指善性（前文所说的中民之性），而情主要指恶情。董仲舒曰：“大富则骄，大贫则忧。忧则为盗，骄则为暴，此众人之情也。”[②] 众人之情是恶情、不好的情，与善性相对。故，董仲舒曰：“故倡而民和之，动而民随之，是知引其天性所好，而压其情之所憎者也……故明于情性乃可与论为政。”[③] 性所好与情所憎者显然是两种不同性质的活动。前者为善性活动，后者为恶情表现。这种恶情，在董仲舒那里，和性一样是天生的材质，即“情性质朴”[④]。人天生不仅有性，而且有情。董仲舒曰：“人之情性有由天者矣。故曰受，由天之号也。”[⑤] 人性与人情皆出于天。这里的情等同于性。性情说便是二性说，即善性与恶性混合说。这便是人性善恶混论。

如果说董仲舒的人性善恶混论还不是十分明显的话，那么，后来的扬雄、王充等的人性论便直截了当地揭示了这一点。扬雄曰：“人之性也，善恶混。修其善则为善人，修其恶则为恶人。气也者，所以适善恶之马也与？”[⑥] 人性乃是善恶混杂的气质之物。修善气成圣贤，反之为小人、恶人。王充将人性比喻为练丝：“论人之性，定有善有恶。其善者，固自善矣。其恶者，故可教告率勉，以之为善……譬犹练丝，染之蓝则青，染之丹则赤。”[⑦] 作为练丝，性便是一种材质。“人之性善可变为恶，恶可变为善，犹此类也。蓬生麻间，不扶自直。白纱入缁，不（练）〔染〕自黑。彼蓬之性不直，纱之质不黑，麻扶缁染，使之直黑。夫人之性犹蓬纱也，

---

① （清）苏舆撰，钟哲点校：《春秋繁露义证》，第 290 页。
② （清）苏舆撰，钟哲点校：《春秋繁露义证》，第 222 页。
③ （清）苏舆撰，钟哲点校：《春秋繁露义证》，第 140 页。
④ （清）苏舆撰，钟哲点校：《春秋繁露义证》，第 303 页。
⑤ （清）苏舆撰，钟哲点校：《春秋繁露义证》，第 311 页。
⑥ 汪荣宝撰，陈仲夫点校：《法言义疏》，北京：中华书局，1987 年，第 85 页。
⑦ （汉）王充著，张宗祥校注，郑绍昌标点：《论衡校注》，第 35 页。

在所渐染，而善恶变矣。”[①] 人性是善恶混杂的材质，只有教化才能够改造材质并成就善良。这如同“夫铁石天然，尚为锻炼者变易故质，况人含五常之性，贤圣未之熟锻炼耳，奚患性之不善哉？古贵良医者，能知笃剧之病所从生起，而以针药治而已之。如徒知病之名而坐观之，何以为奇？夫人有不善，则乃性命之疾也，无其教治，而欲令变更，岂不难哉！”[②] 这些材质经过锻炼最终能够成材。性是材质。故，王充有时将性与质联称：“为善恶之行，不在人质性，在于岁之饥穰。”[③] 决定人是否善恶的因素与其说在于材质，毋宁说在于教化和改造等。王充以为：“蓬生麻间，不扶自直；白纱入缁，不染自黑。此言所习善恶，变易质性也。儒生之性，非能皆善也，被服圣教，日夜讽咏，得圣人之操矣。”[④] 经过教化和改造，材质可以致善，人可以成圣贤。

天生的材质即性是某种气。这是春秋至魏晋时期儒家哲学的共同见解，又以汉代儒学为最甚。性或人的天生之质，董仲舒指出，便是气。董仲舒曰：“如其生之自然之资谓之性。性者质也。诘性之质于善之名，能中之与？既不能中矣，而尚谓之质善，何哉？性之名不得离质。离质如毛，则非性已，不可不察也。……吾以心之名，得人之诚。人之诚，有贪有仁。仁贪之气，两在于身。身之名，取诸天。天两有阴阳之施，身亦两有贪仁之性。天有阴阳禁，身有情欲栣，与天道一也。”[⑤] 贪仁之性在身，便是人性。同天分为阴阳一般，人性也分为两类，即贪仁之性。其内容便是气，即贪气与仁气。贪仁之性便是由贪仁之气所构成的气质之物。故，性便是气质之物。善性与仁气，恶性与贪气分别对应。董仲舒曰：“臣闻命者天之令也，性者生之质也，情者人之欲也。或夭或寿，或仁或鄙，陶冶而成之，不能粹美，有治乱之所生，故不齐也。”[⑥] 在解释性

---

① （汉）王充著，张宗祥校注，郑绍昌标点：《论衡校注》，第35—36页。
② （汉）王充著，张宗祥校注，郑绍昌标点：《论衡校注》，第37页。
③ （汉）王充著，张宗祥校注，郑绍昌标点：《论衡校注》，第362页。
④ （汉）王充著，张宗祥校注，郑绍昌标点：《论衡校注》，第250页。
⑤ （清）苏舆撰，钟哲点校：《春秋繁露义证》，第284—288页。
⑥ （汉）班固撰，（唐）颜师古注：《汉书》，北京：中华书局，1962年，第2501页。

情时，董仲舒却论及人的夭寿。夭寿问题是气质问题。守气而寿，亡气而夭。这些都由气质所决定。性情与气质相关。故，性不离气。

董仲舒将阴阳范畴直接解释为气："阴，刑气也；阳，德气也。"① 阴阳便是两种不同的气。"阴阳之气，在上天，亦在人。在人者为好恶喜怒，在天者为暖清寒暑。出入上下、左右、前后，平行而不止，未尝有所稽留滞郁也。其在人者，亦宜行而无留，若四时之条条然也。夫喜怒哀乐之止动也，此天之所为人性命者。临其时而欲发其应，亦天应也，与暖清寒暑之至其时而欲发无异。"② 人的喜怒好恶等是情。情是性之动。在此，董仲舒却以为情动便是阴阳之气动。故，性便是阴阳之气。"阳天之德，阴天之刑也。阳气暖而阴气寒，阳气予而阴气夺，阳气仁而阴气戾，阳气宽而阴气急，阳气爱而阴气恶，阳气生而阴气杀。"③ 阳气便是仁气，同于善性。善恶之性即阴阳之气。

扬雄则明确提出人性善恶混论。这种善恶混杂的气质，扬雄曰："气也者，所以适善恶之马也与？"④ 人天生有善恶之材质。这种材质，便是气。它如同行道的野马。引导向善便是善，反之为恶。性是善恶混杂的气质之物。贾谊曰："性者，道德造物。物有形，而道德之神专而为一气，明其润益厚矣。浊而胶相连，在物之中，为物莫生，气皆集焉，故谓之性。性，神气之所会也。性立，则神气晓晓然发而通行于外矣。"⑤ 性即天生之一气。神气会为性。《白虎通德论》接受了董仲舒的广义人性论，即将天生之性分为两类，即性与情。《白虎通德论》指出："性情者，何谓也？性者阳之施，情者阴之化也。人禀阴阳气而生，故内怀五性六情。情者，静也。性者，生也。此人所禀六气以生者也。故《钩命决》曰：'情生于阴，欲以时念也。性生于阳，以就理也。阳气者仁，阴气者贪，故情

① （清）苏舆撰，钟哲点校：《春秋繁露义证》，第 323 页。
② （清）苏舆撰，钟哲点校：《春秋繁露义证》，第 457—458 页。
③ （清）苏舆撰，钟哲点校：《春秋繁露义证》，第 319 页。
④ 汪荣宝撰，陈仲夫点校：《法言义疏》，第 85 页。
⑤ （汉）贾谊撰，阎振益、钟夏校注：《新书校注》，北京：中华书局，2000 年，第 326 页。

有利欲，性有仁也。'”[①] 人天生有性与情。其中，性即有阳气。故，它称“人无不含天地之气，有五常之性者”[②]，以为有天地之气即备五常之性。文字学家许慎博采众长，直接将性定义为阳气：“情，人之阴气有欲者，从心，青声。性，人之阳气性善者也，从心，生声。”[③] 性便是阳气。这和《白虎通德论》的立场完全一致。性是某种气质之物。

两汉时期以气释性的最大代表是东汉的王充。王充指出：“小人君子，禀性异类乎？譬诸五谷皆为用，实不异而效殊者，禀气有厚泊，故性有善恶也。残则受不仁之气泊，而怒则禀勇渥也。仁泊则戾而少慈，勇渥则猛而无义，而又和气不足，喜怒失时，计虑轻愚。妄行之人，罪故为恶……人之善恶，共一元气。气有多少，故性有贤愚。”[④] 秉性即秉气。气有厚薄，性便有善恶。秉仁之气多便有善性，秉戾气多则为恶性。秉气便成秉性。故，性便是气。王充将气和性联称：“形、气、性，天也。形为春，气为夏，人以气为寿，形随气而动。气性不均，则于体不同。”[⑤] 在此，王充基本不分气和性。性便是气。王充曰：“人生目辄眊瞭，眊瞭禀之于天，不同气也，非幼小之时瞭，长大与人接，乃更眊也。性本自然，善恶有质。”[⑥] 本有之性便是天生之气。

在王充看来，善性便可以被称为善气：“石生而坚，兰生而香。禀善气，长大就成。”[⑦] 成人便是成善性，养善气。“恻隐不忍，不忍，仁之气也；卑谦辞让，性之发也。有与接会，故恻隐卑谦，形出于外。谓性在内，不与物接，恐非其实。不论性之善恶，徒议外内阴阳，理难以知。”[⑧] 恻隐之心，在孟子那里是性。故，恻隐指性，王充却称之为仁之气。故，气即性。于是，早期儒家的四种天性（加上后来的信）便称为五常之气：

---

① （清）陈立撰，吴则虞点校：《白虎通疏证》（上），北京：中华书局，1994年，第381页。
② （清）陈立撰，吴则虞点校：《白虎通疏证》（上），第94页。
③ （汉）许慎：《说文解字》，第217页。
④ （汉）王充著，张宗祥校注，郑绍昌标点：《论衡校注》，第39—40页。
⑤ （汉）王充著，张宗祥校注，郑绍昌标点：《论衡校注》，第33页。
⑥ （汉）王充著，张宗祥校注，郑绍昌标点：《论衡校注》，第66页。
⑦ （汉）王充著，张宗祥校注，郑绍昌标点：《论衡校注》，第67页。
⑧ （汉）王充著，张宗祥校注，郑绍昌标点：《论衡校注》，第68—69页。

“人禀天地之性，怀五常之气，或仁或义，性术乖也；动作趋翔，或重或轻，性识诡也。面色或白或黑，身形或长或短，至老极死，不可变易，天性然也。”[①]五常本指仁义礼智信。王充却称之为五常之气。性即气质之物。

王充肯定了命定说，以为人的寿命与富贵皆由天定，原因在于天生秉气而受性。这便是他的“用气为性”论：“人禀元气于天，各受寿夭之命，以立长短之形，犹陶者用土为簋廉。冶者用铜为柈杅矣。器形已成，不可小大；人体已定，不可减增。用气为性，性成命定。体气与形骸相抱，生死与期节相须。形不可变化，命不可减加。以陶冶言之，人命短长，可得论也。”[②]性乃是由气所构成。故，“人之禀气，或充实而坚强，或虚劣而软弱。充实坚强，其年寿；虚劣软弱，失弃其身……禀寿夭之命，以气多少为主性也”[③]。性命天定，原因在于秉气。最终，王充曰：“死生者，无象在天，以性为主。禀得坚强之性，则气渥厚而体坚强，坚强则寿命长，寿命长则不夭死。禀性软弱者，气少泊而性羸窳，羸窳则寿命短，短则蚤死。故言有命，命则性也。”[④]王充相信性命论。性命源自天生之气。故，天生之气天然地决定了人的性与命。气造就了性与命。或者说，性的内涵由气决定。气便是性。

早期儒家（先秦至唐朝的儒家）以气质为性。到了宋明理学时期，随着人们思辨能力的提高，人们对事物的认识从经验的领域扩大到超经验的领域，初生之物即性也被细化，分为两个部分，即性和气。其中，性是超越的存在，具有实在性、超越性，同时也是不可认知的东西。而气则是形而下的存在。于是，存在的本源也被分为两个部分，超越之理和经验之气。无论是超越之理还是经验之气，它们都是实在之物。

---

① （汉）王充著，张宗祥校注，郑绍昌标点：《论衡校注》，第 69 页。
② （汉）王充著，张宗祥校注，郑绍昌标点：《论衡校注》，第 30 页。
③ （汉）王充著，张宗祥校注，郑绍昌标点：《论衡校注》，第 17 页。
④ （汉）王充著，张宗祥校注，郑绍昌标点：《论衡校注》，第 25 页。

结语　从性气不分到性气为二

以儒家为代表的中国传统哲学坚持自然生存论。自然生存论的核心概念是气，即万物不仅是自然的，而且是有机的生命体，其生命力便是气。万物之生是气聚，万物之亡是气散，万物的生存便是气的生生不息而流行。从本源论的角度来看，气质生物的最初形态便是性，即“生之谓性”[①]。性乃是万物生存的最初形态或早期形式。作为早期形式的性，在传统儒家哲学史上，大约分为两个阶段，即从先秦至汉唐（古典）时期的性气不分论和宋明理学时期的理气二分论。尚未接受佛教思辨思潮影响的中国古典时期的儒家，未能从纯粹思辨的角度分辨性与气，导致性气不分。在早期孔子、孟子和荀子等人那里，性不仅是自然禀赋，而且表现为气质形态，性即气质之物，“浩然之气”[②]形成善良之性，“邪污之气”[③]促生恶性，善气与恶气混合而成善恶混之性。气质性是早期儒家性概念的基本内涵。

佛家哲学对传统儒家产生了巨大的影响，其表现之一便是性气分离。在早期理学家如张载那里，性气之间的区别依然不明显。到了二程思想的后期，性气之间便明确区别开来，即“论性，不论气，不备；论气，不论性，不明”[④]。性气之间界限分明，其中性是形而上者，气是形而下者。从此，理学家将早期的气质之性一分为二，纯粹之性为形而上者，气质之物为形而下者，性气之间产生了本质性差异。其中的性，又被叫作理。由此，理气的二元并立构成了思辨理学的世界观，即万物初生不仅禀气，而且备理，是理气兼备的生命体。自然的气质常常是清浊混杂，进而遮蔽了内在固有的性或理。工夫便是变化气质，让本性的光辉澄明。这种符合天理的气质性活动便是合“理”的行为，也是“道”“德”的行为。这便是人的行为。

---

① 杨伯峻：《孟子译注》，第196页。

② 杨伯峻：《孟子译注》，第46页。

③ （清）王先谦：《荀子集解》，《诸子集成》卷二，第252页。

④ （宋）程颢、程颐著，王孝鱼点校：《二程集》（上），第81页。

第二章　德性与心思

第一节　性与心：儒家心灵哲学①

心智问题是现代哲学的中心主题。从笛卡尔的“我思故我在”开始，西方哲学便将存在建立在心灵思考的基础之上。心灵、思维与意识成为现代哲学的最强音，并成功地主导了现代人的思维方式。当我们普遍承认人类是理性存在者时，作为理性的载体的心灵与理性的形式的意识便成为现代思维的核心。或者说，心灵是我们当代人理解理性人类生存与存在的“阿基米德点”。当我们讲情感（“情”）、善良（“善”）、美好（“美”）、信仰（“信”）、主体（“我”）和灵魂（“神”）等现代概念时，它们通常被理解为心情、心善、心信、心我和心神等。也就是说，理智的心灵是我们理解现代人类存在论中的若干重要学术概念的基石或标准。那么。传统儒家的“心”概念具有哪些内涵呢？它与现代心灵之间的关系如何？这是本节将要讨论的主要问题。本节将通过梳理“心”概念的若干基本内涵，试图指出：性是心字的最早也是最重要的内涵。同时，当心性分别、心具思虑之义时，传统儒家主张人性为先，心智其次，并且以为人性主导心灵。这便是儒家德性论体系中的心灵哲学事物基本原理。我们首先来看看心的原义。

一、心：器质之心与思维之意

人们通常将心与心灵（mind）等同，其实不然。心字是一个象形字，“甲骨文心字作，正像人心脏的轮廓形。甲骨文心字也省作，有时倒

① 本节主要内容曾经作为《论儒家心灵哲学纲领》发表于《社会科学家》2017年第2期。

作[illegible][illegible]”[①]。据此我们判断：在古汉语中，心字的本义是心脏（heart）。《说文解字》亦曰：“心，人心。土藏。在身之中，象形。”[②]心指心脏，简称心。它是人体的一种器官，和“肝、脾、肺、肾”合为“五藏”[③]。《尚书》曰：“盘庚既迁，奠厥攸居，乃正厥位，绥爰有众。曰：无戏怠，懋建大命！今予其敷心、腹、肾、肠，历告尔百姓于朕志。罔罪尔众，尔无共怒，协比谗言予一人。”[④]其中并列的“心、腹、肾、肠”，无疑指称人的五脏六腑类感官。

在中国古人看来，人类的五脏六腑具有意识属性，比如心具备思维功能，类似于今日的大脑。“心者，君主之官也，神明出焉。肺者，相傅之官，治节出焉。肝者，将军之官，谋虑出焉。胆者，中正之官，决断出焉。”[⑤]这类观念残留至今，如侠肝义胆等。其中，心如君主，是人体五脏六腑之主，所有的智慧（“神明”）皆出于此。其余者各司其职。于是，心不仅是生命之元，同时也是思维之端。《黄帝内经》曰：“心有所忆谓之意；意之所存谓之志；因志而存变谓之思；因思而远慕谓之虑；因虑而处物谓之智。”[⑥]智、虑、思、意乃是人的思想形式。其载体乃是心。故曰“心有所忆谓之意”。意因此而成为人类思维的一般形式。这便是心思。《尚书》曰：“位不期骄，禄不期侈。恭俭惟德，无载尔伪。作德心逸日休，作伪心劳日拙。居宠思危，罔不惟畏，弗畏入畏。”[⑦]以德事政，便会逸心，以伪事政，则劳心。“逸心”“劳心”便是大脑的两种状态。

由大脑（心）的活动而产生出意识与观念。《尚书》曰：“同力度德；同德度义。受有臣亿万，惟亿万心；予有臣三千，惟一心。”[⑧]三千之众，共有一心。此心指观念。又如《诗经》曰：“喓喓草虫，趯趯阜螽。未见

① 于省吾：《甲骨文字释林》，北京：商务印书馆，2010年，第361页。
② （汉）许慎：《说文解字》，第217页。
③ （唐）王冰注，（宋）林亿等校正：《补注黄帝内经素问》，《二十二子》，第879页。
④ （汉）孔安国传，（唐）孔颖达等正义：《尚书正义》，第171页。
⑤ （唐）王冰注，（宋）林亿等校正：《补注黄帝内经素问》，《二十二子》，第885页。
⑥ （唐）王冰注，（宋）林亿等校正：《补注黄帝内经素问》，《二十二子》，第1004页。
⑦ （汉）孔安国传，（唐）孔颖达等正义：《尚书正义》，第236页。
⑧ （汉）孔安国传，（唐）孔颖达等正义：《尚书正义》，第180—181页。

君子，忧心忡忡。亦既见止，亦既觏止，我心则降。陟彼南山，言采其蕨。未见君子，忧心惙惙。亦既见止，亦既觏止，我心则说。陟彼南山，言采其薇。未见君子，我心伤悲。亦既见止，亦既觏止，我心则夷。”[①] 忧心忡忡、忧心惴惴、我心则悦、我心伤悲等描述了人的主观心灵状态，属于意识。心指意识或观念，它是思维之心的产物。故，古代之心，指称有二。其一指心脏（具备大脑功能）；其二指由上述器官所产生的意识或观念（mind）。由此，心字在古代文化中通常具备两类基本含义，一是器质载体，即心脏或大脑，二是精神现象，即思维意识等。

从中医学的角度来看，心脏在生命体的生存中具有重要地位，即它是生命体的生存之本。按照中国传统的生命哲学理论，生命的本质在气：“人之生，气之聚也。聚则为生，散则为死。”[②] 有气则生，无气则亡。生存在于气存。《黄帝内经》曰：“天之在我者德也，地之在我者气也。德流气薄而生者也。故生之来谓之精；两精相搏谓之神；随神往来者谓之魂；并精而出入者谓之魄；所以任物者谓之心。”[③] 生命在于精气。此精气，或曰神，或曰魂，或曰魄。精神魂魄皆是气的不同存在方式。它是生存的本质。

按照中医理论，气藏于血脉：“人始生，先成精，精成而脑髓生，骨为干，脉为营，筋为刚，肉为墙，皮肤坚而毛发长，谷入于胃，脉道以通，血气乃行。”[④] 成精即精气形成。有了精气便有血气。或者说，精气存于血气之中。故，黄帝曰：“经脉者，所以能决死生、处百病、调虚实，不可不通。”[⑤] 经脉决定人的生死。“夫脉者，血之府也，长则气治，短则气病，数则烦心，大则病进，上盛则气高，下盛则气胀，代则气衰，细则气少，濇则心痛，浑浑革至如涌泉，病进而色弊，绵绵其去如弦绝死。夫

---

① （汉）毛公传，（汉）郑玄笺，（唐）孔颖达等正义：《毛诗正义》，第 286 页。
② （清）王先谦：《庄子集解》，《诸子集成》卷三，第 138 页。
③ （唐）王冰注，（宋）林亿等校正：《补注黄帝内经素问》，《二十二子》，第 1004 页。
④ （唐）王冰注，（宋）林亿等校正：《补注黄帝内经素问》，《二十二子》，第 1005 页。
⑤ （唐）王冰注，（宋）林亿等校正：《补注黄帝内经素问》，《二十二子》，第 1005 页。

精明五色者，气之华也。”[①] 血脉昭示了人的生命力。故，中医常以号脉而诊断。

血脉源自心脏。《黄帝内经》曰：“藏真通于心，心藏血脉之气也。”[②] 心藏血脉之气。这也符合今日的生物学理论：心脏为血液的流动提供动力。故，从中医的角度来看，“心主脉，肺主皮，肝主筋，脾主肉，肾主骨，是谓五主”[③]。血脉源自心脏。脉象即生命的征兆。“心藏脉，脉舍神，心气虚则悲，实则笑不休。”[④] 由此，古人得出一个结论：“心者，生之本，神之变也，其华在面，其充在血脉，为阳中之太阳，通于夏气。”[⑤] 心或心脏乃生存的本源。生存始于心。

从生物学的角度来说，心脏乃是生命力的源头。由此，中国古代哲学家们开发出心的哲学价值，即认为：心是生物体（主要指人）的生存、生长和生成的本源。作为本源，心不仅是生存的出发点，更是生存的决定性基础，由此成为生物体生存、生长和生成的主宰。这种生物体生存的基础与主宰者，在传统儒家那里，通常又称之为性。于是，心与性产生了联系。

二、性是生存之源

汉语的“性”字包含两个部分，一个是“心”，另一个是“生”。这两个符号的本义暗示了“性”字的最初内涵，即心与生。

性本指生存之初。孔子曰：“性相近也，习相远也。”[⑥] 皇侃注之曰：“性者，人所禀以生也；习者，谓生后有百仪常所行习之事也。人俱天地之气以生，虽复厚薄有殊，而同是禀气，故日相近也。及至识，若值善友

① （唐）王冰注，（宋）林亿等校正：《补注黄帝内经素问》，《二十二子》，第 893 页。
② （唐）王冰注，（宋）林亿等校正：《补注黄帝内经素问》，《二十二子》，第 895 页。
③ （唐）王冰注，（宋）林亿等校正：《补注黄帝内经素问》，《二十二子》，第 904 页。
④ （唐）王冰注，（宋）林亿等校正：《补注黄帝内经素问》，《二十二子》，第 1004 页。
⑤ （唐）王冰注，（宋）林亿等校正：《补注黄帝内经素问》，《二十二子》，第 887 页。
⑥ 杨伯峻译注：《论语译注》，第 204 页。

则相效为善，若逢恶友则相效为恶，恶善既殊，故日相远也。”[①] 性指刚生之人，即生存之初。在孔子看来，乍一出生者，几乎没有什么差别。差别在于后天的“习”：行为与驯化等。后来的告子完全继承了这一基本立场，曰：“生之谓性。”[②] 性即天生者、初生者。孟子虽然批评了告子的人性观，却也不完全反对这一立场。事实上，孟子也承认，性是天生之材：“口之于味也，目之于色也，耳之于声也，鼻之于臭也，四肢之于安佚也，性也，有命焉，君子不谓性也。仁之于父子也，义之于君臣也，礼之于宾主也，知之于贤者也，圣人之于天道也，命也，有性焉，君子不谓命也。”[③] 口之于味等属于天性、初生者，也可以叫作性。至少在这里，孟子也以为性一定是初生者。当然，孟子以为：并不是所有的初生之材都可以称作性。

后来的荀子也完全接受“生之谓性”的立场：“生之所以然者，谓之性；性之和所生，精合感应，不事而自然，谓之性。”[④] 性即天生的状态，无需作为：“凡性者，天之就也，不可学，不可事。”[⑤] 人性即人天生就具备的东西，接近于生物学中的本能。生即性。或者说，性即初生者。汉代董仲舒将性视作天生之质：“性之名非生与？如其生之自然之资谓之性。性者质也。”[⑥] 性即天生之质。“性者，天质之朴也；善者，王教之化也。无其质，则王教不能化；无其王教，则质朴不能善。”[⑦] 性是天生材质，“性如茧如卵。卵待覆而成雏，茧待缫而为丝，性待教而为善。此之谓真天”[⑧]。性如目，如茧，如卵，仅仅是一种初生的质料。刘子政曰：“性，生而然者也，在于身而不发。情，接于物而然者也，出形于外。形外则谓

---

① 程树德撰，程俊英、蒋见元点校：《论语集释》，第 1181 页。
② 杨伯峻译注：《孟子译注》，第 196 页。
③ 杨伯峻译注：《孟子译注》，第 263 页。
④（清）王先谦：《荀子集解》，《诸子集成》卷二，第 274 页。
⑤（清）王先谦：《荀子集解》，《诸子集成》卷二，第 290 页。
⑥（清）苏舆撰，钟哲点校：《春秋繁露义证》，第 284—285 页。
⑦（清）苏舆撰，钟哲点校：《春秋繁露义证》，第 304 页。
⑧（清）苏舆撰，钟哲点校：《春秋繁露义证》，第 293 页。

之阳，不发者则谓之阴。”[1] 性即天生的状态。

后来的理学家如朱熹等将性改造为理，原因便在于性字与初生的关系：“性则就其全体而万物所得以为生者言之，理则就其事事物物各有其则者言之。”[2] 性重在生。生存之初便是性。从孟子开始，性不仅指初生之材，而且获得了属性、规定性的内涵，成为主宰事物的生存性质与方向的力量。在孟子看来，初生之质具有一定的规定性，即人性是人的规定性，否则的话，“牛之性犹人之性与？”[3] 人性是人之所以为人同时区别于牛、马的规定性或属性。人类因为有了这点规定性，便区别于禽兽：“人之所以异于禽兽者几希，庶民去之，君子存之。”[4] 人和动物的差别只有一点点。有了它，人便是人，否则便是禽兽。故，孟子曰：“无恻隐之心，非人也；无羞恶之心，非人也；无辞让之心，非人也；无是非之心，非人也。恻隐之心，仁之端也；羞恶之心，义之端也；辞让之心，礼之端也；是非之心，智之端也。”[5] 如果没有这等心（性），人便不再是人。性乃是人的根本属性。在《易传》看来，作为性质的性是成人的基本保证，做人便是“成性”：“成性存存，道义之门。”[6] 保留了本性便能够成人、成圣。

《中庸》曰：“天命之谓性，率性之谓道，修道之谓教。”[7] 性乃苍天之命或规定。人的本性或属性源自于天。董仲舒接受了《中庸》等立场，以为：“人受命于天，有善善恶恶之性，可养而不可改，可豫而不可去，若形体之可肥臞，而不可得革也。是故虽有至贤，能为君亲含容其恶，不能为君亲令无恶。”[8] 性是人秉从于苍天的属性或性质，只能够养而不可更改。“夫礼，体情而防乱者也。民之情，不能制其欲，使之度礼。目视正色，耳听正声，口食正味，身行正道，非夺之情也，所以安其情也。变谓

① 引自（汉）王充著，张宗祥校注，郑绍昌标点：《论衡校注》，第 68 页。
② （宋）黎靖德编，王星贤点校：《朱子语类》一，第 82 页。
③ 杨伯峻译注：《孟子译注》，第 197 页。
④ 杨伯峻译注：《孟子译注》，第 147 页。
⑤ 杨伯峻译注：《孟子译注》，第 59 页。
⑥ （魏）王弼等注，（唐）孔颖达等正义：《周易正义》，《十三经注疏》（上），第 79 页。
⑦ （汉）郑玄注，（唐）孔颖达等正义：《礼记正义》，《十三经注疏》（下），第 1625 页。
⑧ （清）苏舆撰，钟哲点校：《春秋繁露义证》，第 32 页。

之情，虽持异物性亦然者，故曰内也。变变之变，谓之外。故虽以情，然不为性说。故曰：外物之动性，若神之不守也。积习渐靡，物之微者也。其入人不知，习忘乃为，常然若性，不可不察也。"[①] 人情、外物皆可变，其性却在。性如禾，善如米。如果再进一步，性如同种子（魏晋时期的佛教便如此比喻）。禾苗、种子皆意在于性质、规定性。王充亦曰："用气为性，性成命定。"[②] 性是决定性属性。性与质合，便组成了现代汉语的性质。

作为性质，性决定了事物的生存性质与成长方向等，比如人因为人性而成人。其中，性是决定者。因此，性不仅仅是初生者，而且是生存的主宰者、决定者。这是性字的第一个内涵。性字的第二个内涵便是心。

三、作为性的心

从上述心、性概念的内涵来看，作为器质的心与作为本源的性具有一致性，即它们都指称生存之初的存在，且决定了生物者的生存。因此，心与性基本一致。或者说，作为本源的性与作为本源的心是同一个东西。

人的生存本源通常被称为心。孟子曰："恻隐之心，仁之端也；羞恶之心，义之端也；辞让之心，礼之端也；是非之心，智之端也。人之有是四端也，犹其有四体也。……凡有四端于我者，知皆扩而充之矣，若火之始然，泉之始达。"[③] 人生下来就有四端之心，如同拥有四肢一样。人天生有四心。四心是天生之材。这种本源性的东西，孟子称之为性。故，孟子曰："君子所性，仁义礼智根于心，其生色也睟然，见于面，盎于背，施于四体，四体不言而喻。"[④] 君子之性便是仁义之根、心。作为根的心（"本心"）便是性。孟子以心为性。故，孟子曰："尽其心者，知其性也。知其性，则知天矣。存其心，养其性，所以事天也。夭寿不贰，修身以

---

① （清）苏舆撰，钟哲点校：《春秋繁露义证》，第464页。

② （汉）王充著，张宗祥校注，郑绍昌标点：《论衡校注》，第30页。

③ 杨伯峻译注：《孟子译注》，第59页。

④ 杨伯峻译注：《孟子译注》，第241页。

俟之，所以立命也。”[①] 所谓存心便是养性。心与性无异。故，牟宗三曰：“本心即性，心与性为一也。”[②] 故，笔者亦曾指出：孟子的“本心主要指作为本原的人性”[③]。心即性。作为本源的心与性同一所指。或者，孟子以性释心。

孟子的本心，后来的朱熹称之为“道心”：“人只有一个心，但知觉得道理底是道心，知觉得声色臭味底是人心，不争得多。”[④] 道心是人心与道理的合成物。它是内含天理的人心，故，“道心，人心之理”[⑤]。和“人心便是饥而思食，寒而思衣底心”[⑥] 相比，道心即“饥而思食后，思量当食与不当食；寒而思衣后，思量当着与不当着，这便是道心”[⑦]。道心即合理的人心。故，朱熹曰：“道心是义理上发出来底，人心是人身上发出来底。虽圣人不能无人心，如饥食渴饮之类；虽小人不能无道心，如恻隐之心是。”[⑧] 恻隐之心即道心。恻隐之心中内含性、理。心中有理。王阳明将孟子的本心直接称为心或良知，曰：“知是理之灵处。就其主宰处说，便谓之心，就其禀赋处说，便谓之性。”[⑨] 知是合理的心动。从自然禀赋来看，它是性；从活动的主宰来看，它也是心。心性一体。性在心中，共同主宰万事万物的生存。王阳明曰：“性一而已：自其形体也谓之天，主宰也谓之帝，流行也谓之命，赋于人也谓之性，主于身也谓之心；心之发也，遇父便谓之孝，遇君便谓之忠，自此以往，名至于无穷，只一性而已。”[⑩] 事情之理在于心。心性完全统一。心性统一包含两层内涵：其一，作为本体的心便是性，心即性；其二，心也是一团血肉，其中内含性，心

① 杨伯峻译注：《孟子译注》，第233页。
② 牟宗三：《心体与性体》（上），上海：上海古籍出版社，1999年，第22页。
③ 沈顺福：《人心与本心——孟子心灵哲学研究》，《现代哲学》2014年第5期。
④ （宋）黎靖德编，王星贤点校：《朱子语类》五，第2010页。
⑤ （宋）黎靖德编，王星贤点校：《朱子语类》五，第2012页。
⑥ （宋）黎靖德编，王星贤点校：《朱子语类》五，第2016页。
⑦ （宋）黎靖德编，王星贤点校：《朱子语类》五，第2016页。
⑧ （宋）黎靖德编，王星贤点校：《朱子语类》五，第2011页。
⑨ （明）王阳明撰，吴光、钱明、董平、姚延福编校：《王阳明全集》（上），第34页。
⑩ （明）王阳明撰，吴光、钱明、董平、姚延福编校：《王阳明全集》（上），第15页。

中有性。从上述两个角度来看，心性统一而为一体。这个统一的整体便是心。这样，王阳明便以为自己解决了程朱理学体系中的心性间隔问题。

因此，从孟子、朱熹、王阳明等人的心学来看，作为本源的心或者可以直接叫作性，如孟子的本心、阳明的良知，或者内含性，如张载的天地之心、朱熹的道心等。性即心。

四、作为指南的意识之心及其不足

作为本源的心指称“本心”“良知”等性。心同性。而且，传统儒家认为这种本源的、材质之心同时具备思维功能，并因此而产生“人心”“知觉”“意”等。于是，心衍生出思维、意识与观念等内涵。

孟子将意识之心称作人心。它常常与个体的私欲相关，比如民心。孟子曰：“桀纣之失天下也，失其民也；失其民者，失其心也。得天下有道：得其民，斯得天下矣；得其民有道：得其心，斯得民矣；得其心有道：所欲与之聚之，所恶勿施，尔也。”[①] 民心依赖于财产，和私欲相关。孟子曰：“民之为道也，有恒产者有恒心，无恒产者无恒心。苟无恒心，放辟邪侈，无不为已。及陷乎罪，然后从而刑之，是罔民也。焉有仁人在位罔民而可为也？是故贤君必恭俭礼下，取于民有制。”[②] 恒产能够满足人们的欲望，人心向往名利。孟子曰：“欲贵者，人之同心也。人人有贵于己者，弗思耳矣。人之所贵者，非良贵也。赵孟之所贵，赵孟能贱之。《诗》云：‘既醉以酒，既饱以德。’言饱乎仁义也，所以不愿人之膏粱之味也；令闻广誉施于身，所以不愿人之文绣也。”[③] 民心即利益之心、欲望之心。荀子曰：“人生而有知，知而有志；志也者，臧也；然而有所谓虚；不以所已臧害所将受，谓之虚。”[④] “未尝不臧”之心包括两项内容：知与臧。知即知晓。人生而有理智，并在理智的基础上产生喜好与偏爱。这便

① 杨伯峻译注：《孟子译注》，第 128 页。
② 杨伯峻译注：《孟子译注》，第 89 页。
③ 杨伯峻译注：《孟子译注》，第 210 页。
④ （清）王先谦：《荀子集解》，《诸子集成》卷二，第 264 页。

是“臧”。因此，“未尝不臧”之心至少包含两个内容，一是理智，二是喜好。这种理性化的情欲便是人的欲望。

这种人心，后来的朱熹称之为“知觉”。朱熹说：“所谓人心者，是气血和合做成，先生以手指身。嗜欲之类，皆从此出，故危。”[①] 人心是人的感性意识，包括欲望、感觉等初级意识。这种初级的意识是一种感性的“知觉”：“人心如‘口之于味，目之于色，耳之于声，鼻之于臭，四肢之于安佚’。”[②] 人心表现为感觉，如口对味道的感觉、眼睛对颜色的感觉、耳朵对声音的感觉、鼻子对嗅味的感觉、身体对感触的感觉等。“人心亦只是一个。知觉从饥食渴饮，便是人心。”[③] 人心、知觉主要指以欲望为主要内容的初级意识。因此，欲望之心常常带来情感反应：“如喜怒，人心也。然无故而喜，喜至于过而不能禁；无故而怒，怒至于甚而不能遏，是皆为人心所使也。”[④] 喜怒哀乐的情感便是人心。它是欲望的反应。朱熹明确指出：“人心是此身有知觉，有嗜欲者，如所谓‘我欲仁’，‘从心所欲’，‘性之欲也，感于物而动’，此岂能无！但为物诱而至于陷溺，则为害尔。故圣人以为此人心，有知觉嗜欲，然无所主宰，则流而忘反，不可据以为安，故曰危。”[⑤] 人心含欲望。

接受外部影响而形成的心灵状态或观念，对人类的实践活动具有重要的意义。荀子曰：“心者，形之君也，而神明之主也，出令而无所受令。”[⑥] 心乃人的形身之主。它发出指令、指导人们的行为。荀子对心灵或观念的实践意义的重视在宋明理学时期得到了充分的吸收和继承。二程认为，人类的行为服从于观念，知而后行：“故人力行，先须要知。……譬如人欲往京师，必知是出那门，行那路，然后可往。如不知，虽有欲往之心，其将何之？……到底，须是知了方行得。若不知，只是觑却尧学他

① （宋）黎靖德编，王星贤点校：《朱子语类》五，第 2018 页。
② （宋）黎靖德编，王星贤点校：《朱子语类》四，第 1462 页。
③ （宋）黎靖德编，王星贤点校：《朱子语类》五，第 2010 页。
④ （宋）黎靖德编，王星贤点校：《朱子语类》五，第 2011 页。
⑤ （宋）黎靖德编，王星贤点校：《朱子语类》四，第 1488 页。
⑥ （清）王先谦：《荀子集解》，《诸子集成》卷二，第 265 页。

行事。无尧许多聪明睿知，怎生得如他动容周旋中礼？有诸中，必形诸外。德容安可妄学？如子所言，是笃信而固守之，非固有之也。……亲亲本合在尊贤上，何故却在下？须是知所以亲亲之道方得。未致知，便欲诚意，是躐等也。学者固当勉强，然不致知，怎生行得？勉强行者，安能持久？除非烛理明，自然乐循理。性本善，循理而行是须理事，本亦不难，但为人不知，旋安排着，便道难也。”[①] 知先行后。知为行提供方向和指南。不知则无法行：“心迹一也，岂有迹非而心是者也？正如两脚方行，指其心曰：‘我本不欲行，他两脚自行。’岂有此理？”[②] 行听命于知、心。人类的活动依赖于理性观念。

朱熹虽然没有明确提出知先行后论，但是他将理学家对知的作用的认识落实到现实生活中，突出强调格物而致知。朱熹曰：“性是理之总名，仁义礼智皆性中一理之名。恻隐、羞恶、辞逊、是非是情之所发之名，此情之出于性而善者也。其端所发甚微，皆从此心出，故曰：‘心，统性情者也。’性不是别有一物在心里。心具此性情。”[③] 所谓“心统性情”，即心含性与情。前者为本体之心，后者为认知之心。心同时具备本体之性与经验之情。致知便是格物。格物便是“穷理”：“格，至也。物，犹事也。穷至事物之理，欲其极处无不到也。”[④] 格物即穷理。“为学者须从穷理上做工夫。若物格、知至，则意自诚；意诚，则道理合做底事自然行将去，自无下面许多病痛也。”[⑤] 格物即穷理，然后知至。知至是为人的关键因素之一。

尽管“人心”“知觉”“意”等意识对于现实实践具有重要意义，但是古人却对其评价有限。当意识满怀欲望时，这种直接的、感性的、原始的“知觉”或人心，通常以客观对象为内容，因此接受它的影响。如果这

---

① （宋）程颢、程颐著，王孝鱼点校：《二程集》（上），第 187—188 页。

② （宋）程颢、程颐著，王孝鱼点校：《二程集》（上），第 3 页。

③ （宋）黎靖德编，王星贤点校：《朱子语类》一，第 92 页。

④ （宋）朱熹：《大学章句》，《四书五经》（上），第 1 页。

⑤ （宋）黎靖德编，王星贤点校：《朱子语类》一，第 147 页。

种影响不能够得到控制，人可能被带入欲望的洪流中，成为物欲的奴隶，并因此而丧失本心或理性，失去为人之本。因此，对于以经验之物为内容的物欲、私欲之心，孟子不以为然。孟子曰："饥者甘食，渴者甘饮，是未得饮食之正也，饥渴害之也。岂惟口腹有饥渴之害？人心亦皆有害。人能无以饥渴之害为心害，则不及人不为忧矣。"① 人心有害。其害处类似于饥渴之伤正味一般。人心也会干扰人们对正常事物的体验。荀子将这种心灵称作"利心"："若夫目好色，耳好声，口好味，心好利，骨体肤理好愉佚，是皆生于人之情性者也；感而自然，不待事而后生之者也。"② 好利之心便是"利心"。它是人们对物质利益的想法或意识："故人之情，口好味而臭味莫美焉；耳好声而声乐莫大焉；目好色而文章致繁，妇女莫众焉；形体好佚而安重闲静莫愉焉；心好利而谷禄莫厚焉。"③ 心好利。利心即贪心。

朱熹亦说："人心者，气质之心也，可为善，可为不善。"④ 人心是由气血造成，因而是气质之心。这种气质之心，有可能是善良的，也可能是邪恶的。既然有邪恶的可能，那就表明人心有危险。所以说"人心惟危"⑤。程子也说人心是人欲，需要抑制。朱熹说："人心则危而易陷。"⑥ 人心危险。为什么呢？原因在于它容易陷入邪恶："人欲也未便是不好。谓之危者，危险，欲堕未堕之间，若无道心以御之，则一向入于邪恶，又不止于危也。"⑦ 容易堕落的人心需要某种东西来驾驭和拯救。王阳明明确反对朱熹的道心人心说，以为只有一个心。但是，事实上，王阳明还是提出了两个和心相关的概念，即心与意："心者身之主也，而心之虚灵明觉，即所谓本然之良知也。其虚灵明觉之良知，应感而动者谓之意；有知

---

① 杨伯峻译注：《孟子译注》，第 244 页。
② （清）王先谦：《荀子集解》，《诸子集成》卷二，第 291 页。
③ （清）王先谦：《荀子集解》，《诸子集成》卷二，第 141 页。
④ （宋）黎靖德编，王星贤点校：《朱子语类》五，第 2013 页。
⑤ （宋）黎靖德编，王星贤点校：《朱子语类》五，第 2010 页。
⑥ （宋）黎靖德编，王星贤点校：《朱子语类》五，第 2009 页。
⑦ （宋）黎靖德编，王星贤点校：《朱子语类》五，第 2010 页。

而后有意，无知则无意矣。知非意之体乎？意之所用，必有其物，物即事也。……凡意之所用无有无物者，有是意即有是物，无是意即无是物矣。物非意之用乎？”[①]心、意关联却不一。故，事实上，王阳明也无法真正摆脱传统的二心说。其所谓意，阳明也说得非常清楚：意之所用便是物、事，意便是意念、观念，有意念才可以行为，才会生万物。这种能够指导人们行为的观念之意，阳明明确指出，有善有恶：“无善无恶是心之体，有善有恶是意之动，知善知恶是良知，为善去恶是格物，只依我这话头随人指点，自没病痛。此原是彻上彻下功夫。利根之人，世亦难过，本体工夫，一悟尽透。此颜子、明道所不敢承当，岂可轻易望人！人有习心，不教他在良知上实用为善去恶功夫，只去悬空想个本体，一切事为俱不着实，不过养成一个虚寂。此个病痛不是小小，不可不早说破。”[②]心体之动便是意，意即意念或观念。它有善有恶。善恶之意是相对的。王阳明曰：“天地生意，花草一般，何曾有善恶之分？子欲观花，则以花为善，以草为恶；如欲用草时，复以草为善矣。此等善恶，皆由汝心好恶所生，故知是错。”[③]善恶生于私心，故而有错或不足。既然人心不是纯善的，甚至有陷入邪恶的危险，那么，它便需要处置。处置的主要法宝之一便是性。

五、性主人心

“人心惟危”，人的主观意识比较危险。它需要控制。在正统儒家看来，控制者便是本心或良知。本心或良知又叫性。故，性主宰人心。孟子曰：“口之于味也，目之于色也，耳之于声也，鼻之于臭也，四肢之于安佚也，性也，有命焉，君子不谓性也。仁之于父子也，义之于君臣也，礼之于宾主也，知之于贤者也，圣人之于天道也，命也，有性焉，君子不谓命也。”[④]口味、目色、耳声等属于感觉。它们共同形成人心。这些源自于

① （明）王阳明撰，吴光、钱明、董平、姚延福编校：《王阳明全集》（上），第47页。

② （明）王阳明撰，吴光、钱明、董平、姚延福编校：《王阳明全集》（上），第117—118页。

③ （明）王阳明撰，吴光、钱明、董平、姚延福编校：《王阳明全集》（上），第29页。

④ 杨伯峻译注：《孟子译注》，第263页。

人的天生本能的人心或意识，孟子称之为民心、利心、人心。它们同样危险。因此，孟子认为它们需要纠正：“昔者禹抑洪水而天下平，周公兼夷狄，驱猛兽而百姓宁，孔子成《春秋》而乱臣贼子惧。《诗》云：‘戎狄是膺，荆舒是惩，则莫我敢承。’无父无君，是周公所膺也。我亦欲正人心，息邪说，距诐行，放淫辞，以承三圣者；岂好辩哉？予不得已也。能言距杨墨者，圣人之徒也。”[①] 孟子争辩的目的在于“正人心”，纠正人们的贪恋私利、有伤正性之心。纠正的方法有两种。其一是仁声感化：“仁言不如仁声之入人深也，善政不如善教之得民也。善政，民畏之；善教，民爱之。善政得民财，善教得民心。”[②] 仁声便是善气。善气即是性。仁声通之以善气、善性。通过同类感应的原理，善气招善气，即仁声能够召唤起藏于人的身体中的善的气质，从而实现善气满身。一旦一个人满身善气，他自然便成了圣贤。其二是寡欲：“养心莫善于寡欲。其为人也寡欲，虽有不存焉者，寡矣；其为人也多欲，虽有存焉者，寡矣。”[③] 断除各种人欲以养心。养心便是养性。寡欲的目的是为了养性。这便是去心以存性。或者说，存本心而去人心。

按照一般认识，语言表达意识或观念。观念接近于人心。语言与人心相关。魏晋王弼提出：“情动于中而外形于言，情正实，而后言之不怍。”[④] 言表达情。这样，我们可以得出如下结论：人心与情意思接近。或者说，情是一种人心活动。王弼以为：内在之中即性通过中间之情，最终表现为外在之言。在这种关系中，性是依据。它成为情、人心的主宰。于是，王弼提出“性其情”的主张：“不性其情，焉能久行其正，此是情之正也。若心好流荡失真，此是情之邪也。若以情近性，故云性其情。情近性者，何妨是有欲。若逐欲迁，故云远也；若欲而不迁，故曰近。”[⑤] 既然

---

① 杨伯峻译注：《孟子译注》，第 116 页。
② 杨伯峻译注：《孟子译注》，第 238 页。
③ 杨伯峻译注：《孟子译注》，第 268 页。
④ （魏）王弼著，楼宇烈校释：《王弼集校释》，第 631 页。
⑤ （魏）王弼著，楼宇烈校释：《王弼集校释》，第 631—632 页。

性是情的依据，那么，只要情感遵循了本性，即“情近性”，情欲之心又有何妨？情由性定。人心遵循于性，性主心，便万事皆可。

朱熹接受了《尚书》的二心说。其中的人心近似于知觉或意识，而道心内含性或理。朱熹曰：“人心如卒徒，道心如将。”[①] 道心如同指挥士兵的将军一般，人心听命于道心。之所以人心要听命于道心，朱熹指出：“人心亦不是全不好底，故不言凶咎，只言危。盖从形体上去，泛泛无定向，或是或非不可知，故言其危。故圣人不以人心为主，而以道心为主。盖人心倚靠不得。人心如船，道心如柁。任船之所在，无所向，若执定柁，则去住在我。人心亦未是十分不好底。人欲只是饥欲食、寒欲衣之心尔，如何谓之危？既无义理，如何不危？”[②] 人心的危险在于它如同一艘没有舵的船。如果没有了舵，船便失去了前进的方向。道心是人心之舵：“如何无得！但以道心为主，而人心每听命焉耳。”[③] 朱熹将道心解读为帝：“心固是主宰底意，然所谓主宰者，即是理也，不是心外别有个理，理外别有个心。”[④] 能够主宰道心的力量是理或性。理是事物的真正依据、本源和基础，对事物的生存具有决定性。故，道心主人心其实就是性主心。

王阳明将道心称作良知：“道心者，良知之谓也。”[⑤] 道心即良知。良知是心。王阳明曰：“身之主宰便是心；心之所发便是意；意之本体便是知，意之所在便是物。”[⑥] 心是主宰，意便是它的发用或呈现。或者说，心是意的本原。心从本原上决定了意。故，当意成为人类实践活动的主导者时，其真正的主导者或唯一正确的主宰乃是良知或心：“心者身之主宰，目虽视而所以视者心也，耳虽听而所以听者心也，口与四肢虽言动而所以言动者心也。”[⑦] 心主导着人的生存与存在，从认识到实践。心便是性、

---

① （宋）黎靖德编，王星贤点校：《朱子语类》五，第 2012 页。
② （宋）黎靖德编，王星贤点校：《朱子语类》五，第 2009 页。
③ （宋）黎靖德编，王星贤点校：《朱子语类》五，第 2011 页。
④ （宋）黎靖德编，王星贤点校：《朱子语类》一，第 4 页。
⑤ （明）王阳明撰，吴光、钱明、董平、姚延福编校：《王阳明全集》（上），第 52 页。
⑥ （明）王阳明撰，吴光、钱明、董平、姚延福编校：《王阳明全集》（上），第 6 页。
⑦ （明）王阳明撰，吴光、钱明、董平、姚延福编校：《王阳明全集》（上），第 119 页。

理。王阳明说："知是理之灵处。就其主宰处说，便谓之心，就其禀赋处说，便谓之性。"[①]良知、心便是性。良知是"至善"者："至善者，心之本体。本体上才过当些子，便是恶了。不是有一个善，却又有一个恶来相对也。"[②]心、良知便是至善。所谓至善，即最高之善。这种最高之善超越了相对的善与恶等意识。故，至善"全无好恶，却是无知觉的人"[③]。至善超越于善恶意识而成为超越者。

对至善的追求便是致良知的功夫。它或曰正心，或曰循理。从消极一面来说，功夫便是正心。于是，王阳明将格解释为"正"："格者，正也，正其不正以归于正之谓也。正其不正者，去恶之谓也。归于正者，为善之谓也。夫是之谓格。"[④]正即端正、纠正善恶之意或人心，将其拉回到正确的轨道上来，从而恢复性体。性体是其标准。从积极一面来说，功夫是循理：只要人心"一循天理，便有个裁成辅相"[⑤]，只要"好恶一循于理，不去又着一分意思。如此，即是不曾好恶一般"[⑥]，人心循理顺性，自然可以致良知。这个过程便是"静"："理无动者也，动即为欲。循理则虽酬酢万变而未尝动也；从欲则虽槁心一念而未尝静也。动中有静，静中有动，又何疑乎？有事而感通，固可以言动，然而寂然者未尝有增也。无事而寂然，固可以言静，然而感通者未尝有减也。"[⑦]静即生知安行，率性自然。王阳明说："理无动者也。'常知常存常主于理'，即'不睹不闻、无思无为'之谓也。不睹不闻、无思无为非槁木死灰之谓也，睹闻思为一于理，而未尝有所睹闻思为，即是动而未尝动也；所谓'动亦定，静亦定，体用一原'者也。"[⑧]理、良知是不动的。所谓不动，即不看，不听，不思，不做。或者说，致良知便是循理而无刻意或无心。循理而无意，无

---

① （明）王阳明撰，吴光、钱明、董平、姚延福编校：《王阳明全集》（上），第 34 页。
② （明）王阳明撰，吴光、钱明、董平、姚延福编校：《王阳明全集》（上），第 97 页。
③ （明）王阳明撰，吴光、钱明、董平、姚延福编校：《王阳明全集》（上），第 29 页。
④ （明）王阳明撰，吴光、钱明、董平、姚延福编校：《王阳明全集》（下），第 972 页。
⑤ （明）王阳明撰，吴光、钱明、董平、姚延福编校：《王阳明全集》（上），第 29 页。
⑥ （明）王阳明撰，吴光、钱明、董平、姚延福编校：《王阳明全集》（上），第 29 页。
⑦ （明）王阳明撰，吴光、钱明、董平、姚延福编校：《王阳明全集》（上），第 64 页。
⑧ （明）王阳明撰，吴光、钱明、董平、姚延福编校：《王阳明全集》（上），第 63 页。

心，说到底依然是性主心，其中良知、理是性，善恶之意是心。性依然主心。王阳明甚至从宇宙论的高度提出："人者，天地万物之心也；心者，天地万物之主也。"[①] 心或良知是天地之心，是天地万物生存的基础，也是主宰宇宙世界的根本力量。良知为主，其实也是性为主。

结语　德性主宰意识

心性关系是儒家哲学的重要论题之一。心字本有两个内涵，即心脏与意识。其中心脏是生存之本，对于存在者的生存具有决定性地位。早期儒家如孟子心性不分，以本心为性，人心则为本心或性的游离。到了宋明理学时期，理学家们虽然在形式上依然没有区别心与性，比如朱熹以道心为性或理，王阳明以良知或心为理、性等，但是，事实上，他们分别了二心，如朱熹的道心人心说、王阳明的心意说等。其中，朱熹的道心、王阳明的良知便指性或理。而人心、意等则指意识或观念，接近于现代"心"字的内涵。从发生学的角度来看，二心说指出了二者之间的关系，即本心为先，为本；人心为后，为末。本心或性是天生的材质或存在。它无疑具有绝对的优先性，为绝对的本源。而人心则是这个本源者产生的结果，即性生心。心、人心或意识属于性的产品，类似于大脑与意识的关系。尽管后来的理学家用体用论模式解读心性关系，以为性是体，心为用，似乎避免了经验的先后关系，但是，从逻辑来看，体依然在先，且是后者的决定者。因此，性与心的天然关联决定了二者之间的关系。这个关系便是性主心。在儒家们看来，作为德性的本心、道心、良知无可挑剔，而作为意识的人心却不可靠，甚至危险。故，他们一致主张寡欲或正心等。端正人心的法宝便是性，比如孟子的本心、王弼的自然之性、朱熹的道理、王阳明的良知等。在儒家看来，率性、循理便可以正人心。性因此成为人心之主。也就是说，在传统儒家哲学体系中，作为性质的性，通常是作为意识的心的主宰。德性主宰意识。这应该是传统儒家的心灵哲学纲领。

---

① （明）王阳明撰，吴光、钱明、董平、姚延福编校：《王阳明全集》（上），第214页。

第二节　性与思：儒家思维观[①]

“思”既是一个专业术语，也是一个常用语，从古至今，一直沿用而流行。它也是儒家经典中经常出现的一个词。在《论语》中，它至少出现过25次，对于表达儒家思想具有重要意义。虽然在现代汉语中，我们通常使用“思维”二字组成的词，而较少直接使用单一的“思”字，但是，在有些场合下，我们也直接用“思”字来表达思维之义，如笛卡尔的经典命题“我思故我在”中的“思”字便等同于思维。海德格尔的经典著作Zur sache des Denkens被陈小文等翻译为《面向思的事情》[②]，其中的“思”即等同于作为名词的思维（Denken），即在现代汉语中，有时候人们也直接使用“思”字来表示思维之义。于是，绝大多数现代学者将古汉语中的“思”与现代汉语中的思维看作一回事，以为“思”等同于思维。带着这种见识，人们去阅读古代经典、解释古代经典，甚至将这种理解带入课堂，广泛地教授给广大的学生。本节将通过分析经典文献中“思”字的基本内涵然后指出：仅仅将“思”理解为思维，是不准确的，有时候甚至是错误的。“思”字的首要内涵是生存，其次才是思维。

一、思：心的活动

思字由心、田构成。田是工作的产所、收获的来源。因此，心、田之间的关系似乎可以被理解为心工作于田，这便是思。思是心的活动。

孔子曰：“学而不思则罔，思而不学则殆。”[③]几乎多数学者都将这里的“思”解释为思维。杨伯峻释文曰：“只是读书，却不思考，就会受骗；只是空想，却不读书，就会缺乏信心。”[④]李泽厚翻译曰：“学习而不

① 本节的部分内容曾经作为《思：思维还是生存？——论中国传统哲学中“思”的概念》发表于《西南大学学报（社会科学版）》2020年第2期。

② 〔德〕海德格尔著，陈小文、孙周兴译：《面向思的事情》，北京：商务印书馆，2014年。

③ 杨伯峻译注：《论语译注》，第18页。

④ 杨伯峻译注：《论语译注》，第18页。

思考，迷惘；思考而不学习，危险。”[①] 理雅各则将这段文字翻译为“Study without thought is vain; thought without study is dangerous.”[②] 其中的思便是 thought（思想）。他们都将思理解为思维。这种理解常常造成原文不通。于是，他们只能曲解原文或忽略字的原义了。比如杨伯峻将“殆”字解释为缺乏信心。“殆”的意思是危险。如果说，只是空想而不读书就会危险，显然说不过去。空想一下，有何危险呢？李泽厚将“惘”字解释为迷惘。而其本义指遗漏、错失等。再说，学习以后怎么还会迷惘呢？思考而不学习，有什么危险呢？这些解释或多或少都存在着一些无法克服的盲点。如果我们将思解释为心的活动或行为，那么上述曲解处便自然消失了：仅仅模仿、学习别人的东西，却不落实于心中，落实于行动中，那就会沦为空虚。这便是“只说不练假把式”的空谈。如果只是去做，却不学习，那一定会危险，因为没有指导的行为是一种鲁莽的行为。故，何晏注曰：“不学而思，终卒不得，徒使人精神疲殆。”[③] 思的意思是心的行为，而不能简单地限于思维。事实上，心不仅思考，而且为生存提供动力。

曾子曰：“君子思不出其位。”[④] 如果将思解释为思想，这段话的意思是：君子的想法不要超出自己的身份。这种理解看似有道理，其实不然。身份与思想之间有必然联系吗？如果不遵循这种联系便是不道德的吗？我们虽然是普通平民，也当不成美国总统，自己梦想一下，难道就不道德了吗？所以这里的思不能够简单地被解释为思考。它指人心的活动，偏重于行为或践行。于是，上述文本便可以被解释为：君子的想法与行为不能够超出自己的身份、地位。这完全符合儒家的一贯立场。孔子曰：“君子有九思：视思明，听思聪，色思温，貌思恭，言思忠，事思敬，疑思问，忿思难，见得思义。”[⑤] 这里的思便不能够简单地被理解为思考。思应该被解

---

① 李泽厚：《论语今读》，合肥：安徽文艺出版社，1998 年，第 63 页。

② *The Sayings of Confucius*，《哈佛经典》第 44 卷，沈阳：万卷出版公司，2006 年，p. 6.

③ （魏）何晏等注，（宋）邢昺疏：《论语注疏》，《十三经注疏》（下），上海：上海古籍出版社，1997 年，第 2462 页。

④ 杨伯峻译注：《论语译注》，第 174 页。

⑤ 杨伯峻译注：《论语译注》，第 199—200 页。

读为活动。君子有九种活动，即以明来看，以聪来听，以温为色，以恭敬之心为形象，以忠诚之心来表达，以敬畏之心来侍奉，以疑问之心来怀疑，以责难之心来表达不满，以仁义之心来处理所得利益。思即人心的活动。它未必仅限于思考。同理，“子张曰：‘士见危致命，见得思义，祭思敬，丧思哀，其可已矣。’”[①] 这里的思也应该被解释为心的活动，即以仁义之心来处理利益，以敬畏之心来从事祭祀，以悲哀之心来处置丧事。“子夏曰：‘博学而笃志，切问而近思，仁在其中矣。’”[②] 以博学的方式来靠近志向，以问辩的方式来接近本心。所以，当孔子说：“《诗》三百，一言以蔽之，曰：‘思无邪’。”[③] 它的意思不是思考的问题，而是心的活动特点，即心不要走偏，而要引导人心向善。故，有学者言：思乃“‘保持，操存，不失去’之义，即养心存性，以成就人固有的仁义礼智之善”[④]。心思之思乃是思想、思念、不忘心，即操心。故孟子引述孔子的话：“孔子曰：‘操则存，舍则亡；出入无时，莫知其乡。’惟心之谓与？”[⑤] 操舍的对象便是心。时常念想，操持本心，本心不失，否则便会灭亡。故，心思之义是操心，以保持本心的成长。这种操心活动便是思。

这种心的活动不能简单地被解释为思维。古人通常将思与“虑”字联用，如《易传》曰：“天下何思何虑？天下同归而殊涂，一致而百虑。天下何思何虑？日往则月来，月往则日来，日月相推而明生焉。寒往则暑来，暑往则寒来，寒暑相推而岁成焉。往者屈也，来者信也，屈信相感而利生焉。尺蠖之屈，以求信也。龙蛇之蛰，以存身也。精义入神，以致用也。利用安身，以崇德也。过此以往，未之或知也。穷神知化，德之盛也。”[⑥] 思虑并列表明：思是一种不同于虑的心的活动方式。如《庄子》

---

① 杨伯峻译注：《论语译注》，第 224 页。

② 杨伯峻译注：《论语译注》，第 226 页。

③ 杨伯峻译注：《论语译注》，第 12 页。

④ 王祎：《〈礼记·乐记〉之“心”与〈孟子〉之“心”》，《中南大学学报（社会科学版）》2010 年第 6 期。

⑤ 杨伯峻译注：《孟子译注》，第 203 页。

⑥ （魏）王弼等注，（唐）孔颖达等正义：《周易正义》，《十三经注疏》（上），第 87—88 页。

曰：“德人者，居无思，行无虑，不藏是非美恶。四海之内，共利之之谓悦，共给之之谓安。怊乎若婴儿之失其母也，傥乎若行而失其道也。”[①] 有德之人不思不虑。“圣人之生也天行，其死也物化。静而与阴同德，动而与阳同波。不为福先，不为祸始。感而后应，迫而后动，不得已而后起。去知与故，循天之理。故无天灾，无物累，无人非，无鬼责。其生若浮，其死若休。不思虑，不预谋。光矣而不耀，信矣而不期。其寝不梦，其觉无忧。其神纯粹，其魂不罢。虚无恬惔，乃合天德。”[②] 作为单性词，思与虑分别表达了不同的活动方式或状态。

思即心的活动。《尚书》曰：“一曰貌，二曰言，三曰视，四曰听，五曰思。貌曰恭，言曰从，视曰明，听曰聪，思曰睿。恭作肃，从作乂，明作哲，聪作谋，睿作圣。”[③] 视、听等是眼睛与耳朵等的功能，思便是心或心脏的功能。这个功能的后果是睿。睿的意思，《说文解字》曰：“从目，从谷省。”[④] 空虚的山洼，有畅通义。睿即贯通、通达。通达而为圣，即圣人贯通天人。通过思，人们能够贯通、成圣。故，段玉裁的《说文解字注》曰：“容也，各本作容也。或以伏生《尚书》思心曰容说之。今正。皃曰恭，言曰从，视曰明，听曰聪，思心曰容，谓五者之德。非可以恭释皃，以从释言，以明聪释视听也。谷部曰，容者，深通川也。引容畎浍歫川。引申之：凡深通皆曰容。思与容双声。此亦门扪也、户护也、发拔也之例。谓之思者，以其能深通也。至若《尚书大传》次五事曰思心。思心之不容，是谓不圣。刘向、董仲舒、班固皆以宽释容。与《古文尚书》作五曰思，思曰睿为异本。详子所述《尚书》撰异。”[⑤] 思能够贯通。能够通达之思显然不同于一般的思维或思想，因为与思维相关的词汇有明哲、聪谋等。这些属于思虑。这几个概念并列使用，显然表明：思不同于谋略等

① （清）王先谦：《庄子集解》，《诸子集成》卷三，第 76 页。
② （清）王先谦：《庄子集解》，《诸子集成》卷三，第 96—97 页。
③ （汉）孔安国传，（唐）孔颖达等正义：《尚书正义》，第 188 页。
④ （汉）许慎：《说文解字》，第 85 页。
⑤ （汉）许慎撰，（清）段玉裁注：《说文解字注》，上海：上海古籍出版社，1981 年，第 501 页。

一般认识或思维。它的功能在于通。那么，通的主体是什么呢？毫无疑问，通的主体是心。

那么，什么是心呢？这个看似十分简单的概念却常常被误解。根据前文的论述，心至少具备两个功能：其一，它是生存之本，为生命的生存提供动力；其二，它是思维之本，是人类思想与意识的来源。这是古代心字的最重要的功能。

二、思与性之用：生存的向度

思是心的活动。那么，这种活动的特点是什么呢？或者说，心之思如何实现贯通呢？由于心字具有两个基本功能，即生存之本与思维之本，因此，贯通便具有了两个向度，即生存的向度与认知的向度。前者体现为情绪性活动，后者表现为理智化行为。

在孟子那里，天生的“本心”[①]即性。心之思便演化为性的活动。孟子曰：“然则治天下独可耕且为与？有大人之事，有小人之事。且一人之身，而百工之所为备，如必自为而后用之，是率天下而路也。故曰，或劳心，或劳力；劳心者治人，劳力者治于人；治于人者食人，治人者食于人，天下之通义也。”[②]其中的劳心者，我们通常将其解释为脑力劳动者，其实不是。劳心者指由着自己的善良本性而为的人。顺从本性而为的人便是大人、君子、圣人。他们自然统领那些靠感性、力气工作的人。此心是性。思是性的活动。这种天然之性，孟子称之为“体”。“公都子问曰：‘钧是人也，或为大人，或为小人，何也？’孟子曰：‘从其大体为大人，从其小体为小人。’曰：‘钧是人也，或从其大体，或从其小体，何也？’曰：‘耳目之官不思，而蔽于物。物交物，则引之而已矣。心之官则思，思则得之，不思则不得也。此天之所与我者。先立乎其大者，则其小者不能夺也。此为大人而已矣。’”[③]大体是大人的基础，小体是小人的

---

① 杨伯峻译注：《孟子译注》，第205页。

② 杨伯峻译注：《孟子译注》，第93页。

③ 杨伯峻译注：《孟子译注》，第208页。

基础。因此，大体便是仁义的本源。仁义的本源便是性。因此，大体即是性。思便是这种性的活动。“思则得之，不思则不得也”的意思是：如果能够让善良的本心或天性活动、发挥作用，那么本性便会得到成长，并最终致善。反之则会失去本性。而如果将思理解为思维，那么这段话的意思便是：心思维便可以得到它，不思维则不会得到它。试问：如果作思维讲，哪种心可以不思维？只要是思维之心，便一定会思维，不存在不思一说。所以，将“思”解释为思维，从道理上说不通。

思是人性的行为。孟子曰：“仁义礼智，非由外铄我也，我固有之也，弗思耳矣。故曰：‘求则得之，舍则失之。’或相倍蓰而无算者，不能尽其才者也。”[①] 仁义礼智之性或四端之心天生存在于人的身上，只是我们没有让它活动，忽略了它的存在，导致它被遗忘或遮蔽。这里的“思”主要指本心或性的活动。孟子曰：“圣人既竭目力焉，继之以规矩准绳，以为方员平直，不可胜用也；既竭耳力焉，继之以六律正五音，不可胜用也；既竭心思焉，继之以不忍人之政，而仁覆天下矣。”[②] 竭尽心思便是尽性。心思即人性的活动。孟子曰：“欲贵者，人之同心也。人人有贵于己者，弗思耳矣。人之所贵者，非良贵也。赵孟之所贵，赵孟能贱之。《诗》云：‘既醉以酒，既饱以德。’言饱乎仁义也，所以不愿人之膏粱之味也；令闻广誉施于身，所以不愿人之文绣也。”[③] 人人都有一个令自己高贵的东西，这便是仁义之性。遗憾的是多数人不去养护、扶持、发扬这个宝贵之性。这便是“弗思耳”。思即人性的活动。《孟子》曰：“拱把之桐梓，人苟欲生之，皆知所以养之者。至于身，而不知所以养之者，岂爱身不若桐梓哉？弗思甚也。”[④] 人们不去养身，养性。这种活动便是思。思即养性的行为。

这种活动的重要表现之一便是情。孟子曰：“盖上世尝有不葬其亲

---

① 杨伯峻译注：《孟子译注》，第 200 页。
② 杨伯峻译注：《孟子译注》，第 121 页。
③ 杨伯峻译注：《孟子译注》，第 210 页。
④ 杨伯峻译注：《孟子译注》，第 207 页。

者，其亲死，则举而委之于壑。他日过之，狐狸食之，蝇蚋姑嘬之。其颡有泚，睨而不视。夫泚也，非为人泚，中心达于面目，盖归反虆梩而掩之。掩之诚是也，则孝子仁人之掩其亲，亦必有道矣。”[①] 悲伤之情（“泚”）源自于“中心”。这里的“中心”便指性。情出自于性。这种出自性的情绪性活动，孟子称之为人之道：“是故诚者，天之道也；思诚者，人之道也。”[②] 诚是天性的存在方式，人类的生存之道便是顺着本性，任由本性而活动。这便是思。它包括情绪化行为。所以，在孟子那里，情是心或性的一种活动，也属于思，并因此而得到肯定的。扬雄明确指出：“学者，所以修性也。视、听、言、貌、思，性所有也。学则正，否则邪。”[③] 思为人性的功能。在扬雄看来，人性善恶混，因此，性之思便无法确保全部可靠。故扬雄曰：“修身以为弓，矫思以为矢，立义以为的，奠而后发，发必中矣。”[④] 人性之思需要规范。郭象明确指出了思与性的关系：“言天下皆不愿为恶，及其为恶，或迫于苛役，或迷而失性耳。然迷者自思复，而厉者自思善，故我无为而天下自化。”[⑤] 思复即恢复本性，思善即努力向善。这种思的活动，郭象甚至认为，完全不由人来掌握：“既禀之自然，其理已足。则虽沉思以免难，或明戒以避祸，物无妄然，皆天地之会，至理所趣。必自思之，非我思也；必自不思，非我不思也。或思而免之，或思而不免，或不思而免之，或不思而不免。凡此皆非我也，又奚为哉？任之而自至也。”[⑥] 思是自然而然的事情，与行为人无关。这意味着这种活动不是人的理智活动，而是人的物理性本性的自发活动，属于情：“各思其本性之所好。”[⑦] 思即本性所好，本性所好即本性的活动。所好自然属于情。情也是一种思。

---

① 杨伯峻译注：《孟子译注》，第 101 页。
② 杨伯峻译注：《孟子译注》，第 130 页。
③ 汪荣宝撰，陈仲夫点校：《法言义疏》，第 16 页。
④ 汪荣宝撰，陈仲夫点校：《法言义疏》，第 84 页。
⑤ （周）庄周撰，（晋）郭象注：《庄子》，《二十二子》，第 43 页。
⑥ （周）庄周撰，（晋）郭象注：《庄子》，《二十二子》，第 27 页。
⑦ （周）庄周撰，（晋）郭象注：《庄子》，《二十二子》，第 66 页。

陆九渊曰："学固不可以不思，然思之为道，贵切近而优游。切近则不失己，优游则不滞物。……日用之间何适而非思也。如是而思，安得不切近，安得不优游？"思即本心的活动。陆九渊曰："只刚制于外，而不内思其本，涵养之功不至。若得心下明白正当，何须刚制？"[①] 内思其本即由内在之本心而活动。思即本心的活动。朱熹针对"思无邪"的说法，解释曰："凡诗之言，善者可以感发人之善心，恶者可以惩创人之逸志，其用归于使人得其情性之正而已。然其言微婉，且或各因一事而发，求其直指全体，则未有若此之明且尽者。"[②] 所谓扬善，即由善性而行。这便是心性之思。这种心性之思的表现便是情。王阳明进一步指出："'思曰睿，睿作圣'，'心之官则思'，思则得之。思其可少乎？沉空守寂与安排思索，正是自私用智，其为丧失良知，一也。良知是天理之昭明灵觉处，故良知即是天理。思是良知之发用。若是良知发用之思，则所思莫非天理矣。良知发用之思自然明白简易，良知亦自能知得。若是私意安排之思，自是纷纭劳扰，良知亦自会分别得。盖思之是非邪正，良知无有不自知者。所以认贼作子，正为致知之学不明，不知在良知上体认之耳。"[③] 思即良知的发用、良知的活动。良知即性。故，思即性的活动。王阳明曰："远虑不是茫茫荡荡去思虑，只是要存这天理。天理在人心，亘古亘今，无有终始；天理即是良知，千思万虑，只是要致良知。良知愈思愈精明，若不精思，漫然随事应去，良知便粗了。"[④] 思虑的工夫终究为了良知的显现或流通。良知或性是体，思虑便是其用。思是性或良知所主导的活动。在发用中，心、良知、性与现实的事、物贯通一体。王阳明曰："思即学也，即行也；又不能无疑，则有辨，辨即学也，即行也。辨既明矣，思既慎矣，问既审矣，学既能矣，又从而不息其功焉，斯之谓笃行。非谓学、问、思、辨之后而始措之于行也。是故以求能其事而言谓之学；以求

---

① （宋）陆九渊：《陆象山全集》，北京：中国书店，1992 年，第 284 页。

② （宋）朱熹：《论语集注》，《四书五经》（上），第 4 页。

③ （明）王阳明撰，吴光、钱明、董平、姚延福编校：《王阳明全集》（上），第 72 页。

④ （明）王阳明撰，吴光、钱明、董平、姚延福编校：《王阳明全集》（上），第 110 页。

解其惑而言谓之问；以求通其说而言谓之思；以求精其察而言谓之辨；以求履其实而言谓之行。”[①]思是行。它的主要功能是通。从王阳明的立场来说，这个通首先是心理相通，然后便是心与事、物的贯通。这便是“心理合一之体、知行并进之功”[②]。思的主要功能是贯通：“睹闻思为一于理，而未尝有所睹闻思为，即是动而未尝动也；所谓‘动亦定，静亦定，体用一原’者也。”[③]这里的通已经实现了心、理、事、物的统一，由此而形成一个完整的存在。其中，心是本原，思是其活动，事物是其现实形态。至于思，陆原静亦曰：“良知，心之本体也；照心，人所用功，乃戒慎恐惧之心也，犹思也。而遂以戒慎恐惧为良知，何欤？”[④]“戒慎恐惧”[⑤]为情。良知所主导的思含情。

因此，从生存的向度来说，心之思仅仅是心或性的生存方式。它的最突出特征是情绪化，即思是心的情绪化活动。故，《尔雅》曰：“悠、伤、忧，思也。怀、惟、虑、愿、念、惄，思也。”[⑥]情绪化行为也是思。

三、思与对象的贯通：认知向度

从认知向度来看，贯通是思维之心对对象的认知与领悟。《中庸》曰：“诚者，天之道也；诚之者，人之道也。诚者不勉而中，不思而得，从容中道，圣人也。诚之者，择善而固执之者也。博学之，审问之，慎思之，明辨之，笃行之。有弗学，学之弗能，弗措也；有弗问，问之弗知，弗措也；有弗思，思之弗得，弗措也；有弗辨，辨之弗明，弗措也；有弗行，行之弗笃，弗措也。”[⑦]圣人本性合道，自然不思而得。而普通的人就需要思、勉之功。这个思勉之功包含了学、问、思、辨、行等五种形态，

---

① （明）王阳明撰，吴光、钱明、董平、姚延福编校：《王阳明全集》（上），第46页。
② （明）王阳明撰，吴光、钱明、董平、姚延福编校：《王阳明全集》（上），第46页。
③ （明）王阳明撰，吴光、钱明、董平、姚延福编校：《王阳明全集》（上），第63页。
④ （明）王阳明撰，吴光、钱明、董平、姚延福编校：《王阳明全集》（上），第65页。
⑤ （明）王阳明撰，吴光、钱明、董平、姚延福编校：《王阳明全集》（上），第65页。
⑥ （晋）郭璞注，（宋）邢昺疏：《尔雅注疏》，第51页。
⑦ （汉）郑玄注，（唐）孔颖达等正义：《礼记正义》，《十三经注疏》（下），第1632页。

其中就有思。思的目的是有所得。得即掌握对象。这便是贯通。

荀子在其书的开篇即指出："君子知夫不全不粹之不足以为美也，故诵数以贯之，思索以通之，为其人以处之，除其害者以持养之。使目非是无欲见也，使耳非是无欲闻也，使口非是无欲言也，使心非是无欲虑也。"[①] 思索的目的是为了通之，与对象贯通。"治气养心之术：血气刚强，则柔之以调和；知虑渐深，则一之以易良；勇胆猛戾，则辅之以道顺；齐给便利，则节之以动止；狭隘褊小，则廓之以广大；卑湿重迟贪利，则抗之以高志；庸众驽散，则刦之以师友；怠慢僄弃，则炤之以祸灾；愚款端悫，则合之以礼乐，通之以思索。"[②] 礼乐能够协和，思索能够贯通。"空石之中有人焉，其名曰觙。其为人也，善射以好思。耳目之欲接，则败其思；蚊虻之声闻，则挫其精。是以辟耳目之欲，而远蚊虻之声，闲居静思则通。思仁若是，可谓微乎？孟子恶败而出妻，可谓能自强矣；有子恶卧而焠掌，可谓能自忍矣；未及好也。辟耳目之欲，可谓能自强矣，未及思也。蚊虻之声闻则挫其精，可谓危矣；未可谓微也。夫微者至人也。至人也，何强何忍何危！故浊明外景，清明内景，圣人纵其欲，兼其情，而制焉者理矣；夫何强何忍何危！故仁者之行道也，无为也；圣人之行道也，无强也。仁者之思也恭，圣人之思也乐。此治心之道也。"[③] 静思则能够通。只有圣人才能够做到与对象贯通。比如对待仁义之道，荀子曰："今人之性固无礼义，故强学而求有之也；性不知礼义，故思虑而求知之也。然则生而已，则人无礼义不知礼义。人无礼义则乱，不知礼义则悖。然则生而已，则悖乱在己。用此观之，人之性恶明矣，其善者伪也。"[④] 思虑礼义，以求与其贯通一体。这便是知道。比如对待天，"大天而思之，孰与物畜而制之！从天而颂之，孰与制天命而用之！望时而待之，孰与应时而使之！因物而多之，孰与骋能而化之！思物而物之，孰与理物而勿失之

① （清）王先谦：《荀子集解》，《诸子集成》卷二，第 11 页。
② （清）王先谦：《荀子集解》，《诸子集成》卷二，第 15—16 页。
③ （清）王先谦：《荀子集解》，《诸子集成》卷二，第 268 － 269 页。
④ （清）王先谦：《荀子集解》，《诸子集成》卷二，第 292—293 页。

也！愿于物之所以生，孰与有物之所以成！故错人而思天，则失万物之情”①。思天即与天融为一体，意思指长寿而升天。故，荀子曰：“吾尝终日而思矣，不如须臾之所学也。吾尝跂而望矣，不如登高之博见也。登高而招，臂非加长也，而见者远；顺风而呼，声非加疾也，而闻者彰。假舆马者，非利足也，而致千里；假舟楫者，非能水也，而绝江河。君子生非异也，善假于物也。”② 终日之思即整天想着与对象融为一体。贯通即与对象为一体：“治之经，礼与刑，君子以修百姓宁。明德慎罚，国家既治四海平。治之志，后执富，君子诚之好以待。处之敦固，有深藏之能远思。思乃精，志之荣，好而壹之神以成。精神相反，一而不贰为圣人。”③ 思之后为精。精即合二为一。

《郭店楚简》分别了思与智：“五行皆形于内而时行之，谓之君（子）。士有志于君子道谓之志士。善弗为亡近，德弗志不成，智弗思不得。思不精不察，思不长不型，不型不安，不安不乐，不乐亡德。不仁，思不能清。不智，思不能长。（不仁不智，）未见君子，忧心不能惙惙；既见君子，心不能悦。……不仁，思不能清。不圣，思不能轻。不仁不圣，未见君子，忧心不能忡忡；既见君子，心不能降。”④ 思是智的基础，即由思才能够最终成智。而思则依赖于“精”“长”“清”。其中的“精”即专一。思必须实现与对象融为一体，这才是“精”，才是得。

在宋明理学那里，思便是与理的贯通，即体道。“未有不能体道而能无思者，故坐忘即是坐驰，有忘之心乃思也。”⑤ 思即体道，与道为一。“格物，适道之始，思所以格物而已近道矣。是何也？以收其心而不放也。”⑥ 思近于道。这便是心悟：“为恶之人，原于不知思，有思则心

① （清）王先谦：《荀子集解》，《诸子集成》卷二，第 211—212 页。
② （清）王先谦：《荀子集解》，《诸子集成》卷二，第 2—3 页。
③ （清）王先谦：《荀子集解》，《诸子集成》卷二，第 307 页。
④ 荆门市博物馆编：《郭店楚墓竹简》，北京：文物出版社，1998 年，第 149 页。
⑤ （宋）程颢、程颐著，王孝鱼点校：《二程集》（上），第 65 页。
⑥ （宋）程颢、程颐著，王孝鱼点校：《二程集》（下），第 1197 页。

悟。”[①]心悟即心理一体。二程甚至说：“泛乎其思之，不如守约。思则来，舍则去，思之弗熟也。”[②]思不仅是心理一体，而且要牢牢地结合在一起，并成为行为的起点。朱熹曰：“耳司听，目司视，各有所职而不能思，是以蔽于外物。既不能思而蔽于外物，则亦一物而已。又以外物交于此物，其引之而去不难矣。心则能思，而以思为职。凡事物之来，心得其职，则得其理，而物不能蔽；失其职，则不得其理，而物来蔽之此三者，皆天之所以与我者，而心为大若能有以立之，则事无不思，而耳目之欲不能夺之矣，此所以为大人也。”[③]眼耳等感官只能够带来外物，只有心才能够通过这些感官将外物之理转化为一，即心与理为一体。这便是思。这是人为之始。朱熹曰：“诚者，真实无妄之谓，天理之本然也。诚之者，未能真实无妄而欲其真实无妄之谓，人事之当然也。圣人之德，浑然天理，真实无妄，不待思勉，而从容中道，则亦天之道也。未至于圣，则不能无人欲之私，而其为德不能皆实。故未能不思而得，则必择善，然后可以明善；未能不勉而中，则必固执，然后可以诚身，此则所谓人之道也。”[④]思诚即人事。人事的关键在于思与勉，思即知理，勉即行动。对一般的人来说，知理而后行是唯一的正道。

从认知向度来看，思具有理智思维的特点，即通过理性思维，认知主体与对象实现贯通。这时的思接近于思维。

结语　生存优先于思维

思是心的活动。心具有两个基本功能，即生存之本与思维之本，因此，心之思也至少包含两个方面的内涵，即生存之思与思维之思。其中生存之思主要表现为情绪化活动，而思维之思则体现为理智化活动。也就是说，思不仅指思维，而且指向生存，且首先指向生存。

---

① （宋）程颢、程颐著，王孝鱼点校：《二程集》（下），第1271页。

② （宋）程颢、程颐著，王孝鱼点校：《二程集》（下），第1257页。

③ （宋）朱熹：《孟子集注》，《四书五经》（上），天津：天津市古籍书店，1988年，第91页。

④ （宋）朱熹：《中庸章句》，《四书五经》（上），天津：天津市古籍书店，1988年，第10—11页。

从生存的角度来说，心之思的本源是人性。人性的最直接形态便是情绪化行为。故，思首先体现为情绪化行为："凡至乐必悲，哭亦悲，皆至其情也。哀、乐，其性相近也，是故其心不远。哭之动心也，浸杀，其央恋恋如也，戚然以终。乐之动心也，濬深鬱舀，其央则流如也以悲，條然以思。"[①]人心之思即人性之情。或者说，人的情绪化行为便是人心之思，即"凡忧，思而后悲；凡乐，思而后忻。凡思之用，心为甚。叹，思之方也，其声变（则），其心变则其声亦然。吟游（流）哀也，噪游（流）乐也，啾游（流）声[也]，呕游（流）心也"[②]。悲忻之情，出于心之思。人类的各种心理活动，包括情感等都属于思的范围。"爱类七，唯性爱为近仁。智类五，唯义道为近忠。恶类三，唯恶不仁为近义。所为道者四，唯人道为可道也。凡用心之躁者，思为甚。用智之疾者，患为甚。用情之至者，哀乐为甚。用身之弁者，悦为甚。用力之尽者，利为甚。目之好色，耳之乐声，鬱舀之气也，人不难为之死。"[③]人有七情，发于性的情最接近于仁。心之所动便是思。荀子曰："祭者，志意思慕之情也。"[④]思慕表达了某种情感。思首先指情绪性活动。

从认知的角度来说，人心之思表现为理智性活动，即思维。《尚书》曰："作德，心逸日休，作伪，心劳日拙。居宠思危，罔不惟畏，弗畏入畏。推贤让能，庶官乃和，不和政厖。举能其官，惟尔之能，称匪其人，惟尔不任。"[⑤]思危即想到危险。这里便体现为理性化内涵。"季文子三思而后行。子闻之，曰：'再，斯可矣'。"[⑥]三思之思包含有理智性内容。孟子曰："禹恶旨酒而好善言。汤执中，立贤无方。文王视民如伤，望道而未之见。武王不泄迩，不忘远。周公思兼三王，以施四事；其有不合

---

① 荆门市博物馆编：《郭店楚墓竹简》，第180页。
② 荆门市博物馆编：《郭店楚墓竹简》，第180页。
③ 荆门市博物馆编：《郭店楚墓竹简》，第180页。
④ （清）王先谦：《荀子集解》，《诸子集成》卷二，第249页。
⑤ （汉）孔安国传，（唐）孔颖达等正义：《尚书正义》，第236页。
⑥ 杨伯峻译注：《论语译注》，第55页。

者，仰而思之，夜以继日；幸而得之，坐以待旦。”[1]思类似于想。荀子曰：“今人之性固无礼义，故强学而求有之也；性不知礼义，故思虑而求知之也。”[2]思、虑并用，以求知道。“博学之，审问之，慎思之，明辨之，笃行之。有弗学，学之弗能，弗措也；有弗问，问之弗知，弗措也；有弗思，思之弗得，弗措也。”[3]这里的思包含着一定的理智因素。

事实上，在通常情况下，心之思同时兼具情绪性与理智性。荀子曰：“鯈鉢者，浮阳之鱼也，胠于沙而思水，则无逮矣。挂于患而欲谨，则无益矣。自知者不怨人，知命者不怨天；怨人者穷，怨天者无志。失之己，反之人，岂不迂乎哉！”[4]思水既有想念，更有情绪性因素。扬雄亦曰：“昔在周公，征于东方，四国是王；召伯述职，蔽芾甘棠，其思矣夫！齐桓欲径陈，陈不果内，执袁涛涂，其斁矣夫！于戏！从政者审其思斁而已矣。……老人老，孤人孤，病者养，死者葬，男子亩，妇人桑之谓思。若污人老，屈人孤，病者独，死者逋，田亩荒，杼轴空之谓斁。”[5]思指怀念、向往。这里既有理智因素，也有情感内涵。

心不仅生存，而且思维。因此，心之思，不仅表现为情绪化行为，而且体现为理智化活动。那么，二者是什么关系呢？并列，还是有先后呢？其实，生存与思维并不是并列的两种方式，而是不同等级的指称，二者的关系，如同树与果树的关系一样。生存中包含着思维，即思维活动是生存的一种特殊形态，如同果树是树的一类一样。从生存与思维的关系来看，思维仅仅是心的诸多生存方式中的一种。这意味着，对于心来说，思维或理性活动并不是唯一的，甚至算不上最主要的活动形态。因此，理性活动在儒家思想体系中处于次要的地位。生存第一，思维其次。这便是儒家心的活动的基本原理。

---

① 杨伯峻译注：《孟子译注》，第147页。

② （清）王先谦：《荀子集解》，《诸子集成》卷二，第292—293页。

③ （汉）郑玄注，（唐）孔颖达等正义：《礼记正义》，《十三经注疏》（下），第1632页。

④ （清）王先谦：《荀子集解》，《诸子集成》卷二，第35—36页。

⑤ 汪荣宝撰，陈仲夫点校：《法言义疏》，第286页。

第三节 性与我：儒家主体观①

在现代理论中，主体是一个十分重要的概念。在汉语学术界，主体一词至少有三种用法，即结构主体（如主体部分）、行为主体（行为者）以及个性主体。其中，个性主体便是本节所要讨论的主题。从历史发展来看，个性主体的出现与现代性观念的产生几乎同时。因此，我们甚至可以将二者视作孪生观念，即现代人必定具备主体意识、主体思维，或主体性。那么，中国传统文化尤其是儒家哲学是否具备主体性概念或类似的概念呢？中国古人是否具有主体性观念呢？这便是本节所要探讨的主要问题。

一、主体性与自由意志

在西方思想史上，强调个体的自主是其传统立场。早期的亚里士多德尤其重视个体的自主性。亚里士多德指出："好的行为是一个目的，欲望追求它。因此，选择或者是一种审思理性，或者是一种理性欲望。这等行为的起源便是人。"②善在于目的。目的在于选择。选择依赖于理智。亚里士多德说："他渴望那些对自己来说，不仅看起来是善的东西，而且也真是善的东西，然后这样做。他根据自己的目的来做事，因为他这样做乃是出于每个人都有的理智因素。"③个体依靠理智来识别与理解，并最终选择善者为自己的目的。

选择不仅依赖于理智，而且立足于行为主体的个人喜爱或偏好。亚里士多德曰："选择既不能缺少理智和理性，也不能够缺少道德品质。一个好的行为，以及相反的行为，如果缺少了理智和品质的合作，也无法

---

① 本节主要内容曾经作为《主体与德性：试论传统儒家主体性问题》发表于《学术界》2017年第2期。

② Aristotle, *Nicomachean Ethics*, translated and edited by Roger Crisp, Cambridge University Press, 2004, p. 105.

③ Aristotle, *Nicomachean Ethics*, translated and edited by Roger Crisp, p. 169.

存在。”[1]选择还依赖于主体自身的偏好或喜爱等品质。喜爱引导欲望。因此，作为目的的善成为“值得欲望的东西”[2]。人们在追求善的同时，也能够获得某种情感的满足：“符合修养的行为自身便是愉快的。不仅如此，它们也是善良和高贵的。”[3]“对于喜欢快乐的人来说，快乐的必然也是善良的。”[4]这也是大众的共识，即善便是以自己的生活为基础的快乐和愉悦。亚里士多德对选择的重视，不仅体现了他对理性的依赖，同样反映了他对行为人个体意愿的尊重。这种行为人的意愿与理智，共同构成了主体的基本内涵。因此，主体必定体现了行为人的主动性：做自己想做的事，自己做主。

这种自主性意识在基督教传统中得到了继承。根据《圣经》的说法，人类的邪恶原因在于人类擅自做主。人类的自主意识是人类堕落的根源。自主意识便是奥古斯丁所“创造的意志概念”[5]。他认为人类的邪恶、堕落与苦难的根源在于人类的“自由意志”：“由于错误地运用自由意志，导致了一系列的邪恶。正是这些邪恶所具有的悲惨将人类从毁坏的源头如同腐烂的根系一般，带至第二次死亡的摧毁。它没有尽头，只能通过上帝的恩典才能被免除。”[6]意志带来了邪恶，人类因此遭殃。

基督教虽然承认了个体的自主意识与人类生存的密切关系，却消极地对待它。直到近代的马丁·路德才积极地对待人类的自主性。路德彻底地动摇了教皇与教会的权威性，从而将信仰的基础归为人类自身：“我们应当大胆地相信并依靠自己对圣经的理解，来对教皇等所做的事情以及未做的事情进行判断。”[7]相信自己才是最可靠的。路德的信仰理论直接启发了近代主体性理论。

---

① Aristotle, *Nicomachean Ethics*, translated and edited by Roger Crisp, p. 104.

② Aristotle, *Nicomachean Ethics*, translated and edited by Roger Crisp, p. 4.

③ Aristotle, *Nicomachean Ethics*, translated and edited by Roger Crisp, p. 14.

④ Aristotle, *Nicomachean Ethics*, translated and edited by Roger Crisp, p. 149.

⑤ Steven K. Strange, “The Stoics on the Voluntariness of the Passions,” in *Stoicism: Traditions and Transformations*, edited by Stevenk K. Strange, Cambridge University Press, 2011, p. 34.

⑥ Augustine, *The City of God*, Book XIII, Chapter 14, Encyclopaedia Britanica, Inc., 1952, p. 366.

⑦ Martin Luther, *Thesis and Address*, Harvard Classics, Vol. 36, 沈阳：万卷出版公司，2006 年，p. 264.

笛卡尔明确提出“我思故我在”，不仅将理性思维视作自我的主要特征，而且当作唯一确定者。理性的重要形式便是意志选择和判断：“正是意志，即自由选择能力，让我获得了如此巨大的体验。除了它，我想象不出其他的东西能够如此丰富与广阔。因此，主要是由于意志让我认识到我分享了上帝的形象与相似。……意志能力主要体现于以下方面，即我们能够做或不能够做某事。”①正是意志，彰显了人类的伟大：“意志根据自己的本性能够广泛地扩展自己。正是依靠它而自由地活动，人类才能够获得伟大的圆满。由此，我们以一种特殊的手段掌控自己的行为，并由此受到赞扬或谴责。”②意志的积极价值终于得到了承认。普芬道夫认为“人类的行为产生于意志”③，并将意志视为“人类特有的、区别于野兽的能力”④。从此，自由意志才成为人类活动的真正主宰。故，黑格尔说：“没有自由的意志是一个空洞的词语，只有在意志中自由才能够成为现实，如同主体。”⑤主体便是意志自由。至此，人类的主体性最终得到完全的肯定与弘扬。

从西方思想史来看，近代的主体或主体性概念至少包含三项基本内涵。其一，主体性具有理性。在西方理性主义传统中，主体的内涵至少包含意识、理智与理性，即主体的行为一定是有意识的、理性的行为。它通常表达了行为人的意志。意志，康德称之为实践理性。事实上，汉语的主体，对应的西语是 subject。西语中的 subject 含有主观的意思。或者说，西语的主体与主观是一个单词。故，“当我们说人们是主体时，他们的主体性包括两个中心部分，即理论上的自我决定或自我意识，以及实践上的

---

① *The Philosophical Writings of Descartes*, Vol. Ⅱ, translated by John Cottingham, Robert Stoothoff, and Dugald Murdoch, Cambridge University Press, 1984, p. 40.

② René Descartes, *Philosophical Essays and Correspondence*, edited with Introducioni by Roger Ariew, Hackett Publishing Company, Inc., 2000, p. 240.

③ Samuel Pufendorf, *On the Duty of Man and Citizen*, 北京：中国政法大学出版社, 2003, p. 27.

④ Samuel Pufendorf, *On the Duty of Man and Citizen*, p. 19.

⑤ Georg Wilhelm Friedrich Hegel, *Grundlinien der Philosophie des Rechts oder Naturrecht und Staatswissenschft im Grundrisse*, in *Georg Wilhelm Friedrich Hegel Werke* 7, Suhrkamp Verlag Frankfurt am Main, 1970, S. 46.

自我决定或自律"[1]。主体性与主观性也是同一个词语。这表明：主体性一定具有主观性，具有意识属性与理性色彩。黑格尔说："自由意志是思维的一种特殊方式。"[2]思维即是理性思维。自由意志即主体性实体。这种实体也是一种理性活动方式。因此。主体性必定包含理性。

其二，主体性是自主性，即它体现了行为人在理性的指导下自己判断、自主选择和自由决断的属性。行为人的立法者身份鲜明地体现了主体的自主性。其表现形式便是自己做主，即在行为过程中，主体依靠理性给自己做主。这便是自我立法。其载体便是自由意志。康德说："所有人的意志原理，作为一种能够给出普遍准则的意志，假如得到了合理的判断，都能够非常适合地成为绝对命令，即，因为普遍立法的意思指它不是立足于利益，因此在所有的可能的命令中，只有它是绝对无条件的。"[3]意志提供普遍法则，即：意志是这个普遍法则的立法者，也是理性自我的最终裁决者。这便是近代哲学的一大成就：将人类的自我立法权从上帝手中夺回到人类自身。人类的事情人类做主，行为个体做主。行为的主体便是自我。因此，哲学中的自我不仅是行为人，而且是能够做主的人。主体性一定具有自主性。

其三，主体性是个体性，即自主的行为人是一个独立的个体。自我立法不仅是人类从上帝手里夺得立法权，更重要的是，它将立法权交给了每一个独立的个体。其理论基础便是"人是目的"："行为的所有准则的基本原理必须是所有目的的主体，即理性者自身从来也不能够被当作手段来用，相反，它只能够成为限制所有手段的用法的高等条件，即在所有的情形下，人只能够是目的。"[4]这里的人不仅仅指人类，而且主要指单个

---

① Michael Städtler, *Kant und die Aporetik moderner Subjektivität zur Verschränkung historischer und systematischer Momente im Begriff der Selbstbestimmung*, Berlin: Akademie Verlag GmbH, 2011, S. 14.

② Georg Wilhelm Friedrich Hegel, *Grundlinien der Philosophie des Rechts oder Naturrecht und Staatswissenschft im Grundrisse*, in *Georg Wilhelm Friedrich Hegel Werke* 7, S. 47.

③ Immanuel Kant, *Kritik der Praktischen Vernunft und andere kritische Schriften*, Koenemann, 1995, S. 229-230.

④ Immanuel Kant, *Kritik der Praktischen Vernunft und andere kritische Schriften*, S. 236-237.

个体，即每一个人都是目的，即每一个人不仅能够自己立法，而且也是目的。事实上，目的与立法是一致的：立法者以自己为目的而立法。因此，每一个人都有尊严。在康德看来，人类尊严或价值的基础在于自律："自律是所有的理性人类的尊严的基石。"[①] 个体是目的，个体能立法，个体会守法，个体才会有尊严。个体性是主体性的基本内涵之一。

主体性的表现形式是自由意志（free will）。近代意志概念起源于拉丁语 voluntas。这个拉丁语被西塞罗用来翻译希腊语 boulēsis（善的愿望）。人们通常认为，奥古斯丁"创造了意志概念"[②]。准确地说，奥古斯丁第一次将意志与人类实质性地关联起来，并对近代哲学产生深远影响。他认为人类的邪恶来源于自己的"意志"[③]。托马斯·阿奎那亦云："只要人是理智的，它就必然拥有一个自由意志。"[④] 意志是人类的基本规定性或品质。在近代哲学家康德眼里，"意志被视为根据一定的法则的观念而决定自己的能力。这种能力只能在理性存在者身上被发现"[⑤]。这种能力只能是人类才具有，因此是人的一种标志。康德说："自由必须被预设为所有理性存在者的意志的品质。"[⑥] 意志是人的基本规定性。

作为人类的官能，意志的基本功能是选择。人类的欲望具有明确的对象和目的。这些对象会对人们产生反应，并由此而形成初步的好恶情感。这种情感驱使人们产生意图与意向，或志向某物。欲望是一种原始动力。亚里士多德说："有三个东西决定了我们所有行动中的选择，即道德上的好、方便和愉快。同样也有三件东西让我们逃避，即卑劣、有害和痛苦。"[⑦] 愉快表明了选择符合了主体的欲望。因此选择必然包含着欲望内

---

① Immanuel Kant, *Kritik der Praktischen Vernunft und andere kritische Schriften*, S. 234.

② Steven K. Strange, "The Stoics on the Voluntariness of the Passions," in *Stoicism: Traditions and Transformations*, edited by Stevenk K. Strange, p. 34.

③ Augustine, *The City of God*, Book XIII, Chapter 14, p. 366.

④ *The Summa Theologica of Saint Thomas Aquinas*, Encyclopaedia Britannica, Inc., 1952, Vol. I, Part I, Q. 83, Art. 1.

⑤ *Kant's gesammelte Schriften*, Band IV, Druck und Verlag von Georg Reimer, 1911, S. 426.

⑥ *Kant's gesammelte Schriften,* Band IV, S. 447.

⑦ Aristotle, *The Nicomachean Ethics*, translated by W. D. Ross, Oxford University Press, 1980, II 3.

容，或听从于某种欲望，并因此而产生某种愉悦。这种愉悦的诱惑诱使人们有所反应或作为。然而事物是有限的。我们不可能满足所有的欲望。于是，我们必须经过慎重思考，选择满足某些最合理的欲望，并同时抑制其余的欲望。这种活动便是选择。很显然，这个过程是理智的。这便是亚里士多德的所谓“方便”。为了这种“方便”，“当我们选择时，我们选择那些自己能够做到，同时也是自己欲望的事情。这件事是考虑的结果。我们可以将 proairesis 描述为‘自己能力范围内的考虑的欲望’。考虑在先，然后是抉择，最后是追随考虑的结果的欲望”①。我们依据自己的理智进行思考，然后选择。准确地说，选择是一种理性主体在自己的理性指导下、理智参与下的活动形式。尽管选择的内容或结果和欲望、利益相关，但是，作为意志活动的选择并非简单地选择某种利益。人类的各种利益可以分为 A、B、C、D 等。在其中选择出 A 或 B 也叫选择。但是这并不是真正的人类理性的选择。理性的选择不是此类利益选择，而是另类选择。假如存在着 A 与 ¬A，理性选择便是在这两者中选择其一。真正的理性存在排除了感性的利益因素。它是对感性存在的超越。这种放弃感性标准而听从自身内心的呼唤的思考便是自由意志的选择过程。康德认为，“意志是一种选择的能力。这种选择是理性在不依靠个人的爱好的情形下而做出的实用的、必然的，即认为是善的一种选择”②。意志是主体的一种能力（Vermögen），选择是人类意志的基本功能。

选择即意志的自由活动。这是意志的最重要、最根本的特征。人类的意志的选择是无条件的，这便是“自由，其事实意思是：不受任何感官刺激的干扰而拥有的独立性”③。所以，意志自由在于其不受限制地存在与工作，即发布道德律是无条件的。其形式便是道德律。康德说：“这种纯粹的、实践的理性的自我立法是自由。因此，道德律的意思不是别的，正

① Aristotle, *The Nicomachean Ethics*, translated by W. D. Ross, Ⅲ 3.

② *Kant's gesammelte Schriften*, Band Ⅲ, Druck und Verlag von Georg Reimer, 1911, S. 412.

③ *Kant's gesammelte Schriften*, Band Ⅲ, S. 363-364.

是纯粹实践理性的自律，即自由。”[①] 自由即自己做主。这种自己做主即自己命令自己便是道德律。故，自由即道德律。康德说，道德律是自由的形式：“当我说自由是道德律的条件，且宣称道德律是我们首先意识到自由的条件时，为了避免让人以为他找到了不一致处，我仅仅承认：自由是道德律的质料（ratio essendi），而道德律是自由的可认知的形式（ratio cognoscendi）……如果没有自由，道德律也无从谈起。”[②] 自由是质料、内容，而道德律是形式。二者是统一的。

人类的自由选择产生了主体性。所谓意志自主原则，康德定义为“总是选择那种意愿将我们的选择格律当作普遍法则的意愿”[③]。人类意志因为有了选择功能，因此获得了自主地位和主体性。所谓意志自主，简单地说，即自己做主，“每一个理性者因为这种意志，能够因此而成为普遍立法者”[④]；作为立法者，“理性者能够通过自己的意志公理，发布普遍法则，并因此而对自己及其行为进行审判”[⑤]。自己能够独立立法并审判，因此获得了真正独立决断的权利。晚年康德明确将人类意志分为两类，即纯粹意志（Wille）与选择性意志（Willkür）。纯粹意志所“产生的原则，便是绝对命令。意志不受对象的决定，仅仅包含着一种意愿的形式。同时却作为意志自主律，即每一个具有善良意志的人的准则的作用，自己给自己制造普遍法则。它仅仅是一种唯一的法则。具有理性的人类都具有这种意志。它不会以任何的动物性的欲望与利益作为自己的基础”[⑥]。这种意志因为缺乏现实熏染，几乎没有内容，仅仅是一种形式。同时也正是因为它没有受到现实熏染，几乎不受现实的任何牵连或制约，因此是纯粹的、无条件的，也是独立的。这确保了它的独立性、自主性。康德指出：“现在，这一道德原理，通过它不分主体的差别而促使它成为形式的、高级的意志

① *Kant's gesammelte Schriften*, Band Ⅴ, Druck und Verlag von Georg Reimer, 1913, S. 33.

② *Kant's gesammelte Schriften*, Band Ⅴ, S. 4, Anmerkung.

③ *Kant's gesammelte Schriften*, Band Ⅴ, S. 59.

④ *Kant's gesammelte Schriften*, Band Ⅳ, S. 431.

⑤ *Kant's gesammelte Schriften*, Band Ⅳ, S. 431.

⑥ *Kant's gesammelte Schriften*, Band Ⅳ, S. 444.

决定原理的立法普遍性，由理性得到宣称：由于所有理性存在物都有意志，因而普遍遵循这一法则。……道德律是一种命令。它定言命令，因为它是无条件的。”[①] 道德律便是理性意志主体自己给自己的命令。主体自己做主即意志自主。主体因此获得了主体性。

从上述材料来看，意志是人类的一种官能，其职责是选择。这也是意志的最根本、最重要的特征。选择确保了意志的绝对自由：无论如何，人可以自由选择。意志自由则确保了人类的主体性特征和地位。而对主体性的意识与觉察则是近代启蒙运动的成果之一，并成为现代政治与社会生活的决定性因素之一。

源自古希腊、发展于近代、成熟于康德的主体性与自由意志观念，成为一个与现代文明生死与共、休戚相关的观念。它不仅是近代政治文明的基础，而且也是近代道德文明、社会文明等最重要的内涵之一。那么，以儒家为代表的中国传统观念是否也有这种概念或观念呢？

二、“主”“体”与“自”“我”：从词源来看

主体概念是一个现代学术术语，在以儒家为主要部分的中国传统文化中并不存在。主体由“主”与“体”二字组成。在古汉语中，这两个字也是两个词。其中的“主”，《说文解字》曰：“主，灯中火主也。”[②] 主即灯芯，灯火之源。源头是主。《黄帝内经》曰：“心主脉，肺主皮，肝主筋，脾主肉，肾主骨，是谓五主。”[③] 所谓“心主脉”，即脉搏源自心脏，或曰，心脏乃是生命力之元。主的这一内涵依然保留在现代汉语中，比如主人、主队等。比赛中的主队（home team），并非主导比赛的队伍，而是指留在原地的队伍。和客人相对应的主人，不同于对立于奴仆的主人。它主要指留在原处的人。原处、本原乃是主的基本内涵。主即本源。古汉语

① *Kant's gesammelte Schriften*, Band Ⅴ, S. 32.

② （汉）许慎：《说文解字》，第 105 页。

③ （唐）王冰注，（宋）林亿等校正：《补注黄帝内经素问》，《二十二子》，第 904 页。

的“体”字的原始含义，《说文解字》曰：“总十二属也，从骨，豊声。”[①] 所谓十二属，依段玉裁的注释：“首之属有三：曰顶，曰面，曰颐；身之属三：曰肩，曰脊，曰臀；手之属三：曰厷，曰臂，曰手；足之属三：曰股，曰胫，曰足。”[②] 合起来说，十二属指人身的各部肢体，即头三、身三、手三、足三，共计十二部位。故，体可以被解释为肢体和身体。身体是体字的原义。《易传》曰：“神无方而易无体。”[③] 东晋韩康伯注曰：“道者何？无之称也……寂然天体，不可为象。”[④] 此处的体主要指载体。身体也是一种载体。身体之义进而扩展为载体之义。我们将主、体二字合成，主体便可以用来指称作为本源的身体或载体。其中，按照中国传统思维模式，本源便是主宰，作为本源的载体便是主宰者。这便是现代汉语“主体”一词的由来。也就是说，现代汉语“主体”的意义起源于本源性载体。它和现代主体概念的内涵差别明显。前者突出本源性，后者强调自主性。由此看来，中国古人没有主体概念。说到此，一些满怀民粹主义情怀的中国人可能不乐意了，以为这是在贬低中国哲学。其实非然。因为主体概念完全是西方近代哲学的产物。强行声称古人有主体概念，显然有些强词夺理。

既然没有主体概念，那么我们古人是否有类似于主体的概念比如自我呢？由于现代汉语自我概念的主体性意蕴充足，且由“自”与“我”两个古汉语组成，人们通常想当然地将“自”“我”与现代自我概念等同。“自”“我”概念是否等同或近似于自我呢？古汉语的“自”，小篆字形，象鼻形。故，《说文解字》曰：“自，鼻也。”[⑤]“自”即鼻子。段玉裁注曰：“许谓自与鼻义同音同，而用自为鼻者绝少也。”[⑥] 其实段氏误矣。鼻子是人的五官之一，主管气的吐纳。而气，在中国传统哲学看来，乃是生存

---

① （汉）许慎：《说文解字》，第 86 页。

② （汉）许慎撰，（清）段玉裁注：《说文解字注》，第 166 页。

③ （宋）朱熹：《周易本义》，《四书五经》（上），第 58 页。

④ （魏）王弼等注，（唐）孔颖达等正义：《周易正义》，《十三经注疏》（上），第 78 页。

⑤ （汉）许慎：《说文解字》，第 74 页。

⑥ （汉）许慎撰，（清）段玉裁注：《说文解字注》，第 136 页。

之元，即万物因气而生，失气而亡。所以，主管气的鼻子可以被视作生存之端。“自”因此具有开端之义。《韩非子》曰：“故法者王之者也；刑者爱之自也。”[①]爱自刑开始。《礼记》曰：“知风之自，知微之显，可与入德也。”[②]“自”即开始之处。故，古语的“自”主要指行为的开始处。当它指人的行为时，这个开始处，毫无疑问便是行为人。故，“自”虽然具有自我的某些特点，却侧重于揭示行为的出处，即此行为从此开始（行为人）。《周易正义》曰：“‘自我致寇，敬慎不败’者，自由也，由我欲进而致寇来，已若敬慎，则不有祸败也。”[③]“自我”即源自于“我”。“自”强调本源。

古汉语的“我”字是象形字，像一种武器。作动词用时，“我”表示“杀”，如“我伐用张”[④]。《说文解字》曰：“我，施身自谓也。或说我顷顿也。从戈从𠂆，𠂆，或说古垂字，一曰古杀字。”[⑤]由动词之杀伐演化出名词之“我”，即杀伐者：“我，谓宰主之名也。”[⑥]经过杀伐，行为人获得了一些属于“我的”物品。“我的”即私人的：“不私权利，唯德是与，诚之至也，故曰‘我有好爵’，与物散之。”[⑦]我即私。故，《论语》曰：“子绝四——毋意，毋必，毋固，毋我。”[⑧]此处的“我”字，表示亲身或私利。汉语的“我”字，其日语形式是汉字“私”字。日语中的汉字承袭于唐朝的汉字。这不由得让我们产生某些联想：很可能唐朝时期的“私”字与“我”字互通，或曰，古汉语的“我”便是“私”。

从“我”字的早期内涵来看，它主要指行为人，“我，施身自谓也”[⑨]。我是行为人的自称。子曰：“我非生而知之者，好古，敏以求之者

---

① （清）王先慎：《韩非子集解》，《诸子集成》卷五，上海：上海书店1986年，第365页。
② （汉）郑玄注，（唐）孔颖达等正义：《礼记正义》，《十三经注疏》（下），第1635页。
③ （魏）王弼等注，（唐）孔颖达等正义：《周易正义》，《十三经注疏》（上），第24页。
④ （汉）孔安国传，（唐）孔颖达等正义：《尚书正义》，第181页。
⑤ （汉）许慎：《说文解字》，第267页。
⑥ （魏）王弼等注，（唐）孔颖达等正义：《周易正义》，《十三经注疏》（上），第78页。
⑦ （魏）王弼等注，（唐）孔颖达等正义：《周易正义》，《十三经注疏》（上），第71页。
⑧ 杨伯峻译注：《论语译注》，第100页。
⑨ （汉）许慎：《说文解字》，第267页。

也。”[1]子曰：“仁远乎哉？我欲仁，斯仁至矣。”[2]子曰：“不怨天，不尤人，下学而上达。知我者其天乎！”[3]这里的我主要指行为人。孟子曰：“挟太山以超北海，语人曰：‘我不能。’是诚不能也。为长者折枝，语人曰：‘我不能。’是不为也，非不能也。”[4]我即行为人。作为行为人，它通常处在比较中，比如“《诗经》中的‘我’作主语时只表示自称，但发展到《论语》时，已着重于对人自称，在他称与‘我’的对比中言‘我’，已重于相对于他称的存在而自称”[5]。这便是自我指称。何乐士认为“我”常用于表示对自身的强调，加重语气，有比较强烈的主观色彩[6]，便体现了这一内涵。

自己称谓的行为人是一种物理载体。孟子曰：“心之官则思，思则得之，不思则不得也。此天之所与我者。先立乎其大者，则其小者不能夺也。此为大人而已矣。”[7]“大体”即德性乃是天生于“我”身体上的东西，“我”是其载体。或者说，“我”含德性。孟子曰：“凡有四端于我者，知皆扩而充之矣，若火之始然，泉之始达。苟能充之，足以保四海；苟不充之，不足以事父母。”[8]“我”含四端之心。“我”含性。《周易正义》解释曰：“‘观我生进退’者，‘我生’，我身所动出。”[9]“我”即我的身体。从这些使用方式来看，“我”主要指行为人或行为主体。高本汉认为比较“吾”与“我”，前者是主动，“我”是受动。[10]这也是语言学家对《论语》进行统计后得出的一个结论。“我”主要指包含了德性的行为人或行为主体，至于它是否具备个体性、理性与自主性等，从《论语》《孟子》以及

---

① 杨伯峻译注：《论语译注》，第 81 页。
② 杨伯峻译注：《论语译注》，第 85 页。
③ 杨伯峻译注：《论语译注》，第 176 页。
④ 杨伯峻译注：《孟子译注》，第 12 页。
⑤ 曾令香：《〈诗经〉〈论语〉中第一人称代词“我”的比较》，《枣庄学院学报》2005 年第 3 期。
⑥ 何乐士：《〈左传〉的人称代词》，见中国社会科学院语言研究所古代汉语研究室编：《古汉语研究论文集（二）》，北京：北京出版社，1984 年，第 109 页。
⑦ 杨伯峻译注：《孟子译注》，第 208 页。
⑧ 杨伯峻译注：《孟子译注》，第 59 页。
⑨ （魏）王弼等注，（唐）孔颖达等正义：《周易正义》，《十三经注疏》（上），第 36 页。
⑩ 转引自李子玲：《〈论语〉第一人称的指示义》，《当代语言学》2014 年第 2 期。

《荀子》等文本来看，不甚明显。

从上述词源分析来看，“主”“体”与“自”“我”等仅仅侧重于物理性的行为人身份。这个行为人并无鲜明的自主性、个体性与理性等主体性内涵。“主”“体”不是主体，“自”“我”也不等于自我。故，赫伯特·芬格莱特（Herbert Fingarette）说：“我们应该尽力避免在孔子文本中使用自我一词。我们可以用‘我’字来表示某人做什么，而不能够用它来表达那种具有在行为中能够进行内在自省的道德或心理能力的人。”[①] 孔孟之“我”并非主体性的自我。由于自我一词由“自”与“我”两个汉字组成，许多学者望文生义，简单地将儒家文献中的“我”“己”等想当然地解读为现代“自我”概念[②]，并依此臆说儒家主体性问题[③]，猜测儒家的“超越而内在”[④] 的精神方向，虚拟出儒家的“自我改造与自律”[⑤] 等假说。这些误读的原因在于过度解读了“我”字。比如傅伟勋强调孟子具有一种“道德自我觉悟能力”：“正如我在前面所指出的一样，在与告子的辩论中，孟子的意思是：正是由于人们的本有的确凿无疑的道德觉悟必然驱使着他们确定自己的原有的善性。”[⑥] 如果将“我”字理解为自我，那就不得不赋予“我”字一些特殊内涵比如理智或觉悟力等，并以为“我”即“自律的道德行为人必须出于道德目的来决定自己的应当的行为”[⑦]。“我”懂得道德目的之类。这显然不符合事实。在儒家体系中，“我”并无明显的目的性。无目

---

① Herbert Fingarette, “Comment and Response,” in *Rules, Rituals, and Responsibility: Essays Dedicated to Herbert Fingarette*, edited by Mary I. Bockover, La Salle: Open Court, 1991, pp. 198-199.

② Jiyuan Yu, “Soul and Self: Comparing Chinese Philosophy and Greek Philosophy,” *Philosophy Compass* 3/4, 2008, pp. 604-618.

③ 段德智：《从儒学的宗教性看儒家的主体性思想及其现时代意义》，《华中科技大学学报（社会科学版）》2003 年第 3 期。

④ 〔美〕杜维明：《超越而内在——儒家精神方向的特色》，见郭齐勇、郑文龙编：《杜维明文集》第一卷，武汉：武汉出版社，2002 年，第 340 页。

⑤ Franklin Perkins, “Mencius, Emotion, and Autonomy,” *Journal of Chinese Philosophy* 29:2, 2002, pp. 207-226.

⑥ Charles Wei-Hsun Fu, “The Mencian Theory of Mind (Hsin) and Nature (Hsing): A Modern Philosophical Approach,” *Journal of Chinese Philosophy* 10, 1983, pp. 385-410.

⑦ Charles Wei-Hsun Fu, “The Mencian Theory of Mind (Hsin) and Nature (Hsing): A Modern Philosophical Approach,” *Journal of Chinese Philosophy* 10, 1983, pp. 385-410.

的性的“我”显然不能自己做主。不能自己做主的“我”不可能是主体性的自我。它充其量只能够算是物理性的行为人（agent），缺少自主性。

行为之我是否具有自由意志呢？

三、意志概念的缺席：词源学考察

中国古代文献没有“意志”一词。然而，古代文献中有意、志和心三个相关词语，其中的意、志构成了现代意志概念的基本形式。很多人想当然地以为古语的意和志指称意志。这些概念是否具备意志的基本规定性及选择的能力呢？《说文解字》曰：“意，志也，从心。察言而知意也。”[①] 从语言而知意，此处的意，当作意思解。庄子曾经专述过意：“语之所贵者，意也。意有所随。意之所随者，不可以言传也，而世因贵言传书。”[②] 所谓意，即意思、意味、想法等。孟子曰：“故说诗者，不以文害辞，不以辞害志。以意逆志，是为得之。如以辞而已矣。”[③] 其中的意，赵岐注曰：“志，诗人志所欲之事，意，学者之心意也。”[④] 意乃心意。朱熹解读道：“逆是前去追迎之之意，盖是将自家意思去前面等候诗人之志来。”[⑤] 意即自家的意思。荀子曰：“缘天官。凡同类同情者，其天官之意物也同。”[⑥] 心通过各种感官而认知。其中，“耳目鼻口形能各有接而不相能也，夫是之谓天官。心居中虚以治五官，夫是之谓天君”[⑦]。很显然，此处的“意”不是某种观念，而是某种主观经验。它类似于今日的感觉。感觉向知觉（心）提供外物信息，因而可知。《黄帝内经》曰：“所以任物者谓之心；心有所忆谓之意。”[⑧] 意即“心有所忆”，忆即回忆、回想。

王阳明说：“身之主宰便是心；心之所发便是意；意之本体便是知；

---

① （汉）许慎：《说文解字》，第 217 页。
② （清）王先谦：《庄子集解》，《诸子集成》卷三，第 87 页。
③ 杨伯峻译注：《孟子译注》，第 166 页。
④ （清）焦循：《孟子正义》，《诸子集成》卷一，上海：上海书店 1986 年，第 337 页。
⑤ （宋）黎靖德编，王星贤点校：《朱子语类》四，第 1359 页。
⑥ （清）王先谦：《荀子集解》，《诸子集成》卷二，第 276 页。
⑦ （清）王先谦：《荀子集解》，《诸子集成》卷二，第 206 页。
⑧ （唐）王冰注，（宋）林亿等校正：《补注黄帝内经素问》，《二十二子》，第 1004 页。

意之所在便是物。如意在于事亲，即事亲便是一物；意在于事君，即事君便是一物；意在于仁民爱物，即仁民爱物便是一物；意在于视听言动，即视听言动便是一物。所以某说无心外之理，无心外之物。”[①]心发为意。如何是“意”？王阳明作出了明确的定义：“意之本体便是知”，意即知、知晓。“指心之发动处谓之意，指意之灵明处谓之知，指意之涉着处谓之物：只是一件。意未有悬空的，必着事物。”[②]意即对物的觉察和知晓，类似于今天的感觉和知觉。黄宗羲曰：“心所向曰意，正是盘针之必向南也。”[③]意即意图。作为心意、意思、意图、知晓的意，和具备选择功能的意志差别明显。事实上，古意字之义，今日依然保留，如“正合我意（想法）”等。

再看志。孔子曰：“父在，观其志；父没，观其行。”[④]以及“吾十有五而志于学”[⑤]。子路问夫子：“愿闻子之志。”[⑥]孔子答曰：“老者安之，朋友信之，少者怀之。”[⑦]由此来看，志，更类似于志向、志愿、理想。孟子曰：“得志，与民由之；不得志，独行其道。”[⑧]“得志”通常作实现理想。但是，笔者却以为不然。孟子的志，与其说是理论化的理想，毋宁说是偏重于质料性的人性。或者说，志即性的活动。故，孟子曰：“尚志”[⑨]，意思便是崇尚仁义之性。志即仁义之性的活动，故“志，气之帅也；气，体之充也。夫志至焉，气次焉；……志壹则动气，气壹则动志也”[⑩]。仁义之性为主，躯体从之。《庄子》之志的内涵与孟子相似。《庄子》曰：“乐全之谓得志。古之所谓得志者，非轩冕之谓也，谓其无以益其乐而已矣。

---

① （明）王阳明撰，吴光、钱明、董平、姚延福编校：《王阳明全集》（上），第 6 页。
② （明）王阳明撰，吴光、钱明、董平、姚延福编校：《王阳明全集》（上），第 91 页。
③ （清）黄宗羲著，沈芝盈点校：《明儒学案》（下），北京：中华书局，1985 年，第 1554 页。
④ 杨伯峻译注：《论语译注》，第 8 页。
⑤ 杨伯峻译注：《论语译注》，第 13 页。
⑥ 杨伯峻译注：《论语译注》，第 58 页。
⑦ 杨伯峻译注：《论语译注》，第 58 页。
⑧ 杨伯峻译注：《孟子译注》，第 105 页。
⑨ 杨伯峻译注：《孟子译注》，第 246 页。
⑩ 杨伯峻译注：《孟子译注》，第 46 页。

今之所谓得志者，轩冕之谓也……丧己于物，失性于俗者，谓之倒置之民。”[①] 古人得志的目标是全性，今日得志的标志是名利。得志即全性。志即性。黄宗羲曰：“主而不迁，志也。”[②]，如“志道、志学”[③]，将学、道深深地嵌入气质之中。

古人甚至将志与《诗》联系起来，依此形成一种诗学理论，即“诗言志”。这一理论，在不同时期，具备不同的内涵。《尚书·尧典》曰：“诗言志，歌永言，声依永，律和声。”[④]《春秋左传》亦曰：“诗以言志。”[⑤] 此时的志接近于志向。“诗言志”的意思是《诗》呈现了志（向）。孟子曰：“故说诗者，不以文害辞，不以辞害志。以意逆志，是为得之。”[⑥] 透过意思寻找本性。《庄子·天下篇》说：“诗以道志。”[⑦] 志发以成诗。《荀子》云：“诗言是其志也。”[⑧] 因此，“诗言志”，意思是古人以《诗》来表达其志向、理想或本性。如果我们将其解读为意志，则显然不合适。在上述文献中，志或者为志向，或者为善良本性的活动。事实上，志字古义今日亦得以保留，如“志同道合”中的志，既可以是志向，也可以是人性。

事实上，在某些古人看来，志与意或为体用关系。荀子曰：“夫天生蒸民，有所以取之。志意致修，德行致厚，智虑致明，是天子之所以取天下也。”[⑨] 其中，“志意致修”与“德行致厚”“智虑致明”并列。而“德行”“智虑”的基本意思是：德之行、智之虑，即行与虑分别是德与智的作用方式。由此志、意关系便可以理解为：意乃志的作用方式或表现形态。至少在荀子这里，志与意并非两种心灵状态。故《说文解字》曰：

---

① （清）王先谦：《庄子集解》，《诸子集成》卷三，第 99 页。
② （清）黄宗羲著，沈芝盈点校：《明儒学案》（下），第 1562 页。
③ （清）黄宗羲著，沈芝盈点校：《明儒学案》（下），第 1555 页。
④ （汉）孔安国传，（唐）孔颖达等正义：《尚书正义》，第 131 页。
⑤ （晋）杜预注，（唐）孔颖达等正义：《春秋左传正义》，《十三经注疏》（下），第 1997 页。
⑥ 杨伯峻译注：《孟子译注》，第 166 页。
⑦ （清）王先谦：《庄子集解》，《诸子集成》卷三，第 216 页。
⑧ （清）王先谦：《荀子集解》，《诸子集成》卷二，第 84 页。
⑨ （清）王先谦：《荀子集解》，《诸子集成》卷二，第 36—37 页。

"志，意也。"[①]表面看来，其意思似乎是志等同于意。其实不然。它应该指：意由志出。志、意一体，前者为体，后者为用。故，《黄帝内经》曰："意之所存谓之志。"[②]意发生于志。或者说，志生意。不过，从中国传统哲学来看，志、意应该分属两种不同的心灵活动形态。其中，意具有普遍性，即人心活动都可以叫作意。这便是心之所发谓之意。而志则仅仅专指某种特殊的意。或者说，志是意的特殊形态。孔子有"吾十有五而志于学"[③]的自叙。这段文献表明：志常常产生于人的青春期（"十有五"）。人们到了青春期后便基本具备了反思能力并常常进行反思。这种反思活动便是一种对现实、对权威的质疑与否定。这便是人们常看到的青春期的叛逆现象。在这种反思活动中，人们通过怀疑现实、超越现实，最终通达超越世界并与超越的真理相遇。拥抱真理的人便是一种有"志"者。

从上述文献中的意、志字义来看，二者虽然与意志概念有些关联，但是明显没有选择功能或属性。因此，它们并不等同于意志。故，无论意，还是志，都不可当作意志来讲。古代文献中无"意志"一词本身就从形式上表明：古人没有"意志"概念。那么，中国古代哲学是否具有意志观念呢？

四、德性与仁义道德"立法者"：从理论来看

传统儒家既没有主体概念，也没有与主体性相关的概念。那么，儒家哲学中是否有主体性观念呢？下面我们就从伦理学的视角来分析这一问题。在主体性视角下，道德必定是自律的。儒家道德是否具有自律性呢？或者说，儒家道德是否属于自律性道德呢？孟子曾提出"义内"说："白马之白也，无以异于白人之白也；不识长马之长也，无以异于长人之长与？且谓长者义乎？长之者义乎？……吾弟则爱之，秦人之弟则不爱也，是以我为悦者也，故谓之内。长楚人之长，亦长吾之长，是以长为悦

---

① （汉）许慎：《说文解字》，第 217 页。
② （唐）王冰注，（宋）林亿等校正：《补注黄帝内经素问》，《二十二子》，第 1004 页。
③ 杨伯峻译注：《论语译注》，第 13 页。

者也，故谓之外也。……耆秦人之炙，无以异于耆吾炙，夫物则亦有然者也，然则耆炙亦有外与？”[①] 孟子认为具有道德规范特征的义源自于人自身，道德或道德律内在于人自身。孟子进一步指出：“其为气也，至大至刚，以直养而无害，则塞于天地之间。其为气也，配义与道；无是，馁也。是集义所生者，非义袭而取之也。行有不慊于心，则馁矣。我故曰：告子未尝知义，以其外之也。”[②] 作为道德规范的义内在于人：由“浩然之气”便可以实现义。义来源于“浩然之气”或德性。这些材料似乎明确无误地表明：道德源自于人自身，或者说，人自身是道德规范的立法者。既然人自身是立法者，加上儒家一贯坚持恪守社会人伦规范、遵循道德规范，儒家似乎具有明显的自律性特征。故，不少学者如朱汉民便指出：“所谓‘主体性道德’，是指那种从道德主体的人本身，来说明道德价值的源泉、自由意志对善恶的选择，而不是把这一切，归之于某种外在权威的强制和传统习俗。以孔孟为代表的儒家伦理正是这样一种主体性伦理学说。”[③] 他因此断定儒家是一种主体性伦理学。

儒家的道德是否是自律性道德呢？按照康德的立场，自律性道德包括两项基本内容，一是道德律的自我立法，二是自我对道德律的遵循。按照这两项标准，我们得出否定的结论。这主要表现在仁义道德的起源与过程两个方面。首先，从仁义道德的起源来看，传统儒家持两种立场，即人性本源论（性本论）与教化本源论（人本论）。前者的代表是孟子，后者的代表是荀子。荀子的教化本源论将仁义道德的本源归功于圣贤的教化，以为人类的道德与文明等创立于圣贤，并被教授给百姓。对于百姓来说，仁义道德等是外在的，而非自己立法。因此，从荀子思想来看，儒家的仁义道德不是自律的。关于这一点，似乎没有多少异议。

异议主要存在于孟子道德理论。从表面看来，孟子眼中的仁义道德规范等源自于人自身（“义内”），源自于“我”（“万物皆备于我”），等

---

① 杨伯峻译注：《孟子译注》，第 197—198 页。

② 杨伯峻译注：《孟子译注》，第 46—47 页。

③ 朱汉民：《儒家主体性伦理和安身立命》，《求索》1993 年第 2 期。

等，其自律性尤其是自己立法似乎是确定无疑的。但是，如果仔细推敲，我们会发现这种判断有些问题。按照康德的立场，自律是行为人个体的认识、判断与决断。个体性是其基本标志，也是最重要的要素。当我们说自我立法时，主要指每一个行为人的自主性。自主一定是个体的自主。我们甚至说，主体性（subjectivity）就是个体性。没有个体性的主体性是空洞的。按照孟子的说法，儒家的仁义道德的基础是人性。而人性，宋之盛曰："总之，后儒谓性生于有生之初，知觉发于既生之后。性，体也；知觉，用也。性，公也；知觉，私也。"[①]性是人类的公共属性，而非个体的意愿。没有了个体的意愿，这种起源算不上真正的"立法者"。牟宗三先生将"主体性与内在道德性"视为中国哲学的特色，认为"儒释道三家，都重主体性"[②]，原因便在于他混淆了作为类的人性立法者与个体立法者的关系。传统儒家并没有将立法权交还给个体人。在儒家（包括孟子传统和荀子传统等）看来，个人并不是人类道德的立法者。人类道德的立法者，按照孟子传统，乃是德性。

其次，从过程来看，自律的道德行为一定是有意识的行为，即理性的行为人有意立法，有意守法。主观故意是其基本特征。从儒家传统哲学来看，仁义道德行为是自然的，而非故意的。孔子曰："克己复礼为仁。一日克己复礼，天下归仁焉。为仁由己，而由人乎哉？"[③]"己"即后来的善性。为仁由"己"的意思是顺其自然。孟子曰："舜明于庶物，察于人伦，由仁义行，非行仁义也。"[④]由仁义之性自然而为，无需什么故意的动作。否则的话便是"揠苗者"[⑤]。王弼则提出："仁义发于内，为之犹伪，况务外饰而可久乎！故夫礼者，忠信之薄而乱之首也。"[⑥]仁义制度等内在于自然人性。处置人性的正确方式是道。而所谓道，王弼曰："道不违自

---

① （明）黄宗羲等编：《宋元学案》（上），第 266 页。
② 牟宗三：《中国哲学的特质》，上海：上海古籍出版社，1997 年，第 4 页。
③ 杨伯峻译注：《论语译注》，第 138 页。
④ 杨伯峻译注：《孟子译注》，第 147 页。
⑤ 杨伯峻译注：《孟子译注》，第 47 页。
⑥ （魏）王弼著，楼宇烈校释：《王弼集校释》，第 94 页。

然，乃得其性，法自然也。法自然者，在方而法方，在圆而法圆，于自然无所违也。自然者，无称之言，穷极之辞也。用智不及无知，而形魄不及精象，精象不及无形，有仪不及无仪，故转相法也。”[①] 道即自然无为。正确的行为方式是顺自然之性，无需人为。朱熹曰：“性中有此四者，圣门却只以求仁为急者，缘仁却是四者之先。若常存得温厚底意思在这里，到宣着发挥时，便自然会宣着发挥；到刚断时，便自然会刚断；到收敛时，便自然会收敛。若将别个做主，便都对副不着了。此仁之所以包四者也。”[②] 仁义礼智等道德自然发挥。“愚谓事物之理，莫非自然。顺而循之，则为大智。”[③] 大智慧便是自然无为。王阳明则认为道德规范如忠、孝、信等，“都只在此心，心即理也。此心无私欲之蔽，即是天理，不须外面添一分。以此纯乎天理之心，发之事父便是孝，发之事君便是忠，发之交友治民便是信与仁。只在此心去人欲、存天理上用功便是”[④]。忠孝道德本于心，心是其本、基础、根据。由此本原，心自然产生道德，此即“生知安行：圣人之事也”[⑤]。“生知安行”即顺其自然，无意于任何的故意。故，笔者曾指出：“传统儒学的主旨是：人天生有颗善良的本心或良知，所谓做人，便是任由其本性自然，无需任何的刻意或人为。率性自然乃是传统儒家的伦理精神。”[⑥] 率性自然是古典或早期儒家仁义道德发生的基本机制。它显然对立于主观故意。因此，从发生机制来看，古典儒家道德无视主观故意而倡导顺其自然，显然有悖于康德的道德自律性。

因此，从仁义道德的起源与发生过程来看，古典儒家仁义道德原理没有自律性，不属于自律性道德。没有了自律性便失去了自主性与主体性。一些学者如段德智先生提出“儒家的主体不是一固定不变的实体，而是一以终极存有为旨归的不停顿的自我转化、自我否定、自我超越、自我

---

① （魏）王弼著，楼宇烈校释：《王弼集校释》，第 65 页。

② （宋）黎靖德编，王星贤点校：《朱子语类》一，第 110 页。

③ （宋）朱熹：《孟子集注》，《四书五经》（上），第 65 页。

④ （明）王阳明撰，吴光、钱明、董平、姚延福编校：《王阳明全集》（上），第 2 页。

⑤ （明）王阳明撰，吴光、钱明、董平、姚延福编校：《王阳明全集》（上），第 43 页。

⑥ 沈顺福：《自然与中国古代道德纲领》，《北京大学学报（哲学社会科学版）》2014 年第 2 期。

实现的活动和过程"[①]，以为儒家有主体性，且是回答儒家宗教性问题的关键环节等。他的失误便在于对"我"的过度解读。从总体来看，古典儒家道德哲学中并无主体性观念。在古典儒家哲学体系中，仁义道德源自于德性，道德行为便是德性的生长与生成。我们可以这样说：古典儒家道德行为的"主体"是德性，即在道德活动中，德性是活动的主要角色。

五、无意与无我：对性之"欲"的态度

如果说古代儒家完全没有主体性、自律性观念，也有些过分。古代"欲"概念便具有一定的主体性色彩。在孟子、荀子思想中，"欲"字主要有两层内涵。其一，欲指人欲、利己之心，接近今日的欲望，如，"鱼，我所欲也，熊掌亦我所欲也"[②]。求鱼之欲便是利心。荀子曰："故圣人之所以同于众其不异于众者性也；所以异而过众者伪也。夫好利而欲得者，此人之情性也。……凡人之欲为善者，为性恶也。"[③]利心便是欲。或者说，欲包含利心。欲属于一种心。在荀子看来，心具有未尝不臧的"成见"、未尝不两的"偏见"和未尝不动的"意见"等。这些都是某种意欲性、导向性的意识。它和主体性意识密不可分。由此来说，儒家视野的人并非全无主体性意识。

其二，儒家的"欲"还有一个重要内涵，即"欲"指人性之欲：由人性而产生的本能性的活动状态。如孟子的"可欲之谓善"中的"欲"便是人性之欲。又如，"义亦我所欲也"[④]。"欲"指人性之欲。荀子说得更明白："性者，天之就也；情者，性之质也；欲者，情之应也。以所欲为可得而求之，情之所必不免也。以为可而道之，知所必出也。故虽为守门，欲不可去，性之具也。"[⑤]"欲"即性之欲。这种"欲"，与其说是接近于意

---

① 段德智：《从儒学的宗教性看儒家的主体性思想及其现时代意义》，《华中科技大学学报（社会科学版）》，2003 年第 3 期。

② 杨伯峻译注：《孟子译注》，第 205 页。

③ （清）王先谦：《荀子集解》，《诸子集成》卷二，第 292 页。

④ 杨伯峻译注：《孟子译注》，第 205 页。

⑤ （清）王先谦：《荀子集解》，《诸子集成》卷二，第 284—285 页。

识（包含主体性色彩）的欲望，毋宁说是生理性本能，即由性自然发生的情态便是欲。它并不着意于人的意识，从而区别于现代欲望概念。

事实上，古代的孟子和荀子等并没有区别生理之欲（“性”欲）与意识之欲（人“欲”）。孟子曰：“求则得之，舍则失之，是求有益于得也，求在我者也。求之有道，得之有命，是求无益于得也，求在外者也。”[①]前者之求即人性之欲，近乎本能。后者之求便是人心之欲，属于意识。在古人看来，二者都是欲。古人的这种合用，有其特殊意味，即看起来具有意欲性、导向性、主观性的意识（欲望），从本质上说，乃是一种生理性、器质性的“欲”，与主观性、主体性意识关系不大。多数人将“欲”简单地等同于欲望，如信广来先生（Kwong Loi Shun）。如果等同之，势必承认“道德欲望还包含着某些目的，比如消除痛苦，以及具有自我指向的评价体系。这种评价体系将规定某种指导人们如何行为的观念”[②]。儒家的“欲”显然没有这么多的内涵，它仅仅是人性“分泌出”的产物：由性生欲。欲生于性。或者说，性是欲的本源，欲是性的活动。性是欲的行为“主体”。

尽管如此，这种兼具生理性与意识性的欲，从现实的角度来看，却能够对人的行为产生重要的影响。荀子曰：“若夫目好色，耳好声，口好味，心好利，骨体肤理好愉佚，是皆生于人之情性者也；感而自然，不待事而后生之者也。”[③]人性之“好”或喜爱直接产生情：“性之好恶喜怒哀乐谓之情；情然而心为之择，谓之虑；心虑而能为之动，谓之伪；虑积焉能习焉而后成，谓之伪。”[④]喜好、情欲等对行为者的主体性选择必然会产生一定的影响。或者说，情、欲等的存在或明或暗地体现了人类的主体性存在的事实，尤其是在荀子思想中。荀子主张：“心者，形之君也，而神明之主也，出令而无所受令。自禁也，自使也，自夺也，自取也，自行

① 杨伯峻译注：《孟子译注》，第 234 页。

② Kwong Loi Shun, “The Self in Confucian Ethics,” *Journal of Chinese Philosophy* 18, 1991, pp. 25-35.

③ （清）王先谦：《荀子集解》，《诸子集成》卷二，第 291 页。

④ （清）王先谦：《荀子集解》，《诸子集成》卷二，第 274 页。

也，自止也。故口可劫而使墨云，形可劫而使诎申，心不可劫而使易意，是之则受，非之则辞。故曰：心容。其择也无禁，必自见，其物也杂博，其情之至也不贰。”[①] 人类的心灵具备一定程度上的自决与选择的功能，接近于意志概念。但是，在荀子看来，心灵的这些自主性功能是消极的，即容易将人引入歧途，从而置于危险的境地，这便是“人心惟危”[②]。

情欲、人心等主观性意识的存在，反映了某种主体性特点，或多或少地包含了某些主体性内涵。由此看来，作为行为人的行为主体多少具备一定的主体性特征。对此，古代儒家显然也认识到了。他们看到了主体性的缺陷，并因此主张予以根除。传统儒家提出了两种应对之策。对策之一是对主观故意的批判。对策之二是倡导无我。

孟子认为人欲、人心等意识有时也能够影响到人，从而产生故意或刻意的行为。对此，孟子明确反对，以为“心勿忘，勿助长也。……助之长者，揠苗者也——非徒无益，而又害之”[③]。故意的行为，即便是出于好心却也办了坏事。所以，孟子倡导“由仁义行，非行仁义也”[④]。在孟子看来，顺性而为便可，无需任何的刻意的善行。任何的主观故意都是要不得的。孟子指出：“北宫黝之养勇也”[⑤]，在于无惧，而“孟施舍之所养勇也……虑胜而后会”[⑥]。他懂得理性思考与合理取舍，似乎体现了人类的理性能力。孟子对此不以为然，以为“曾子之守约也”[⑦] 才是最上乘的：持守本性，顺性自然。至于思虑与取舍等主观的理性活动，在孟子看来并非首选。

荀子主张以道术来拯救危险之心：“人何以知道？曰：心。心何以知？曰：虚壹而静。心未尝不臧也，然而有所谓虚；心未尝不满也，然

① （清）王先谦：《荀子集解》，《诸子集成》卷二，第 265 页。
② （汉）孔安国传，（唐）孔颖达等正义：《尚书正义》，第 136 页。
③ 杨伯峻译注：《孟子译注》，第 47 页。
④ 杨伯峻译注：《孟子译注》，第 147 页。
⑤ 杨伯峻译注：《孟子译注》，第 46 页。
⑥ 杨伯峻译注：《孟子译注》，第 46 页。
⑦ 杨伯峻译注：《孟子译注》，第 46 页。

而有所谓壹一；心未尝不动也，然而有所谓静。”[①] 虚壹而静的宗旨便是息心。息心即无思无虑。《易传》曰：“天下同归而殊涂，一致而百虑。天下何思何虑？日往则月来，月往则日来，日月相推而明生焉。”[②] 一切顺其自然而无需思考与故意。张子曰：“无所杂者清之极，无所异者和之极。勉而清，非圣人之清；勉而和，非圣人之和。所谓圣者，不勉不思而至焉者也。”[③] 圣者即无思无虑者。谢氏（良左）曰：“人须是识其真心。方乍见孺子入井之时，其心怵惕，乃真心也。非思而得非勉而中，天理之自然也。内交要誉恶其声而然，即人欲之私矣。”[④] 本心发行，天理自然，无需思虑。无心无意，无思无虑，反映了传统儒家对人类主观意识或理性功能、意义和地位缺乏足够的重视。没有了主观性，自然失去了主体性。

对策之二是无我。孔子提出了“四毋”说：“子绝四 —— 毋意，毋必，毋固，毋我。”[⑤] 毋我即无我。此处的无我侧重于抑制私欲之我。这是早期儒家的共同立场，如孟子的“寡欲”观、荀子的“虚壹而静”论等。这一共同立场也成为汉代儒学与早期魏晋玄学的基本观点，如“何晏以为圣人无喜怒哀乐，其论甚精，钟会等述之”[⑥]。这时的无我立场体现了早期儒家对主体的情感或欲望的消极态度。无我即是无情无欲。

从王弼开始，无我的内涵产生了变化：“弼与不同，以为圣人茂于人者神明也，同于人者五情也。神明茂，故能体冲和以通无；五情同，故不能无哀乐以应物。然则，圣人之情，应物而无累于物者也。今以其无累，便谓不复应物，失之多矣。”[⑦] 王弼以为圣人也有情，也有七情六欲，无需抑制。需要抑制的不是情欲，而是主体性思维，即圣人顺物，无需有自我。这便是善待万物：“凡此诸或，言物事逆顺反复，不施为执割也。圣

① （清）王先谦：《荀子集解》，《诸子集成》卷二，第263—264页。
② （魏）王弼等注，（唐）孔颖达等正义：《周易正义》，《十三经注疏》（上），第87页。
③ （宋）张载著，章锡琛点校：《张载集》，第28页。
④ （宋）朱熹：《孟子集注》，《四书五经》（上），第25页。
⑤ 杨伯峻译注：《论语译注》，第100页。
⑥ （魏）王弼著，楼宇烈校释：《王弼集校释》，第640页。
⑦ （魏）王弼著，楼宇烈校释：《王弼集校释》，第640页。

人达自然之至，畅万物之情，故因而不为，顺而不施。除其所以迷，去其所以惑，故心不乱而物性自得之也。”[①] 善待万物的核心在于顺物而无我。故，王弼提出：“圣人体无，无又不可以训，故不说也。老子是有者也，故恒言其所不足。”[②] 圣人无我。圣人无自我，无自己。二程以明镜为喻，以为“圣人之心本无怒也。譬如明镜，好物来时，便见是好，恶物来时，便见是恶，镜何尝有好恶也？”[③] 圣人心如明镜，物来映之。这种反映显然是消极的反映。而反映的主体几乎无为。即便是明显具备个性化特征的情感，在二程看来，也没有主体的自我。圣人无我。王阳明也将良知之心比作镜：“良知之体皎如明镜，略无纤翳。妍媸之来，随物见形，而明镜曾无留染。”[④] 心如明镜：物美自美，物丑自丑。在此过程中，虽然有一个实体之物即心在那儿，却没有实际的功效：美丑自在，心灵何为？“如果没有了自己的意见、自己的情绪，自己何在？因此，所谓‘圣人有情’论，其实无我。”[⑤] 圣人有情却无我。此处的无我，便是无自我，无主体，是对主体意识或主体性思维的褫夺。

结语　儒家缺少主体性概念与观念

从“主”“体”“自”“我”等概念的原始内涵来看，古人并无个性主体的概念和观念。由于实际生活中的“欲”部分地体现了人的主体性色彩，因此，儒家提出无意说和无我说。无意说反映了儒家对人类主观性意识的态度。没有了主观意识当然失去了主体性。无我说则体现了儒家对待实践中的人的主体性内涵的消极态度。在儒家传统中，“我”等主要指行为人或行为主体，不同于个性主体。儒家的道德行为的“主体”是德性。道德行为产生于德性。道德的行为便是德性的生存方式。反之亦然，德性

---

① （魏）王弼著，楼宇烈校释：《王弼集校释》，第 77 页。

② （晋）陈寿撰，裴松之注：《三国志》，北京：中华书局，1982 年，第 795 页。

③ （宋）程颢、程颐著，王孝鱼点校：《二程集》，第 210—211 页。

④ （明）王阳明撰，吴光、钱明、董平、姚延福编校：《王阳明全集》（上），第 70 页。

⑤ 沈顺福：《儒家情感论批判》，《江西社会科学》2014 年第 4 期。

的生存方式便是道德行为。道德存在于德性的生存过程中。因此，我们可以说，儒家道德行为的“主体”是德性。这里的“主体”虽然能够做“主”（德性为本），却也仅仅指行为的源头。更为重要的是，它是公有的类的属性，即儒家道德的“立法者”仅仅是抽象的、公有的人性，而非现实的个体。因此，个体并不是真正意义上的立法者。既然个体不是立法者，那么，由此而产生的道德便不属于自律性道德。非自律性道德也体现了儒家的无主体性特征。即便是具有一定主观性或主体性色彩的“欲”，也主要指人性之“欲”，人性是其“主体”。因此，我们可以这样说：中国古代儒家思想既无主体性概念，亦无主体性观念，甚至还反对个体自我做主等主体性思维。

从词源考察来看，中国古代尽管有意、志等词，却无“意志”一词，因此并无意志概念。同时，从古代文献中的心的内涵分析来看，它或指人心，或指理解力，或指本心，却共同缺少能够选择的意志内涵或属性。古代之心不是意志。因此，我们得出一个结论：由上述三家为主体而构成的中国哲学没有意志概念和观念，至少没有清晰的意志观念。故，杨国荣先生曾指出：“从认识史的发展这一角度来看，中国传统哲学在总体上对意志的考察较为薄弱。”[①]邓晓芒先生亦云：“中国传统伦理不关注自己意志的问题，热衷于讨论性命、心性的问题，或者说人们不把人性归于自由意志，而是把自由意志归结于人的天性，归结为人的自然本性。而人的自然本性就是自然之性，也就是天道天理。”[②]这些判断不无道理。而近代中国唯意志论的流行[③]，恰恰间接证明：中国古代缺少意志观念。

当然，作为儒家代表人物之一的荀子之心概念具有意志的某些属性，接近自由意志。[④]遗憾的是，荀子的这一伟大见识并未得到充分的尊重和

---

① 杨国荣：《王学通论——从王阳明到熊十力》，上海：华东师范大学出版社，2003年，第250页。

② 邓晓芒：《康德哲学讲演录》，桂林：广西师范大学出版社，2006年，第177页。

③ 杨国荣先生指出：“唯意志论的抬头，是中国近代哲学的显著特点。从龚自珍到谭嗣同、梁启超、章太炎等，都在不同程度上表现出唯意志论的倾向。”（杨国荣：《中国近代的唯意志论思潮与王学》，《学术月刊》1988年第11期）

④ 沈顺福：《荀子之“心”与自由意志——荀子心灵哲学研究》，《社会科学》2014年第3期。

继承，因而未能发展成为儒家文化的主流。故，另当别论。

对意志观念的忽略或无视突出了中国古代哲学的基本特征。无心于意志，自然无意于主观努力和刻意。相反，中国古代哲学更强调顺其自然。道家追求天性自然。儒家强调圣人生之安行，由仁义行。顺应德性的成长是儒家所崇尚的。佛教的无心与无作，亦深深地烙上了自然的痕迹。顺其自然是儒释道三家共同的道德纲领。意志观念的缺乏反映了中国古人主体意识的淡薄甚至是缺席。这种淡薄或缺席对后人产生了重大影响。没有了意志，便没有了自我与主体意识，亦无主体性渴求，对自由、平等、权利等现代理念缺乏共鸣，无法正确理解西方近代社会的启蒙宗旨，从而严重地影响或阻碍了今日中国的道德文明与政治文明的建设。传统国人政治上的奴性与道德上的从众心理，皆是中国传统儒家文化无视主体性观念造成的恶果。从现实生活来看，意志观念的缺席导致主体意识的丧失，我便失去了我。左右我们的不是自己，而是他人。于是，“面子”成为中国文化的重要部分。无论是“要面子”还是“不要面子”，判断者皆是他者，而非自己。在判断中，自我或主体缺席。心理学家朱滢曾做过大量的心理实验和社会调查，并得出结论：“当今的中国人，甚至年轻人的自我观，还属于‘互倚型的自我’，缺乏个体自我的独立性和创造性。”[①]其中的独立性的缺失便是缘于对意志自主的漠视。

虽然主体性概念存在着诸多的缺陷或不足，比如个性主体性与个人主义之间的天然联系等，我们必须审慎地对待它，甚至需要保持一定的批判精神。但是，毫无疑问，它是现代文明必不可少的内涵。对儒家缺少主体性观念或不重视主体性等的反思与批判，其主要目的在于唤醒民众的主体性意识，培养民众的主体性思维，并最终形成主体性观念。因为只有它——主体性观念——才是我们走向现代文明、走向未来的理论保证。

很多学者，或者出于情感，或者出于误解，以为儒家重视主体精神。比如孔子有曰：“仁远乎哉？我欲仁，斯仁至矣。”[②]很多学者便将其视为

---

① 转引自张世英：《中国人的“自我”》，《人民论坛》2012年12月（上）。

② 杨伯峻译注：《论语译注》，第85页。

儒家重视主体的证据。故，牟宗三曰："我们说儒家重视主体，那么儒家的这五部经典中有哪些观念是代表主体呢？我们要知道，儒家主要的就是主体，客体是通过主体而收摄进来的，主体透射到客体而且摄客归主。所以儒家即使是讲形而上学，它也是基于道德。儒家经典中代表主体的观念比如孔子讲仁，仁就是代表主体。"[①] 这其实是一个误解。其一，欲仁之欲为人性之欲。这在后来的孟子、荀子等思想中表现得十分明显。其二，牟宗三以为"道德"是仁义的来源。这一解读有些欠妥。事实上，道德是两个词，即道与德。在儒家那里，仁和道是同等概念，它们都属于后来者，其本源应该是德性。牟宗三将其混为一谈显然不妥。其三，现代哲学所讲的主体性和主观性是一个单词，即 subjectivity。这意味着现代哲学所讨论的主体性一定具有主观性特征，即主体性与主观性是同一的。儒家思想显然缺少这种主观性或意识性特征。

需要说明的是：意志观念的淡薄或缺席，仅仅指理论界或思想界，并不是说古人没有意志，不懂得选择和判断。在实践上，他们可能并不缺少意志。但是他们并没有重视它，未能将它视为一个重要的概念来对待。"中国人还是有自由意志的。自由意志凡是人都有，但是中国人不讨论，或者很少讨论，也就是没有深入讨论过这个问题。"[②] 这显然迥别于西方传统，尤其是不同于十分倚重于意志的西方近代哲学。

第四节　性与顺：儒家道德产生的机制

道德概念是一个现代学术语言。中国古代文化中虽然有其名，但是其含义却不一样。与之相接近的概念主要是仁义，即仁义概念包含着现代道德概念所具备的基本内涵。我们通过分析儒家仁义概念，不仅可以了解儒家道德的本源和功能，而且还可以寻找到儒家道德产生的机制。这便是

① 牟宗三：《中国哲学十九讲》，上海：上海古籍出版社，2005 年，第 63 页。

② 林安悟、欧阳康、邓晓芒、郭齐勇：《中国哲学的未来：中国哲学、西方哲学、马克思主义哲学的交流与互动》（下），《学术月刊》2007 年第 5 期。

本节的主要目的，即探讨儒家仁义道德产生的机制或基本原理，或曰，仁义道德是如何产生的？要回答这个问题，首先需要揭示儒家仁义道德产生的来源或基础。

一、人性与教化：仁义之本源

仁义道德从何而来？关于这个问题，儒家创始人孔子便有所思考。孔子曰："克己复礼为仁。一日克己复礼，天下归仁焉。为仁由己，而由人乎哉？"[①]仁来源于"己"。其中的"己"，类似于后来的人性或善性。孔子曰："君子义以为质，礼以行之，孙以出之，信以成之。君子哉！"[②]义出于质，经礼、逊、信等得以成就。所谓质便与人性接近。有子曰："信近于义，言可复也。恭近于礼，远耻辱也。因不失其亲，亦可宗也。"[③]信接近于真性。信近于义，即义近于真性。仁义来源于真实之己。同时，孔子又曰："德之不修，学之不讲，闻义不能徙，不善不能改，是吾忧也。"[④]对于百姓来说，义来源于后天的学习或教化（"闻"）。故，孔子曰："今之成人者何必然？见利思义，见危授命，久要不忘平生之言，亦可以为成人矣。"[⑤]义依赖于后天的学习或教化（"思"）。

孔子的上述观点直接启发了后来儒者对仁义道德本源的思考。孟子开发了"为仁由己"的思路，发展出性本论学说，并形成传统；荀子则专注于孔子的教化精神，形成了人本论传统。以孟子为主要代表的性本论传统认为，人天生有四端："恻隐之心，仁之端也；羞恶之心，义之端也；辞让之心，礼之端也；是非之心，智之端也。人之有是四端也，犹其有四体也。有是四端而自谓不能者，自贼者也；谓其君不能者，贼其君者也。凡有四端于我者，知皆扩而充之矣，若火之始然，泉之始达。苟能充之，

---

① 杨伯峻译注：《论语译注》，第138页。
② 杨伯峻译注：《论语译注》，第187页。
③ 杨伯峻译注：《论语译注》，第9页。
④ 杨伯峻译注：《论语译注》，第75页。
⑤ 杨伯峻译注：《论语译注》，第168页。

足以保四海；苟不充之，不足以事父母。”[1]四端即四心。四心是天生本有之心。既然是天生的存在，它便是性。四端是性。性是仁义道德的本源。天生的良知、良能之性是仁义道德的来源。

孟子把这种来源于天生本有之性的方式叫作“仁内义内”。告子提出仁内义外。对此，孟子反驳道：“异于白马之白也，无以异于白人之白也；不识长马之长也，无以异于长人之长与？且谓长者义乎？长之者义乎？……吾弟则爱之，秦人之弟则不爱也，是以我为悦者也，故谓之内。长楚人之长，亦长吾之长，是以长为悦者也，故谓之外也。……耆秦人之炙，无以异于耆吾炙，夫物则亦有然者也，然则耆炙亦有外与？”[2]仁义道德源自于人自身，如同人对美味的爱好一般。爱好美味便是欲。欲源自性。故，义终究本源于性。孟子指出：“其为气也，至大至刚，以直养而无害，则塞于天地之间。其为气也，配义与道；无是，馁也。是集义所生者，非义袭而取之也。行有不慊于心，则馁矣。我故曰，告子未尝知义，以其外之也。”[3]其中的“浩然之气”便是性。一旦它获得了聚集和充实，便自然产生义，这便是“是集义所生者”：浩然之气或性的聚集或充实便可以产生义。性是义的本源。性是儒家仁义道德的本源。孟子的性本论后来成为魏晋玄学、宋明理学的重要立场，并因此形成性本论传统。其实，儒家仁义道德与人性的关系，学术界不少人早就注意到。牟宗三曰：“性是道德行为底超越根据。”[4]文碧方指出：“儒家是以‘仁’或道德‘心’‘性’作为伦理道德的本原根据的。”[5]心、性是道德的本原根据、基础。这一立场无疑具有一定的见地。

不过，仅仅指出这一点是不够的。因为，儒家仁义道德不仅来源于人性，而且与教化密不可分。这便是荀子人本论。荀子曰：“今是人之口

---

① 杨伯峻译注：《孟子译注》，第59页。
② 杨伯峻译注：《孟子译注》，第197—198页。
③ 杨伯峻译注：《孟子译注》，第46—47页。
④ 牟宗三：《智的直觉与中国哲学》，北京：中国社会科学出版社，2008年，第166页。
⑤ 文碧方：《试论作为儒家道德本原根据的“心”“性”范畴》，《天津社会科学》2005年第2期。

腹，安知礼义？安知辞让？安知廉耻隅积？亦呥呥而噍，乡乡而饱已矣。人无师无法，则其心正其口腹也。……仁者好告示人。告之示之、靡之儇之、鈆之重之，则夫塞者俄且通也，陋者俄且僩也，愚者俄且知也。”[①]对于百姓来说，他们怎么会知道仁义之道呢？百姓等俗人只能根据于自己的性情而为，而无知于仁义之道。荀子将世人的这种性情称作性恶：“人之性恶，其善者伪也。今人之性，生而有好利焉，顺是，故争夺生而辞让亡焉；生而有疾恶焉，顺是，故残贼生而忠信亡焉；生而有耳目之欲，有好声色焉，顺是，故淫乱生而礼义文理亡焉。然则从人之性，顺人之情，必出于争夺，合于犯分乱理，而归于暴。故必将有师法之化，礼义之道，然后出于辞让，合于文理，而归于治。用此观之，然则人之性恶明矣，其善者伪也。”[②]圣人看到世人因情欲而乱，便制定了礼义之道来管理他们。仁义之道源自圣人。圣人创造了仁义之道，然后将其教化于百姓，百姓因此得以“化性起伪”：“故圣人化性而起伪，伪起而生礼义，礼义生而制法度；然则礼义法度者，是圣人之所生也。”[③]百姓的仁义之道来源于后天的学习与教化。荀子明确指出：“今人之性固无礼义，故强学而求有之也；性不知礼义，故思虑而求知之也。然则生而已，则人无礼义，不知礼义。人无礼义则乱，不知礼义则悖。然则生而已，则悖乱在已。用此观之，人之性恶明矣，其善者伪也。”[④]礼义之道源自后天的教化，与天生无关。教化是仁义道德的来源。至此，在儒家思想体系中，仁义道德有两个本源说，即性本论和人本论。前者认为人性是仁义道德的本源或基础，后者主张教化才是仁义道德的本源或基础。两种不同的本源意味着在儒家体系中，有两种不同的仁义道德产生机制。

根据人本论，仁义道德产生于教化。后天的学习或教化是仁义道德产生的机制或基本原理。关于这一点，比较好理解，本节便不赘言。我们

① （清）王先谦：《荀子集解》，《诸子集成》卷二，第40—41页。
② （清）王先谦：《荀子集解》，《诸子集成》卷二，第289页。
③ （清）王先谦：《荀子集解》，《诸子集成》卷二，第292页。
④ （清）王先谦：《荀子集解》，《诸子集成》卷二，第292—293页。

主要分析性本论传统中的仁义道德产生的机制。

二、性本论与自然

当孟子等儒者以人性作为仁义道德的本源时，仁义道德产生于人性的自然。自然或顺性自然是仁义道德产生的基本方式或基本原理。

孟子认为四端是仁义之本："恻隐之心，仁也；羞恶之心，义也；恭敬之心，礼也；是非之心，智也。仁义礼智，非由外铄我也，我固有之也，弗思耳矣。"[①] 四端或四心分别为仁、义、礼、智之端或本源。此乃本有，无需后天之强求。无此四心，便不是人。"人之有是四端也，犹其有四体也。有是四端而自谓不能者，自贼者也；谓其君不能者，贼其君者也。"[②] 人人天生有此四端或四心。它是人体的一种天然器官，生而固有。为人或成仁其实就是让四端得到"扩充"："凡有四端于我者，知皆扩而充之矣，若火之始然，泉之始达。苟能充之，足以保四海；苟不充之，不足以事父母。"[③] 成仁即是扩充四心，由本性自然成长，如火之燃、泉之达。呵护本性、顺其自然地成长便成为孟子的主旨。故，孟子主张："舜明于庶物，察于人伦，由仁义行，非行仁义也。"[④]"由仁义行"，即任由仁义之性自然发展，而不要添加任何主观的、故意的"行仁义"的动作。否则的话，便是揠苗助长。很显然，孟子不赞同主观的刻意的行为，而倾向于顺其（性）自然。

孟子以养勇为例，剖析了北宫黝与孟施舍二人之勇敢，曰："北宫黝之养勇也"[⑤] 在于无惧。这近乎无知者无畏之"勇"。相反，"孟施舍之所养勇也……虑胜而后会"[⑥]，他懂得取舍之策略，勇在故意或思考。不过，

---

① 杨伯峻译注：《孟子译注》，第 200 页。
② 杨伯峻译注：《孟子译注》，第 59 页。
③ 杨伯峻译注：《孟子译注》，第 59 页。
④ 杨伯峻译注：《孟子译注》，第 147 页。
⑤ 杨伯峻译注：《孟子译注》，第 46 页。
⑥ 杨伯峻译注：《孟子译注》，第 46 页。

孟子对此二者均不以为然，认为他们都“不如曾子之守约也”[1]。相比之下，只有曾子能够真正懂得如何养勇。其养勇的方法便是持守仁义之性，此即“守约”：持守本性，顺应本性之然才能够培养出真正的勇。在孟子看来，“居仁由义，大人之事备矣”[2]。“居仁由义”即顺从仁义之性。这才是孟子所欣赏、所倡导的做人之道。告子反对孟子的人性说，曰：“性犹杞柳也，义犹桮棬也；以人性为仁义，犹以杞柳为桮棬。”[3]孟子反驳曰：“子能顺杞柳之性而以为桮棬乎？将戕贼杞柳而后以为桮棬也？如将戕贼杞柳而以为桮棬，则亦将戕贼人以为仁义与？率天下之人而祸仁义者，必子之言夫！”[4]顺杞柳之性而成桮棬，顺人之性而成仁义。仁义来源于顺性。顺性即顺其自然。

在孟子看来，人类对仁义的向往与追求完全是人类的一种自然反应。孟子曰：“口之于味也，有同耆焉；耳之于声也，有同听焉；目之于色也，有同美焉。至于心，独无所同然乎？心之所同然者何也？谓理也，义也。圣人先得我心之所同然耳。故理义之悦我心，犹刍豢之悦我口。”[5]理、义与心的关系，如同口与味的关系。口好味是自然的，人心或人性倾向仁义也是自然的。它类似于生理性本能。仁义出于人性之自然。针对告子的义外说，孟子提出：“异于白马之白也，无以异于白人之白也；不识长马之长也，无以异于长人之长与？且谓长者义乎？长之者义乎？……吾弟则爱之，秦人之弟则不爱也，是以我为悦者也，故谓之内。长楚人之长，亦长吾之长，是以长为悦者也，故谓之外也。……耆秦人之炙，无以异于耆吾炙，夫物则亦有然者也，然则耆炙亦有外与？”[6]人性与仁义的关系，如同口与味的关系一般，是自然而然的。人心自然向仁义。或者说，任由人性之自然便可以成就仁义。仁义产生于自然。

---

① 杨伯峻译注：《孟子译注》，第46页。
② 杨伯峻译注：《孟子译注》，第247页。
③ 杨伯峻译注：《孟子译注》，第195页。
④ 杨伯峻译注：《孟子译注》，第195页。
⑤ 杨伯峻译注：《孟子译注》，第202页。
⑥ 杨伯峻译注：《孟子译注》，第197—198页。

东汉王充极力反对西汉的天人感应说，认为："圣人举事，先定于义。义已定立，决以卜筮，示不专己，明与鬼神同意共指，欲令众下信用不疑。故《书》列七卜，《易》载八卦，从之未必有福，违之未必有祸。然而祸福之至，时也；死生之到，命也。人命悬于天，吉凶存于时。命穷操行善，天不能续；命长操行恶，天不能夺。"[①] 虽然人命在天，却无感应。在王充看来，"天，百神主也。道德仁义，天之道也。战粟恐惧，天之心也。废道灭德，贱天之道；嶮隘恣睢，悖天之意。世间不行道德，莫过桀、纣；妄行不轨，莫过幽、厉。桀、纣不早死，幽、厉不夭折。由此言之，逢福获喜，不在择日避时；涉患丽祸，不在触岁犯月，明矣"[②]。道德仁义是天道。天道自然："日朝出而暮入，非求之也，天道自然。"[③] 天道自然，比如，"命，吉凶之主也，自然之道，适偶之数，非有他气旁物厌胜感动使之然也"[④]。天道自然，仁义道德既然属于天道，其产生或存在便是自发的、自然的。

玄学家王弼吸收了道家的重道精神，提出："何以得德？由乎道也。何以尽德？以无为用。以无为用，则莫不载也。故物，无焉，则无物不经；有焉，则不足以免其生。是以天地虽广，以无为心；圣王虽大，以虚为主。"[⑤] 道是万物生存的正确方式。道即"无为"。故，"以无为用"，即无为或顺物自然便是养万物的正确方式。他从而倡导自然而无为的精神。它表现为"静"："归根则静，故曰'静'。静则复命，故曰'复命'也。复命则得性命之常，故曰'常'也。"[⑥] 静即无为。无为便可以守住性命之常。"躁罢然后胜寒，静无为以胜热。以此推之，则清静为天下正也。静则全物之真，躁则犯物之性，故惟清静，乃得如上诸大也。"[⑦]"静"即自

① （汉）王充著，张宗祥校注，郑绍昌标点：《论衡校注》，第485—486页。
② （汉）王充著，张宗祥校注，郑绍昌标点：《论衡校注》，第486页。
③ （汉）王充著，张宗祥校注，郑绍昌标点：《论衡校注》，第15页。
④ （汉）王充著，张宗祥校注，郑绍昌标点：《论衡校注》，第49页。
⑤ （魏）王弼著，楼宇烈校释：《王弼集校释》，第93页。
⑥ （魏）王弼著，楼宇烈校释：《王弼集校释》，第36页。
⑦ （魏）王弼著，楼宇烈校释：《王弼集校释》，第123页。

然无为。自然无为即顺万物之性。任物由性便成为玄学的基本立场：“无私自有，唯善是与，任物而已。”[1]任由万物自生。物自生即物性自然：“不塞其原，则物自生，何功之有？不禁其性，则物自济，何为之恃？物自长足，不吾宰成，有德无主，非玄如何？凡言玄德，皆有德而不知其主，出乎幽冥。”[2]万物自然有成而无主。这便是玄德。玄德即顺性自然。顺性即因物之性：“明物之性，因之而已，故虽不为，而使之成矣。”[3]顺应物性便是玄学的共同主张。无、无为的方法，便是不加人工，顺其自然。王弼曰：“故大制不割。大制者，以天下之心为心，故无割也。”[4]天下之心即自然之性。“大制不割”，不待人为，任性自然。“天地任自然，无为无造，万物自相治理，故不仁也。仁者必造立施化，有恩有为。造立施化，则物失其真。有恩有为，则物不具存。物不具存，则不足以备载。天地不为兽生刍，而兽食刍；不为人生狗，而人食狗。无为于万物而万物各适其所用，则莫不赡矣。若慧由己树，未足任也。”[5]以无为之道、不仁之行，自然成就仁义。“顺自然而行，不造不始，故物得至，而无辙迹也。”[6]顺其自然便可以得其极致。“大巧因自然以成器，不造为异端，故若拙也。”[7]顺其自然便是不造作，不故意作为。这看起来是拙，实际上是大巧、大智慧。有这种大智慧自然产生仁义。仁义道德产生于人性之自然。顺其自然是儒家仁义道德产生的机制或基本原理。

三、理学视野下的自然

中国传统哲学具有强烈的自然崇拜思想。这一传统在宋明理学时期表现为对天理概念的推崇。天理与天道概念本来指苍天之理、苍天之道，

---

① （魏）王弼著，楼宇烈校释：《王弼集校释》，第192页。
② （魏）工弼著，楼宇烈校释：《土弼集校释》，第24页。
③ （魏）王弼著，楼宇烈校释：《王弼集校释》，第126页。
④ （魏）王弼著，楼宇烈校释：《王弼集校释》，第75页。
⑤ （魏）王弼著，楼宇烈校释：《王弼集校释》，第13页。
⑥ （魏）王弼著，楼宇烈校释：《王弼集校释》，第71页。
⑦ （魏）王弼著，楼宇烈校释：《王弼集校释》，第123页。

即苍天的活动轨迹以及规则等。理学家们吸收了佛学的理概念，并将其运用于苍天身上，形成天理与天道等概念。如果我们将理与道理解为所以然、正确的行为方式，那么，天理或天道便指向正确的行为原理与行为方式。也就是说，理学家们认为苍天的行为原理是自明的正确，苍天的行为方式也是绝对的正当。自然界的原理与行为方式因此成为标本或榜样。

周敦颐将顺其自然叫作“静”：“惟人也，得其秀而最灵。形既生矣，神发知矣，五性感动，而善恶分，万事出矣。圣人定之以中正仁义（自注：圣人之道，仁义中正而已矣）。而主静（自注：无欲故静），立人极焉。故圣人与天地合其德，日月合其明，四时合其序，鬼神合其吉凶。”[①]静即无欲，自然而然。周敦颐曰：“静则止，止非为也，为不止矣。其道也深乎！”[②]静并非静止，而是保持原样、不加人为。

这种主静的思想精神便是顺性自然。自然便是天理。天理是“生生之理，自然不息”[③]。它呈现为道：“道则自然生万物。今夫春生夏长了一番，皆是道之生，后来生长，不可道却将既生之气，后来却要生长。道则自然生生不息。”[④]自然界的天，其理与道，作为自然物，当然是自然的。故，理学家相信天理与天道皆本自然。二程曰：“敬而无失，所以中也。凡事事物物皆有自然之中，若俟人为布置，则不中矣。”[⑤]事物皆有天理。顺从天理，自然中节，从而合乎礼义道德。仁义道德来源于自然之理。“圣人公心尽天地万物之理，各当其分，故其道平直而易行。佛氏厌苦弃舍，造作费力，皆非自然，故失之远。”[⑥]佛教的失误便在于非自然。反过来说，儒家仁义遵循自然。顺其自然是最好的方法或标准：“今之度量权衡，非古法之正也，姑以为准焉可耳。凡物不出于自然，必人为之而

---

① （宋）周敦颐：《太极图说》，上海：上海古籍出版社，1992 年，第 10—11 页。
② （宋）周敦颐：《通书》，上海：上海古籍出版社，1992 年，第 49 页。
③ （宋）程颢、程颐著，王孝鱼点校：《二程集》（上），第 167 页。
④ （宋）程颢、程颐著，王孝鱼点校：《二程集》（上），第 149 页。
⑤ （宋）程颢、程颐著，王孝鱼点校：《二程集》（下），第 1177 页。
⑥ （宋）程颢、程颐著，王孝鱼点校：《二程集》（下），第 1181 页。

后成。惟古人能得其自然也。”[1] 古人能够顺其自然。“然禽兽之性却自然，不待学，不待教，如营巢养子之类是也。人虽是灵，却椓丧处极多，只有一件，婴儿饮乳是自然，非学也，其佗皆诱之也。欲得人家婴儿善，且自小不要引佗，留佗真性，待他自然，亦须完得些本性须别也。”[2] 人也是自然界的一员。自然生物秉性自然，人承天道，也应该保持真性、顺其自然以成仁。

和先秦孟子强调自然忽略学习不同，二程不反对学习：“古人自小讽诵，如今人讴唱，自然善心生而兴起。今人不同，虽老师宿儒，不知《诗》也。”[3] 学习能够自然至善。通过学习，人们自然懂得仁义、成就道德：“盖其四面空疏，盗固易入，无缘作得主定。又如虚器入水，水自然入。若以一器实之以水，置之水中，水何能入来？盖中有主则实，实则外患不能入，自然无事。”[4] 如果心中有仁义，自然能够成为有仁义道德的人。“克己则私心去，自然能复礼，虽不学文，而礼意已得。”[5] 克去私心，道德自然形成。“严肃，则心便一，一则自是无非僻之奸。此意但涵养久之，则天理自然明。”[6] 闲邪主一便可以自然天理明白，成就道德。故，大程子曰：“天下之理，本诸简易，而行以顺道，则事无不成者。故曰：智者如禹之行水，行其所无事也。舍而行之于险阻，则不足以言智矣。”[7] 天理简单，顺其自然就可以了，如同大禹治水，顺性而为。仁义道德产生于自然。

朱熹曰：“性者，人所受之天理；天道者，天理自然之本体，其实一理也。”[8] 性即天理。它展开为道。道即天理之自然。“义者，人心之裁制。

① （宋）程颢、程颐著，王孝鱼点校：《二程集》（下），第 1215 页。
② （宋）程颢、程颐著，王孝鱼点校：《二程集》（上），第 56—57 页。
③ （宋）程颢、程颐著，王孝鱼点校：《二程集》（上），第 293 页。
④ （宋）程颢、程颐著，王孝鱼点校：《二程集》（上），第 8 页。
⑤ （宋）程颢、程颐著，王孝鱼点校：《二程集》（上），第 18 页。
⑥ （宋）程颢、程颐著，王孝鱼点校：《二程集》（上），第 150 页。
⑦ （宋）程颢、程颐著，王孝鱼点校：《二程集》（下），第 1222 页。
⑧ （宋）朱熹：《论语集注》，《四书五经》（上），第 19 页。

道者，天理之自然。”[①] 天理自然呈现为道。循理便是顺其自然。“愚谓事物之理，莫非自然。顺而循之，则为大智。若用小智而凿以自私，则害于性而反为不智。”[②] 顺其自然才是大智慧。朱熹指出：“礼者，天理之节文，人事之仪则也。和者，从容不迫之意。盖礼之为体虽严，而皆出于自然之理，故其为用，必从容而不迫，乃为可贵。”[③] 礼是天理的显现，是天理之自然。反过来说，顺其自然便是“中礼”：“细微曲折，无不中礼，乃其盛德之至。自然而中，而非有意于中也。经，常也。回，曲也。三者亦皆自然而然，非有意而为之也，皆圣人之事，性之之德也。”[④] 顺其自然便自然可以中礼，成就仁义道德。

尽管朱熹强调顺其自然，他也很重视学习：“人物各循其性之自然，则其日用事物之间，莫不各有当行之路，是则所谓道也。修，品节之也。性道虽同，而气禀或异，故不能无过不及之差，圣人因人物之所当行者而品节之，以为法于天下，则谓之教，若礼乐刑政之属是也。盖人之所以为人，道之所以为道，圣人之所以为教，原其所自，无一不本于天而备于我。学者知之，则其于学，知所用力而自不能已矣。”[⑤] 通过学习、修炼，自然可以忠信笃敬：“言其于忠信笃敬念念不忘，随其所在，常若有见，虽欲顷刻离之而不可得。然后一言一行，自然不离于忠信笃敬，而蛮貊可行也。”[⑥] 由此而产生仁爱道德：“具此生理，自然便有恻怛慈爱之意，深体味之可见。”[⑦] 慈爱之意伴随着天理自然而产生。仁义道德生于自然。朱熹比喻曰：“如水有源便流，这只是流出来，无阻滞处。如见孺子将入井，便有个恻隐之心。见一件可羞恶底事，便有个羞恶之心。这都是本心自然恁地发出来，都遏不住。”[⑧] 仁义道德是道心，理的自然流露。循性而行，

---

① （宋）朱熹：《孟子集注》，《四书五经》（上），第 21 页。
② （宋）朱熹：《孟子集注》，《四书五经》（上），第 65 页。
③ （宋）朱熹：《论语集注》，《四书五经》（上），第 3 页。
④ （宋）朱熹：《孟子集注》，《四书五经》（上），第 115 页。
⑤ （宋）朱熹：《中庸章句》，《四书五经》（上），第 1 页。
⑥ （宋）朱熹：《论语集注》，《四书五经》（上），第 65 页。
⑦ （宋）朱熹：《中庸章句》，《四书五经》（上），第 8 页。
⑧ （宋）黎靖德编，王星贤点校：《朱子语类》三，第 812 页。

顺应道心之自然便可以成就仁义道德。

四、心学视野下的自然

陆王心学以天人一体说为视角，重新审查了仁义道德与人性或人心的关系。陆九渊提出："良心善性，乃达材固有，何须他人模写？但养之，不害可也。"[①] 仁义道德源自于固有的本心。"此心之灵，此理之明，岂外烁哉？明其本末，知所先后，虽由于学，及其明也，乃理之固有，何加损于其间哉？"[②] 我本有灵明之心。由心自然呈现，便是仁义道德。仁义道德的本源不在别处，而在于人自身。仁义内在："内无所累，外无所累，自然自在，才有一些子意，便沉重了。"[③] 从固有的本心到道德仁义应该是自然自在的过程。如果有所刻意，便有了私意。私意有碍于天理之明："此理非可以私智揣度傅会。若能知私智之非，私智废灭，此理自明。若任其私智，虽高才者亦惑；若不任私智，虽无才者亦明。"[④] 不用私智便是顺其自然。顺其自然便是天理自明。"知止而后有定，定而后能静，静而后能安，安而后能虑，虑而后能得，学不知止，而谓其能虑能得，吾不信也。人不自知其为私意私说，而反致疑于知学之士者，亦其势然也。人诚知止，即有定论，静安虑得，乃必然之势，非可强致之也。"[⑤] 私意私智者属于行仁义，却与任由仁义之性的自然背道而驰。因此，陆九渊主张顺其自然的生活态度。

在这种自然观念下，陆九渊进而倡导简易工夫："故正理在人心乃所谓固有。易而易知，简而易从，初非甚高难行之事，然自失正者言之，必由正学以克其私，而后可言也。"[⑥] 天理在我心中，因此，明理便是一种简单的事情。即便是学习，也是易知而简从。简易工夫的核心在于把握

---

① （宋）陆九渊：《陆象山全集》，第 36 页。
② （宋）陆九渊：《陆象山全集》，第 63 页。
③ （宋）陆九渊：《陆象山全集》，第 306 页。
④ （宋）陆九渊：《陆象山全集》，第 91 页。
⑤ （宋）陆九渊：《陆象山全集》，第 7 页。
⑥ （宋）陆九渊：《陆象山全集》，第 95 页。

本原："某平时未尝立学规，但常就本上理会，有本自然有末。若全去末上理会，非惟无益。"[①] 理解本原，标榜德性，顺其自然，自然事成。仁义道德本源于本心，顺其自然，便可以成就它们。相反，"告子之意：'不得于言，勿求于心'，是外面硬把捉的。要之亦是孔门别派，将来也会成，只是终不自然。孟子出于子思，则是涵养成就者，故曰'是集义所生者'"[②]。告子强调从外面学习，虽然也能够成事，却失去了自然。顺性自然才是仁义道德产生的最佳方式。不违本心，顺其自然便是成仁。读书亦是如此："大抵读书，诂训既通之后，但平心读之，不必强加揣量，则无非浸灌培益，鞭策磨励之功。或有未通晓处，姑缺之无害。且以其明白昭晰者，日加涵泳，则自然日充日明。后日本原深厚，则向来未晓者，将亦有涣然冰释者矣。"[③] 读书过程也应该是一种循序渐进、自然而然的过程。书到深处自然冰释疑惑。顺其自然是最好的方式。

顺其自然的态度也是王阳明的立场。王阳明也将心或良知视为宇宙之本，即"心外无事""心外无物"。[④] 仁义道德本源于良知或心。王阳明以树为例："譬之树木，这诚孝的心便是根，许多条件便是枝叶，须先有根然后有枝叶，不是先寻了枝叶然后去种根。《礼记》言'孝子之有深爱者，必有和气；有和气者，必有愉色；有愉色者，必有婉容'。须是有个深爱做根，便自然如此。"[⑤] 良知是根，仁义道德便是它的枝叶或花果。由根自然发出枝叶，结出花果。对于人来说，"只是就此心去人欲、存天理上讲求。就如讲求冬温，也只是要尽此心之孝，恐怕有一毫人欲间杂；讲求夏凊，也只是要尽此心之孝，恐怕有一毫人欲间杂；只是讲求得此心。此心若无人欲，纯是天理，是个诚于孝亲的心，冬时自然思量父母的寒，便自要去求个温的道理；夏时自然思量父母的热，便自要去求个凊的道

---

① （宋）陆九渊：《陆象山全集》，第 298 页。
② （宋）陆九渊：《陆象山全集》，第 288 页。
③ （宋）陆九渊：《陆象山全集》，第 60 页。
④ （明）王阳明撰，吴光、钱明、董平、姚延福编校：《王阳明全集》（上），第 156 页。
⑤ （明）王阳明撰，吴光、钱明、董平、姚延福编校：《王阳明全集》（上），第 3 页。

理。这都是那诚孝的心发出来的条件。却是须有这诚孝的心，然后有这条件发出来”[①]。由孝心发出自然有了孝行。王阳明曰：“毕竟从好色、好利、好名等根上起，自寻其根便见。如汝心中，决知是无有做劫盗的思虑，何也？以汝元无是心也。汝若于货色名利等心，一切皆如不做劫盗之心一般，都消灭了，光光只是心之本体，看有甚闲思虑？此便是寂然不动，便是未发之中，便是廓然大公！自然感而遂通，自然发而中节，自然物来顺应。”[②]由本原之心自然感通、中节、顺应。

不过，虽然陆九渊和王阳明皆明确强调重自然的立场，我们也不能因此简单地理解其内涵。王阳明曰：“知是心之本体，心自然会知：见父自然知孝，见兄自然知弟，见孺子入井自然知恻隐，此便是良知不假外求。若良知之发，更无私意障碍。即所谓‘充其恻隐之心，而仁不可胜用矣’。”[③]这段文献似乎是说见到父亲自然知道孝顺、做出孝顺的举动。仁义行为似乎产生于自然。这也是最普遍的理解。这种理解存在着一个误差，或者说存在着一个难点。该难点是：如果人人见父自然知孝、行孝，我们为什么还要学习、格物、穷理呢？既然人人见父自然知孝，为什么世界上还有很多的坏人呢？很显然，上述解读无法解释这一难点。事实上，王阳明在此讲了后半句。他应该还有前半句。这半句指一旦人们如圣人一般良知澄明时，见父自然知孝了。当人们修身工夫到达了一定程度之后，人们便可如此自然而然了。对于多数普通人来说，王阳明曰：“然在常人不能无私意障碍，所以须用致知格物之功胜私复理。即心之良知更无障碍，得以充塞流行，便是致其知。知致则意诚。”[④]如果私意遮蔽了良知，我们是无法见父自然知孝的。见父自然知孝的前提是我们的心中已经有了澄明的良知。有了良知之体，王阳明曰：“人只要成就自家心体，则用在其中。如养得心体，果有未发之中，自然有发而中节之和，自然无施不

① （明）王阳明撰，吴光、钱明、董平、姚延福编校：《王阳明全集》（上），第3页。
② （明）王阳明撰，吴光、钱明、董平、姚延福编校：《王阳明全集》（上），第22页。
③ （明）王阳明撰，吴光、钱明、董平、姚延福编校：《王阳明全集》（上），第6页。
④ （明）王阳明撰，吴光、钱明、董平、姚延福编校：《王阳明全集》（上），第6页。

可。”[1]良知之体在心中，由此而为自然中节而合理的。仁义道德自然产生于有良知的心灵。有了良知之后，我们的心灵便可以顺其自然了。这便是“静”：“常知常存常主于理，即不睹不闻、无思无为之谓也。不睹不闻、无思无为非槁木死灰之谓也，睹闻思为一于理，而未尝有所睹闻思为，即是动而未尝动也；所谓动亦定，静亦定，体用一原者也。”[2]静并非不视听言动，而是顺其自然。基于此，王阳明对周子主静说作了辩护：“循理则虽酬酢万变而未尝动也；从欲则虽槁心一念而未尝静也。动中有静，静中有动，又何疑乎？”[3]静即循理顺性而动，顺其自然。自然为静。循理之静可以带来仁义道德，或者说，道德产生于静，产生于自然。

结语　仁义道德产生于自然

从孟子的性本论传统来看，德性是仁义道德的本源。从德性到仁义道德的产生过程是自然的，即顺性循理，自然可以产生仁义道德。这是一个自然的、自发的过程。它无需过多的主体用功。这是早期坚持性本论传统的儒者的共同立场，如孟子、王充、王弼。后来的儒者如陆九渊等也分享了这一立场。这一传统将仁义道德的产生看作是人性的自然。自然是仁义道德产生的机制。从荀子传统来看，教化是仁义道德产生的本源。由天生之人到圣贤成仁德过程，必须经过后天的学习和教化。只有通过学习或教化，人们才能够知晓仁义道德并遵循仁义道德，最终成为仁义之人。荀子极力倡导这一立场，并在汉代儒家那里得到热烈响应和发扬。宋明理学家们虽然口头上批评荀子，但是实质上却吸收了荀子的教化论，如二程、朱熹，甚至包括王阳明等，都以为通过学习或教化，才能够成就仁义道德。

孟子性本论与荀子人本论迥然不同。二者之间甚至相互冲突。性本论传统主张顺性自然，反对学习；人本论反对顺性自然，强调学习或教化。这两个传统之间产生了明显的冲突。这个冲突首先体现在《荀子》一

---

① （明）王阳明撰，吴光、钱明、董平、姚延福编校：《王阳明全集》（上），第21页。
② （明）王阳明撰，吴光、钱明、董平、姚延福编校：《王阳明全集》（上），第63页。
③ （明）王阳明撰，吴光、钱明、董平、姚延福编校：《王阳明全集》（上），第64页。

书中。荀子对孟子性善论的批判体现了这种冲突。董仲舒对孟子性善论的非议也体现了人本论传统对性本论的反思与批判。而魏晋玄学对礼教的强烈批判，可以被视为性本论传统对人本论传统的反击或批评。这表明：早期的性本论与人本论之间存在着不可调和的矛盾。

这个矛盾到了宋明理学时期得到了最终解决。其解决方案是将抽象人性看作是体，人文教化看作是用，用体用论模式重新组合人性与教化。人性与教化有机地结合起来。其中，从体用论的角度来看，仁义产生于人性之自然，而教化则偏重于现实中的方法。或者说，“自然”揭示了超验之性与仁义道德之间的内在关系，而教化则从现实的角度阐述了仁义道德与学习的关系。此时的“自然”，虽然也保留了自然而然的内涵，却不能够与之等同。它与必然关系更接近。比如“自然知孝”“天理自然”等，阐述了孝与心、天理的必然联系，即知孝、仁义等内在于人性、人心中。此时的自然，我更愿意将它看作是联系超越之理与现实之事（物）的关系范畴，即必然。故，戴震曰：“由血气之自然，而审察之以知其必然，是之谓礼义；自然之与必然，非二事也。就其自然，明之尽而无几微之失焉，是其必然也。如是而后无憾，如是而后安，是乃自然之极则。若任其自然而流于失，转丧其自然，而非自然也；故归于必然，适完其自然。”[①] 自然与必然并非指二事。二者具有一致性。当然这个问题涉及比较思辨的知识论，待以后专文论述。

---

① 安正辉选注：《戴震哲学著作选注》，北京：中华书局，1979年，第111页。

第三章　德性与成仁

第一节　性与信：儒家信仰观——兼与基督教信仰观之比较[①]

学术界有一种声音，认为中国传统文化没有信仰，也没有宗教。笔者以为，要回答这类问题，首要的条件是辨明信仰的内涵，即什么是信仰？进一步说，什么是基于基督教体系的宗教信仰，以及什么是中国传统文化体系中的信仰？本节将通过分析中国古代汉语“信”字的内涵与西方宗教学中的“信仰”（belief）内涵的不同，试图揭示出中西方文化传统中信仰的产生机制和原理，以此区别出中西方信仰内涵的差异。笔者希望此等思考与讨论能够为回答中国传统文化是否有信仰乃至中国是否有宗教等重大理论问题提出理论支持。

一、言之信：信用

那么，古代“信”字具有哪些内涵呢？《说文解字》曰：“信，诚也，从人从言，会意。”[②]这个解释基本上揭示了信的三层视角，即信与诚、言以及他人相关。或者说，古代之信至少具备三层内涵。

首先，信从言，信与言相关。

《春秋左传》曰：“志以发言，言以出信，信以立志，参以定之。”[③]志发而生言，言出而有信，即言而有信，言因此成为信言。信言即有信

---

① 本节部分内容曾经作为《信他与信我——中西信仰观之比较》发表于《东岳论丛》2015 年第 8 期。

② （汉）许慎：《说文解字》，第 52 页。

③ （晋）杜预注，（唐）孔颖达等正义：《春秋左传正义》，《十三经注疏》（下），第 1996 页。

之言，即真言。孔子曰："言必信，行必果。"[①]语言一定有信，具备真实性，如同行为必须考虑其后果一般。子夏亦曰："贤贤易色；事父母，能竭其力；事君，能致其身；与朋友交，言而有信。虽曰未学，吾必谓之学矣。"[②]"言而有信"即"言必信"。语言因为有了信、真实性，故而值得信任。这便是信言。信言即真情实意之言。在孔子看来，"人而无信，不知其可也。大车无輗，小车无軏，其何以行之哉？"[③]无信之人、言，如同"大车无輗，小车无軏"，即缺少了连接的枢纽，我们如何交际呢？所以，孔子主张言必信。信言即真情实意之言。"或问'信'。曰：'不食其言'。"[④]信即保持言说的真诚性，用逻辑学语言来说便是：言具有真值。信言即真值之言，具有信用："头戴冠者，文也；足傅距者，武也；敌在前敢斗者，勇也；见食相呼，仁也；守夜不失时，信也。"[⑤]信即信用。

这种有真值的、有信用的、真情实意之信言，在《老子》看来，不同于美言："信言不美，美言不信。"[⑥]言可以分为信言、美言等。信言即真实无伪之言。而美言则是做作的、人为的语言。它不同于信言。在崇尚纯朴无伪的《老子》看来，美言有伪，自然对立于信言。故，信言与美言是对立的。

然而，对于注重道德规范的儒家来说，言而有信即信言是美好的。《春秋左传》有言："所临唯信。信者，言之瑞也，善之主也。"[⑦]瑞即玉制信物。语言因为有了信，从而成为信物。言信合一。信由此转换为一种能够值得信任、堪当信物的语言。信乃信物。《尚书》曰："乃惟四方之多罪逋逃，是崇是长，是信是使，是以为大夫卿士，俾暴虐于百姓，以奸宄于商邑。"[⑧]信即信物。信物可以分为信圭、信符等，如《庄子》曰："为之

---

① 杨伯峻译注：《论语译注》，第157页。
② 杨伯峻译注：《论语译注》，第5页。
③ 杨伯峻译注：《论语译注》，第22页。
④ 汪荣宝撰，陈仲夫点校：《法言义疏》，第395页。
⑤ （汉）刘向编著，石光瑛校释，陈新整理：《新序校释》，北京：中华书局，2001年，第760页。
⑥ （春秋）老子著，（魏）王弼注：《老子道德经》，《诸子集成》卷三，第47页。
⑦ （晋）杜预注，（唐）孔颖达等正义：《春秋左传正义》，《十三经注疏》（下），第1943页。
⑧ （汉）孔安国传，（唐）孔颖达等正义：《尚书正义》，第183页。

斗斛以量之，则并与斗斛而窃之；为之权衡以称之，则并与权衡而窃之；为之符玺以信之，则并与符玺而窃之；为之仁义以矫之，则并与仁义而窃之。”[①] 符玺即信物。这些信物，“合符节别契券者，所以为信也”[②]。它们是某种象征。这类用法至今保留，如印章便是某种信物。《中庸》曰：“上焉者，虽善无征。无征不信。不信民弗从。下焉者，虽善不尊。不尊不信。不信民弗从。”[③] 信即征、符号。

这种信物、符号是可以被别人识别的。韩非子曰：“礼者所以貌情也，群义之文章也，君臣父子之交也，贵贱贤不肖之所以别也。中心怀而不谕，故疾趋卑拜而明之。实心爱而不知，故好言繁辞以信之。礼者外饰之所以谕内也。”[④] 造作言辞的目的便是让人知晓。故，信是可以见识的。二程曰：“‘一言而可以折狱者，其由也与！’言由之见信如此，刑法国人尚取（一作可）。信，其他可知。”[⑤] 只有对方认可、知晓的符号才是信。故，信不仅“有此”，而且需要依赖于“因不信然后见，故四端不言信”[⑥]。因为有不信物，故而有信物。“一心之谓敬，尽心之谓忠，存之于中之谓孚，见之于事之谓信。”[⑦] 信一定是能够呈现给他人的东西。

人类社会的最重要的语言方式之一便是国家法规制度。要想让这些规定获得效力，它们就必须有信，成为信言。韩非子曰：“威制共，则众邪彰矣；法不信，则君行危矣；刑不断，则邪不胜矣。”[⑧] 法必定有信。君主立法行政最重视信：“小信成则大信立，故明主积于信。赏罚不信，则禁令不行。”[⑨] 赏罚有信即确保法规制度的普遍性、客观性和确定性。《中庸》曰：“王天下有三重焉，其寡过矣乎！上焉者，虽善无征。无征不信。

---

① （清）王先谦：《庄子集解》，《诸子集成》卷三，第 60 页。
② （清）王先谦：《荀子集解》，《诸子集成》卷二，第 151 页。
③ （汉）郑玄注，（唐）孔颖达等正义：《礼记正义》，《十三经注疏》（下），第 1634 页。
④ （清）王先慎：《韩非子集解》，《诸子集成》卷五，第 96 页。
⑤ （宋）程颢、程颐著，王孝鱼点校：《二程集》（上），第 93 页。
⑥ （宋）程颢、程颐著，王孝鱼点校：《二程集》（上），第 105 页。
⑦ （宋）程颢、程颐著，王孝鱼点校：《二程集》（下），第 1256 页。
⑧ （清）王先慎：《韩非子集解》，《诸子集成》卷五，第 25 页。
⑨ （清）王先慎：《韩非子集解》，《诸子集成》卷五，第 198 页。

不信民弗从。"[①]如果法规缺乏信，不真实，百姓便不会遵循。也就是说，法律制度等是一种有信的语言形态，是一种信言。国与国之间的信言便是条约或盟誓："卫侯遬卒，郑师侵之，是伐丧也。郑与诸侯盟于蜀，以盟而归，诸侯于是伐许，是叛盟也。伐丧无义，叛盟无信，无信无义，故大恶之。"[②]盟誓便是信言。

信或信物是一种符号。这种符号如何成立呢？这便涉及此类符号的产生机制。它包括符号的来源，以及符号成立的条件等。

二、信：诚与性

其次，信源自诚、性。这是信字的第二个内涵。

《白虎通》曰："信者，诚也，专一不移也。"[③]信即诚。诚作动词用，表示诚实、真实，与自身保持一致。《管子》曰："非诚贾不得食于贾；非诚工不得食于工。"[④]诚即诚实、真实，保持事情或事物本身而不变。小程曰："仁、义、礼、智、信五者，性也。仁者，全体；四者，四支。仁，体也。义，宜也。礼，别也。智，知也。信，实也。"[⑤]信即实。所谓信即实，并非说信等同于实，而是说信乃源自实。信即充实，充实、真实即是诚。

那么，诚实的主体部分是什么呢？古人通常有两种理解。第一种理解是将观念、想法视为人的诚实的主体。信与人的本意、原意相关，如"信誓旦旦"[⑥]。信即表达本意之言，近似于誓。《墨子》曰："信，言合于意也。"[⑦]信即合意之言。"期果言当谓之信。"[⑧]信即期待的结果与表达的相

---

① （汉）郑玄注，（唐）孔颖达等正义：《礼记正义》，《十三经注疏》（下），第 1634 页。
② （清）苏舆撰，钟哲点校：《春秋繁露义证》，第 61 页。
③ （清）陈立撰，吴则虞点校：《白虎通疏证》（上），第 382 页。
④ （清）戴望：《管子校正》，《诸子集成》卷五，第 16 页。
⑤ （宋）程颢、程颐著，王孝鱼点校：《二程集》（上），第 14 页。
⑥ （汉）毛公传，（汉）郑玄笺，（唐）孔颖达等正义：《毛诗正义》，第 325 页。
⑦ （清）孙诒让：《墨子间诂》，《诸子集成》卷四，第 192 页。
⑧ （汉）贾谊撰，阎振益、钟夏校注：《新书校注》，第 303 页。

符。《周易》曰：“厥孚交如，信以发志也。威如之吉，易而无备也。”[①] 信以抒发人的志愿。志愿即想法。“改命之吉，信，志也。”[②] 信表达了志，即信出自志。志是一种想法。故，《周易》曰：“修辞立其诚，所以居业也。”[③] 辞、语言彰显自己的真实想法。

第二种理解是将身体（“己”）视作人的真实主体。后来人们深化了对身体的理解，即身体不仅仅是材质性的物体，而且具备某种规定性，己便是性。孟子曰：“可欲之谓善。有诸己之谓信。充实之谓美。”[④]“己”本指本身。在孟子这里，“己”主要指本性。“有诸己”即有本性。本性的存有便是信。于是，信之本由诚转化为性。性成为信之本。同时，性近情，故，本性即本情：“恭近礼，俭近仁，信近情，敬让以行此，虽有过，其不甚矣。夫恭寡过，情可信，俭易容也；以此失之者，不亦鲜乎？”[⑤] 信近乎情。《国语》曰：“定身以行事谓之信。”[⑥] 信即由身而行事。

本诚转化为本性，理由主要在于诚、性及天道的关系上。孟子曰：“诚者，天之道也。”[⑦] 诚即天道。天道即天性的在世方式。这种自然的在世方式，孟子概括为“尽心”和“养性”：“尽其心者，知其性也。知其性，则知天矣。存其心，养其性，所以事天也。”[⑧]“尽心”“养性”的过程便是天道，便是诚。诚即尽性。诚乃性的展开。因此，诚本论最终是性本论，即诚为信本，事实上是性为信本。信本于性。

“性为信本”成为后来的儒家哲学家的主要思路。《礼记》曰：“子思曰：丧三日而殡，凡附于身者，必诚必信，勿之有悔焉耳矣。三月而葬，凡附于棺者，必诚必信，勿之有悔焉耳矣。”[⑨] 哭丧之礼一定体现了哀伤者

---

① （魏）王弼等注，（唐）孔颖达等正义：《周易正义》，《十三经注疏》（上），第30页。
② （魏）王弼等注，（唐）孔颖达等正义：《周易正义》，《十三经注疏》（上），第61页。
③ （魏）王弼等注，（唐）孔颖达等正义：《周易正义》，《十三经注疏》（上），第15页。
④ 杨伯峻译注：《孟子译注》，第263—264页。
⑤ （汉）郑玄注，（唐）孔颖达等正义：《礼记正义》，《十三经注疏》（下），第1640页。
⑥ （春秋）左丘明撰，李维琦标点：《国语》，长沙：岳麓书社，1988年，第78—79页。
⑦ 杨伯峻译注：《孟子译注》，第130页。
⑧ 杨伯峻译注：《孟子译注》，第233页。
⑨ （汉）郑玄注，（唐）孔颖达等正义：《礼记正义》，《十三经注疏》（下），第1275页。

的真情实性，故必诚必信。诚信乃是出于人的性情。信体现了自己之性。小程曰："尽己为忠，尽物为信。极言之，则尽己者尽己之性也，尽物者尽物之性也。信者，无伪而已，于天性有所损益，则为伪矣。"[①] 尽己即尽自己之性。信即尽性。反过来说，性为信本。

从信、诚和性的关系来看，我们可以作出如下结论：信源自诚，最终本于性。性为信本。性是主体（body），其展开便是诚，性质便是信。信乃性的真实显现。故，小程子曰："四端不言信者，既有诚心为四端，则信在其中矣。"[②] 信在性中。这种关系不仅仅揭示了性与信的内在关联性，即从性可以产生信，同时也意味着：信不等于性，信与性之间存在着明显的差距。故，大程曰："尽己之谓忠，以实之谓信。发己自尽为忠，循物无违谓信，表里之义也。"[③] 信与性可谓表里：信是表，性是里。小程甚至提出："信不足以尽诚，犹爱不足以尽仁。"[④] 信源自诚性却无法真正彻底地展现出诚性。故，信自然不能够和性一样成为四端了："四端不言信，信本无在。在《易》则是至理，在孟子则是气。"[⑤] 信不是本在之性。

信本于性。用今日之言说，信（信任、信仰、相信等）产生于事物之性。

三、"信则人任"：由信用到相信

再次，信不仅仅是一种源自本性的符号，更是一种依靠他者而在的语言，即只有在他人的关注、知晓和行为的情形下，这类语言才能够被称为信，比如信件。信必定来自他者。故，信是一种关系中的符号、交往中的符号。这便是信的第三个内涵：信依赖于他者。

信立足于交往。《管子》曰："通之以道，畜之以惠，亲之以仁，养

---

① （宋）程颢、程颐著，王孝鱼点校：《二程集》（上），第 315 页。
② （宋）程颢、程颐著，王孝鱼点校：《二程集》（上），第 315 页。
③ （宋）程颢、程颐著，王孝鱼点校：《二程集》（上），第 133 页。
④ （宋）程颢、程颐著，王孝鱼点校：《二程集》（上），第 324 页。
⑤ （宋）程颢、程颐著，王孝鱼点校：《二程集》（上），第 88 页。

之以义，报之以德，结之以信，接之以礼，和之以乐，期之以事，攻之以官，发之以力，威之以诚。”[①]信是交往的基本原理或基本条件。《庄子》曰：“凡交近则必相靡以信，远则必忠之以言。言必或传之。夫传两喜两怒之言，天下之难者也。夫两喜必多溢美之言，两怒必多溢恶之言。凡溢之类妄，妄则其信之也莫，莫则传言者殃。”[②]信是良好交往的必要条件。在中国古代关系体系中，君臣、父子、夫妇、兄弟等关系都是特定的，人们无法自己选择。只有朋友才是真正的社会交往方式。这种方式的基本原理是信。《大学》曰：“为人君止于仁，为人臣止于敬，为人子止于孝，为人父止于慈，与国人交止于信。”[③]国人交往、人际交往的主要原理是信。“夫令必行，禁必止，人主之公义也；必行其私，信于朋友，不可为赏劝，不可为罚沮，人臣之私义也。”[④]信是朋友关系的基础。信的关系性、依他性和被给予性决定了信任之信的内涵，即看似主观之信其实本自客观之信。

作为动词，信有信任、相信之义。如，万章问曰：“《诗》云：‘娶妻如之何？必告父母。’信斯言也，宜莫如舜。舜之不告而娶，何也？”[⑤]“或曰：‘百里奚自鬻于秦养牲者五羊之皮食牛以要秦穆公。信乎？’”[⑥]“尽信《书》，则不如无《书》。吾于《武成》，取二三策而已矣。仁人无敌于天下，以至仁伐至不仁，而何其血之流杵也！”[⑦]这里的信皆作信任、相信之用。在解释《论语》“老者安之，朋友信之，少者怀之”时，朱熹曰：“老者养之以安，朋友与之以信，少者怀之以恩。一说：安之，安我也；信之，信我也；怀之，怀我也。亦通。”[⑧]头一种解释是：朋友相处以真诚。后一种解释是：让朋友相信我。这两个解释都说得通。前

① （清）戴望：《管子校正》，《诸子集成》卷五，第37页。
② （清）王先谦：《庄子集解》，《诸子集成》卷三，第25页。
③ （汉）郑玄注，（唐）孔颖达等正义：《礼记正义》，《十三经注疏》（下），第1673页。
④ （清）王先慎：《韩非子集解》，《诸子集成》卷五，第93页。
⑤ 杨伯峻译注：《孟子译注》，第162页。
⑥ 杨伯峻译注：《孟子译注》，第177页。
⑦ 杨伯峻译注：《孟子译注》，第255页。
⑧ （宋）朱熹：《论语集注》，《四书五经》（上），第21页。

者之信便是诚信、真诚，后者之信则是相信、信任。

那么，诚信之信与相信之信是否有关呢？二者关系密切。孔子曰："恭，宽，信，敏，惠。恭则不侮，宽则得众，信则人任焉，敏则有功，惠则足以使人。"[①] 因为有信故而人们能够信任之、相信之。信用、诚信是相信的基础条件。子曰："小人哉，樊须也！上好礼，则民莫敢不敬；上好义，则民莫敢不服；上好信，则民莫敢不用情。"[②]"上好信"，即"上级"喜欢、容易相信之。如果"上级"相信之，其内容却是假的，百姓如何敢？故，好信必然伴随着情真意切之诚，即相信的基础必定是诚信。诚信顺理成章地获得相信。如果不诚信却得到了信任，那便是欺"上"之罪。故，当"上级"相信某人、某事时，百姓没有人不待之以诚信。相信、信任的基础是真诚、诚信。

贾谊专门阐述了二者之间的关系："故夫士民者，率之以道，然后士民道也；率之以义，然后士民义也；率之以忠，然后士民忠也；率之以信，然后士民信也。"[③] 君主处民以诚信，民众自然相信他。诚信导致相信。或者说，相信在于诚信。贾谊说："故君之信在于所信，所信不信，虽欲论信也，终身不信矣。故所信不可不慎也。"[④] 只有诚信才可以相信。诚信是相信的基础。反过来说，因为其诚信，便值得相信、信任。客观之诚信引向主观之信任。

比如天、神。《易传》曰："圣人有以见天下之动，而观其会通，以行其典礼。系辞焉以断其吉凶，是故谓之爻。极天下之赜者存乎卦，鼓天下之动者存乎辞，化而裁之存乎变，推而行之存乎通，神而明之存乎其人。默而成之，不言而信，存乎德行。"[⑤] 天不言而有信。天有信。其表现之命便是信："命，信也。"[⑥] 命是信，是真实的。信命便是一种必然选择。

① 杨伯峻译注：《论语译注》，第 206 页。
② 杨伯峻译注：《论语译注》，第 151 页。
③（汉）贾谊撰，阎振益、钟夏校注：《新书校注》，第 341 页。
④（汉）贾谊撰，阎振益、钟夏校注：《新书校注》，第 349 页。
⑤（魏）王弼等注，（唐）孔颖达等正义：《周易正义》，《十三经注疏》（上），第 83 页。
⑥（汉）郑玄注，（唐）孔颖达等正义：《礼记正义》，《十三经注疏》（下），第 1617 页。

故，孔子曰：“君子有三畏：畏天命，畏大人，畏圣人之言。小人不知天命而不畏也，狎大人，侮圣人之言。”[①] 因为命有信，是真实的，故而值得相信和敬畏。相信天命、敬畏天命成为中国哲学传统之一。

天亦是神。《礼记》曰：“易直子谅之心生则乐，乐则安，安则久，久则天，天则神。天则不言而信，神则不怒而威，致乐以治心者也。”[②] 天神是真实的。故，神皆有信：“故圣人于鬼神也，畏之而不敢欺也，信之而不独任，事之而不专恃。”[③] 天神有信。有信之天、神便可相信。故，刘向曰：“信鬼神者失谋，信日者失时。”[④] 在某些人看来，鬼神是真实的，故而信之。故，古汉语的信通伸。子曰：“天下何思何虑？天下同归而殊涂，一致而百虑。天下何思何虑？日往则月来，月往则日来，日月相推而明生焉。寒往则暑来，暑往则寒来，寒暑相推而岁成焉。往者屈也，来者信也，屈信相感而利生焉。尺蠖之屈，以求信也。”[⑤] 信即伸。伸即朝向对方、他者的动作。我给对方的信息、符号便是信。反之，对方送过来的符号便是信，故，来者信也。信是朝向他者的符号。因此，信一定是给某人的信，或者是来自某人的信。客观之诚信导向主观之相信。或者说，主观的相信来自客观的诚信。

客观之信导致主观之信。对他人的信任基础是他人的诚信。他人因为有诚，故而有信（用），并最终值得信任。从理论上来说，诚信到信任描述了两个不同阶段状态：诚信是他者的呈现状态，信任则是行为人的态度。但是，事实上，古汉语的信的内涵淡化了这种区别：因为诚信，故而信任。在此，信任的产生不是行为者自己的主观看法或主体性行为，而是出于客观对象的本身特性，即：因为对象的诚、性，因而获得了信用，最终我必定信任。信，包括信任、相信，甚至信仰，似乎与行为主体无关。

---

① 杨伯峻译注：《论语译注》，第 199 页。

② （汉）郑玄注，（唐）孔颖达等正义：《礼记正义》，《十三经注疏》（下），第 1598 页。

③ （清）苏舆撰，钟哲点校：《春秋繁露义证》，第 436 页。

④ （汉）刘向撰，向宗鲁校证：《说苑校证》，北京：中华书局，1987 年，第 511 页。

⑤ （魏）王弼等注，（唐）孔颖达等正义：《周易正义》，《十三经注疏》（上），第 87 页。

它仅仅是事物自身的属性，即因性而有信。事物有信，自然值得信任、相信。主观的信决定于客观的信。或者说，古代之信（相信、信任）主要取决于客观之信。

四、信仰的 A/C 模型与“神圣感”

宗教中的信仰（faith）与相信（believe）有关。那么，西方宗教哲学中的相信和信仰的产生原理是什么呢？

当代宗教哲学家普兰丁格（Alvin Plantinga）吸收了托马斯·阿奎那和加尔文的信仰学说，概括出了一套信仰理论，即 A/C 模型和 A/C 模型（扩展版）。其中，A 指托马斯·阿奎那，C 指加尔文。在这一理论体系中，信仰首先被视为一种知识。普兰丁格说：“信仰，根据加尔文的观点，便是一种‘对我们仁慈的上帝的坚定的、确切的知识。这些知识建立在耶稣自由地答应给我们的真理之上。它被尘封于我们的心里，却通过神圣精神启示于我们的心灵’。”[①] 信仰是一种知识，并且还是坚定的、确切的知识，毋庸置疑。它的内容便是关于仁慈的上帝的种种知识。这种知识，后来的《海德堡要义问答》称之为真信仰：“真信仰不仅仅是一种知识和观念，即上帝在其披露给我们的语言中的所有的事情都是真实的，同时它还具有深厚基础的保证。这种保证由神圣精神通过信条创造于我们自身，即出自耶稣为我们争取的全部的恩典，不仅别人，而且我也能够原谅自己的罪过，从此能够和上帝在一起并由此得到拯救。（Q. 21）”[②] 真信仰便是真实的知识或观念。

作为信言、某种知识，基督教的信仰和中国古代的信字具有一致性。但是，二者的产生机制或原理却大不相同。其中，基督教的信仰，根据普兰丁格的 A/C 模型或 A/C 模型（扩展版），完全基于神圣感（前者）和内在鼓动（后者即扩展版）而发生。

---

① Alvin Plantinga, *Warranted Christian Belief*, Oxford, New York: Oxford University Press, 2000, pp. 205-206.

② Alvin Plantinga, *Warranted Christian Belief*, p. 247.

A/C 模型理论的核心在于“神圣感”（sensus divinitatis）概念。普兰丁格指出，加尔文式的“神圣感”，指“一种态势或者态势的集合。它在各种不同的环境下可以形成神学信仰，以应对不同条件的挑战或刺激。同时，这些挑战或刺激也激发了神圣感的功能”[①]。这种态势或关于上帝或神圣的感觉，是“天生的、自然的。它甚至是世界各类宗教的来源”[②]。它类似于人的本能或天性，自然固有。这也是人类宗教信仰之所以存在的真正秘密：人人天生具备这一神圣感。

有了这等神圣感，人类“关于上帝的知识不是来自于推理或争辩（比如著名的自然神学的有神论证明），而是依赖于一种更直接的方式。神圣感的传递并不快……主要指黑色的夜空或遥远的山景或精巧的花儿等的意识，即我们的这些信念正好在自身里升起。环境偶然地激发了它们，但不是决定者”[③]。人们不是依靠阿奎那式的存在论证明（“在《神学大全》中，阿奎那提出，关于上帝的自然知识是‘直接的’，同时也依赖于推理”[④]），或安瑟伦式的本体论证明来推论上帝的存在，而是能够直接产生关于上帝的知识，“由此看来，神圣感类似于意识、记忆，因此是一种超越的信念”[⑤]。假如说信念或信仰是经验的真知识，那么，神圣感便是信念的超越形态：天然地存在于人身上，如同本性一般。人类能够直接生成信仰：“关于上帝的信念突然在这些场景中产生，这些场景触发了神圣感。这一信念是思想的另一个出发点。它是基础性的，即这些被质疑的信念不是因为有其他信念作为证据而被接受。”[⑥] 人类的信念、信仰是在一定条件的刺激下而直接产生的。

普兰丁格将这种直接性称为“基础性”，并以此来解释信仰的本有性：“根据 A/C 模型，产生于神圣感的有神论信仰是基础性的。这至少包

---

① Alvin Plantinga, *Warranted Christian Belief*, p. 173.
② Alvin Plantinga, *Warranted Christian Belief*, p. 148.
③ Alvin Plantinga, *Warranted Christian Belief*, p. 175.
④ Alvin Plantinga, *Warranted Christian Belief*, p. 176.
⑤ Alvin Plantinga, *Warranted Christian Belief*, p. 175.
⑥ Alvin Plantinga, *Warranted Christian Belief*, p. 176.

含两层内涵。一方面，信念对一个人来说是基础性的，即它的确是基础性的，他无需依赖其他命题作为证据基础而接受它。进一步说，他以最简单的方式断定并坚持它：他在自己的知性权利范围内不得不为此负责；持这一信念时，不能够违背知性的或其他的义务。”[①] 人类能够直接知晓这些命题，因而形成信念或信仰。

另一方面，普兰丁格指出：“基础性还有一个内涵，即对于 S 来说，只有当且仅当 S 以最简单的方式接受 P，P 便正好是基础性的。进一步来说，对于 S 来说，P 是一种保障，因此而被接受。知性的信念正好是基础性的，意味着：这类信念显然以直接的方式被接受，且具有保障力。（它们通常由知性官能，在相匹配的知性环境下，依据某种能够成功地导向真理的设计方案，适当地发挥作用而产生出来。）记忆信念，某些超越的信念，以及许多其他的信念也是如此。……当然，某些时候，一些信念以最直接的方式被接受，却缺乏保障。这主要源于认识功能故障，或者是由于认识功能受到了某些比如愤怒、贪欲、野心、伤悲等之类的现实情形的阻碍。”[②] 信念产生于某种认知官能或知性官能，是知性官能的产物。通常情况下，这类产物，毫无疑问是知性的、合理的，具备保障力，如同在没有任何的人工干涉的前提下，西瓜的种子自然长出西瓜，西瓜的种子对于西瓜的产生具备保障力，即西瓜的种子不会长出芝麻的果实而只能够长出西瓜。

因此，神圣感不仅提供了信仰的合理性和确切性，而且提供了保障力，即人们能够直接产生信仰，同时，神圣感本身也为信仰的产生提供了官能性本原。这些和儒家人性自然产生仁义之道十分相似。

五、信仰的 A/C 模型（扩展版）与“神圣精神的内在鼓动”

当天然的神圣感遭到了破坏时，普兰丁格提出了 A/C 模型的扩展版，

---

① Alvin Plantinga, *Warranted Christian Belief*, pp. 177-178.

② Alvin Plantinga, *Warranted Christian Belief*, p. 178.

以解决信仰的来源。“扩展版不仅支持这一特征而且赋予其更多的内容。首先，它认为我们人类堕入罪恶之中。在这种糟糕的情形下，人类需要救赎。而这种救赎却是人类自身无法完成的。罪恶将我们从上帝异化出去，使我们不再适合于同上帝在一起。我们的堕落在情感和知性两方面均产生了灾难性后果。从情感角度来说，我们的情感步入邪道，我们的心灵停泊于深重的、极端的邪恶之中：我们爱自己胜过爱他人，甚至包括上帝。同样存在着一些毁灭性的知性后果。我们关于上帝的最初的知识，比如他的美丽、荣光以及爱等受到了严重的妥协。于是，我们身上的上帝的狭窄的影像被摧毁，宽泛的影像被破坏，尤其是神圣感也被变形和毁坏。由于堕落，我们不再能够以一种自然而无问题认识彼此与周围世界的方式去认识上帝。更为甚者，罪恶诱使我们对神圣感的传递产生抵触，仿佛它才是第一要素。我们不再注意神圣感的传递。”[①] 它假设人类的天然本能即神圣感遭到了毁坏，或者说神圣感的作用功能发生了变异时，人们便需要启用另一种扩展版的机制。

这个机制的核心是“神圣精神的内在鼓动”：“经过神圣精神的内在鼓动，我们便知晓了基督教宣称的中心教义的真谛。现在，信仰不仅仅是一件认知事情。当它被尘封于我们的心里时，便和意志与情感相关。它是对处于邪恶中心的疯狂的意志的修复。当然，它依然是一种认识的事情。在给予我们信仰的同时，神圣精神能够让我们看到基督教信条即出现于《圣经》中的主要内容的真理。因此，神圣精神的内在邀请也是信仰的一个来源，这是一个认知程序。在基督教传统的历史上，这种认知程序产生了存在于我们身上的信仰。”[②] 伟大的上帝在人类堕落之后，经耶稣向人类提供了神圣精神。它的功能便是激发人们的内在呼应或鼓动，并由此产生关于上帝的知识或信仰：“信仰者有充分的动机去相信，因为他被那些通过奇迹而肯定的神圣教化的权威所驱使，或者说，被神圣的邀请所激发

① Alvin Plantinga, *Warranted Christian Belief*, p. 205.
② Alvin Plantinga, *Warranted Christian Belief*, p. 206.

的内在鼓动所驱使，《圣经》所提供的神圣教化，也是信仰的对象。同时，信仰生成过程中还有一种特别的神圣活动，即‘神圣的邀请所激发的内在鼓动’。”[①] 于是，“根据这一模型，信仰指信条中所讲到的伟大的、自然生成于神圣精神的内在鼓动的事情”[②]。信仰依然生于信仰者自身。

A/C 模型扩展版与原始版，在产生信仰的机制上有所不同。“神圣精神是一种特殊的认知工具或行为机制。它是信念生成程序。这种程序，不属于我们原始的抽象装备（即不属于我们天生的一部分），而是一种针对我们的罪恶情形所产生的特殊的、神圣的反应。前者（神圣精神）属于人们针对自己的堕落情形所出现的特殊反应的一部分，后者（神圣感）则属于我们天生的知性的禀赋。”[③] 神圣感是天生的、知性的装配，神圣精神（内在鼓动）则属于后来的信念生成机制，即针对堕落后的人们所产生的一种反应能力。它主要是上帝的礼物：“神圣感（sensus divinitatis）和神圣精神的内在鼓动（internal instigation of the Holy Spirit）之间区别巨大。神圣感是人类的最初的认知性装配的一部分，而神圣精神的内在鼓动则是我们认识信条的中心真理的主要途径，它是伴随着拯救由上帝赋予我们的特殊的礼物，因此是设计为产生信仰的程序的一部分。因此，神圣精神的内在鼓动不是一种类似于知觉、记忆甚至神圣感的认知官能。它是一种认知程序。”[④]

尽管这两种装置有所不同，但是有一点是共同的：它们都是人类自身产生信仰的机制。神圣感能够直接生成信仰，神圣经验的内在鼓动则经过恩典、教化、拯救等程序，最终在信仰者心里产生信念、信仰。信仰“是一种被尘封于我们心里同时开启于我们心灵的知识”[⑤]。简单地说，信念、信仰、关于上帝的知识等，按照普兰丁格的模型理论，或者是信仰者

---

① Alvin Plantinga, *Warranted Christian Belief*, p. 249.

② Alvin Plantinga, *Warranted Christian Belief*, p. 252.

③ Alvin Plantinga, *Warranted Christian Belief*, p. 180.

④ James Beilby, “Plantinga’s Model of Warranted Christian Belief,” in *Alvin Plantinga*, edited by Deane-Peter Baker, Cambridge, New York: Cambridge University Press 2007, p. 132.

⑤ Alvin Plantinga, *Warranted Christian Belief*, p. 247.

自然产生的，或者是信仰者经过拯救而形成的。这便是普兰丁格信仰学说的主要立场：信仰乃是信仰者自己的理性活动的产物。

结语　信我与信他

根据普兰丁格的信仰学说，宗教学中的信仰（faith）、信念（belief），乃是信仰者自己的理性活动的产物，或者是自发的、自然的产生的知识（A/C 模型），或者是经由启迪、拯救而发生的知识（A/C 模型扩展版）。总之，信仰或关于上帝的知识乃是信仰者自己的心理活动的结果，属于自己的事情。信仰乃是信仰者自己的相信、信任与确信，是信我。

与西方的这种倚重于主体的信仰观产生机制相比，中国古代信仰观更依赖于客体。古语之信字，乃指源自本性之诚，且得到他者关照的语言符号。信主要是信物、信言。当它转化为个体行为比如相信、信任等时，信字的早期内涵似乎依然不应忽略，即我们之所以相信、信任它，乃是源于它是信言、信物，即客观上值得相信、信任的存在。我们因为它是真实之信而信之。客观事物自身的属性似乎决定了行为人对它的态度：因为它是信物，我们因此信它。信由客观对象的性质所决定，而与相信者、行为人个人关系似乎不大。简单地说，西方宗教中的相信、信仰乃是行为人自己的主观事情。中国古代的信（相信）乃决定于客观对象的性质，与主观的行为人自身似乎无关。信仰是信他。

这种无关于行为人主观活动的信字的内涵其实反映了中国古代思维模式的一些特点。中国古代意识观念中缺少意志概念和观念。缺少了自由意志便“没有主体意识。主体意识的缺乏致使人们丧失了主体性，缺少责任感，并最终失去自我。判断人类行为的最终标准不是自己而是他者”[①]。没有了自我，行为人便只能够是行为人，而非主体性的、反思的理性人。无主体性、无反思性的人所产生的信任、相信等主观类活动，自然不能由自己决定。信任、相信便决定于他者，即因为对方有诚信、信物，我故信

---

① 沈顺福：《荀子之“心”与自由意志——荀子心灵哲学研究》，《社会科学》2014 年第 3 期。

任它。相信是行为人对客观事实的接受。这便是中国传统信仰观的产生机制。

第二节　性与情：儒家情感论批判[①]

情感是生活中最常见的心理现象。它为我们的日常生活增添了丰富的色彩。我们会因为欢喜而享受生活，也会因为痛苦而反省人生。既然情感是人类日常生活中的基本要素之一，人们自然会关注它，思考它，并在一定的历史阶段形成自己的特定的情感学说。那么，儒家如何理解情感呢？和西方的情感理论相比，儒家的情感说又有哪些特色呢？这是本节关注的中心问题。本节将对比西方情感理论，然后试图指出：中国传统儒家的情感理论的第一原理是情由性定，即人性才是情感的决定性基础，并从根本上决定了情感的性质等。

一、情由性定：儒家情感论第一原理

儒家情感理论大约经历了如下四个阶段。第一个阶段是性情不分的早期阶段，其主要代表当属孔孟。孔子曰："上好礼，则民莫敢不敬；上好义，则民莫敢不服；上好信，则民莫敢不用情。"[②]信、情对应。所谓的信，孟子曾曰："可欲之谓善，有诸己之谓信，充实之为美，充实而有光辉之谓大，大而化之之谓圣，圣而不可知之之谓神。"[③]这六句话的主题是性。因性而有信。故，孔子所称的"则民莫敢不用情"中的情和性基本一致：只有真情实性才能够表征自己，从而成为信任的符号（信）。情即性。

孟子开始从哲学的角度使用性的概念。其情与性也没有本质区别。孟子曰："夫物之不齐，物之情也；或相倍蓰，或相什百，或相千万。"[④]

---

① 本节的部分内容曾刊于《江西社会科学》2014年第5期。

② 杨伯峻译注：《论语译注》，第151页。

③ 杨伯峻译注：《孟子译注》，第263—264页。

④ 杨伯峻译注：《孟子译注》，第95页。

世上生物各异，原因在于物之情。此处的情显然指性，即万物因性不同而各异。比如人，“人见其禽兽也，而以为未尝有才焉者，是岂人之情也哉？”[①] 人情别于禽兽，即人性异于禽兽。情即性。故，孟子曰：“乃若其情，则可以为善矣，乃所谓善也。若夫为不善，非才之罪也。”[②] 因为情即性，贴近情也就是尽性而致善。故，戴东原解读道：“情，犹素也，实也。”[③] 情即素、实。所谓素、实，接近性。情即性。

第二个阶段的代表是荀子，其观点既可以说是性情一致，亦可以称性情有别。从荀子自己的理论体系来看，他也持性情不分的立场，情即性：“性者，天之就也；情者，性之质也；欲者，情之应也。”[④] 性、情和欲是统一的。比如性与欲，荀子曰：“今人之性，生而有好利焉，顺是，故争夺生而辞让亡焉；生而有疾恶焉，顺是，故残贼生而忠信亡焉；生而有耳目之欲，有好声色焉，顺是，故淫乱生而礼义文理亡焉。”[⑤] 性即天生的耳目之欲、生理之情。性情一致。但是，假如我们将性界定为孟子之德性，那么，荀子之情便迥然区别于性了。

第三个阶段便是秦汉至隋唐时期。其主要观点是：性情既相一致，又有所区别。首先，“情出自性”。《性自命出》[⑥] 曰：“性自命出，命自天降。道始于情，情生于性。始者近情，终者近义。知情［者能］出之，知义者能内之。”[⑦] 天命为性，性是最初的存在物。由此而产生出情，即情由性出。人的行为开始于情与性，即顺性而为，最终结束于义，即要坚守道义。“忠，信之方也。信，情之方也，情出于性。”[⑧] 信即真诚。由性出情便是信。这一命题，既坚持了儒家性情一致的传统，主张情出自于性，同

---

① 杨伯峻译注：《孟子译注》，第 203 页。

② 杨伯峻译注：《孟子译注》，第 200 页。

③ （清）戴震撰，张岱年主编：《戴震全书》（六），合肥：黄山书社，1995 年，第 197 页。

④ （清）王先谦：《荀子集解》，《诸子集成》卷二，第 284 页。

⑤ （清）王先谦：《荀子集解》，《诸子集成》卷二，第 289 页。

⑥ 学术界通常将《郭店楚墓竹简》界定为战国时期的作品。从性情关系、天人关系等观念发展史来看，笔者更愿意将其视为荀子之后的作品，介于战国后期至秦汉时期的作品。

⑦ 荆门市博物馆编：《郭店楚墓竹简》，第 179 页。

⑧ 荆门市博物馆编：《郭店楚墓竹简》，第 180 页。

时区别了情与性：情出自于性，但不等同于性。

其次，性情分为“一分阴阳”：“天地之所生，谓之性情。性情相与为一瞑。情亦性也。谓性已善，奈其情何？故圣人莫谓性善，累其名也。身之有性情也，若天之有阴阳也。言人之质而无其情，犹言天之阳而无其阴也。穷论者，无时受也。”[①] 性情一致，却又分为阳与阴。性是阳，情是阴。董仲舒的情其实是一种性。如果说他所说的性即中民之性是类似于孟子所说的性，那么，他所说的情便是类似于荀子所说的性。在董仲舒看来，作为中民之性的性是善性，故是阳，而情则是恶性，故为阴。董仲舒其实将情视为恶性。恶情也是性，故，性情一致。

魏晋王弼坚持“性其情”，以为情出于性，并决定于性。王弼曰：“情动于中而外形于言，情正实，而后言之不作。”[②] 情居中，其内有中、实之性，其外有听、说之言，内在之中通过情表露于言。在这种关系中，性是依据。只要“性其情”，情从性，情便无妨：“不性其情，焉能久行其正，此是情之正也。若心好流荡失真，此是情之邪也。若以情近性，故云性其情。情近性者，何妨是有欲。若逐欲迁，故云远也；若欲而不迁，故曰近。”[③] 既然性是情的依据，那么，只要情感遵循了本性即情近性，情欲之心又有何妨？

唐代儒家也认同情性之间的相依关系。李翱曰：“性与情不相无也。虽然，无性则情无所生矣。是情由性而生，情不自情，因性而情；性不自性，由情以明。”[④] 性情不离。同时，李翱也区别了性与情：“性者，天之命也。圣人得之而不惑者也。情者，性之动也，百姓溺之而不能知其本者也。”[⑤] 情本于性，是性之动、显现。

第四个阶段为宋明理学。它认为性情关系乃体用关系，从而将儒家

---

① （清）苏舆撰，钟哲点校：《春秋繁露义证》，第 290—292 页。
② （魏）王弼著，楼宇烈校释：《王弼集校释》，第 631 页。
③ （魏）王弼著，楼宇烈校释：《王弼集校释》，第 631—632 页。
④ （唐）李翱：《复性书》（上），《李文公集》卷二，四部丛刊。
⑤ （唐）李翱：《复性书》（上），《李文公集》卷二，四部丛刊。

的情感理论上升到思辨哲学的阶段。程朱理学认为人天生理与气。情乃是由气质所形成的人心的活动。这种人心活动的背后隐藏着一个决定之性。性是由气质人心所主导的情感活动的终极主宰。这和古典时期儒学性情观不一样。古典儒学常常将性当作情的直接行为主体，或者说，情乃是由性直接主导的活动。宋明理学在性情之间增加了一个环节。伊川曰："性之本谓之命，性之自然者谓之天，自性之有形者谓之心，自性之有动者谓之情，凡此数者皆一也。"[①]心依据于性而展开的活动便是情。这里并不是说情直接属于性的活动，而是说属于由性间接主导的活动。情的直接行为主体是人心。性情之间多了一个心。朱熹继承了二程的基本立场，以为"虚明不昧，便是心；此理具足于中，无少欠阙，便是性；感物而动，便是情"[②]。这里并非说性感于物而自然生情，而是说由性所主导的人心感于物而后动情产生于人心之动。性则是人心活动的最终主宰。朱熹借用了佛学的形而上学思维模式，提出："性是体，情是用。"[③]性情关系是体用关系。体是无形之体，用便不是此无形之体的活动形态。用只能是气质发用。理学之集大成者王阳明概括得非常好："性，心体也；情，心用也。"[④]这其实吸收了张载或朱熹的"心统性情"观。其中，情只能是人心的活动即用，而性则是这个活动的背后主宰者。抽象之性是不可能直接产生情的。但是，这个抽象的、形而上的性或理则是这个气质活动的最终主宰。这依然坚持了情由性定的基本原理。

从早期的孔孟性情不分，一直到宋明理学的性体情用，儒家的观点可以被概括为：性情一致，情由性定。即便是荀子之情离异于德性，却也被荀子自己解说为性情一致。故，"情由性定"可以说是古代儒家情感理论的第一原理。

---

① （宋）程颢、程颐著，王孝鱼点校：《二程集》（上），第318页。
② （宋）黎靖德编，王星贤点校：《朱子语类》一，第94—95页。
③ （宋）黎靖德编，王星贤点校：《朱子语类》一，第91页。
④ （明）王阳明撰，吴光、钱明、董平、姚延福编校：《王阳明全集》（上），第146页。

二、自发与自然：情感的生理机制

情由性定，即性决定情。性的存在状态或本体论特征决定了情的性质、发生原理与表现形态。性的存在状态便是率性，其表现特征便是自然。自然而然是性的特征。自然因此也成为儒家情感产生过程的基本特征。

早期的孟子性情不分，情即性。其四端之首便是“恻隐之心”。所谓“恻隐之心”即是仁爱之情：“人皆有不忍人之心。先王有不忍人之心，斯有不忍人之政矣。以不忍人之心，行不忍人之政，治天下可运之掌上。所以谓人皆有不忍人之心者，今人乍见孺子将入于井，皆有怵惕恻隐之心。”[①] 人拥有“恻隐之心”等四端，“犹其有四体也”[②]。成人、做人便是率性由情，即“凡有四端于我者，知皆扩而充之矣，若火之始然，泉之始达。苟能充之，足以保四海；苟不充之，不足以事父母”[③]。呵护性情、顺其自然地成长便成为孟子人生观的主旨。故，孟子主张：“舜明于庶物，察于人伦，由仁义行，非行仁义也。”[④]“由仁义行”，即任由性情的自然发展，而不要添加什么主观的、故意的“行仁义”的动作。否则的话便是“揠苗助长”。

性情自发而自然的过程便是诚：“盖上世尝有不葬其亲者，其亲死，则举而委之于壑。他日过之，狐狸食之，蝇蚋姑嘬之。其颡有泚，睨而不视。夫泚也，非为人泚，中心达于面目，盖归反虆梩而掩之。掩之诚是也，则孝子仁人之掩其亲，亦必有道矣。”[⑤] 正是这种源自于本性的悲伤之情自发地促使人们行厚葬之礼。这种自发之情便属天道自然。“回之乐”便是源自本性的自发情感：“颜子当乱世，居于陋巷，一箪食，一瓢饮，人不堪其忧，颜子不改其乐。”[⑥] 颜回顺性自然生快乐之情。而“舜视弃天

---

① 杨伯峻译注：《孟子译注》，第 59 页。
② 杨伯峻译注：《孟子译注》，第 59 页。
③ 杨伯峻译注：《孟子译注》，第 59 页。
④ 杨伯峻译注：《孟子译注》，第 147 页。
⑤ 杨伯峻译注：《孟子译注》，第 101 页。
⑥ 杨伯峻译注：《孟子译注》，第 153 页。

下犹弃敝蹝也。窃负而逃，遵海滨而处，终身䜣然，乐而忘天下”[①]。舜的快乐之情也源自舜的本性，无关乎世俗利益的因素。

儒家的快乐与世俗利益无关。它只能来自本性的自发与自然。故，孟子曰：“有天爵者，有人爵者。仁义忠信，乐善不倦，此天爵也；公卿大夫，此人爵也。”[②]仁义之性能够给人们带来快乐。孟子曰：“万物皆备于我矣。反身而诚，乐莫大焉。”[③]尽心尽性能够产生快乐。这种快乐在于“乐其道”[④]，在于“尊德乐义”[⑤]，在于“乐天”[⑥]。孟子认为：“仁之实，事亲是也；义之实，从兄是也；智之实，知斯二者弗去是也；礼之实，节文斯二者是也；乐之实，乐斯二者，乐则生矣。”[⑦]仁义礼智等能够给人们带来快乐。率性而然，自然而然。它是一种源自本性的、自然的、自发的情感。比如亲亲之情，孟子曰：“人之所不学而能者，其良能也；所不虑而知者，其良知也。孩提之童无不知爱其亲者，及其长也，无不知敬其兄也。亲亲，仁也；敬长，义也；无他，达之天下也。”[⑧]亲亲之情乃是天生自然，无需学习。故，孟子之情与性基本无异。情即性。

荀子之性区别于孟子之性。但是，他同样支持情由性定的立场，甚至将情与性不作区别，以性情合称。情源自性：“性之好恶喜怒哀乐谓之情。”[⑨]性的本源论特征也决定了情的自发性、自然性。荀子甚至将其视为一种近似生理本能的追求，荀子曰：“故人之情，口好味而臭味莫美焉；耳好声而声乐莫大焉；目好色而文章致繁，妇女莫众焉；形体好佚而安重闲静莫愉焉；心好利而谷禄莫厚焉。合天下之所同愿，兼而有之，睪牢天

① 杨伯峻译注：《孟子译注》，第248页。
② 杨伯峻译注：《孟子译注》，第209页。
③ 杨伯峻译注：《孟子译注》，第234页。
④ 杨伯峻译注：《孟子译注》，第235页。
⑤ 杨伯峻译注：《孟子译注》，第236页。
⑥ 杨伯峻译注：《孟子译注》，第23页。
⑦ 杨伯峻译注：《孟子译注》，第138页。
⑧ 杨伯峻译注：《孟子译注》，第238页。
⑨ （清）王先谦：《荀子集解》，《诸子集成》卷二，第274页。

下而制之，若制子孙，人苟不狂惑戆陋者，其谁能睹是而不乐也哉！”[①] 人类对情欲的追求是一种自然的、自发的生理现象。荀子将这些现象称之为情，并对其进行了分类。

那么，既然是自发的、自然的，为什么会有不同的情呢？荀子首次指出：“喜怒哀乐爱恶欲以心异。”[②] 虽然情源自于性，是性之自发与自然，却也与人类的心有关。他首次将情与心联系起来，或者说，不仅仅以性解释情，而且尝试着以心说情。从性好为情与心动为情这两种解释来看，在荀子看来，情或为心的活动，或为性的活动。心、性皆是情的行为主体。同作为情的行为主体，心与性具有一致性。无论是孟子的性情说，还是荀子的性情说，二者皆以性来界定情，并认为：情乃人性的自然现象，属于自发。但是，由于二者对性的理解截然不同，也导致了二人对情的态度产生分歧。这一分歧也对后来的儒家情感论产生了重要影响。

汉代儒家显然融合了先秦孟子与荀子的情感理论。《礼记》[③] 曰：“凡音者，生人心者也。情动于中，故形于声。声成文，谓之音。”[④] 音乐之声生于人心，表现为情。“乐者，心之动也；声者，乐之象也。”[⑤] 情是一种“动”：或者是性动，或者是心动。刘向进一步指出：“性，生而然者也，在于身而不发。情，接于物而然者也，出形于外。形外则谓之阳，不发者则谓之阴。”[⑥] 情是人在接触于外物时所产生的自然反应。由于这种反应是显然可见的，因此刘向称之为阳。性便是阴。这种自然反应，在董仲舒看来，“臣闻命者天之令也，性者生之质也，情者人之欲也。或夭或寿，或仁或鄙，陶冶而成之，不能粹美，有治乱之所生，故不齐也”[⑦]。情可以为

① （清）王先谦：《荀子集解》，《诸子集成》卷二，第 141—142 页。

② （清）王先谦：《荀子集解》，《诸子集成》卷二，第 277 页。

③ 关于《礼记》出现的年代问题是一个比较复杂的问题，学术界有过许多讨论。但是笔者以为，《礼记》是一个论文汇编，出自不同时期的不同作者。其中一些内容应该晚于荀子。故，笔者通常将其当作荀子之后到两汉之间的作品。

④ （汉）郑玄注，（唐）孔颖达等正义：《礼记正义》，《十三经注疏》（下），第 1527 页。

⑤ （汉）郑玄注，（唐）孔颖达等正义：《礼记正义》，《十三经注疏》（下），第 1536—1537 页。

⑥ 引自（汉）王充著，张宗祥校注，郑绍昌标点：《论衡校注》，第 68 页。

⑦ （汉）班固撰，（唐）颜师古注：《汉书》，第 2501 页。

善，亦可以为恶。因此，情需要操控。

在汉代儒家情感论的基础上，作为儒家的玄学依然坚持了情由性定的立场。传统观点认为，何晏主张“圣人无喜怒哀乐”[①]之情。此言差矣。《论语义疏》记载何晏注曰：“凡人任情，喜怒违理。颜渊任道，怒不过分。迁者，移也。怒当其理，不移易也。不二过者，有不善未尝得行也。”[②]从这段文献来看，何晏的性情理论应该是赞同圣人有合理之情，并非无情。王弼将其总结为“性其情”，并明确提出“圣人有情”：“以为圣人茂于人者神明也，同于人者五情也。神明茂，故能体冲和以通无；五情同，故不能无哀乐以应物。然则，圣人之情，应物而无累于物者也。今以其无累，便谓不复应物，失之多矣。”[③]圣人和百姓一样有情。这种情感是圣人应接万物的自然反应。

二程完全支持王弼的“圣人有情”论，以为圣人也有喜怒之情：“圣人之心本无怒也。譬如明镜，好物来时，便见是好，恶物来时，便见是恶，镜何尝有好恶也？世之人固有怒于室而色于市。且如怒一人，对那人说话，能无怒色否？有能怒一人而不怒别人者，能忍得如此，已是煞知义理。若圣人，因物而未尝有怒，此莫是甚难。君子役物，小人役于物。今人见有可喜可怒之事，自家着一分陪奉他，此亦劳矣。圣人心如止水。”[④]圣人有情。圣人之情不是圣人有心为之。圣人无心：“圣人之心本无喜也。因是人有可怒则怒之，圣人之心本无怒也。譬诸明镜试悬，美物至则美，丑物至则丑，镜何有美丑哉？君子役物，小人役于物。”[⑤]圣人完全依据于事物自身之性而做出无心的反应。圣人自然而无自己。

王阳明也将良知之心比作镜：“良知之体皎如明镜，略无纤翳。妍媸之来，随物见形，而明镜曾无留染。所谓情顺万事而无情也。无所住而生

---

① （魏）王弼著，楼宇烈校释：《王弼集校释》，第640页。

② （梁）皇侃撰，高尚榘校点：《论语义疏》，北京：中华书局，2013年，第126—127页。

③ （魏）王弼著，楼宇烈校释：《王弼集校释》，第640页。

④ （宋）程颢、程颐著，王孝鱼点校：《二程集》（上），第210—211页。

⑤ （宋）程颢、程颐著，王孝鱼点校：《二程集》（下），第1271页。

其心，佛氏曾有是言，未为非也。明镜之应物，妍者妍，媸者媸，一照而皆真，即是生其心处。”[①]“情顺万事”即顺其自然。王阳明曰：“喜怒哀惧爱恶欲，谓之七情。七者俱是人心合有的，但要认得良知明白。比如日光，亦不可指着方所；一隙通明，皆是日光所在，虽云雾四塞，太虚中色象可辨，亦是日光不灭处，不可以云能蔽日，教天不要生云。七情顺其自然之流行，皆是良知之用，不可分别善恶，但不可有所着。”[②]情本自良知之性，顺其自然流行便是良知之用。

因此，无论是早期的孟子荀子，还是宋明的理学与心学，均以为情感的产生是自发的、自然的。自发性或自然性是儒家情感产生的基本特征。

三、生理性情感及其矫正：依靠外力

情感的自发性与自然性源于情感与血肉之躯之间的物理性联系。

笛卡尔将情感分为广义和狭义两类。狭义的情感是一种“肉体的反应”[③]。其反应原理是：“情感主要由蕴涵于大脑空洞区的精灵所引起，并传向能够伸张或压缩心脏口的神经，或者以一种显著区别于其他身体部位的方式将血液压往心脏，或者以某些其他方式维持情感。由此看来，我们可以在情感的定义中包含这样的认识：它们产生于精灵的某种个别性运动。”[④]简而言之，情感产生于精灵的器官性反应。

依赖于感官、欲望的情感是一种自发的、生理性反应。对于人类来说，它显然不是人类的主动行为。相反，它是被动的。或者说，人类的情感反应是人类的一种被动行为，而非主动的选择。故，亚里士多德说：“欲望与理性选择相对立，并且，欲望总是和快乐的、痛苦的事情相关，

---

① （明）王阳明撰，吴光、钱明、董平、姚延福编校：《王阳明全集》（上），第70页。

② （明）王阳明撰，吴光、钱明、董平、姚延福编校：《王阳明全集》（上），第111页。

③ *The Philosophical Writings of Descartes*, Vol. Ⅰ, translated by John Cottingham, Robert Stoothoff, and Dugald Murdoch, p. 338.

④ *The Philosophical Writings of Descartes*, Vol. Ⅰ, translated by John Cottingham, Robert Stoothoff, and Dugald Murdoch, p. 342.

而理性选择则与这二者无关。”[1] 假如我们将主体的主动行为建立在理性选择之上，那么对理性选择的排斥者即欲望显然会使人失去主体或自己。在欲望之下，人们是被动的。

决定于器质性、生理性的自发的、自然的情感，面临着两种走向：趋善或堕恶。堕恶的可能意味着情感的危险。故，孟子之后的儒家通常对情感持警惕的态度。汉代的《白虎通》曰：“性情者，何谓也？性者阳之施，情者阴之化也。人禀阴阳气而生，故内怀五性六情。情者，静也。性者，生也。此人所禀六气以生者也。故《钩命决》曰：‘情生于阴，欲以时念也。性生于阳，以就理也。阳气者仁，阴气者贪，故情有利欲，性有仁也。’”[2] 情性如同阴阳，前者为贪，后者为仁。魏晋王弼也以为“若心好流荡失真，此是情之邪也”[3]。情感能够走向邪路。这一思想在唐代被李翱等人发展为性善情妄论：“之所以为圣人者，性也；人之所以惑其性者，情也。”[4] 即便王阳明强调性情贯通，他还是认为情有过与不及：“喜怒哀乐，性之情也；私欲客气，性之蔽也。质有清浊，故情有过不及，而蔽有浅深也。”[5] 性一旦被蒙蔽，情便是私欲之情。这种私欲之情因此是不好的。

荀子更极端，以为情不美：“人情甚不美，又何问焉！妻子具而孝衰于亲，嗜欲得而信衰于友，爵禄盈而忠衰于君。人之情乎！人之情乎！甚不美，又何问焉！唯贤者为不然。”[6] 情不美。如果任由人的本能性情，于个人、于国家、于天下都将是某种灾难性后果：“然则从人之性，顺人之情，必出于争夺，合于犯分乱理而归于暴。”[7] 顺从性情会带来争夺与暴乱。故，在儒学思想史上，自荀子开始便意识到情欲的危害，并力主规避它。荀子因此提出教化论：“人之性恶明矣，其善者伪也。”[8] 儒家的礼法

---

① Aristotle, *Nicomachean Ethics*, translated and edited by Roger Crisp, p. 41.
② （清）陈立撰，吴则庆虞校：《白虎通疏证》（上），第 381 页。
③ （魏）王弼著，楼宇烈校释：《王弼集校释》，第 631 页。
④ （唐）李翱：《复性书》（上），《李文公集》卷二，四部丛刊。
⑤ （明）王阳明撰，吴光、钱明、董平、姚延福编校：《王阳明全集》（上），第 68 页。
⑥ （清）王先谦：《荀子集解》，《诸子集成》卷二，第 297 页。
⑦ （清）王先谦：《荀子集解》，《诸子集成》卷二，第 289 页。
⑧ （清）王先谦：《荀子集解》，《诸子集成》卷二，第 289 页。

制度是制约、改造、治理人类性情的必要措施或手段。比如乐教便是一种重要的手段。

那么，儒家的礼法制度与一般行为人之间存在着怎样的关系呢？或者说，礼法制度等文明手段是人类自主的选择还是被动的接受呢？毫无疑问，答案是后者。首先，礼法制度等外在于行为人："礼义者，圣人之所生也。"[①]礼法制度源自圣王。其次，一般行为人只能够通过学习而使"心知道"[②]、"心之象道"[③]。通过灌输儒家倡导的礼法制度，荀子认为，人性因此能够弃恶从善。在这个过程中，人始终是一个被动的角色：被教化，被改造，被成才。因此，"在荀子学说体系中，人是被动的"[④]。因此，荀子的学习或教化的过程、控制情感的过程，既是改造自己的过程，更是失去自己的过程。假如我们将情感视为自己的重要内涵之一，那么，控制情感的结果便是无情。故，无情论在儒家思想体系中占据了重要地位。即便是所谓的有情论，事实上也是无情论。王弼的"圣人有情"论，以为"圣人之情，应物而无累于物者也"[⑤]。圣人之情全在外物，自己全无。二程以明镜为喻，以为"圣人之心本无怒也。譬如明镜，好物来时，便见是好，恶物来时，便见是恶，镜何尝有好恶也？"[⑥]圣人心如明镜。王阳明也将良知之心比作镜："良知之体皎如明镜，略无纤翳。妍媸之来，随物见形，而明镜曾无留染。"[⑦]心如明镜：物美自美，物丑自丑。在此过程中，虽然有一个实体之物即心在那儿，却没有实际的功效：美丑自在，心灵何为？如果没有了自己的意见、自己的情绪，自己何在？因此，所谓"圣人有情"论其实是无我论。既然无我，何来我情？"圣人有情"其实也是无情。

这便是儒家处置情感的方式：借助外力以控制自己的情感。在这个

---

① （清）王先谦：《荀子集解》，《诸子集成》卷二，第 290 页。
② （清）王先谦：《荀子集解》，《诸子集成》卷二，第 263 页。
③ （清）王先谦：《荀子集解》，《诸子集成》卷二，第 281 页。
④ 沈顺福：《荀子之"心"与自由意志——荀子心灵哲学研究》，《社会科学》2014 年第 3 期。
⑤ （魏）王弼著，楼宇烈校释：《王弼集校释》，第 640 页。
⑥ （宋）程颢、程颐著，王孝鱼点校：《二程集》（上），第 210—211 页。
⑦ （明）王阳明撰，吴光、钱明、董平、姚延福编校：《王阳明全集》（上），第 70 页。

过程中，自己既无地位，亦无作为，至少理论上如此。

四、精神性情感与意志：主体能够掌控情感

和儒家类似，古希腊人早就意识到依赖于生理性的欲望的情感不足为信。他们开发出一种“精神快乐”，即超感性的情感。这类情感包括“对荣誉的热爱和对学习的喜爱”[①]以及由“沉思所带来的快乐”[②]。与“感官快乐”不同的“精神快乐”，其产生的基础是“理智选择”[③]。这种理智选择官能，后来的奥古斯丁称之为意志。他明确提出：“正确的意志是一种方向正确的爱，而错误的意志则是一种方向错误的爱。因此，爱，对热爱者的渴望是一种欲望。满足了这种欲求且享受它便是一种喜悦。”[④]因为意志，我们产生爱。意志是爱、喜悦等情感的主体。

意志能够带来快乐等情感。康德在考察了修养与快乐的关系后指出：“‘有教养的思想必然能够产生快乐’这样的断言并非完全错误。”[⑤]这意味着“思想的道德虽然不能够直接至少间接地（即通过一位自然界的理性创造者）与产生快乐的原因相关联，这并非不可能”[⑥]。也就是说，尽管康德竭力区别道德与快乐，但是他并不否认抽象的、理智的道德也可能成为快乐等情感产生的原因之一。康德说：“对能够决定欲望官能的意识总是对相关行为的满足的源泉。这种快乐，随自身的满意，不是行动的决定基础。相反，理性对于意志的直接决定才是快乐情感的源泉。这便是欲望官能的非感官性，而是纯粹实践的决定者。”[⑦]这种理性或意志也是情感的主体之一。它所产生的情感甚至高于欲望带来的情感。

布伦塔诺则直接将情感与意志关联，认为“日常语言已经揭示了快

---

① Aristotle, *Nicomachean Ethics*, translated and edited by Roger Crisp, p. 55.

② Aristotle, *Nicomachean Ethics*, translated and edited by Roger Crisp, p. 138.

③ Aristotle, *Nicomachean Ethics*, translated and edited by Roger Crisp, p. 131.

④ Augustine, *The City of God*, Book XIII, Chapter 14, p. 381.

⑤ Immanuel Kant, *Kritik der Practischen Vernunft*, Routledge/Thoemmes Press, 1994, S. 206.

⑥ Immanuel Kant, *Kritik der Practischen Vernunft*, S. 207.

⑦ Immanuel Kant, *Kritik der Practischen Vernunft*, S. 210.

乐和痛苦指向某种在本质上接近于意志的对象”[1]。经过详细考察，布伦塔诺得出结论：“内在经验清楚地显示了情感的最基本类型与意志的统一。它向我们显示：在它们之间从来就没有什么显著的界限。”[2]布伦塔诺以日常语言表达为例：“我们称我们欣赏的东西为快乐，某种带给我们痛苦的东西为不快乐。但是，我们还称某物是我的‘快乐’或者说‘很高兴这样做’，其实这里指它符合自己的意志。……即便是‘高兴’一词自身，也是描述一种意志对待‘你愿意吗？’这一问题时的态度。”[3]德语中的愤怒（Unwillen）、厌恶（Widerwillen）等描述情感的语词，其词根便是意志（Will）。所以，在布伦塔诺看来，意志与情感没有什么太大的差别。“当我们说‘我爱他’时，这显然指称一种意志现象。”[4]故，阿斯孔姆（Anscombe）称布伦塔诺愿意将“意志当作情感”[5]。

毫无疑问，理性选择、意志，在亚里士多德、奥古斯丁、布伦塔诺等看来，也是人类情感的重要主体。或者说，意志也能够引导情感的产生。那么，意志为什么也会引发情感呢？这主要是由于意志与欲望的关系。欲望和意志密切相关，甚至融为一体。这表现在形式与内容两个方面。从内容来看，托马斯·阿奎那认为，意志是一种欲望：“我们如果要探讨自由意志的本质，就必须考察选择的性质。选择包括两项内容，其一是认知能力，其二是欲望能力。认知能力需要思考并因此而确定哪一个优先。而欲望能力则需要接受思考后的决断。……自由意志是一种欲望能力。”[6]意志是一种欲望。或者说，欲望构成了意志的重要内容。

从形式看，意志是一种合理的欲望。托马斯认为，欲望有两种，即自然欲望和理性欲望。其中，“理性欲望便是意志行为。……正如哲学家

---

① Franz Brentano, *Psychology from an Empirical Standpoint*, Routledge, 1995, p. 191.

② Franz Brentano, *Psychology from an Empirical Standpoint*, p. 192.

③ Franz Brentano, *Psychology from an Empirical Standpoint*, p. 191.

④ Franz Brentano, *Psychology from an Empirical Standpoint*, pp. 191-192.

⑤ G. E. M. Anscombe, *From Parmenides to Wittgenstein*, Oxford: Basil Blackwell, 1981, p. 101.

⑥ *The Summa Theologica of Saint Thomas Aquinas*, Vol. I, Part Ⅰ, Q. 83, Art. 3.

所言：‘意志在理性中’（De Anima iii, 9）”[①]。意志即理性欲望。所谓理性欲望，即知晓于普遍性的善，“另一个事物欲求于某些自己知晓其中用途的事物。这类便属于理智。通常情况下，这类欲望追求好的东西。……它们欲望普遍的善。这类欲望我们称之为‘意志’”[②]。因此，意志属于理性。或者说，理智是意志的基本形式。从形式和内容来看，欲望与意志常常是统一的。或者说，所有的意志皆是某种经过理性选择的欲望。某种欲望构成了意志的主要内容。黑格尔曰：“意志，最初仅仅是暗含自由的，是直接或自然的意志。意志中所包含的自我决定观念，在直接的意志中分为几个不同的阶段，表现为不同的内容。它们分别是冲动、渴望、爱好等。借助这些东西，意志表达了自己的天赋的本性。”[③]意志是一个包含了欲望在内的主观整体。意志活动常常也是欲望的活动。意志包含着某种欲望。欲望能够激发情感，包含欲望的意志无疑也会引发某种类型的情感。故，亚里士多德说：“有三个东西决定了我们所有行动中的选择，即道德上的好、方便和愉快。同样也有三件东西让我们逃避，即卑劣、有害和痛苦。”[④]选择的一种重要砝码便是能够满足我们欲望的快乐。同时，和欲望相比，意志显然多了两个东西，一是理智或理性，二是主体性。意志是主体运用自己的理智进行判断和抉择的官能。

现实事物总是有限的。我们不可能满足所有的欲望。于是，我们必须经过慎重思考，选择满足某些最合理的欲望，并同时抑制其余的欲望。这种活动便是选择。很显然，这个过程是理智的。这便是亚里士多德的“方便”。为了这种“方便”，“当我们选择时，我们选择那些自己能够做到，同时也是自己欲望的事情。这件事是考虑的结果”[⑤]。我们依据自己的理智进行思考，然后选择。所以，选择必然是一种主体理智参与的活动形

---

① *The Summa Theologica of Saint Thomas Aquinas*, Vol. I, Part Ⅰ, Q. 87, Art. 4.

② *The Summa Theologica of Saint Thomas Aquinas*, Vol. I, Part Ⅰ, Q. 59, Art. 1.

③ Georg Wilhelm Friedrich Hegel, *Grundlinien der Philosophie des Rechts oder Naturrecht und Staatswissenschft im Grundrisse*, in *Georg Wilhelm Friedrich Hegel Werke* 7, S. 62.

④ Aristotle, *Nicomachean Ethics*, translated by Roger Crisp, p. 26.

⑤ Aristotle, *Nicomachean Ethics*, translated by Roger Crisp, p. 44.

式。或者说，以理智为标准，对各种欲望的衡量与取舍便是选择。当我们认定某种欲望为最合理者时，这种思考便是选择过程。康德认为，“意志是一种选择的能力。这种选择是理性在不依靠个人的爱好的情形下而做出的实用的、必然的，即认为是善的一种选择”[①]。意志是主体的一种能力（Vermögen）。它主管理性选择。在这种理性选择中，主体性和理智得到充分实现。理智与主体性的加入使意志比单纯的欲望有了更多的内涵。在意志活动中，人类不再是简单地、被动地听命于生理性、自发性同时也是较为低级的欲望。主体性的参与彻底将被动性欲望转换为主动性活动。理智的参与也同时改变了欲望的原始野蛮性或盲目性，使欲望获得了更多的属于理性人类的合理性与规范性。和单纯的欲望相比，意志显然是对前者的一种超越或深化。从情感形态来看，意志所引发的情感显然比欲望激发的情感更深沉、更厚重、更持久，比如对国家的爱和由此产生的快乐等显然不能用欲望进行解释。它是一种源自自我意志的超越性情感。

由此看来，人类的情感主体不仅仅属于欲望，而且属于意志。意志也能够引发情感。依靠自由选择、意志而产生的情感，至少包含了三项要素：源自意志所包含的欲望所具备的感性因素，源自理智的因素，以及主体自己。主体自己依靠理智，选择了自己欲望的对象，并因此构成了自己的意志内容。在这个过程中，虽然感性欲望及其情感可能会诱导、威胁主体从而产生某种冲动，但是，总体来看，理智的自我始终掌控了这个过程，即我的情感我做主。人因此能够成为自己的情感的主人。我可以根据自己的理解让自己快乐，也能够根据自己的意志，避免自己悲伤等。总之，我的情感我能够做主。

结语　情由性定：儒家情感论之反思

“情由性定”可以被视为儒家情感论的第一原理。性的（早期的）本源论与（宋明时期的）本体论属性决定了情的存在方式：自发而自然。生

---

① *Kant's gesammelte Schriften*, Band Ⅲ, S. 412.

于性的情有两种可能的趋势：善良或邪恶。善良之情，自然得以保留。顺性任情即可。这个过程的主角是性，其特征是自发而自然。率性由情便是人性之自发与自然。情的另一个趋势是邪恶之情。它需要抑制或整饬。学习或教化便成为治情的不二“法门”。通过教化或学习，人情虽然得到了治理，但是人自己却迷失了。

无论是自然之善情，还是浊气之邪情，无论是由情，还是矫情，在传统儒家那里，或者是一个自然过程如生物之生生不息一般，或者是一个受动过程，如群虻之昏昏然一般。在这些活动过程中，作为主体的、理性的、自为的行为人，始终没有发挥应有的作用，甚至几乎被无视。率性由情，与己何干？化性起伪，关我何事？自我始终处于无关紧要的地位。在这个过程中，即情感活动的“主体”（main body）是客观的、器质的人性，而与理性、主体的人几无关系。

自我的忽略面临着若干难题：理性自我能否控制自己的情感？我能否成为自己情感的主人？传统儒家没有回答也无法回答这类问题。在孟子等思想家们看来，“理性并不能够直接控制情感”[①]。这便是我们对儒家情感理论的反思或批判。

第三节　性与善：儒家道德论[②]

善既是一个十分常见的日常语言，又是哲学理论中的一个重要范畴。在哲学史上，善一直是一个重要论题。亚里士多德将善视为“权威科学，即政治学关注的主题”[③]。而摩尔则将善视为伦理学的基本主题。那么，什么是善呢？或者说，中国古代儒家是如何理解善概念的呢？这是本节将要

---

① Franklin Perkins, “Mencius, Emotion, and Autonomy,” *Journal of Chinese Philosophy* 29: 2, 2002, p. 214.

② 本节部分内容曾经作为《善与性：儒家对善的定义》发表于《西南民族大学学报（人文社会科学版）》2015 年第 2 期，以及作为《善：判断或描述 —— 亚里士多德之善与古代儒家之善的比较考察》发表于《孔学堂》2015 年第 4 期。

③ Aristotle, *Nicomachean Ethics*, translated and edited by Roger Crisp, p. 5.

探讨的主要问题。本部分将通过分析西学意义中的善的概念后指出，现代意义中的善属于一种判断性语词。与此同时，从儒家文献来看，儒家眼中的善，其主体成分是性，其所谓的善乃是指性的圆满发展。善即圆满。

一、善是目的与判断

这是亚里士多德的基本立场。在《尼可马克伦理学》的开篇，亚里士多德便指出：“通常认为，所有的技艺和探讨，以及所有的行为与理性选择，皆指向某种善。因此善可以被视为所有事物的目标。”[①] 善是目的。亚里士多德指出：“目的即事物之善。……善即目的，同时也是（事物的）基本原理或原因之一。”因此，“善是我们追寻的目标”[②]。人们之所以追寻目标，乃是因为它是善的东西：“人类总是为了攫取他们认为的善而行为。”[③] 善是人类行为的必然指向。因此，亚里士多德的善是一个“目的论性概念”[④]，并成为其伦理学的基础。

善是目的。那么，什么是目的呢？简单地说，目的是终点。亚里士多德说：“如果一个事物持续不断地变化，便会有一个最终的阶段。这个阶段便是目的。又叫作‘为了’。”[⑤] 目的是终点，比如房子对于建筑，健康对于锻炼，前者便是目的。所以目的可以称之为“为了”。我们为了健康而锻炼，为了房子而施工等。“没有目的的事物不是完全的事物。因此，目的便是一个限度。”[⑥] 目的是终点，自然是一个限度：到此终结。

具有目的论属性的目的（telos）即完全（teleion）。完全包括三层内涵。其一，全部，所有的一切；其二，圆满，在某方面达到了极致；其三，“某种实现了目的的事物，它是善的，我们也称之为完全。由于目的是事物的终极者，我们可以将这个词转向坏的事物上，可以这样说：当某

① Aristotle, *Nicomachean Ethics*, translated and edited by Roger Crisp, p. 3.

② Aristotle, *Nicomachean Ethics*, translated and edited by Roger Crisp, p. 10.

③ Aristotle, *Politics*, The Pocket Aristotle, Pocket Books New York, 1958, p. 278.

④ Philipp Brüllmann, *Die Theorie des Guten in Aristoteles' Nikomachischer Ethik*, De Gruyter, 2011, S. 5.

⑤ *The Works of Aristotle*, Vol. Ⅰ, p. 270.

⑥ *The Works of Aristotle*, Vol. Ⅰ, p. 285.

物坏到极点，不能再坏了，某物便是被彻底地损坏了。这便是死亡也被某个演说家称为目的的原因，因为它们都是最后的事物。最终的目标也是目的”[①]。完全即彻底、全部和极致。完全即目的的彻底实现。

亚里士多德认为，目的是“行为的方向”[②]，比如房子、健康等便是人类某种行为的目标或方向。它们的实现便是人类行为的目的或目标。这类目标是人类实践行为的原因，叫作目的因。“目的是定义或本质的开端。比如在人工产品中，房子是这样的，它必然如此，且已经在那儿了。健康也是如此，即必然如此，且已经存在。……如果有人想将割锯行为界定为某种特殊的分割行为，那么，只有当锯拥有了某种锯齿，才可以如此。同样，只有当它是钢铁材料的，才会如此。”[③]简单地说，建房子的前提之一便是以房子作为目的。没有这个目的，施工便与房子无关。所以，目的是行为的原因之一。

作为原因之一的目的，亚里士多德将其称作终极因：“终极因指为了它采取了某种行为，同时也指某个行为的目标。……终极因一旦被喜欢上了，便会产生运动，然后其他的事物因此而运动。……因此，第一推动者必然存在。由于它必然存在，它的存在方式便是善的。也正因为如此，它被称为第一原理。”[④]终极因包含双重含义，其一，它是终极性的目的、人类行为的目标；其二，它又是人类行为产生的原因。亚里士多德说：“欲望的主要对象和思想的对象是相同的。明显的善是欲望的对象，而真正的善则是理性希望的主要对象。欲望对意见的影响甚于意见对欲望的影响。因为思想是起点。思想被思想的对象所推动。对立双方之一便是思想对象自身。这样看来，实体首先出现。而所谓的实体，指现实中存在的某种简单者。……善与美是不同的（前者以行为作为其主题，而美则出现于不同的事物身上）。”[⑤]欲望和思想被欲望的对象即目的推动着。这

---

① *The Works of Aristotle*, Vol. Ⅰ, p. 543.

② *The Works of Aristotle*, Vol. Ⅰ, p. 543.

③ *The Works of Aristotle*, Vol. Ⅰ, p. 277.

④ *The Works of Aristotle*, Vol. Ⅰ, p. 602.

⑤ *The Works of Aristotle*, Vol. Ⅰ, p. 609.

种欲望的对象即善。它是欲望和思想的前提条件，即因为有了善者，才会有欲望和思想。这便是意图：“善恶标志着有生命者的属性，特别是对那些有意图者。”[1] 人们因为一定的意图、想法而行动。

目的与原因的合成便是目的因或终极因。亚里士多德指出：“运动和行为的方向，而非它们的出处，尽管有时二者兼备，即来自于某处与朝向于某处，比如目的因。”[2] 目的因涵盖了目标和起点双重内涵。作为目标，它是行动的方向或重点。同时，它又转换为人类的主观意识，并因此指导人类实践，成为人类实践活动的命令者。人们常常由此而发布命令。于是，它成了行为的起点，人类的活动也由此而产生。尽管亚里士多德也知道自然界不可能思维，但是他还是坚持“自然物体有它们自己的目的”[3]，这个目的便是自然事物“运动的方向”[4]，比如对种子来说，果实便是其目的。自然事物仿佛与人类一样具有目的。

幸福是生存的终点。希腊语的“幸福（eudaimonia）的意思是成功、富强、繁荣。因此，它意味着一种生活的品质（eu zēn；生活得好），而非一种掺杂着快乐与痛苦的情感。从这个意义上来说，一个人只有当他的生命轮廓被彻底确定以后，才可以被称之为幸福”[5]。所谓生命轮廓的确定，即亚里士多德所说的生命终结。只有当一个人死了以后，才能够被称为幸福。所以，对一个自然人来说，幸福是其生存的终点或目的。作为终点、目的，幸福自然是善：“幸福被认为是完全的而无任何的属性，因为我们选择幸福的目的便是幸福自身，别无它物。其余的东西，如荣誉、快乐、理智等，我们的确也选择这些东西。尽管我们选择它们可能是出于它们没有坏的效果，但是我们可能会为了幸福的目的而选择它们，因为我们以为，只有这样我们便会过上幸福的人生。的确，没有人会为了别的目的

---

① *The Works of Aristotle*, Vol. I, p. 542.

② *The Works of Aristotle*, Vol. I, p. 543.

③ G. E. R. Lloyd, *Aristotle: The Growth and Structure of his Thought*, Cambridge University Press, 1968, p. 62.

④ *The Works of Aristotle*, Vol. I, p. 543.

⑤ Abraham Edel, *Aristotle and his Philosophy*, London: Croom Helm, 1982, p. 259.

而选择幸福。”[1] 幸福不仅是自足的，而且是完全的，“乃是因为它是完全的、自足的。这便是我们行为的目的”[2]。因此，幸福是最终的目的，也因此是最大的善即至善。

目的与终极因概念是人类理性活动的产物。目的不是独立自在的。它依赖于人类理智或理性。目的是人类的目的，是人类欲望与思维的结果，或者说，目的是被给予的，即只有人们意识到某物、某事，并将其纳入自己的视野，某物、某事才能够成为目的。因此，目的本身便是理性思维的产物。理性是其必备的条件或要素：“严格说来，只有相对于精神而言的善者我们才能够称之为善。……目的成为精神之善者，而非外部事物。”[3] 善者必定是理性灵魂的对象，是理性者的善者。善是理性者依靠理性追求的目的或对象。从主观来说，一个事物之所以成为目的、善，源于选择。亚里士多德说：“我们的理智选择的目的便是趋善避恶。……因此，我们理性地选择那些自己所知道的善的东西。”[4] 我们必然选择善者。亚里士多德说：“在所有的行为与理性选择中，目的便是善，因为正是为了这个目的，人们才会做某事。”[5] 善是我们的唯一选项。“如果我们选择的事情不是为了别的事情，那么，很显然这便是善者，的确是主要的善。”[6] 因为善，我们所以选择它。

于是，目的概念至少蕴含着双层内涵：理性化的对象与理性化的主观，即目的既是理性化的对象，同时也是理性化的选择。善是目的。而目的的双重特性标志着善也具备上述双重属性：理性化的对象与理性化的主观选择。所谓理性化的对象，即所谓的客观的、能够被称为善的东西，事实上已经被人类的理性改造过，善是理性化的存在。因此，善具备两种属性：“当我们说某物是善的，它通常具备两层意思：事物自身是善的，以

---

① Aristotle, *Nicomachean Ethics*, translated and edited by Roger Crisp, pp. 10-11.
② Aristotle, *Nicomachean Ethics*, translated and edited by Roger Crisp, p. 1.
③ Aristotle, *Nicomachean Ethics*, translated and edited by Roger Crisp, p. 13.
④ Aristotle, *Nicomachean Ethics*, translated and edited by Roger Crisp, p. 42.
⑤ Aristotle, *Nicomachean Ethics*, translated and edited by Roger Crisp, p. 10.
⑥ Aristotle, *Nicomachean Ethics*, translated and edited by Roger Crisp, p. 4.

及对于某种善的事物而言是好的。”[1]其一，善指某种事物的“内在的善”[2]的品质，即善是事物自身的、客观性的品质。其二，善依赖于某种事物，因而是相对的、有条件的。这种条件便是人类的理智。“他渴望那些对自己来说，不仅看起来是善的东西，而且也真是善的东西，然后这样做。他根据自己的目的来做事，因为他这样做乃是出于每个人都有的理智因素。”[3]脱离主观或理性的、完全客观自在的、“像黄颜色一样单一性的善，我们无法定义”[4]。

因此，无论是作为客观存在的善，还是作为主观经验的善，善是理性化的产物，并因此成为理性选择的对象。善是目的，是理性者理性选择的对象。作为目的的善成为“值得欲望的东西”[5]。人们在追求善的同时，也能够获得某种情感的满足：“符合修养的行为自身便是愉快的。不仅如此，它们也是善良和高贵的。”[6]“对于喜欢快乐的人来说，快乐的必然也是善良的。”[7]这也是大众的共识，即善便是以自己的生活为基础的快乐和愉悦。亚里士多德以为，这种共识“并非毫无道理”[8]。

善是目的，是理性选择的对象。在选择过程中，它首先贯彻了理性精神。故有学者指出：“柏拉图的‘人皆求善’和孟子的‘可欲之谓善’都涉及人类生存的善的问题；但是，前者追问真正的善而走向认识论，后者推论本性之善而走向功夫论。”[9]柏拉图、亚里士多德的善沐浴了理性并渗透着个体的理性抉择。同时，作为选择的对象，善也是主体欲望的对象，成为主体表达自己的内容。它成为主体在理性指导下的理性选择的对

① Aristotle, *Nicomachean Ethics*, translated and edited by Roger Crisp, p. 9.

② David Ross, *The Right and the Good*, edited by Philip Stratton-Lake, Oxford University Press, 1930, 2002, p. 134.

③ Aristotle, *Nicomachean Ethics*, translated and edited by Roger Crisp, p. 169.

④ G. E. Moore, *Principia Ethica*, Cambridge University Press, 1922, p. 7.

⑤ Aristotle, *Nicomachean Ethics*, translated and edited by Roger Crisp, p. 4.

⑥ Aristotle, *Nicomachean Ethics*, translated and edited by Roger Crisp, p. 14.

⑦ Aristotle, *Nicomachean Ethics*, translated and edited by Roger Crisp, p. 149.

⑧ Aristotle, *Nicomachean Ethics*, translated and edited by Roger Crisp, p. 6.

⑨ 谢文郁：《善的问题：柏拉图和孟子》，《哲学研究》2012 年第 11 期。

象。这个选择过程的机制是一种评价或判断。故，亚里士多德将“判断与善的判断视为等同”[①]。善是判断。

亚里士多德在《修辞学》中曾如此定义善：“我们可以将以自身为目的的事物定义为善的事物，或者说，为了它，我们选择其他的事物，或者说，它是所有事物追寻的对象，或者说，它属于所有的拥有感觉与理性者，或者说，对任何事物要想追求它必须有理性，或者说，这通常是针对某个个人所特定的方式。它依赖于其自身的理性，这便是其自身的善。”[②]这种定义意味着“有多少种不同的意见，便会有多少种善。《修辞学》为揭示常用的价值判断的复杂性提供了一个视角”[③]。很显然，这种定义或理解属于一种价值判断。相应于拉丁语的善（bonum）与恶（malum），德语有两组概念，即善（Gute）、福祉（Wohl）与恶（Böse）、坏处（Übel）。康德指出：“称某一行为是善和恶，或者断定其为福祉和坏处，是两种完全不同的判断。”[④]善与福祉是完全不一样的概念。具体来说，“我们将理性人判断中的欲望的对象称为善，人人都讨厌的对象称之为恶。在这个意义上，判断必须要求理性”[⑤]。善是一种判断，或者说属于一种判断性概念。

摩尔说：“当我们判断某事作为一种手段是善的时，我们是在针对因果关系作出一种判断。我们既是在断定一种特殊的结果，同时也断定这种结果自身是善的。”[⑥]在这两个部分中，前者即“断定一种特殊的结果”显然是一种相对客观的描述或陈述，而后者即“断定这种结果自身是善的”则属于一种主观判断。摩尔否定前者的指称，即“当我们宣称某种行为，相对于某种结果来说是善的手段时，没有一种此类的伦理判断会普遍真

---

① Aristotle, *Nicomachean Ethics*, translated and edited by Roger Crisp, p. 114.

② Aristotle, *Rhetorica*, Ⅰ. 6, in *The Works of Aristotle*, Vol. XI, by W. Rhys Roberts, Oxford: The Clarendon Press, 1924.

③ Philipp Brüllmann, *Die Theorie des Guten in Aristoteles' Nikomachischer Ethik*, S. 31.

④ Immanuel Kant, *Kritik der Practischen Vernunft*, S. 104-105.

⑤ Immanuel Kant, *Kritik der Practischen Vernunft*, S. 106-107.

⑥ G. E. Moore, *Principia Ethica*, p. 22.

实，甚至某些在一定的时间段内是正确的，在另一个时间段内，通常会是错误的”[①]。于是，善只剩下主观性的意见或判断，即断定这种结果是善的。舍勒也说：“善的价值，从绝对意义来说，是一种符合本性地表现为那个价值的实现行为的价值。它是最崇高的。恶的价值，从绝对意义来说，是那个最卑贱的东西的实现行为。不过，相对的善与恶是价值。从当时的价值出发点来看，它们通过指向善或者恶的价值的行为的实现来呈现自身。这便是价值的崇高在偏爱中赋予我们，卑贱性则是在鄙视中赋予我们。道德的善是一种意图性价值原料与价值相符合的价值实现行为。善是偏爱。相反则是鄙视。恶是一种意图性价值原料与偏爱性价值相矛盾、与鄙视性价值相符合的行为。”[②] 善恶是两种截然不同的价值判断。善是一种价值判断。这种价值判断不仅是一种理性活动，而且蕴含着情感如偏好等。这又回到了善的原始内涵：善是一种情感现象。或者说，善是一种理性存在者的情感表达。故，有学者指出：“善（Agathos；good）以及其他语言中的类似者是一种形容性、评价性术语。……我们通常评价一件物品的价值——善，主要依据于它如何有益于我们的利益。评价一件‘自然’物品（植物和星球、动物和雪崩）则更为复杂。总体说来，以自己为中心的人类，通常以如何有益于我们的利益为标准来评价对象。”[③] 我们喜欢的、对我们有利的存在物便是善的。善的个体性十分鲜明。善是行为主体的个体性的评价或判断，属于判断性语词。那么，以儒家为代表的中国传统思想中的善的概念具有哪些内涵呢？它是否也是一种判断性语词呢？

二、能、成与善

在古汉语中，善字可以作动词和副词之用。作为动词，“善”字具

---

① G. E. Moore, *Principia Ethica*, p. 22.

② Max Scheler, *Der Formalismus in der Ethik und die materiale Wertethik: Neuer Versuch der Grundlegung eines ethischen Personalismus*, A. Francke AG. Verlag. Bern 1980, S. 47.

③ Amelie Oksenberg Rorty, “The Goodness of Searching: Good as What? Good for What? Good for Whom?” in *Search of Goodness*, edited by Ruth Weissbourd Grant, University of Chicago Press, 2011, p. 157.

备“技能上的擅长和高超”[①]的内涵，如：“亲仁善邻，国之宝也。”[②]“夫固国者，在亲众而善邻。”[③]“故善日者王，善时者霸。”[④]“提刀而立，为之四顾，为之踌躇满志，善刀而藏之。”[⑤]它主要指善于做某事，具备做某事的技巧和能力，是一种能力的完备。由动词之善演化出副词的善，即善于、擅长于。如：“叔善射忌，又良御忌。”[⑥]“帝念哉！德惟善政，政在养民。”[⑦]“先人有夺人之心，军之善谋也。逐寇如追逃，军之善政也。”[⑧]“见可而进，知难而退，军之善政也。兼弱攻昧，武之善经也。”[⑨]“百发失一，不足谓善射；千里跬步不至，不足谓善御；伦类不通，仁义不一，不足谓善学。”[⑩]“造父者，天下之善御者也，无舆马，则无所见其能。羿者，天下之善射者也，无弓矢，则无所见其巧。大儒者，善调一天下者也。”[⑪]动词之善与副词之善，意义关联且接近。当一个人具备完成某项工作的能力时，他便能够顺利地、较好地完成这项工作，这便是善。此时，善既可以是动词，亦可以为副词。如果语句中没有动词时，善即动词，表示擅长于做某事；当语句中存在着动词时，善便为副词，用来修饰动作，表示擅长于。

无论是作为动词还是作为副词，善皆表示行为人具备某项特殊的技能或本领，如“善邻”之善指长于外交，具备外交才能，“善政”之善指具备政治或管理的本领或能力。这些才能或本领是一个人顺利地完成某项工作的最基本条件。人们因此而善于某事，精于某事，具备完成某事的能力。从完备进而产生“易于”之义，如《黄帝内经》曰：“善惊”“善

① 焦国成：《“善”语词考源》，《伦理学研究》2013年第2期。
② （晋）杜预注，（唐）孔颖达等正义：《春秋左传正义》，《十三经注疏》（下），第1731页。
③ （春秋）左丘明撰，李维琦标点：《国语》，第81页。
④ （清）王先谦：《荀子集解》，《诸子集成》卷二，第203页。
⑤ （清）王先谦：《庄子集解》，《诸子集成》卷三，第19页。
⑥ （汉）毛公传，（汉）郑玄笺，（唐）孔颖达等正义：《毛诗正义》，第338页。
⑦ （汉）孔安国传，（唐）孔颖达等正义：《尚书正义》，第135页。
⑧ （晋）杜预注，（唐）孔颖达等正义：《春秋左传正义》，《十三经注疏》（下），第1845页。
⑨ （晋）杜预注，（唐）孔颖达等正义：《春秋左传正义》，《十三经注疏》（下），第1879页。
⑩ （清）王先谦：《荀子集解》，《诸子集成》卷二，第11页。
⑪ （清）王先谦：《荀子集解》，《诸子集成》卷二，第87页。

噫善呕”“善溺”[①]等症状。从“易于”进而延伸出“喜好”之义，如：“其所善者，吾则行之，其所恶者，吾则改之。”[②]“王如善之，则何为不行？”[③]“今善善恶恶，好荣憎辱，非人能自生，此天施之在人者也。”[④]善即喜欢、爱好。按照古人“情自性出”的观点，喜好之情不是主观的倾向，而是天性的自发。有此类本领、能力，自然易于生成此类的情感。所以，作为喜好的善乃是因为具备某种客观能力。

这种客观本领或能力，亚里士多德称之为修养（virtue），比如“马的本领（virtue）使马成为一个好的东西：它善于奔跑，善于载人，善于面对敌人。这样看来，人类的修养也会使人具备善于做某事的本领，使其能更好地完成某项工作”[⑤]。人们因为这些本领、能力或修养而善于某项活动。亚里士多德指出：“正如好——做得好——的笛手、好的雕刻家，或者善于某种技艺的人，或者日常生活中的某些特别的活动，被视为依赖于某种特别的活动。因此，对于人类也是如此，即善于自己的特性活动。”[⑥]好的本领是致善的基础。

作为动词或副词的善，通常指人们具备完成某项工作的本领、才能或修养，即善于某事。当动词与副词之善获得独立意义时，它便成为名词之善。名词之善主要指动作完成以后的状态，即能力的完备。故，《玉篇》曰：“善：是阐切，吉也。”[⑦]善即大。《诗经·桑柔》：“凉日不可，覆背善詈。”郑玄《笺》云：“善，犹大也。我谏止之以信，言女所行者不可。”[⑧]善即长大、完备。因为完备，因而具备了极与度。“事不善，不得其极。”[⑨]只有当事情达到了善，才算至极和完备。子产曰：“且吾闻为善

---

① （唐）王冰注，（宋）林亿等校正：《补注黄帝内经素问》，《二十二子》，第893页。
② （晋）杜预注，（唐）孔颖达等正义：《春秋左传正义》，《十三经注疏》（下），第2016页。
③ 杨伯峻译注：《孟子译注》，第27页。
④ （清）苏舆撰，钟哲点校：《春秋繁露义证》，第60页。
⑤ Aristotle, *Nicomachean Ethics*, translated and edited by Roger Crisp, p. 29.
⑥ Aristotle, *Nicomachean Ethics*, translated and edited by Roger Crisp, p. 11.
⑦ （梁）顾野王：《大广益会玉篇》，第26页。
⑧ （汉）毛公传，（汉）郑玄笺，（唐）孔颖达等正义：《毛诗正义》，第561页。
⑨ （晋）杜预注，（唐）孔颖达等正义：《春秋左传正义》，《十三经注疏》（下），第2063页。

者不改其度，故能有济也。”[①] 所谓善而有度，度即限度、极致。“师无成命，多备何为？士季曰：备之善。若二子怒楚，楚人乘我，丧师无日矣，不如备之。”[②]“备之善”即准备充分而完备。晏子以为郑罕虎“能用善人，民之主也”[③]。历史上的罕虎任用了能力超群的子产。子产便是所谓的“善人”。“善人”即具备相当才能或能力的人。善即能力完备。《尚书》曰：“嗟！人无哗，听命。徂兹淮夷、徐戎并兴。善敹乃甲胄，敿乃干，无敢不吊！备乃弓矢，锻乃戈矛，砺乃锋刃，无敢不善！”[④] 此处的善即完备。

孔子提出：“知及之，仁不能守之；虽得之，必失之。知及之，仁能守之。不庄以莅之，则民不敬。知及之，仁能守之，庄以莅之，动之不以礼，未善也。”[⑤] 善指完善、圆满。在解读孔子的“射不主皮”之论时，何晏转马融之言曰：“射有五善焉：一曰和志，体和也。二曰和容，有容仪也。三曰主皮，能中质也。四曰和颂，合《雅》、《颂》。五曰兴武，与舞同也。天子有三侯，以熊虎豹皮为之，言射者不但以中皮为善，亦兼取之和容也。”[⑥] 所谓“五善”即五种最好的、圆满的形态。善指圆满。孔子曰：“《韶》，尽美矣，又尽善也。谓《武》，尽美矣，未尽善也。”[⑦] 尽即穷尽、全部。“尽善”即彻底地完成、完备或具备。《大学》倡导的“大学之道”便在于在“明明德，在亲民，在止于至善”[⑧]。其中的“至善”通常被理解为最高的善即“至善”（summum bonum）。其实不然。西方的“至善”（summum bonum）是一个超越性观念，特指某种超越的存在，比如上帝、理念等。中国的“至善”通常指到达某个终极的圆满状态。至善即到达终点，成就圆满。从人的角度来说，至善便是“成人”：“今之成人者何必然？见利思义，见危授命，久要不忘平生之言，亦可以为成人

---

① （晋）杜预注，（唐）孔颖达等正义：《春秋左传正义》，《十三经注疏》（下），第 2036 页。
② （晋）杜预注，（唐）孔颖达等正义：《春秋左传正义》，《十三经注疏》（下），第 1881 页。
③ （晋）杜预注，（唐）孔颖达等正义：《春秋左传正义》，《十三经注疏》（下），第 2042 页。
④ （汉）孔安国传，（唐）孔颖达等正义：《尚书正义》，第 255 页。
⑤ 杨伯峻译注：《论语译注》，第 191 页。
⑥ （清）刘宝楠：《论语正义》，《诸子集成》卷一，第 57 页。
⑦ 杨伯峻译注：《论语译注》，第 36 页。
⑧ （汉）郑玄注，（唐）孔颖达等正义：《礼记正义》，《十三经注疏》（下），第 1673 页。

矣。”[①]“成”的意思是完成、到达某种圆满的终点。这个终点便是成圣成贤。比如孔子，孟子称之为“集大成也”[②]。无所不缺、彻底完备者便是集大成者，便是圣人。修身便是成人、成己：“诚者，自成也，而道，自道也。诚者，物之终始。不诚无物。是故君子诚之为贵。诚者，非自成己而已也。所以成物也。成己仁也。成物知也。性之德也，合外内之道也。故时措之宜也。”[③]仁即成人，成为一个圣贤之人。一旦成了圣贤，便算是成人。现代汉语的生理性成人，在古人看来，便是成圣贤。善即成：完善或圆满。

三、善与性

汉语中的善指完善或圆满。从实用的角度来说，善指个人技巧或能力的完备。那么，人有哪些技能、本领和修养而值得完善呢？儒家孟子认为，人天生具备一定的“良能”：“人之所不学而能者，其良能也；所不虑而知者，其良知也。孩提之童无不知爱其亲者，及其长也，无不知敬其兄也。亲亲，仁也；敬长，义也；无他，达之天下也。”[④]天生的能力为良能，比如孩童天生知爱亲、天生便敬兄长便是良能。这种良能产生于天生的、基础性的本心。这种天生本心便是性。故，儒家之善与性密切关联。

在孟子看来，人天生有四心。“恻隐之心，仁之端也；羞恶之心，义之端也；辞让之心，礼之端也；是非之心，智之端也。人之有是四端也，犹其有四体也。有是四端而自谓不能者，自贼者也；谓其君不能者，贼其君者也。凡有四端于我者，知皆扩而充之矣，若火之始然，泉之始达。苟能充之，足以保四海；苟不充之，不足以事父母。”[⑤]人天生有恻隐之心、羞恶之心、辞让之心和是非之心。这四心分别对应于仁、义、礼、智。四

① 杨伯峻译注：《论语译注》，第 168 页。
② 杨伯峻译注：《孟子译注》，第 180 页。
③ （汉）郑玄注，（唐）孔颖达等正义：《礼记正义》，《十三经注疏》（下），第 1633 页。
④ 杨伯峻译注：《孟子译注》，第 238 页。
⑤ 杨伯峻译注：《孟子译注》，第 59 页。

心是仁、义、礼、智四德的本源，而仁、义、礼、智四德则是四心的结果与完善。性是开端、本原，如同植物的禾苗。而所谓的善，乃指性的成长与圆满。它如同植物的果实，是禾苗生长后的最终形态，或者说，性长成以后便是善。故，孟子曰："乃若其情，则可以为善矣，乃所谓善也。"[①]"为善"即按照情的样子成长。情近性。故，顺情即顺性、随性。任由性情之长便是"为善"。善即性的成长与完备。在这个过程中，性是行为主体即主角，善则是性的成长或完成状态。善即性的完善。

因此，在孟子看来，善或不善的主要判断对象是性的状态："所以考其善不善者，岂有他哉？于己取之而已矣。体有贵贱，有小大。无以小害大，无以贱害贵。养其小者为小人，养其大者为大人。"[②]善即大人的品格。大人即养大体之人。养大体者即能够尽性者。尽性即性的圆满状态，也是道德修养完备的大人。或者说，大人即尽性至善之人。孟子曰："鸡鸣而起，孳孳为善者，舜之徒也；鸡鸣而起，孳孳为利者，蹠之徒也。欲知舜与蹠之分，无他，利与善之间也。"[③]所谓的善者即能够彰显仁义之性的人。善即性的完善。人性的完善过程便是"诚"："诚身有道，不明乎善，不诚其身矣。"[④]所谓诚身即明善。明善即让人性的光辉得以彰显。这便是诚身、善。孟子提出："穷则独善其身，达则兼善天下。"[⑤]不得志的时候要能够独自地完善自己的本性。顺利的话，要让众人也能够彰显、完善他们的本性。善即本性得以完善。

《大学》曰："见贤而不能举，举而不能先，命也。见不善而不能退，退而不能远，过也。好人之所恶，恶人之所好：是谓拂人之性。菑必逮夫身。"[⑥]好恶相混便是违背人性。人性自然是趋善。性是"之善"的主角。《郭店楚简》提出"四行和谓之善"："见而知者智也；知而安之，仁

---

① 杨伯峻译注：《孟子译注》，第200页。
② 杨伯峻译注：《孟子译注》，第207页。
③ 杨伯峻译注：《孟子译注》，第243页。
④ 杨伯峻译注：《孟子译注》，第130页。
⑤ 杨伯峻译注：《孟子译注》，第236页。
⑥ （汉）郑玄注，（唐）孔颖达等正义：《礼记正义》，《十三经注疏》（下），第1675页。

也；安而行之，义也；行而敬之，礼也；仁义礼所由生也。四行之所和也。和则同，同则善。”[①]善即四行（仁义礼智）完备。其中四行，孟子称之为性。故，善即性的完备或圆满。性是主角。《易传》曰：“一阴一阳之谓道，继之者善也，成之者性也。仁者见之谓之仁，知者见之谓之知。”[②]阴阳交易便是道，随后而来的结果便是善。善是道发展的结果。走向结果的必要保证则是性，故曰“成之者性也”：性是基础性条件，比如主角。同样，善则是性长成的结果，是性的圆满状态，故曰“继之者善也”：善随之而来。善是性的圆满。性是至善的主角。故，《周易·乾·文言》说：“元者，善之长也。”[③]元即开始的地方即本。善开始于此。故，二程解释道：“‘生生之谓易’，是天之所以为道也。天只是以生为道，继此生理者，即是善也。善便有一个元底意思。‘元者善之长’，万物皆有春意，便是‘继之者善也’。‘成之者性也’，成却待它万物自成其（一作甚）。性须得。”[④]作为结果的善开始于一定的本源。这个本源便是元。这个元，在儒家性本论传统中，便是性。性是本源，善是由本而来的结果。董仲舒直接将性与善的关系比作禾与米、卵与丝：“性比于禾，善比于米。米出禾中，而禾未可全为米也。善出性中，而性未可全为善也。善与米，人之所继天而成于外，非在天所为之内也。天之所为，有所至而止。止之内谓之天性，止之外谓之人事。事在性外，而性不得不成德……性如茧如卵，卵待覆而成雏，茧待缫而为丝，性待教而为善。此之谓真天。”[⑤]性是禾苗，善如稻米。性非善，如同禾非米一般。性须教化方能至善，达到完善的阶段。善是结果，性仅仅是本源。作为结果的善是作为本源的性的完成：种子生长之后自然结出果实。

王充虽然反对汉儒的天人感应说，却赞同他们的人性说：“夫物不求

---

① 荆门市博物馆编：《郭店楚墓竹简》，第150页。

② （魏）王弼等注，（唐）孔颖达等正义：《周易正义》，《十三经注疏》（上），第78页。

③ （魏）王弼等注，（唐）孔颖达等正义：《周易正义》，《十三经注疏》（上），第15页。

④ （宋）程颢、程颐著，王孝鱼点校：《二程集》（上），第29页。

⑤ （清）苏舆撰，钟哲点校：《春秋繁露义证》，第289—293页。

而自生，则人亦有不求贵而贵者矣。人情有不教而自善者，有教而终不善者矣。天性，犹命也。”[①] 所谓“人情有不教而自善者”[②]，即人性（情）能够自然致善。性如种子，善是果实。具体地说，“操行善恶者，性也；祸福吉凶者，命也。或行善而得祸，是性善而命凶；或行恶而得福，是性恶而命吉也。性自有善恶，命自有吉凶”[③]。善恶乃是两种不同的果实，产生于不同的种子或善恶之性。由善性自然结出善果，反之恶性带来恶果。善以性为本，或曰性的完善便是善。

善即性的圆满状态。从性与圆满状态的关系而言，性与善之间，既存在着内在的关联，即从性能够达到善，同时二者又存在着差异：性仅仅是开端、起点，善则是它的终点。起点和终点明显不同。从起点之性到终点之善之间必然存在着一个过程。这个过程便是“迁善”：“王者之民皞皞如也。杀之而不怨，利之而不庸，民日迁善而不知为之者。”[④] 它或者叫“之善”：“是故明君制民之产，必使仰足以事父母，俯足以畜妻子，乐岁终身饱，凶年免于死亡；然后驱而之善，故民之从之也轻。”[⑤] 通过利益的诱惑或引导，百姓才能够被导引走向“善”的终点。孟子利用水作为比喻，曰：“水信无分于东西，无分于上下乎？人性之善也，犹水之就下也。人无有不善，水无有不下。今夫水，搏而跃之，可使过颡；激而行之，可使在山。是岂水之性哉？其势则然也。人之可使为不善，其性亦犹是也。”[⑥] 性是源头、起点。善则是这个源头走向的终点。性向善的发展过程，如同“水之就下也”。善是性的圆满状态或终极。理学家小程曰：“自性而行，皆善也。圣人因其善也，则为仁义礼智信以名之；以其施之不同也，故为五者以别之。合而言之皆道，别而言之亦皆道也。舍此而行，是悖其性也，是悖其道也。而世人皆言性也，道也，与五者异，其

---

① （汉）王充著，张宗祥校注，郑绍昌标点：《论衡校注》，第 16 页。
② （汉）王充著，张宗祥校注，郑绍昌标点：《论衡校注》，第 16 页。
③ （汉）王充著，张宗祥校注，郑绍昌标点：《论衡校注》，第 26 页。
④ 杨伯峻译注：《孟子译注》，第 237 页。
⑤ 杨伯峻译注：《孟子译注》，第 13 页。
⑥ 杨伯峻译注：《孟子译注》，第 196 页。

亦弗学欤！其亦未体其性也欤！其亦不知道之所存欤！”[1]性是起点，善是终点；同时，性也是这个行为过程或行为活动的主角，即性最终走向圆满，走向善。善即性的存在终点。

善指性的圆满。其中，性是“主体”或主角。《孟子》曰：“孟子道性善，言必称尧舜。”[2]人们将其观点概括为“性善论”。他的所谓的“性善论”被某些学者解读为“人性向善”[3]。这与事实不符。在孟子那里，性与仁义之间存在着两种关系方式，或者说，孟子有两种不同的说法。一种说法是：“恻隐之心，仁之端也；羞恶之心，义之端也；辞让之心，礼之端也；是非之心，智之端也。人之有是四端也，犹其有四体也。”[4]恻隐之心即性乃是仁之端。性是开端，仁是结果。性与善的关系类似于种子与果实的关系。在这个说法中，性与仁既有联系，又有差别。另一种说法是：“恻隐之心，仁也；羞恶之心，义也；恭敬之心，礼也；是非之心，智也。仁义礼智，非由外铄我也，我固有之也，弗思耳矣。”[5]恻隐之心即性本身便是仁。我们天生便有仁义之德为本，仁义本身便是仁义的内容。故而孟子曰：“由仁义行，非行仁义也。”[6]由仁义行即指顺由仁义之性而行。仁义是人性的内容。在这个说法中，仁义本身便是人性的内容。虽然我们可以将二者的关系作种子解释，但是，由于孟子语焉不详，解释不足，很容易让人们产生错觉，即将果实与禾苗混为一体。这也是后来的董仲舒对孟子性本论的一种批评意见：人性仅有善端，而不可以直接是善。善是性的圆满。这是传统儒家对善的定义。

四、善与我、言

善即性的圆满或完善，其中的主体（main body）是性。从性之初生

① （宋）程颢、程颐著，王孝鱼点校：《二程集》（上），第318页。
② 杨伯峻译注：《孟子译注》，第84页。
③ 傅佩荣：《人性与善的关系问题》，《中国文化》2013年第38期。
④ 杨伯峻译注：《孟子译注》，第59页。
⑤ 杨伯峻译注：《孟子译注》，第200页。
⑥ 杨伯峻译注：《孟子译注》，第147页。

到性的完成，起决定作用或主导力量者乃是性。它无关乎自我的主观努力。善无我。它表现在两个方面。

其一，性向善的过程是自发的、自然的。《大学》曰："所谓诚其意者，毋自欺也，如恶恶臭，如好好色。"[①] 善善恶恶即是性的自发的趋势，因而是自然的。善是一种自然的趋势，近似本能活动："口之于味也，有同耆焉；耳之于声也，有同听焉；目之于色也，有同美焉。至于心，独无所同然乎？心之所同然者何也？谓理也，义也。圣人先得我心之所同然耳。故理义之悦我心，犹刍豢之悦我口。"[②] 人心向往仁义之善如同口腹之欲，因而是自然的。故，孟子曰："可欲之谓善。"[③] 善即"可欲"：善是人性的喜好或自然趋势。"至善""之善""迁善"的过程，在以孟子为代表的儒家性本论传统那里，显然是一个自发的、自然的过程。这种自发的自然过程无关于理智，更无心于自我。

其二，善是既成事实，个体无权决定，亦无需个体进行独立的思考、选择和判断。故，儒家孔子多次提及"择善"："三人行，必有我师焉：择其善者而从之，其不善者而改之。"[④] "多闻，择其善者而从之；多见而识之；知之次也。"[⑤] 以及"未可也；不如乡人之善者好之，其不善者恶之"[⑥]。此处的"择善"和"善者好之"等表明：所谓的善或圆满状态，是一种客观的既成事实。面对这些客观的、既定的善，个人还能够有第二种选择吗？因此，善，在孔子看来，不是普通的个体所能够判断与决定的事情。它是某种既定事实，与个体判断无关。善无关乎个体的主体性选择。

后来的荀子阐述了孔子的这一基本精神。"人之性恶，其善者伪也。"[⑦] 仁义礼法制度等文明或道德规范是善的。这些善的东西来源圣人：

---

① （汉）郑玄注，（唐）孔颖达等正义：《礼记正义》，《十三经注疏》（下），第 1673 页。
② 杨伯峻译注：《孟子译注》，第 202 页。
③ 杨伯峻译注：《孟子译注》，第 263 页。
④ 杨伯峻译注：《论语译注》，第 82 页。
⑤ 杨伯峻译注：《论语译注》，第 84 页。
⑥ 杨伯峻译注：《论语译注》，第 160 页。
⑦ （清）王先谦：《荀子集解》，《诸子集成》卷二，第 289 页。

"礼义者，圣人之所生也，人之所学而能，所事而成者也。不可学不可事而在人者，谓之性。可学而能可事而成之在人者，谓之伪，是性伪之分也。"[①] 圣人不仅创造了这些，而且将它们教给了大众。圣人为民众制定了善恶，然后通过教化，促使民众"于是有能化善修身正行，积礼义、尊道德，百姓莫不贵敬，莫不亲誉"[②]。这个过程便是劝善："是以为善者劝，为不善者沮，上下一心，三军同力，是以百事成而功名大也。"[③] 对民众来说，善恶已经被断定。个人没有实质性的选择权和判断权。失去了自我的选择权和判断权，便没有了自我。故，善无我。

《说文解字》以吉解善，以为善示吉祥。吉祥指的是某种好的象征，比如《周易》中经常有"吉"字，表示"有利于"。这种符号象征，虽然具备好的、有利于之义，但是它并非表达某种判断。能够断定"什么是好、善以及有利的"的人只能是圣人。善、好的解释权在圣人，与一般个体无关。个体无权断定是否是善、好、吉。故，有学者指出："'善'、'恶'两字在道德层面的价值评价意义上的使用在西周初年还是很少见的。这充分说明，虽然当时人们在观念当中已经对善恶有了较为明晰的认识，但是并没有将已经通过道德的价值评价区分开来的诸多行为和品格以'善'、'恶'的范畴概括出来，这就表现出那时人自觉的理性思维和道德亦是当中对于善恶的理解和其道德价值的认识还是很不充分的。"[④] 善主要是一种描述，并非判断。没有了判断，自然没有了主体与自我。善无我。

从亚里士多德对善的理解来看，西方人所说之善，虽然也指某种最终状态，但是它的主体是精神或理性主体，善表达了主体的一种理性判断。善是判断。西方人这种理解深深地影响了当前国人的善的观念。在现实生活中，人们通常将善视为一种主体判断。然而，古汉语之善却没有明显的判断性质。《说文解字》将善列在《言》部，解释道："善，吉也，从

---

① （清）王先谦：《荀子集解》，《诸子集成》卷二，第 290 页。
② （清）王先谦：《荀子集解》，《诸子集成》卷二，第 190 页。
③ （清）王先谦：《荀子集解》，《诸子集成》卷二，第 196 页。
④ 张继军：《周初"善"、"恶"观念考》，《求是学刊》2006 年第 6 期。

誩从羊”[①]誩即对话。善被用于会话中，表示吉祥之意。在对话中，我们不仅要倾听对方的意见和观点，而且要有所回应。这种回应词，古人通常用善字。如《左传·僖公四年》记载，陈辕涛涂对郑申侯说：“师出于陈、郑之间，国必甚病。若出于东方，观兵于东夷，循海而归，其可也。”[②]申侯回答说：“善。”[③]另，《左传·宣公十一》记载了申叔与楚王的对话：“夏征舒弑其君，其罪大矣；讨而戮之，君之义也。抑人亦有言曰：‘牵牛以蹊人之田，而夺之牛。牵牛以蹊者，信有罪矣；而夺之牛，罚已重矣。’诸侯之从也，曰讨有罪也。今县陈，贪其富也。以讨召诸侯，而以贪归之，无乃不可乎？”[④]这段话说得楚王心服口服，感叹道：“善哉！吾未之闻也。反之，可乎？”荀子对昭王讲了一通大道理：“其为人上也，广大矣！”[⑤]昭王听罢，感到曰：“善！”[⑥]此处的善，类似于“对”。故，郭象注曰：“俗以铿鎗为乐，美善为誉。”[⑦]善同美一样，是一种赞誉性的表达。

这种回应性表达，很容易让人们联想到现代汉语的判断性语词即善。然而，通过仔细分析我们会发现，作为对话中的感叹词，善仅仅是一种姿态性表达：赞许对方的意见或观点。它并没有更多的判断性内涵。故，贾谊曰：“故夫行者善则谓之贤人矣，行者恶则谓之不肖矣。故夫言者善则谓之智矣，言者不善则谓之愚矣。故智愚之人有其辞矣，贤不肖之人别其行矣，上下之人等其志矣。”[⑧]善近乎智。智即合理。善即合理的、对的。回应对方为善，即对对方之言表示认同。

与“善”字内涵接近的汉字是“好”字。二者因为与西语的“善”（good）字而密切关联，即西语之 good，日常翻译语是好，书面语言是善。好与善同时对应于 good。故，好与善密切关联。古汉语“好”字，

---

① （汉）许慎：《说文解字》，第 58 页。
② （汉）郑玄注，（唐）孔颖达等正义：《礼记正义》，《十三经注疏》（下），第 1793 页。
③ （汉）郑玄注，（唐）孔颖达等正义：《礼记正义》，《十三经注疏》（下），第 1793 页。
④ （汉）郑玄注，（唐）孔颖达等正义：《礼记正义》，《十三经注疏》（下），第 1876 页。
⑤ （清）王先谦：《荀子集解》，《诸子集成》卷二，第 76 页。
⑥ （清）王先谦：《荀子集解》，《诸子集成》卷二，第 77 页。
⑦ （周）庄周撰，（晋）郭象注：《庄子》，《二十二子》，第 53 页。
⑧ （汉）贾谊撰，阎振益、钟夏校注：《新书校注》，第 372 页。

许慎曰："好，美也，从女子。"[①] 其中的子，徐锴注曰："子者，男子之美称，会意。"[②] 夸赞男人为子。段玉裁曰："好本谓女子，引申为凡美之称。"[③] 好字与女人相关。女子为好。这种表达方式，与其说是判断性语词，毋宁说是一种陈述性、描述性语词：人们常常将那些能够生育孩子或生男孩的女子称为好。这是一种观念表达。善、好是对会话对方观点的认同和肯定，它们均并无明显的主观判断的特征。汉语中的善或好仅仅陈述一个普遍的观念或事实。

结语　善是性的完善

无论是中国传统伦理学，还是西方伦理学传统，善都是其重要主题之一。然而，在不同的道德传统中，善具有各自不同的内涵与属性。在以亚里士多德、康德等为代表的西方伦理学体系中，善是善良。作为目的，善成为理性选择或自由意志的对象。作为对象，它不单纯是客观的实在，同时也是一种被"给出"：在理性主体的支持下存在。因此，善既是主体理性选择和判断的对象，同时也是主体理性选择的结果。作为理性主体选择的结果，善无疑是主体的道德价值判断。因此，在西方伦理学传统中，善是一个判断性概念，表达了主体的道德价值判断。判断的责任人则是理性主体。

与西方之善相类似的早期中国儒家之善概念主要指圆满或完善。这种完善或圆满没有鲜明的主观性，而是一种客观陈述，即它是对一种客观存在状态的描述。在这个完善过程中，人性是其行为主体或角色。同时，人性走向圆满的过程是自发的、自然的。它没有明显的主观性与主体性，缺少明确的主观判断性。因此，善是一种描述性概念。它缺少了西方意义上的主观的主体性（the subjective）的支持。主体性的缺席是多数古汉语文字的主要特征。善即性的圆满。这便是儒家对善的理解或定义。这种定

① （汉）许慎：《说文解字》，第 261 页。
② （汉）许慎：《说文解字》，第 261 页。
③ （汉）许慎撰，（清）段玉裁注：《说文解字注》，第 618 页。

义，对于今日的道德哲学和伦理学如何理解善、定义善不无启迪。

第四节　性与美：儒家审美论及中国传统审美精神[①]

对美的本质的追问是美学的基本问题。那么，中国古代思想家如何认识和理解美呢？本节将从德性论出发，通过分析中国古代主流文艺评论（主要是文学评论与绘画评论）的基本主张，结合中国哲学传统，试图揭示出中国传统美学的精神：美在于人性；美即完美，是人性的自然圆满或天成。这或许是一种新的美的本质定义。

一、美：气与性

什么样的作品是好的、美的？钟嵘说，如果一首诗能够使人“味之者无极，闻之者动心”[②]，便是“诗之至”[③]，属于好诗或美文。他的判断标准是“动心”。诗如何能够使人得味、动心呢？动心在于气。钟嵘曰：“气之动物，物之感人，故摇荡性情，行诸舞咏。”[④]“动物”“感人”之处在于气，诗之魅力在于气。比如曹植的作品，“骨气奇高，词采华茂，情兼雅怨，体被文质，粲溢今古，卓尔不群”[⑤]；刘桢的作品，“仗气爱奇，动多振绝”[⑥]。而刘琨、卢谌的作品，“善为凄戾之词，自有清拔之气”[⑦]。气使其诗添彩。故，在钟嵘看来，判断诗作的主要内容是气。诗作好坏与否在于气。不仅钟嵘如此看，袁嘏亦自吹道：“我诗有生气，须人捉著；不尔，便飞去。”[⑧]他以自己的诗作有生气而自鸣得意。气是诗的魅力所在。

---

① 本节部分内容曾经作为《美与性：试论中国传统审美精神》发表于《安徽大学学报（哲学社会科学版）》2016年第1期。
② （南朝）钟嵘著，陈廷杰注：《诗品注》，北京：人民文学出版社，1961年，第2页。
③ （南朝）钟嵘著，陈廷杰注：《诗品注》，第2页。
④ （南朝）钟嵘著，陈廷杰注：《诗品注》，第1页。
⑤ （南朝）钟嵘著，陈廷杰注：《诗品注》，第20页。
⑥ （南朝）钟嵘著，陈廷杰注：《诗品注》，第21页。
⑦ （南朝）钟嵘著，陈廷杰注：《诗品注》，第37页。
⑧ （南朝）钟嵘著，陈廷杰注：《诗品注》，第73页。

美在于气。

刘勰将文章分为八体，其关键在于“血气”：“功以学成；才力居中，肇自血气。气以实志，志以定言；吐纳英华，莫非情性。”[①] 血气是根本。刘勰在论杂文时指出：“智术之子，博雅之人，藻溢于辞，辞盈乎气。苑囿文情，故日新殊致。宋玉含才，颇亦负俗，始造《对问》，以申其志；放怀寥廓，气实使文。”[②] 充气以成文。或者说，文始自气。骨是气的一种形态，或曰骨气、风骨。刘勰曰：“《诗》总六义，风冠其首；斯乃化感之本源，志气之符契也。是以怊怅述情，必始乎风；沈吟铺辞，莫先于骨。故辞之待骨，如体之树骸；情之含风，犹形之包气。”[③] 志气乃是诗之所成的原因。由气方能成就风骨。故，曹丕曰：“文以气为主，气之清浊有体，不可力强而致。”[④] 他以为孔融之文“体气高妙”[⑤]，徐干之文“时有齐气”[⑥]，刘桢之文“有逸气”[⑦]。这些主张都意在“重气之旨也”[⑧]。气是文学作品的魅力所在。这便是曹丕著名的“文气说”：“文以气为主，气之清浊有体，不可力强而致。”[⑨] 在曹丕、钟嵘、刘勰等看来，文章之美在于气。

南齐书画评论家谢赫认为，画法大约分为六类，其首要方法便是“气韵生动”[⑩]。他将陆探微、曹不兴、卫协、张墨和荀勖等五人视为第一品作者，以为曹不兴，“观其风骨，名岂虚成”[⑪]；卫协之作，“虽不说备形妙，颇得壮气”[⑫]；张墨、荀勖之作，“风范气候，极妙参神”[⑬]。气是书画之

① （南朝）刘勰著，陆侃如、牟世金译注：《文心雕龙译注》，济南：齐鲁书社，2009年，第391页。
② （南朝）刘勰著，陆侃如、牟世金译注：《文心雕龙译注》，第225页。
③ （南朝）刘勰著，陆侃如、牟世金译注：《文心雕龙译注》，第397页。
④ （南朝）刘勰著，陆侃如、牟世金译注：《文心雕龙译注》，第400页。
⑤ （南朝）刘勰著，陆侃如、牟世金译注：《文心雕龙译注》，第400页。
⑥ （南朝）刘勰著，陆侃如、牟世金译注：《文心雕龙译注》，第400页。
⑦ （南朝）刘勰著，陆侃如、牟世金译注：《文心雕龙译注》，第400页。
⑧ （南朝）刘勰著，陆侃如、牟世金译注：《文心雕龙译注》，第400页。
⑨ （南朝）刘勰著，陆侃如、牟世金译注：《文心雕龙译注》，第400页。
⑩ （南朝）谢赫：《古画品录》，《钦定四库全书》（文渊阁）子部。
⑪ （南朝）谢赫：《古画品录》，《钦定四库全书》（文渊阁）子部。
⑫ （南朝）谢赫：《古画品录》，《钦定四库全书》（文渊阁）子部。
⑬ （南朝）谢赫：《古画品录》，《钦定四库全书》（文渊阁）子部。

魂。张彦远完全赞同谢赫的基本立场，指出："古之画，或能移其形似，而尚其骨气，以形似之外求其画，此难可与俗人道也。"[1]骨气是书画之美的根本所在。他评价刘整之作"有气象"[2]。僧琮评价孙尚子之画"师模顾、陆，骨气有余"[3]，评价杨契丹之作为"六法备该，甚有骨气"[4]。才气、骨气进而演化为神气。谢赫虽然以为顾恺之"声过其实"[5]。但是，张彦远等却高看他，以为"顾恺之之迹，紧劲联绵，循环超忽，调格逸易，风趋电疾。意存笔先，画尽意在，所以全神气也"[6]。传达神气应该是书画之精要。对此，当时的评论家也纷纷赞同，以为顾恺之书画之美在于传神，如张怀瓘云："顾公运思精微，襟灵莫测，虽寄迹翰墨，其神气飘然在烟霄之上，不可以图画间求。"[7]顾恺之书画美在传神。

那么，什么是气和神气呢？古代《庄子》曾明确指出："人之生，气之聚也。聚则为生，散则为死……故曰：通天下一气耳。"[8]生命无非是气的聚集。一旦气散了，生命便消失了。气是生存的根据。《管子》亦曰："有气则生，无气则死。生者以其气。"[9]气或精气指生生不息的生物的生存的自性（identity），有之则活，无之则亡。事实上，这个词的用法我们至今依然保留，比如"断气"之"气"便有此义。好的诗作中有气，即好的作品中应该富含生命力，是作者的生命力的呈现。

说到神、神气，人们很容易联想到鬼神之类的超现实的精灵。其实不尽然。中国古代思想中的神，司马迁在总结了前人的观点后指出："凡人所生者神也，所托者形也……神者生之本也，形者生之具也。"[10]神是一

① （唐）张彦远：《历代名画记》，杭州：浙江人民美术出版社，2011年，第16页。
② （唐）张彦远：《历代名画记》，第162页。
③ （唐）张彦远：《历代名画记》，第131页。
④ （唐）张彦远：《历代名画记》，第133页。
⑤ （南朝）谢赫：《古画品录》，《钦定四库全书》（文渊阁）子部。
⑥ （唐）张彦远：《历代名画记》，第26页。
⑦ （唐）张彦远：《历代名画记》，第88页。
⑧ （清）王先谦：《庄子集解》，《诸子集成》卷三，第138页。
⑨ （清）戴望：《管子校正》，《诸子集成》卷五，第64页。
⑩ （汉）司马迁：《史记》，第942页。

种生命力。有神便是生存，无神便是死亡或离死亡不远。生命力，在古代哲学家看来，无非是一种气。故，神亦是气，或曰神气。神不外乎气，只是重点转移到神明之中，即它不仅仅主宰生命，而且具备灵性，具备知道的本领。笔者曾经指出精、气、神三者实为一体，“当人们意图突出其实在性时，它便是气；当人们意图强调其神秘性时，它便是精；当人们意图彰显其主宰性时，它便是神”[①]。因此，神即气。书画的才气、骨气、神气，说到底，如同文学作品之美一般，意指作者的生命之气。因此，书画作品之魅力同样在于传达作者的生命之气，是作者生命力的呈现。

气、骨气、神气等皆指生命的元气。它是生物生命的最基本元素或材料，因此又叫作材、才。气亦是才。日常语言叫作才气。凸显血气之美文，同时也体现了文人之才气。在评价陆机作品时，钟嵘曰：“才高词赡，举体华美。”[②]因才而成美文。才气好是文章之美的基本保证。在评价嵇康作品时，钟嵘曰：“过为峻切，讦直露才，伤渊雅之致。”[③]美在于才。刘勰曰：“斯乃旧章之懿绩，才情之嘉会也。”[④]好文章是才与情的汇合。文艺之美在于才气。其中，气是生命力，才是生命的载体，又叫质。二者贯通，故，宋明理学合称“气质”，二者合为一体。文章之美在于才气。它流露了作者的生命活力。美在于才气。

才、气构成性。这是早期儒家哲学的基本立场。如孟子便性气不分：“牛山之木尝美矣，以其郊于大国也，斧斤伐之，可以为美乎？是其日夜之所息，雨露之所润，非无萌蘖之生焉，牛羊又从而牧之，是以若彼濯濯也。人见其濯濯也，以为未尝有材焉，此岂山之性也哉？虽存乎人者，岂无仁义之心哉？其所以放其良心者，亦犹斧斤之于木也，旦旦而伐之，可以为美乎？其日夜之所息，平旦之气，其好恶与人相近也者几希，则其旦昼之所为，有梏亡之矣。梏之反复，则其夜气不足以存；夜气不足以存，

① 沈顺福：《精神与生存——中西哲学对话》，《江西社会科学》2011年第7期。
② （南朝）钟嵘著，陈廷杰注：《诗品注》，第24页。
③ （南朝）钟嵘著，陈廷杰注：《诗品注》，第32页。
④ （南朝）刘勰著，陆侃如、牟世金译注：《文心雕龙译注》，第512页。

则其违禽兽不远矣。人见其禽兽也，而以为未尝有才焉者，是岂人之情也哉？”[①] 在这段文献中，孟子将气、才和性混为一谈。我们甚至可以说，孟子性、气、才不分。孟子所倡导的“浩然之气”其实就是性。这种性气关系，到了汉代便成为公开的立场。[②] 儒家性气关系直到宋明理学也没有被真正地、完全地区别开来，比如“气质之性”一词。美在气。气即性，故，美在于性。

二、美：情与性

才气促生了情感。笛卡尔将情感分为广义和狭义两类。狭义的情感即一种“肉体的反应”[③]，类似于感性情感。其反应的原理，笛卡尔进行了描述：“情感主要由蕴涵于大脑空洞区的精灵所引起，并传向能够伸张或压缩心脏口的神经，或者以一种显著区别于其他身体部位的方式将血液压往心脏，或者以某些其他方式维持情感。由此看来，我们可以在情感的定义中包含这样的认识：它们产生于精灵的某种个别性运动。”[④] 简而言之，狭义的情感产生于精灵（spirits）的器官性反应。器官即材质。因此，狭义的情感立足于材质。

材质即气、才。也就是说，最常说的情感便是才气的、自发的、自然的状态。显露才气的诗文同时也是情感的流露或表达，如陆机云：“诗缘情而绮靡，赋体物而浏亮。”[⑤] 这便是著名的“诗缘情”理论。中国古代的诗文等表达了人们的情感，并因此成为“中国的抒情传统”[⑥]。文以抒

① 杨伯峻译注：《孟子译注》，第 203 页。

② 沈顺福：《性即气：略论汉代儒家人性之内涵》，《中山大学学报（社会科学版）》2017 年第 1 期。

③ *The Philosophical Writings of Descartes*, Vol. Ⅰ, translated by John Cottingham, Robert Stoothoff, and Dugald Murdoch, p. 338.

④ *The Philosophical Writings of Descartes*, Vol. Ⅰ, translated by John Cottingham, Robert Stoothoff, and Dugald Murdoch, p. 342.

⑤ （晋）陆机、（南朝）钟嵘著，杨明译注：《文赋诗品译注》，上海：上海古籍出版社，2019 年，第 10 页。

⑥ 首倡者为陈世骧先生，其作品为《中国的抒情传统》《中国诗字之原始观念试论》《原兴：兼论中国文学特质》等文，收入《陈世骧文存》（台北：台湾志文出版社，1972 年）。

情。刘勰曰："舒文载实，其在兹乎？诗者，持也，持人情性。"[①] 诗演情性。刘勰指出："夫情动而言形，理发而文见；盖沿隐以至显，因内而符外者也。"[②] 好文章必定印记了性情。故，"序以建言，首引情本；乱以理篇，迭致文契"[③]。刘勰明确指出"因情立体"："夫情致异区，文变殊术，莫不因情立体，即体成势也。"[④] 文以抒情。刘勰认为，写文章有三种基本的原理即"形文""声文"和"情文"[⑤]。比如《孝经》《老子》之类，便属于"文质附乎性情"[⑥]。情是为文之根本。这也是文章之道："夫设情有宅，置言有位；宅情曰章，位言曰句。"[⑦] 文章即是用来言情的。

从中国哲学传统来看，古代之情决定于性。情由性定。在早期儒家如孟子那里，性情气并没有明显的区别。性指天然的状态，比如山上本有茂密草木。这便是性，又叫作质，或者称之为才，还称作情。故，戴东原将孟子之情字解释为"素"："《孟子》举恻隐、羞恶、辞让、是非之心谓之心，不谓之情。首云'乃若其情'，非性情之情也。……情，犹素也，实也。"[⑧] 情即素、实，即天生材质。天生之材质的另一个名号是性。情性无别。《庄子》似乎区别了性情。但是，它提出"性命之情"："自三代以下者，匈焉终以赏罚为事，彼何暇安其性命之情哉……故君子不得已而临莅天下，莫若无为。无为也而后安其性命之情。"[⑨] 情乃是性命所属。性情一致。出土文献《性自命出》明确提出"情出于性"："性自命出，命自天降。道始于情，情生于性。始者近情，终者近义。知情［者能］出之，知义者能内之。"[⑩] 情出自性。这意味着：在性情关系中，情本于性。

---

① （南朝）刘勰著，陆侃如、牟世金译注：《文心雕龙译注》，第 139 页。
② （南朝）刘勰著，陆侃如、牟世金译注：《文心雕龙译注》，第 388 页。
③ （南朝）刘勰著，陆侃如、牟世金译注：《文心雕龙译注》，第 165 页。
④ （南朝）刘勰著，陆侃如、牟世金译注：《文心雕龙译注》，第 415 页。
⑤ （南朝）刘勰著，陆侃如、牟世金译注：《文心雕龙译注》，第 425 页。
⑥ （南朝）刘勰著，陆侃如、牟世金译注：《文心雕龙译注》，第 425 页。
⑦ （南朝）刘勰著，陆侃如、牟世金译注：《文心雕龙译注》，第 452 页。
⑧ （清）戴震撰，张岱年主编：《戴震全书》（六），第 197 页。
⑨ （清）王先谦：《庄子集解》，《诸子集成》卷三，第 62—63 页。
⑩ 荆门市博物馆编：《郭店楚墓竹简》，第 179 页。

魏晋王弼主张“以情近性，故云性其情”①。情由性定。宋明理学将性与情的关系视为体用关系：“性是体，情是用。”②性体情用。情自然听从于性。

从上述性情关系来看，性出情、性定情可以被视为中国情感理论的第一原理：性是情的本原，并决定了后者。当我们将这种关系转入审美理论中时，文艺之美不再简单地归结为情了。在它的背后还藏有性。性成为文艺之美的决定性要素。早在汉魏时期，一些文艺思想家便将性与文艺之美关联起来，如《诗纬》借孔子之口曰：“诗也天地之心。”③《诗纬集证》注曰：“诗之为学，性情而已。性情者，人所禀天地阴阳之气也。”④诗演性情。这一思想对魏晋美学家产生了较大的影响，如刘勰认为：“情文，五性是也。”⑤文章之美与性相关。钟嵘亦曰：“气之动物，物之感人，故摇荡性情，行诸舞咏。”⑥他甚至明确将性与文联系起来：“《咏怀》之作，可以陶性灵，发幽思。”⑦文章之美与性灵相关。

艺术之美在于性。谢赫在评价位居一品的陆探微之作时指出：“穷理尽性，事绝言象。”⑧性才是书画之美的原因。陆杲的作品，也是“桂枝一芳，足征本性”⑨。“尽性”即充实、完善本性。“征性”即征象本性。因此，美的书画作品是性的充实和完善。张彦远从性的立场出发，认为书画作品“发于天然，非由述作”⑩。所谓“发于天然”，即天然之性。当姚最评价嵇宝钧作品缺乏“师范”时，张彦远注解曰：“以画性所贵天然，何必师范？”⑪只要能够流露本性，不必在意标准与规范（“师范”）。书画之美在于征性与尽性。

---

① （魏）王弼著，楼宇烈校释：《王弼集校释》，第631—632页。
② （宋）黎靖德编，王星贤点校：《朱子语类》一，第91页。
③ （清）陈乔枞：《诗纬集证·含神雾》卷三，《续修四库全书·经部·诗类》。
④ （清）陈乔枞：《诗纬集证·含神雾》卷三，《续修四库全书·经部·诗类》。
⑤ （南朝）刘勰著，陆侃如、牟世金译注：《文心雕龙译注》，第425页。
⑥ （南朝）钟嵘著，陈廷杰注：《诗品注》，第1页。
⑦ （南朝）钟嵘著，陈廷杰注：《诗品注》，第23页。
⑧ （南朝）谢赫：《古画品录》，《钦定四库全书》（文渊阁）子部。
⑨ （南朝）谢赫：《古画品录》，《钦定四库全书》（文渊阁）子部。
⑩ （唐）张彦远：《历代名画记》，第1页。
⑪ （唐）张彦远：《历代名画记》，第122页。

以性言文的理论成熟于明代的袁宏道。这便是著名的性灵说。受李贽真心说的影响，袁宏道提出了性灵说。在《叙小修诗》中，袁宏道盛赞其弟道："弟少也慧，十岁余即著《黄山》、《雪》二赋，几五千余言，虽不大佳，然刻画饤饾，傅以相如、太冲之法，视今之文士矜重以垂不朽者，无以异也。……泛舟西陵，走马塞上，穷览燕、赵、齐、鲁、吴、越之地，足迹所至，几半天下，而诗文亦因之以日进。大都独抒性灵，不拘格套，非从自己胸臆流出，不肯下笔。有时情与境会，顷刻千言，如水东注，令人夺魄。其间有佳处，亦有疵处，佳处自不必言，即疵处亦多本色独造语。然予则极喜其疵处；而所谓佳者，尚不能不以粉饰蹈袭为恨，以为未能尽脱近代文人气习故也。"[①] 袁宏道以为小弟袁中道之诗文，流自"胸臆"，"独抒性灵"，是自己的性情的真实流露与呈现。

在袁宏道看来，那些类学汉赋唐诗、讲究雕琢词藻之作未必是佳作。只有那些"或今闾阎妇人孺子所唱《擘破玉》、《打草竿》之类，犹是无闻无识真人所作，故多真声，不效颦于汉、魏，不学步于盛唐，任性而发，尚能通于人之喜怒哀乐嗜好情欲，是可喜也"[②]。真人所出的真声，由于它们任性而发，反倒是值得嘉颂的美文。文章之美在于任性：流露真性。袁宏道曰："两者不相肖也，亦不相笑也，各任其性耳。性之所安，殆不可强，率性而行，是谓真人。今若强放达者而为慎密，强慎密者而为放达，续凫项，断鹤颈，不亦大可叹哉！"[③] 各任其性便是真人、真实的人。袁宏道曰："夫唐人千岁而新，今人脱手而旧，岂非流自性灵与出自模拟者所从来异乎……流自性灵者，不期新而新；出自模拟者，力求脱旧而转得旧。由斯以观，诗期于自性灵出尔，又何必唐，何必初与盛之为沾沾哉！"[④] 出自性灵之作便是美文。清代袁枚继承了袁宏道的性灵说。

---

① （明）袁宏道著，钱伯城笺校：《袁宏道集笺校》（上），上海：上海古籍出版社，2008年，第187—188页。

② （明）袁宏道著，钱伯城笺校：《袁宏道集笺校》（上），第188页。

③ （明）袁宏道著，钱伯城笺校：《袁宏道集笺校》（上），第193页。

④ （明）袁宏道著，钱伯城笺校：《袁宏道集笺校》（下），上海：上海古籍出版社，2008年，第1685页。

袁枚在《随园诗话》中指出："自《三百篇》至今日，凡诗之传者，都是性灵，不关堆垛。"[①]诗传性灵。袁枚曰："诗者，人之性情。"[②]诗即性情的体现，故，"作诗颇有性情"[③]。诗中必有性情。"有性情而后真。"[④]诗意在性情。文章之美在于性情。

石涛通过心将画与我联系起来，提出："夫画者，从于心者也。"[⑤]画出自心。说到心，人们通常将其理解为心灵或意识，以为画出自心即是心灵作画。然而，事实并非如此。石涛指出："受与识，先受而后识也；识然后受，非受也。古今至明之士，借其识而发其所受，知其受而发其所识。不过一事之能，其小受小识也，未能识一画之权，扩而大之也。"[⑥]石涛提出了类似于经验主义的立场，认为在经验（受）与意识（识）之间，经验要先于意识。如果心是意识，即书画所出之心便是意识的话，那么，在它之先应该还有一个受。识便不是本。因此，在石涛看来，书画的本原之心不是主观性的意识。事实上，古汉语之心，最初指心脏、生命之元，属于某种气质性的事物。后来，心分为两类，一是好的本心，二是不可靠的人心。好的本心被孟子叫作性。朱熹的道心即是本心，内含性或理。李贽的童心，与其说是意识，毋宁说是本心或性。石涛所谓的画心其实指心脏。其中，按照明代哲学家的立场，心中有良知或性。故，画自心出意味着画自性出："夫一画，含万物于中。画受墨，墨受笔，笔受腕，腕受心，如天之造生，地之造成，此其所以受也。"[⑦]超越之性才是书画的最终之原。书画之美源于气质之性与超越之性。

在钟嵘、刘勰、袁宏道，以及谢赫、张彦远和石涛等美学家们看来，文艺之美在于生气，在于怡情，并最终在于尽性。性是美之原。性是种

① （清）袁枚：《随园诗话》，杭州：浙江古籍出版社，2011年，第87页。
② （清）袁枚：《随园诗话》，第116页。
③ （清）袁枚：《随园诗话》，第124页。
④ （清）袁枚：《随园诗话》，第139页。
⑤ （清）石涛著，周远斌点样纂注：《苦瓜和尚画语录》，济南：山东画报出版社，2007年，第3页。
⑥ （清）石涛著，周远斌点样纂注：《苦瓜和尚画语录》，第17页。
⑦ （清）石涛著，周远斌点样纂注：《苦瓜和尚画语录》，第17页。

子、本原，美的艺术品便是果实、圆满。在美的艺术品上体现了性。因此，艺术品不仅是一个有形的物相，更含无形之人性。这便是美学家们常说的“意境”[①]或“意象”[②]。“意境”或“意象”是情景交融、虚实相映的。其虚在性，其实在象。

三、美：志与性

文不仅抒情，而且言志。这便是著名的“诗言志”理论。周作人甚至将“诗言志”与“文以载道”分列称作“言志派”和“载道派”[③]，并构成了中国古代文学的两大传统。好文章能够抒情吟志。刘勰曰：“人禀七情，应物斯感；感物吟志，莫非自然。”[④]诗以抒情，文以吟志，并因此而感染读者。美因此而产生。

“诗言志”之志，通常被理解为理想、抱负等。于是，“诗言志”便被解读为：《诗》表达了人们的志向、志愿、理想等观念性存在。人们由此似乎可以得出一个结论：《诗》表达观念。如此，中国古代文艺作品便可以被解释为再现或表现。[⑤]其实未必。古汉语之志指一种官能、主观载体。如荀子曰：“夫天生蒸民，有所以取之：志意致修，德行致厚，智虑致明，是天子之所以取天下也。”[⑥]其中，“志意致修”与“德行致厚”“智虑致明”并列。而“德行”“智虑”可以被解读为：德之行、智之虑。由此，志、意关系也可以被解读为志之意。志、意一体，前者为载体，后者为发生：从志生意。故，《黄帝内经》曰：“意之所存谓之志。”[⑦]意发生于志。志是体、载体。作为载体之志并非某种观念性存在，而是指某种主观性的实体：意由此而出。

---

① 宗白华：《美学与意境》，北京：人民出版社，2009年，第192页。

② 叶朗：《美是什么》，《社会科学战线》2008年第10期。

③ 周作人：《中国新文学的源流》，上海：华东师范大学出版社，1995年，第17页。

④ （南朝）刘勰著，陆侃如、牟世金译注：《文心雕龙译注》，第139页。

⑤ 再现和表现，在英文里是同一个词：representation。事实上，这二者的确没有本质区别。

⑥ （清）王先谦：《荀子集解》，《诸子集成》卷二，第36—37页。

⑦ （唐）王冰注，（宋）林亿等校正：《补注黄帝内经素问》，《二十二子》，第1004页。

志是某种实体性事物。因此，它能够呈现为某种实体性状态，如《庄子》曰："为之踌躇满志"[①]"养志"[②]，以及"肾盛怒而不止则伤志"[③]等。此处的志，显然指某种物质性事物。如果是抽象的、观念性的存在如意识等，何需"满""养"，如何能被"伤"？多数情况下，孟子的"志"字，也指某种物质性存在。如孟子曰："故说诗者，不以文害辞，不以辞害志。以意逆志，是为得之。"[④]显然，意源出于志。志是某种实体性事物。故，孟子也主张"养志"[⑤]"得志"[⑥]，只有实体性的东西才可以被养、被获得。孟子曰："故天将降大任于是人也，必先苦其心志，劳其筋骨，饿其体肤，空乏其身，行拂乱其所为，所以动心忍性，曾益其所不能。"[⑦]所谓的"心志"显然不能够被解释为意识或观念。它是一种能够经受经验的物体。

这种物体，便是一种特殊的气。志乃气质之物。故孟子曰："夫志，气之帅也；气，体之充也。夫志至焉，气次焉；……志壹则动气，气壹则动志也，今夫蹶者趋者，是气也，而反动其心。"[⑧]很显然，志气似有不同。但是，这并不意味着二者因此而完全不同。志气共同形成一个整体，其中，志为本原。志是本原之气。故志为气帅。这种含义至今依然保留于"志气"等术语中。志即气质之物。因此，"诗言志"便可以理解为《诗》流露或表达了人们的某种特殊之气，即志气。

《诗》表达了志气。刘勰例举了两类写作风格：因情作文与为文造情，前者"盖《风》、《雅》之兴，志思蓄愤，而吟咏情性，以讽其上：此为情而造文也"[⑨]，真情实志；后者属于"诸子之徒，心非郁陶，苟驰夸

---

① （清）王先谦：《庄子集解》，《诸子集成》卷三，第19页。
② （清）王先谦：《庄子集解》，《诸子集成》卷三，第191页。
③ （唐）王冰注，（宋）林亿等校正：《补注黄帝内经素问》，《二十二子》，第1004页。
④ 杨伯峻译注：《孟子译注》，第166页。
⑤ 杨伯峻译注：《孟子译注》，第135页。
⑥ 杨伯峻译注：《孟子译注》，第236页。
⑦ 杨伯峻译注：《孟子译注》，第231页。
⑧ 杨伯峻译注：《孟子译注》，第46页。
⑨ （南朝）刘勰著，陆侃如、牟世金译注：《文心雕龙译注》，第428页。

饰，鬻声钓世：此为文而造情也”[①]，假情假意。刘勰总结说：“故为情者要约而写真，为文者淫丽而烦滥……夫桃李不言而成蹊，有实存也；男子树兰而不芳，无其情也。夫以草木之微，依情待实，况乎文章，述志为本，言与志反，文岂足征？”[②]好文章或者说文章之美在于真情实意、述志为本。比如“‘赋’者，铺也，铺采摛文，体物写志也”[③]。文赋的目的在写“志”。

从缘情到言志，二者似乎不同，其实不然。抒情与吟志并没有本质性的区别。早期的“言志说”与魏晋的“缘情说”，从本质上来说是一致的：志贯通于气并达之于情。故，袁枚将“诗言志”解读为：“言诗之必本乎性情也。”[④]朱自清亦将“诗言志”之志解读为“情意”“怀抱”[⑤]。人们甚至将情与志合称，以统一表达人们的情感。从言志到缘情的不同表述仅仅展示了思想家们对文学作品之美的理解轨迹。

志不仅是气，而且直接通向性。性便是由气等所形成的初生之物。故，气、志、性，在孟子那里并没有十分明显的区别。志即气、性，或者说，志即由浩然之气所构成的德性的活动。故，倡导性善论的孟子也倡导“尚志”：“仁义而已矣。杀一无罪非仁也，非其有而取之非义也。居恶在？仁是也；路恶在？义是也。居仁由义，大人之事备矣。”[⑥]尚志即养性，“居仁由义”。而“居仁由义”中的“仁”与“义”，孟子解释曰：“仁，人之安宅也；义，人之正路也。”[⑦]它们是人们安身立命之所。与其对立的便是“自暴自弃”。其中，所谓的“自弃”，孟子的解释是：“吾身不能居仁由义。”[⑧]自弃即放弃仁义之所。同时，从孟子思想来看，自弃即放弃本心，丢失本性。因此，自弃即自己放弃本性。

---

① （南朝）刘勰著，陆侃如、牟世金译注：《文心雕龙译注》，第428页。
② （南朝）刘勰著，陆侃如、牟世金译注：《文心雕龙译注》，第428—429页。
③ （南朝）刘勰著，陆侃如、牟世金译注：《文心雕龙译注》，第162页。
④ （清）袁枚：《随园诗话》，第54页。
⑤ 朱自清：《诗言志辨》，上海：华东师范大学出版社，1996年，第8页。
⑥ 杨伯峻译注：《孟子译注》，第247页。
⑦ 杨伯峻译注：《孟子译注》，第129页。
⑧ 杨伯峻译注：《孟子译注》，第129页。

孟子之志关联着德性。这一思想一直保留至宋明理学。张载曾指出："盖志意两言，则志公而意私尔。"[①] 意具有个性和私意性，但是志却是公共的。这种公共性的东西显然不能够被解释为个人的志向。它只能属于某种普遍的东西，比如人性。后来的王夫之便将志与性明确关联起来，认为志乃"性之所自含"[②]，且为"乾健之性"[③]。志中有性并因此而成为人之所以为人的规定性。故，王夫之将志视为人的规定性："人之所以异于禽者，唯志而已矣。不守其志，不充其量，则人何以异于禽哉！"[④] 规定性即人性，人性在于志。志乃是人性所主导的气质活动。因此，作为性的志因此是不变的："夫志者，执持而不迁之心也。"[⑤] 故，有学者将先哲对志的理解概括为"天之所授、性所自含、道的体现、人心之主等"[⑥]。这些描述的对象或内容便是性，或包含了性。志近乎性。拥有此志的"志士"[⑦] 便是守性之人。从志、气、性的关系来看，言志之《诗》，最终立足于尽性。性才是言志之诗的魅力所在。

四、美在自然

性是古代文艺作品的审美主题。这些艺术之美植根于性，是性情的写照和表达。这种表达，不是人为的再现或"表现"[⑧]，而是一种自然的呈现。美在于自然。

首先，从中国哲学的角度来说，人类的性情只有两种存在方式：顺性或悖性。顺性即率性自然。悖性即无视性情。性情自然。任由性情之自然便成为不二法门。故，孟子主张"舜明于庶物，察于人伦，由仁义行，

---

① （宋）张载著，章锡琛点校：《张载集》，第 32 页。
② （明）王夫之：《读四书大全说》，《船山全书》六，长沙：岳麓书社，2011 年，第 925 页。
③ （明）王夫之：《张子正蒙注》，《船山全书》十二，长沙：岳麓书社，2011 年，第 83 页。
④ （明）王夫之：《思问录》，《船山全书》十二，第 451 页。
⑤ （明）王夫之：《读通鉴论》，《船山全书》十，长沙：岳麓书社，2011 年，第 484 页。
⑥ 胡家祥：《志：中国哲学的重要范畴》，《江西师范大学学报（哲学社会科学版）》1996 年第 3 期。
⑦ 杨伯峻译注：《孟子译注》，第 191 页。
⑧ 叶朗：《中国美学史大纲》，上海：上海人民出版社，1985 年，第 11 页。

非行仁义也”[①]。任由仁义之性。《庄子》曰：“彼正正者，不失其性命之情。”[②]顺从性命，自然无为。《庄子》甚至直接用“率”字来描述情：“汝戒之哉！形莫若缘，情莫若率。缘则不离，率则不劳。不离不劳，则不求文以待形；不求文以待形，固不待物。”[③]“率情”即任由性情之自然。王弼曰：“顺物之情。”[④]承认和肯定性情的积极作用，便一定会主张任由性情之自然。人类的性情皆为自然。故，刘勰曰：“人禀七情，应物斯感；感物吟志，莫非自然。”[⑤]

其次，文道自然。古代文艺思想家们认为，文艺作品征性，尽性，并将性视为作品之本原，从而肯定性在艺术美中的地位和作用。对性的肯定和强调，必然会主张顺性、率性自然。故，率性自然是中国人判断文艺作品之美的主要因素。故李贽提出“自然之为美”：“盖声色之来，发于情性，由乎自然，是可以牵合矫强而致乎？故自然发于情性，则自然止乎礼义，非情性之外复有礼义可止也。惟矫强乃失之，故以自然之为美耳，又非于情性之外复有所谓自然而然也。故性格清澈者音调自然宣畅，性格舒徐者音调自然疏缓，旷达者自然浩荡，雄迈者自然壮烈，沉郁者自然悲酸，古怪者自然奇绝。有是格便有是调，皆情性自然之谓也，莫不有情，莫不有性，而可以一律求之哉！”[⑥]任由性情的美文一定是自然的。因此，美在于自然。

从文学审美来看，美在自然。钟嵘评价阮籍作品曰：“无雕虫之功。而《咏怀》之作，可以陶性灵、发幽思。言在耳目之内，情寄八荒之表。洋洋乎会于《风》《雅》，使人忘其鄙近，自致远大，颇多感慨之词。”[⑦]阮步兵之文“自致远大”，自然无为，无待人为。作为竹林玄学代表人物之

---

① 杨伯峻译注：《孟子译注》，第 147 页。
② （清）王先谦：《庄子集解》，《诸子集成》卷三，第 54 页。
③ （清）王先谦：《庄子集解》，《诸子集成》卷三，第 126 页。
④ （魏）王弼著，楼宇烈校释：《王弼集校释》，第 451 页。
⑤ （南朝）刘勰著，陆侃如、牟世金译注：《文心雕龙译注》，第 139 页。
⑥ （明）李贽：《读律肤说》，见（明）李贽：《焚书》，北京：中华书局，2011 年，第 165 页。
⑦ （南朝）钟嵘著，陈廷杰注：《诗品注》，第 23 页。

一的阮籍，和嵇康一样性好自然。其作品亦然追求自然天成。刘勰更强调作品的自然："惟人参之，性灵所钟，是谓三才。为五行之秀，实天地之心。心生而言立，言立而文明，自然之道也。"[①]行文作诗皆是自然之道。他甚至将自然界也视为一种美："傍及万品，动植皆文。龙凤以藻绘呈瑞，虎豹以炳蔚凝姿。云霞雕色，有逾画工之妙；草木贲华，无待锦匠之奇。夫岂外饰，盖自然耳。"[②]这些美皆在自然。他把这种情形称为"势"："夫情致异区，文变殊术，莫不因情立体，即体成势也。势者，乘利而为制也。如机发矢直，涧曲湍回，自然之趣也。"[③]文章需顺应性情之势，自然天成。好文章"自然会妙，譬卉木之耀英华"[④]。美在自然。王国维曰："大家之作，其言情也必沁人心脾，其写景也必豁人耳目，其词脱口而出，无矫柔妆束之态。"[⑤]文章自然而成。

最后，好的书画亦是自然天成。张彦远曰："守其神，专其一，是真画也。死画满壁，曷如污墁；真画一划，见其生气。夫运思挥毫，自以为画，则愈失于画矣。运思挥毫，意不在于画，故得于画矣。不滞于手，不凝于心，不知然而然，虽弯弧挺刃，植柱构梁，则界笔直尺，岂得入于其间矣。"[⑥]书画之美在于"不知然而然"[⑦]，在于自然天成。宋迪将书画美的自然称作"活笔"："神领意造，恍然见人禽草木飞动往来之象，了然在目，则随意命笔，默以神会，自然景皆天就，不类人为，是谓活笔。"[⑧]书画之美在于自然天就。石涛亦曰："运墨如已成，操笔如无为。尺幅管天地山川万物，而心淡若无者，愚去智生，俗除清至也。"[⑨]无为即自然。书画承自然。这种无心无为之举近乎率性，故，"信手一挥，山川人物，鸟

---

① （南朝）刘勰著，陆侃如、牟世金译注：《文心雕龙译注》，第 94 页。
② （南朝）刘勰著，陆侃如、牟世金译注：《文心雕龙译注》，第 94 页。
③ （南朝）刘勰著，陆侃如、牟世金译注：《文心雕龙译注》，第 415 页。
④ （南朝）刘勰著，陆侃如、牟世金译注：《文心雕龙译注》，第 518 页。
⑤ 王国维集，周锡山编校：《王国维集》第一册，北京：中国社会科学出版社，2008 年，第 223 页。
⑥ （唐）张彦远：《历代名画记》，第 27 页。
⑦ （唐）张彦远：《历代名画记》，第 27 页。
⑧ 转引自宗白华：《美学与意境》，第 194 页。
⑨ （清）石涛著，周远斌点样纂注：《苦瓜和尚画语录》，第 61 页。

兽草木，池榭楼台，取形用势，写生揣意，运情摹景，显露隐含。人不见其画之成，画不违其心之用，盖自太朴散而一画之法立矣，一画之法立而万物著矣。我故曰：'吾道一以贯之。'"[①]信手一挥，显然是无意的举动，无意识的着力。故，宗白华将这个创作过程称之为"流"：书画之作，"留下了笔迹，既流出人心之美，也流出万象之美"[②]。流即自然呈现。书画之作全在无心，在于任由性情，在于自然天成。

如果不是自然而然，而是有心或故意，这便会劳心："人为物蔽，则与尘交；人为物使，则心受劳。劳心于刻画而自毁，蔽尘于笔墨而自拘，此局隘人也，但损无益，终不快其心也。我则物随物蔽，尘随尘交，则心不劳，心不劳则有画矣。画乃人之所有，一画人所未有。夫画贵乎思，思其一，则心有所著而快，所以画则精微之入不可测矣。"[③]书画在于心不劳，在于任由性情之自然。

因此，无论是书画之作，还是诗词之文，皆是创作者的性情之自然流露。美不仅在性情，而且在自然。故，有学者指出："'贵自然'的精神深刻浸蕴于中国美学传统中，成为衡量艺术境界与人格风流的根本尺度。"[④]比如造型艺术，有学者概括出三个特征："尚意、尚简、尚自然。"[⑤]绘画尚自然。自然之美即是本性之真和诚。宋代画论家董逌："世之评画者曰：'妙于生意，能不失真，如此矣，是能尽其技。'尝问如何是当处生意？曰：'殆谓自然。'其问自然，则曰：'能不异真者斯得之矣。'且观天地生物，特一气运化尔，其功用妙移，与物有宜，莫知为之者，故能成于自然。"[⑥]书画之美在于自然，在于持守本性之真。本性之真的展示便是诚。故，有学者将"诚"当作中国美学的元范畴，认为"中国美学追求

---

① （清）石涛著，周远斌点样纂注：《苦瓜和尚画语录》，第 3 页。

② 宗白华：《美学散步》，上海：上海人民出版社，1981 年，第 169 页。

③ （清）石涛著，周远斌点样纂注：《苦瓜和尚画语录》，第 59 页。

④ 孙海峰：《略论传统美学中的"自然"观念》，《阜阳师范学院学报（社会科学版）》2007 年第 4 期。

⑤ 肖鹰：《论中国艺术的哲学精神》，《天津社会科学》1998 年第 5 期。

⑥ （宋）董逌，《书徐熙画牡丹图》，《广川画跋》卷三，四库全书子部。

‘自诚明’，认为‘诚者自成’”[①]。这一说法不无道理。诚即天性自然。美在人性之自然。这种人性之自然的过程，我将其称为“天成”：人性自然而然地圆满。这便是中国传统之美的精神：美在人性之自然而天成。

结语　“充实之谓美”

美在人性的自然而圆满。这便是中国传统美学精神。中国传统美学精神发端于孟子。孟子曰：“可欲之谓善，有诸己之谓信，充实之为美，充实而有光辉之谓大，大而化之之谓圣，圣而不可知之之谓神。”[②]这六句话的共同主题是“性”：性所喜好的是善，有性者便是信，性的充实和圆满便是美，性得到充实并有光辉便是大，性之大而且能够感化别人便是圣，圣而不可知者便是神。其中，美即性的充实与圆满。故，宗白华借《周易》的“刚健、笃实、辉光”[③]六字来代表“我们民族一种很健全的美学思想”[④]，不无道理。美即充实或圆满。

孟子的“充实之谓美”的观念开启了中国古代美学。从魏晋时期的钟嵘、刘勰，到明清之际的袁宏道、袁枚，从南北朝的谢赫、唐朝的张彦远，到明清的石涛、王国维等，分别揭示了诗画作品的审美要领和魅力所在，即才气之足、情志之实，并最终归结到性。性才是中国传统之美的真正本原。美乃是从本源之性的自然充实与终究圆满的状态。这便是天成。性即生命之初。故，有学者因此提出“中国古代美学是人生美学”[⑤]，或曰“生命论美学”[⑥]，不无道理。

中国传统（儒家）美学对美的理解，完全不同于西方传统美学观念。在德国唯心主义美学家们看来，美的本质在于主观。如康德认为，美依赖

---

① 李天道：《“诚”：中国美学的最高审美之维》，《社会科学研究》2011年第6期。

② 杨伯峻译注：《孟子译注》，第263—264页。

③ 宗白华：《美学散步》，第43页。

④ 宗白华：《美学散步》，第43页。

⑤ 皮朝纲主编：《中国美学体系论》，北京：语文出版社，1995年，第6页。

⑥ 曾繁仁：《中国古代生命论美学及其当代价值》，《山东师范大学学报（人文社会科学版）》2012年第5期。

于主观或主观性判断，“离开了主体的体验，美自身什么都不是”[①]。虽然黑格尔强调了艺术美的客观性和现实性，但是，他同样将艺术美的基础建立在“概念与个别现象的结合”[②]上。这种结合，他称为“理念”（Idee）：“概念、概念之现实形态，以及二者的结合。”[③]所谓的“概念”（Begriff），尽管彻底脱离客观现实，但是它毕竟属于“由模型与普遍性等而构成的主体性”[④]，因此是“主观的”[⑤]。美因此被定义为“理念的感性显现”[⑥]。主观的绝对精神是艺术美的本原或实质。席勒、叔本华和尼采等，也均以主观性为美或审美的本质要素之一。

而中国传统美学几乎无视主观性要素对审美的影响，认为“不存在一种实体化的、纯粹主观的‘美’”[⑦]，从而将美视为一种纯粹客观的形态：人性的自然充实和圆满。从初生之性自然走向圆满之美是一个客观的、贯通一体的过程。其中，性是源头，美是终极，其过程则是自然的。二者融为一体，不可分割，如同种子与果实。这和西方美学家将美视为主观精神、主观判断等截然不同。美是性的自然圆满，美是天成。这或许是一种值得重视的、新型的美学观。

最后补充几句话。在中国传统哲学中，人性概念的内涵是不断变化的。早期的孟子以浩然之气而成性，性是气质之物，充实此性便能够成就美。这种观念一直流行到宋明理学时期。从宋明时期开始，性的内涵发生了变化，即性逐渐由气质之物慢慢地转变为超越之性，并完全区别于气质

---

① Immanuel Kant, *Kritik der Urtheilskraft*, Roudledge/Thoemmes Press, 1994, S. 30.

② Georg Wilhelm Friedrich Hegel, *Vorlesungen über die Äesthetik* Ⅰ, in *Georg Wilhelm Friedrich Hegel Werke* 13, Suhrkamp Verlag Frankfurt am Main, 1970, S. 140.

③ Georg Wilhelm Friedrich Hegel, *Vorlesungen über die Äesthetik* Ⅰ, in *Georg Wilhelm Friedrich Hegel Werke* 13, S. 145.

④ Georg Wilhelm Friedrich Hegel, *Vorlesungen über die Äesthetik* Ⅰ, in *Georg Wilhelm Friedrich Hegel Werke* 13, S. 148.

⑤ Georg Wilhelm Friedrich Hegel, *Vorlesungen über die Äesthetik* Ⅰ, in *Georg Wilhelm Friedrich Hegel Werke* 13, S. 150.

⑥ Georg Wilhelm Friedrich Hegel, *Vorlesungen über die Äesthetik* Ⅰ, in *Georg Wilhelm Friedrich Hegel Werke* 13, S. 151.

⑦ 叶朗：《美是什么》，《社会科学战线》2008 年第 10 期。

存在。此时的美便不再直接关联于性了。或者说，充实本性已经无法达到完美了。或者说，先秦儒家的美学观念发生了变化。在先秦时期，美由性进化而形成，充实本性便可以成善成美。到了理学时期，理学家们开始从超越性的角度来审查善与美。美不再仅限于气质的充实。它获得了超越的依据。这个超越依据便是超越之性或理。美不仅是一种情感的宣泄、气质的流露，而且与超越的天理或人性相关联。超越之性成为美的最终本原。这种超越之性或理，按照现代哲学观念来说便是真或真理。美便与真或真理相关联。美不仅是形象与气质的完美，而且以超越之真为依据。这便是真与美的统一。正是这个超越之性让气质的审美活动获得了升华。

第四章　德性与道理

第一节　性与德：先天与后天[1]

在中国哲学史上，德是一个十分重要的术语或概念。这个概念究竟有哪些内涵呢？从古至今，学术界都在讨论这个问题，并且已经取得了许多重要成果。汉代的许慎解释道："德，升也。从彳，悳声。"[2]又释"悳"，谓："外得于人，内得于己也。从直，从心。"[3]郑玄曰："德行，内外之称，在心为德，施之为行。"[4]今人金春峰则认为"'德'与生、生命有内在联系"，"是国家政权建立的合法性基础，是政治思想的源头和核心"。[5]孙熙国等认为："'德'的本义是'目视于途'、'择路而行'。"[6]还有学者如刘林鹰提出："德的本质论内涵是利他，大体上即《管子·心术上》所谓'舍之之谓德'，而不是得；其本义，是修身或在公共关系中处事正派（德字的褒义用法应早于其中性用法）"[7]，反对将德解释为得。

本节将从中国哲学发展史的角度出发，通过分析德字的性质、功能与来源，试图指出，德可以被分为两类：本有的天命之德或德性，以及通过学习道而后所形成的品德或修养。德字的双重来源反映了儒家哲学的两个传统。前者直接与孟子传统关联，后者则与荀子传统相关。

---

① 本节的部分内容曾经发表于《社会科学家》2019年第1期。

② （汉）许慎：《说文解字》，第43页。

③ （汉）许慎：《说文解字》，第217页。

④ （汉）郑玄注，（唐）贾公彦疏：《周礼注疏》，《十三经注疏》（上），上海：上海古籍出版社，1997年，第730页。

⑤ 金春峰：《"德"的历史考察》，《陕西师范大学学报（哲学社会科学版）》2007年第6期。

⑥ 孙熙国、肖雁：《"德"的本义及其伦理和哲学意蕴的确立》，《理论学刊》2012年第8期。

⑦ 刘林鹰：《德字古义新考》，《船山学刊》2010年第2期。

一、德的性质

汉语的德由三个部分组成，即：彳、心和直。其中，至少两个部分的内涵或意思比较清晰，即彳和心。彳的意思是慢行、行走。行走，对于人来说，属于人的活动。人们通常将人类的行为概括为衣、食、住、行四个方面。前三项属于生理的、自然的和必然的活动，并不能够体现人的特征。而最后的行才是人类的真正活动。所以，人们通常将人类的本质性活动称作行为。由此，行走逐渐转换为行为。或者说，行主要指人类的行为。孔子曰："父在，观其志；父没，观其行；三年无改于父之道，可谓孝矣。"[①] 孟子曰："言不顾行，行不顾言。"[②] 行主要指人的行为或活动。而心字的原义是心脏。心脏是生命之源、生存之始，也是生存的决定者。两个符号结合起来，它可以表示人类行为的开始处与决定者。这基本确立了德的内容、性质、功能和地位。

作为合法行为的开端处，德一定具有美好的属性，即只有美好的、正确的起点才能够成为人类合理行为的开端。所以，德一定是被人称道的美德。孔子曰："君子怀德，小人怀土；君子怀刑，小人怀惠。"[③] 君子拥有美德。孔子曰："天生德于予，桓魋其如予何？"[④] 天生的美德，桓魋又能如何呢？孔子曰："志于道，据于德，依于仁，游于艺。"[⑤] 做事要依据于德。如果德不是好的，为什么要遵从它呢？德一定是美德。孔子曰："为政以德，譬如北辰居其所而众星共之。"[⑥] 如果为政者能够依德而行，大家都会追随他、拥护他。故，孔子强调说："德之不修，学之不讲，闻义不能徙，不善不能改，是吾忧也。"[⑦] 美德需要修炼。孔子曰："德行：颜渊，闵子骞，冉伯牛，仲弓。言语：宰我，子贡。政事：冉有，季路。

---

① 杨伯峻译注：《论语译注》，第 8 页。
② 杨伯峻译注：《孟子译注》，第 270 页。
③ 杨伯峻译注：《论语译注》，第 41 页。
④ 杨伯峻译注：《论语译注》，第 82 页。
⑤ 杨伯峻译注：《论语译注》，第 76 页。
⑥ 杨伯峻译注：《论语译注》，第 11 页。
⑦ 杨伯峻译注：《论语译注》，第 75 页。

文学：子游，子夏。”[①] 颜渊能够依据美德而行为。

孟子曰：“若是，则弟子之惑滋甚。且以文王之德，百年而后崩，犹未洽于天下；武王、周公继之，然后大行。今言王若易然，则文王不足法与？”[②]“文王之德”即文王的美德。孟子曰：“以力假仁者霸，霸必有大国；以德行仁者王，王不待大——汤以七十里，文王以百里。以力服人者，非心服也，力不赡也；以德服人者，中心悦而诚服也，如七十子之服孔子也。”[③] 以德征服人，人们便会心悦诚服。这便是德行。孟子曰：“天下有达尊三：爵一，齿一，德一。朝廷莫如爵，乡党莫如齿，辅世长民莫如德。恶得有其一以慢其二哉！”[④] 一个人通常会因为三点而获得尊重，即官爵、年龄和德行。孟子曰：“不挟长，不挟贵，不挟兄弟而友。友也者，友其德也，不可以有挟也。”[⑤] 交友乃是以有美德者为友。一个人只有具备了舜、禹的美德，才可能成为天下之王：“匹夫而有天下者，德必若舜禹，而又有天子荐之者。”[⑥] 尧舜之德与才能够安定天下。孟子曰：“周于利者凶年不能杀，周于德者邪世不能乱。”[⑦] 一个具备完美美德的君王，遇到邪世也不会乱。美德是天下安定的保障。安天下者为王。

荀子曰：“君子崇人之德，扬人之美，非谄谀也；正义直指，举人之过，非毁疵也；言己之光美，拟于舜禹，参于天地，非夸诞也；与时屈伸，柔从若蒲苇，非慑怯也；刚强猛毅，靡所不信，非骄暴也；以义变应，知当曲直故也。”[⑧] 德与美并举，这表明德与美一样具有美好的品质。荀子曰：“王者之论：无德不贵，无能不官，无功不赏，无罪不罚。”[⑨] 因为德而尊贵，因为能而为官，因为功而授赏，因为罪而遭惩罚。德是一种

---

① 杨伯峻译注：《论语译注》，第 125 页。
② 杨伯峻译注：《孟子译注》，第 43 页。
③ 杨伯峻译注：《孟子译注》，第 55 页。
④ 杨伯峻译注：《孟子译注》，第 66 页。
⑤ 杨伯峻译注：《孟子译注》，第 183 页。
⑥ 杨伯峻译注：《孟子译注》，第 171 页。
⑦ 杨伯峻译注：《孟子译注》，第 257 页。
⑧ （清）王先谦：《荀子集解》，《诸子集成》卷二，第 25—26 页。
⑨ （清）王先谦：《荀子集解》，《诸子集成》卷二，第 101 页。

让人尊贵的品质。比如“仁义德行，常安之术也，然而未必不危也；污僈突盗，常危之术也，然而未必不安也。故君子道其常，而小人道其怪”[①]。仁义便是德。“故学至乎礼而止矣。夫是之谓道德之极。”[②]知礼便是德。德的内容包含仁义礼等。这是儒家的观点。其实，不仅儒家信奉仁义等为德，吴子也相信仁义之德：“是以圣人绥之以道，理之以义，动之以礼，抚之以仁。此四德者，修之则兴，废之则衰，故成汤讨桀而夏民喜悦，周武伐纣而殷人不非。举顺天人，故能然灾。”[③]道、义、礼、仁等便是德。

与儒家或多数学派的德理论不同，在道家看来，德的内容便不是仁义。《老子》曰：“含德之厚，比于赤子。蜂虿虺蛇不螫，猛兽不据，攫鸟不搏。骨弱筋柔而握固。未知牝牡之合而全作，精之至也。终日号而不嗄，和之至也。”[④]这里的德应该指精气。《庄子》称之为“和”：“平者水停之盛也。其可以为法也，内保之而外不荡也。德者成和之修也。德不形者，物不能离也。”[⑤]德在于和。和即含气和平。德即和：“古之治道者，以恬养知。知生而无以知为也，谓之以知养恬。知与恬交相养，而和理出其性。夫德，和也；道，理也。德无不容，仁也；道无不理，义也；义明而物亲，忠也；中纯实而反乎情，乐也；信行容体而顺乎文，礼也。礼乐偏行，则天下乱矣。彼正而蒙己德，德则不冒。冒则物必失其性也。”[⑥]德即天生气质的调和。如果能够有德，便不会失调，本性便得以保持。此时的德与仁义无关。认为德的“内涵主要是政治”[⑦]的说法显然忽略了《庄子》的德论。

无论是儒家还是非儒家，都认可德的美好性质。

---

① （清）王先谦：《荀子集解》，《诸子集成》卷二，第39页。

② （清）王先谦：《荀子集解》，《诸子集成》卷二，第7页。

③ （战国）吴起撰，83110部队理论组等注：《吴子兵法注释》，上海：上海人民出版社，1977年，第6页。

④ （春秋）老子著，（魏）王弼注：《老子道德经》，《诸子集成》卷三，第33—34页。

⑤ （清）王先谦：《庄子集解》，《诸子集成》卷三，第35页。

⑥ （清）王先谦：《庄子集解》，《诸子集成》卷三，第97—98页。

⑦ 金春峰：《“德”的历史考察》，《陕西师范大学学报（哲学社会科学版）》2007年第6期。

二、德的功能

德即美德，是人的一种美好品德。这是德的性质。那么，德的功能是什么呢？诚如德字中所内含之心字之义（心即生存之始），德字的内涵之一便是行为之始。或者说，德字的主要功能便是为正确的行为奠立基础。孔子曰："志于道，据于德，依于仁，游于艺。"[①] 德是行为的依据。孔子曰："道之以政，齐之以刑，民免而无耻；道之以德，齐之以礼，有耻且格。"[②] 德可以成为引导人们行为的根据。既然是根据，德便需要得到加强和巩固。孔子曰："德之不修，学之不讲，闻义不能徙，不善不能改，是吾忧也。"[③] 德需要修炼。孟子曰："君子之所以教者五：有如时雨化之者，有成德者，有达财者，有答问者，有私淑艾者。此五者，君子之所以教也。"[④] 成德便是修德，完善德。

荀子曰："君子知夫不全不粹之不足以为美也，故诵数以贯之，思索以通之，为其人以处之，除其害者以持养之。……生乎由是，死乎由是，夫是之谓德操。德操然后能定，能定然后能应。能定能应，夫是之谓成人。天见其明，地见其光，君子贵其全也。"[⑤] 所谓"能定能应"，其中的定指德，应指感应。"能定能应"而"成人"的意思是通过感应而变化气质，最终成为善气满怀的正人君子。因此，固定之德是成人的基础。"有义荣者，有执荣者；有义辱者，有执辱者。志意修，德行厚，知虑明，是荣之由中出者也，夫是之谓义荣。"[⑥] 修德可以带来荣誉与尊贵。所以，荀子主张凝德："知强大者，不务强也，虑以王命，全其力，凝其德。力全，则诸侯不能弱也；德凝，则诸侯不能削也，天下无王霸主，则常胜矣：是知强道者也。"[⑦] 凝德便是以德为根据并强化它。这便是"养德"："故其知

① 杨伯峻译注：《论语译注》，第 76 页。
② 杨伯峻译注：《论语译注》，第 12 页。
③ 杨伯峻译注：《论语译注》，第 75 页。
④ 杨伯峻译注：《孟子译注》，第 250 页。
⑤ （清）王先谦：《荀子集解》，《诸子集成》卷二，第 11—12 页。
⑥ （清）王先谦：《荀子集解》，《诸子集成》卷二，第 228 页。
⑦ （清）王先谦：《荀子集解》，《诸子集成》卷二，第 99 页。

虑足以治之，其仁厚足以安之，其德音足以化之，得之则治，失之则乱。百姓诚赖其知也，故相率而为之劳苦以务佚之，以养其知也；诚美其厚也，故为之出死断亡以覆救之，以养其厚也；诚美其德也，故为之雕琢刻镂黼黻文章以藩饰之，以养其德也。”[①]养德便是美化和修饰德。音乐便是修德的重要手段之一：“乐者乐也。君子乐得其道，小人乐得其欲；以道制欲，则乐而不乱；以欲忘道，则惑而不乐。故乐者，所以道乐也，金石丝竹，所以道德也。”[②]艺术等能够引导人们有德。

《老子》曰：“道生之，德畜之，物形之，势成之。是以万物莫不尊道而贵德。道之尊，德之贵，夫莫之命而常自然。”[③]德是万物得以生存（“畜”）的基础，因此最为尊贵。《庄子》曰：“以天为宗，以德为本，以道为门，兆于变化，谓之圣人。”[④]圣人源自于天，以德为依据，以自然为方法，长于变化而成人。德是成圣的基础。这便是德的功能：为合理的行为提供基础。在道家看来，养神至关重要，故《庄子》曰：“若夫不刻意而高，无仁义而修，无功名而治，无江海而闲，不道引而寿，无不忘也，无不有也。澹然无极，而众美从之。此天地之道，圣人之德也。故曰：夫恬惔寂寞，虚无无为，此天地之平，而道德之质也。故曰：圣人休，休焉则平易矣。平易则恬惔矣。平易恬惔，则忧患不能入，邪气不能袭，故其德全而神不亏。”[⑤]全德便可以养神。从老庄的观点来看，他们所说的德主要指天生的人性，或曰德性。《管子》曰：“天以时使，地以材使，人以德使，鬼神以祥使，禽兽以力使。所谓德者，先之之谓也，故德莫如先，应适莫如后。”[⑥]德即最初的东西。这个最初的东西，《管子》解释曰：“始乎无端，卒乎无穷。始乎无端，道也；卒乎无穷，德也。道不可量，德不可数。不可量，则众强不能图；不可数，则为诈不敢乡。两者备施，动静有

---

① （清）王先谦：《荀子集解》，《诸子集成》卷二，第 117 页。
② （清）王先谦：《荀子集解》，《诸子集成》卷二，第 254—255 页。
③ （春秋）老子著，（魏）王弼注：《老子道德经》，《诸子集成》卷三，第 31—32 页。
④ （清）王先谦：《庄子集解》，《诸子集成》卷三，第 215 页。
⑤ （清）王先谦：《庄子集解》，《诸子集成》卷三，第 96 页。
⑥ （清）戴望：《管子校正》，《诸子集成》卷五，第 66 页。

功。畜之以道，养之以德。畜之以道，则民和；养之以德，则民合。和合故能习；习故能偕。偕习以悉。莫之能伤也。此居于图西方方外。旗物尚黑，兵尚胁盾。刑则游仰灌流。察数而知治，审器而识胜。明谋而适胜。通德而天下定。”[1]天生之德能够带来天下安定。或者说，德是安定的基础。《韩非子》：“树木有曼根，有直根。直根者。……木之所以建生也；……德也者，人之所以建生也。”[2]树根是树木的根基，德便是人的生存根基。德是成人、成事的最重要的基础。

汉人贾谊似乎吸收了前人的德论，强调以德为本：“德有六理。何谓六理？曰：道、德、性、神、明、命，此六者德之理也。诸生者，皆生于德之所生；而能象人德者，独玉也。”[3]德是诸种生命生存之本。由德而产生六美：“何谓六美？有道，有仁，有义，有忠，有信，有密，此六者德之美也。道者，德之本也；仁者，德之出也；义者，德之理也；忠者，德之厚也；信者，德之固也；密者，德之高也。六理、六美，德之所以生阴阳、天地、人与万物也。固为所生者法也。”[4]德以道为依据，能够由此而产生仁义。德是仁义等道德规范的本源。本源即基础。这是德的主要功能：为生存提供基础。

三、天与德的来源之一

从中国传统思维来看，基础或本源，对于生存来说，具有最重要的地位和作用，甚至具有决定性作用。德的来源决定了德的性质与功能。那么，德又从何而来呢？从儒家哲学的两个传统来看，关于德的来源至少有两种说法。其一，德来源于天，德即性。这是以孟子为代表的性本论的立场。其二，德来源于道，来源于对后天之道的学习、领悟与转化。这是以荀子为代表的人本论的观点。

---

① （清）戴望：《管子校正》，《诸子集成》卷五，第42页。
② （清）王先慎：《韩非子集解》，《诸子集成》卷五，第103页。
③ （汉）贾谊撰，阎振益、钟夏校注：《新书校注》，第324页。
④ （汉）贾谊撰，阎振益、钟夏校注：《新书校注》，第325页。

德来源于天。《诗经》曰："天生烝民，其命匪谌。靡不有初，鲜克有终。文王曰：咨！咨汝殷商。曾是强御，曾是掊克，曾是在位，曾是在服。天降滔德，女兴是力。文王曰：咨！咨女殷商。而秉义类，强御多怼。流言以对，寇攘式内。侯作侯祝，靡届靡究。文王曰：咨！"[①]德自天降。《尚书》曰："兢兢业业，一日二日万几。无旷庶官，天工人其代之。天叙有典，敕我五典五惇哉；天秩有礼，自我五礼，有庸哉。同寅协恭和衷哉。天命有德，五服五章哉；天讨有罪，五刑五用哉。"[②]德由天命。德来源于天。故，孔子曰："天生德于予，桓魋其如予何？"[③]德从天来。子贡曰："见其礼而知其政，闻其乐而知其德，由百世之后，等百世之王，莫之能违也。自生民以来，未有夫子也。"[④]孔子有天生之德。

人们把这种天生而备的品质叫作性，即性由天生。孔子曰："性相近也，习相远也。"[⑤]天生材质便是性。孔子的这一立场被许多人接受，其中包括告子。告子曰："生之谓性。"[⑥]天生而有的东西便是人性。孟子将这种天生之质进一步细化，即将天生材质分为好坏两个部分或种类，其中，好的部分被孟子单独提炼出，重新定义为性。孟子首先提出："恻隐之心，仁之端也；羞恶之心，义之端也；辞让之心，礼之端也；是非之心，智之端也。人之有是四端也，犹其有四体也。"[⑦]人天生有四心，即恻隐之心、辞让之心、是非之心、羞恶之心。这些天生之心，孟子指出："君子所性，仁义礼智根于心。"[⑧]天生心中内含仁义之质。这种内含仁义之质的心便是性。这种天生之性是天然的，而且是好的。至于坏的部分，孟子似乎也不否认，但是又几乎不论。被孟子忽略的坏的部分，在荀子的眼里，便是人性。荀子所谓的人性也是天生的东西："性者，天之就也；情者，性之质

---

① （汉）毛公传，（汉）郑玄笺，（唐）孔颖达等正义：《毛诗正义》，第 552—553 页。
② （汉）孔安国传，（唐）孔颖达等正义：《尚书正义》，第 139 页。
③ 杨伯峻译注：《论语译注》，第 82 页。
④ 杨伯峻译注：《孟子译注》，第 48 页。
⑤ 杨伯峻译注：《论语译注》，第 204 页。
⑥ 杨伯峻译注：《孟子译注》，第 196 页。
⑦ 杨伯峻译注：《孟子译注》，第 59 页。
⑧ 杨伯峻译注：《孟子译注》，第 241 页。

也；欲者，情之应也。”[①] 人性即人天生就具备的东西。这些天生的材质同样分为两类，即好的部分和坏的部分。与孟子相反，荀子不太关心好的部分，却着重于坏的部分，即人性是天生材质中的不好的部分。性即天生材质的立场一直延续到宋明理学时期。

既然性是由天而来的东西，那么，它便可以被称作从天而得的东西。性自天生。这便是德与性的最初关系，即在一定程度上，德便是性，性也是德。或者说，德与性具有高度的一致性与重合性。孟子曰：“以力假仁者霸，霸必有大国；以德行仁者王，王不待大——汤以七十里，文王以百里。”[②] 以德行仁者能够王天下即王政。王政便是仁政。而所谓的仁政，便是依性而行：“先王有不忍人之心，斯有不忍人之政矣。以不忍人之心，行不忍人之政，治天下可运之掌上。”[③] 仁政的基础是恻隐之心或人性。于是，王政或仁政的基础，前文则以德为基础，此处以性为根据。由此推断，德即性。至少在孟子眼中确是如此。孟子曰：“君子之所以教者五：有如时雨化之者，有成德者，有达财者，有答问者，有私淑艾者。此五者，君子之所以教也。”[④] 教的主要内容是“成德”。成德应该指成就德性或养性。孟子曰：“尧舜，性者也；汤武，反之也。动容周旋中礼者，盛德之至也。哭死而哀，非为生者也。经德不回，非以干禄也。言语必信，非以正行也。君子行法，以俟命而已矣。”[⑤] 尧舜等的举止为盛德之至。而盛德之至的内容便是尽性。所以，盛德与尽性是一个意思。德便是性。宋人孙奭曰：“故孔子发此语，言‘天生德于予’者，言孔子谓天授我以德性，德合天地，吉无不利。”[⑥] 孙奭便将孔子所说的德解释为德性。

《礼记》明确将性与德联系起来：“是故君子反情以和其志，广乐以

---

① （清）王先谦：《荀子集解》，《诸子集成》卷二，第 284 页。

② 杨伯峻译注：《孟子译注》，第 55 页。

③ 杨伯峻译注：《孟子译注》，第 59 页。

④ 杨伯峻译注：《孟子译注》，第 250 页。

⑤ 杨伯峻译注：《孟子译注》，第 267 页。

⑥ （汉）赵岐注，（宋）孙奭疏：《孟子注疏》，《十三经注疏》（下），上海：上海古籍出版社，1997 年，第 2663 页。

成其教，乐行而民乡方，可以观德矣。德者，性之端也。乐者，德之华也。金石丝竹，乐之器也。《诗》，言其志也，歌，咏其声也，舞，动其容也。三者本于心，然后乐器从之。”[①] 诗、歌、舞等乐教形式皆反映了内在之德或性。德是内，乐是外。由乐而观德。其中的德则是性（生）的开端。德即天生的、最初的存在物。德由天生。这种德与天的关系比较符合孟子性本论立场。《中庸》明确阐释曰：“诚者，自成也。而道，自道也。诚者，物之终始。不诚无物。是故君子诚之为贵。诚者，非自成己而已也。所以成物也。成己，仁也。成物，知也。性之德也，合外内之道也。”[②]《中庸》将德看作是性的属性，认为它综合了内外之道。所谓内外之道即孟子所言的天道与人道。天道即天性的存在方式，人道便是尽性。德因此兼有内外之道。《中庸》甚至曰：“故君子尊德性而道问学，致广大而尽精微，极高明而道中庸。温故而知新，敦厚以崇礼。”[③]《中庸》将德与性结合在一起用。当然，此时的德与性还属于两个词，并非一个词。

在宋代，理学家们常常将德、性合称，当作一个术语来使用。这种东西，理学家明确提出，源自于天。张横渠曰：“德性本得乎天者今复在天，是各从其类也。”[④] 德性来源于苍天的赋予，因而是天性。程子曰：“德性谓天赋天资，才之美者也。”[⑤] 德性即天资、天赋，来源于天。朱熹曰：“德性者，吾所受于天之正理。”[⑥] 德性即秉受之天理。德性源自于天。真德秀曰：“德性，谓得之于天者，仁义礼智信是也。收放心，养德性，虽曰二事，其实一事。盖德性在人，本皆全备，缘放纵其心，不知操存，自致贼害其性。若能收其放心，即是养其德性，非有二事也。”[⑦] 德性源于天，是天性。明儒高攀龙曰：“德性者，众人所受于天之正理。常存德性，

① （汉）郑玄注，（唐）孔颖达等正义：《礼记正义》，《十三经注疏》（下），第 1536 页。
② （汉）郑玄注，（唐）孔颖达等正义：《礼记正义》，《十三经注疏》（下），第 1633 页。
③ （汉）郑玄注，（唐）孔颖达等正义：《礼记正义》，《十三经注疏》（下），第 1633 页。
④ （宋）张载著，章锡琛点校：《张载集》，第 75 页。
⑤ （宋）程颢、程颐著，王孝鱼点校：《二程集》（上），第 20 页。
⑥ （宋）朱熹：《中庸章句》，《四书五经》（上），第 13 页。
⑦ （明）黄宗羲等编：《宋元学案》（下），北京：中国书店，1990 年，第 480 页。

所谓‘存众人’也，故知物性之神。”[①] 德性即天授之正理，来源于天。

从德、性以及与天的关系来看，许多哲学家相信德源自于天，天是德的来源。德即德性。它具有先天性，比如孟子所言之德或性，甚至具有超越性（transcendental），比如理学家所言之德性。

四、道与德的来源之二

早期的孟子等哲学家相信德来自于天，德性为天生之性。他们以德为性，关注于德的来源。德从何而来？德产生于苍天的赠予。德即天德。那么，产生之后的天德是否已经完美无缺呢？它是否需要进一步的完善呢？毫无疑问，在孟子等人看来，德性仅仅是端，是开始处。它依然需要完善。这便是成。德需要修或成。这便是修德、成德。孔子曰：“德之不修，学之不讲，闻义不能徙，不善不能改，是吾忧也。”[②] 孔子主张修德。这表明德和后天的学习、练习有关。或者说，德与后天活动不无关联。《易传》曰：“大畜，刚健笃实辉光，日新其德，刚上而尚贤。”[③]“新其德”即更新其德。这便是修德：“君子以反身修德。”[④] 新德、修德强调后天的修炼与生成。

如何修德、成德呢？孟子仰仗于自然。荀子等则偏向于积极有为的修德。成德依赖于后天的学习或教化。学习的内容是道。故，成德依赖于人文之道。《易传》曰：“是故，履，德之基也；谦，德之柄也；复，德之本也；恒，德之固也；损，德之修也；益，德之裕也；困，德之辨也；井，德之地也；巽，德之制也。”[⑤] 恒、损、益、困等都是修德的方法。荀子曰：“积土成山，风雨兴焉；积水成渊，蛟龙生焉；积善成德，而神明自得，圣心备焉。”[⑥] 德成于后天的学习与练习。这便是“成德”。荀子曰：

---

① （明）黄宗羲等编：《宋元学案》（上），第332页。
② 杨伯峻译注：《论语译注》，第75页。
③ （魏）王弼等注，（唐）孔颖达等正义：《周易正义》，《十三经注疏》（上），第40页。
④ （魏）王弼等注，（唐）孔颖达等正义：《周易正义》，《十三经注疏》（上），第51页。
⑤ （魏）王弼等注，（唐）孔颖达等正义：《周易正义》，《十三经注疏》（上），第89页。
⑥ （清）王先谦：《荀子集解》，《诸子集成》卷二，第4页。

"高上尊贵，不以骄人；聪明圣知，不以穷人；齐给速通，不争先人；刚毅勇敢，不以伤人；不知则问，不能则学，虽能必让，然后为德。"[①]通过学习而知道，然后经过长期的践行，才能够成德。成德的结果便是形成"德操"："君子知夫不全不粹之不足以为美也，故诵数以贯之，思索以通之，为其人以处之，除其害者以持养之。使目非是无欲见也，使耳非是无欲闻也，使口非是无欲言也，使心非是无欲虑也。……生乎由是，死乎由是，夫是之谓德操。"[②]德操即以德为本，依德而行，即是成德。德操的形成方法则来自于"诵数""思索"等学习或训练。荀子甚至提出了具体的成德的方法："乐者乐也。君子乐得其道，小人乐得其欲；以道制欲，则乐而不乱；以欲忘道，则惑而不乐。故乐者，所以道乐也，金石丝竹，所以道德也；乐行而民乡方矣。"[③]音乐等可以被用来引导快乐之情，即乐教也能够成德。

作者不一的《礼记》不仅接受德与天的关系，而且也常常坚持德的后天性，即相信成德是后天学习、修炼的结果："乐所以修内也，礼所以修外也。礼乐交错于中，发形于外，是故其成也怿，恭敬而温文。立大傅、少傅以养之，欲其知父子、君臣之道也。大傅审父子、君臣之道以示之；少傅奉世子，以观大傅之德行而审喻之。大傅在前，少傅在后；入则有保，出则有师，是以教喻而德成也。"[④]德成于教化。老师的主要任务便是以教化而成德。所以，《礼记》称："礼乐皆得，谓之有德。德者，得也。是故乐之隆，非极音也。"[⑤]德即得到。得到不仅有先天所得的禀赋，而且也离不开后天的修炼与完成。这些后天的方法包括礼乐教化等。《礼记》曰："夫民教之以德，齐之以礼，则民有格心；教之以政，齐之以刑，则民有遁心。故君民者，子以爱之，则民亲之；信以结之，则民不倍；恭以

① （清）王先谦：《荀子集解》，《诸子集成》卷二，第62—63页。
② （清）王先谦：《荀子集解》，《诸子集成》卷二，第11—12页。
③ （清）王先谦：《荀子集解》，《诸子集成》卷二，第254—255页。
④ （汉）郑玄注，（唐）孔颖达等正义：《礼记正义》，《十三经注疏》（下），第1406—1407页。
⑤ （汉）郑玄注，（唐）孔颖达等正义：《礼记正义》，《十三经注疏》（下），第1528页。

莅之，则民有孙心。”[①] 通过教化的方式让民众知晓、接受德，进而养成美德。成德是教化的结果。“凡国之政事，国子存游卒，使之修德学道，春合诸学，秋合诸射，以考其艺而进退之。”[②] 学道的目的便是修德而成德。

汉儒董仲舒区别了性与德：“天之所为，有所至而止。止之内谓之天性，止之外谓之人事。事在性外，而性不得不成德。”[③] 天生材质为性。只有经过后天之“事”，性才能够成长为德。这个过程便是“德道”：“是故事各顺于名，名各顺于天。天人之际，合而为一。同而通理，动而相益，顺而相受，谓之德道。”[④] “德道”即得道，将道德仁义等转化为自己的美德。这种活动便是教化：“王道之三纲，可求于天。天出阳，为暖以生之，地出阴，为清以成之；不暖不生，不清不成。然而计其多少之分，则暖暑居百而清寒居一，德教之与刑罚犹此也。”德教即王道即道德教化。德成于教化。《白虎通》曰：“经所以有五何？经，常也。有五常之道，故曰《五经》。《乐》仁，《书》义，《礼》礼，《易》智，《诗》信也。人情有五性，怀五常不能自成，是以圣人象天五常之道而明之，以教人成其德也。”[⑤] 德成于教或道的教化。假如我们将德理解为善性，那么成德便是完善善性。

宋明理学家也继承了这一立场。程明道曰：“当是时，吾不能感动君心，顾吾学未至，德未成也。虽然，河滨之人捧土塞孟津，亦复可笑。人力不胜，以至于今，岂非命哉？”[⑥] 程明道说，因为学问不到家，所以未能成就德行。成德与后天的学习、教化与践行相关。“此亦当习。习到言语自然缓时，便是气质变也。学至气质变，方是有功。人只是一个习。今观儒臣自有一般气象，武臣自有一般气象，贵戚自有一般气象。不成生来便如此？只是习也。某旧尝进说于主上及太母，欲令上于一日之中亲

---

① （汉）郑玄注，（唐）孔颖达等正义：《礼记正义》，《十三经注疏》（下），第 1647 页。
② （汉）郑玄注，（唐）孔颖达等正义：《礼记正义》，《十三经注疏》（下），第 1690 页。
③ （清）苏舆撰，钟哲点校：《春秋繁露义证》，第 289 页。
④ （清）苏舆撰，钟哲点校：《春秋繁露义证》，第 281 页。
⑤ （清）陈立撰，吴则虞点校：《白虎通疏证》（下），第 447 页。
⑥ （宋）程颢、程颐著，王孝鱼点校：《二程集》（下），第 1252 页。

贤士大夫之时多，亲宦官宫人之时少，所以涵养气质，熏陶德性。”[①] 践行的工夫可以改造德性。心知“道”仅仅是知，而践行才是行。两项结合，才能够成德。朱熹曰：“德，谓所得之善。尊之，则有以自重，而不慕乎人爵之荣。”[②] 德即所得之善。这种所得并非天生已成：“君子，成德之名。……愚谓及人而乐者顺而易，不知而不愠者逆而难，故惟成德者能之。然德之所以成，亦曰学之正、习之熟、说之深，而不已焉耳。”[③] 学习与践行是成德的基本途径。

学习和教化的内容便是道。故，德源自于道。荀子曰：“天下无二道，圣人无两心。……德道之人，乱国之君非之上，乱家之人非之下，岂不哀哉！”[④] 德道即得道。《中庸》曰：“诚者，自成也，而道，自道也。诚者，物之终始。不诚无物。是故君子诚之为贵。诚者，非自成己而已也。所以成物也。成己仁也。成物知也。性之德也，合外内之道也。”[⑤] 成德产生于外内之道。道产生德。贾谊曰：“物所道始谓之道，所得以生谓之德。德之有也，以道为本，故曰‘道者，德之本也’。”[⑥] 天生之性是德。此德依赖于道才能够得以善善。这便是成德。成德依赖于道。贾谊曰：“德生物又养物，则物安利矣。安利物者，仁行也。仁行出于德，故曰‘仁者，德之出也’。德生理，理立则有宜，适之谓义。义者，理也。故曰‘义者，德之理也’。德生物，又养长之而弗离也，得以安利。德之遇物也忠厚，故曰‘忠者，德之厚也’。德之忠厚也，信固而不易，此德之常也。故曰‘信者，德之固也’。德生于道而有理，守理则合于道，与道理密而弗离也，故能畜物养物。物莫不仰恃德，此德之高。故曰‘密者，德之高也’。”[⑦] 仁义道德等以道为本，或者说，道是成德的基础。道

---

① （宋）程颢、程颐著，王孝鱼点校：《二程集》（上），第190页。
② （宋）朱熹：《孟子集注》，《四书五经》（上），第102页。
③ （宋）朱熹：《论语集注》，《四书五经》（上），第1页。
④ （清）王先谦：《荀子集解》，《诸子集成》卷二，第258—259页。
⑤ （汉）郑玄注，（唐）孔颖达等正义：《礼记正义》，《十三经注疏》（下），第1633页。
⑥ （汉）贾谊撰，阎振益、钟夏校注：《新书校注》，第327页。
⑦ （汉）贾谊撰，阎振益、钟夏校注：《新书校注》，第327页。

是成德的基本方法。

道是儒家学习和教化的内容。故，以道为本便是以人文为本，即“人道有教训之义”[①]便是这个意思。人们通过学习道而成德。这便是“道德”：“学恶乎始？恶乎终？曰：其数则始乎诵经，终乎读礼；其义则始乎为士，终乎为圣人。真积力久则入。学至乎没而后止也。故学数有终，若其义则不可须臾舍也。为之人也，舍之禽兽也。故书者政事之纪也，诗者中声之所止也，礼者法之大分，类之纲纪也。故学至乎礼而止矣。夫是之谓道德之极。”[②]“道德”即得道而成德。《礼记》曰：“道德仁义，非礼不成。教训正俗，非礼不备。分争辨讼，非礼不决。君臣、上下、父子、兄弟，非礼不定。宦学事师，非礼不亲。班朝治军，莅官行法，非礼威严不行。祷祠祭祀，供给鬼神，非礼不诚不庄。是以君子恭敬撙节、退让以明礼。”[③]道德即知道者、得道者。知道而后有德。这便是“道德”。二程曰：“实理者，实见得是，实见得非。凡实理，得之于心自别。若耳闻口道者，心实不见。……昔若经伤于虎者，他人语虎，则虽三尺童子，皆知虎之可畏，终不似曾经伤者，神色慑惧，至诚畏之，是实见得也。得之于心，是谓有德，不待勉强，然学者则须勉强。”[④]德即心知道。知道而后成德。朱熹曰：“德者，得也，得其道于心而不失之谓也。得之于心而守之不失，则终始惟一，而有日新之功矣。”[⑤]德即得道于心，即心知道。知道而有德。道即理。知道便是知理。朱熹曰：“德，谓义理之得于己者。非己有之，不能知其意味之实也。”[⑥]心知道、理，然后践行，持之以恒，便可以成德。德在于后天学习道，并践行之。道也是德的本源。在这种本源论中，它表现为学习或教化，即道只能够通过学习或教化才能够使人成德。

---

① （汉）王充著，张宗祥校注，郑绍昌标点：《论衡校注》，第369页。

② （清）王先谦：《荀子集解》，《诸子集成》卷二，第7页。

③ （汉）郑玄注，（唐）孔颖达等正义：《礼记正义》，《十三经注疏》（下），第1231页。

④ （宋）程颢、程颐著，王孝鱼点校：《二程集》（上），第147页。

⑤ （宋）朱熹：《论语集注》，《四书五经》（上），第27页。

⑥ （宋）朱熹：《论语集注》，《四书五经》（上），第65页。

结语 天性与习性

德论是中国传统儒家哲学的重要思想。至少从孔子开始，中国古人就已经开始探讨德的来源等问题了，比如孔子称“天生德于予”[①]和“德之不修”[②]等皆与德的来源有观。前者认为德来自于天，属于先天固有的东西。后者则又说德来自于后天对道的学习与践行。这两种看似自相矛盾的说法并存于《论语》中，体现了早期人们对德的来源问题的思考的不成熟或不完善。但是，它也同时开辟了德论的两个基本方向，即性本论方向和人本论方向。前者以天为德之本源，后者以人文之道为成德的依据。其主要代表分别为孟子和荀子。在孟子那里，德来自于天，德即天性。同时期的《庄子》也持类似的观点，德即德性。与此同时，天生之德或性如何成长呢？顺其自然是否可行呢？荀子将目光投向这些问题，开始思考如何成德。荀子从人本论出发，认为只有以道为核心的人文教化能够成就天生之德。他们更侧重于后天的教化、践行与成德。

宋明理学家将人性分辨为天地之性和气质之性，比如二程等。二程的天地之性便是天性，属于先天的，甚至是超越的。而气质之性则属于善恶不定的气质存在。这种不确定的气质需要被改造或“变化”。只有变化了气质才能够最终成德。从理论来源来看，天地之性论显然与孟子一系有关，是孟子性本论传统在宋明理学体系中的反映。而变化气质说则与荀子一系关联，是荀子的人本论传统在理学体系中的表现。或者说，理学家的二性说集合了孟子的性本论与荀子的人本论，并发展出一种思辨的人性说。

性本论与人本说的结合所形成的本源说常常是许多哲学传统的本源论模式。比如印度佛教唯识学便将佛性分为两类。《菩萨地持经》说：“云何为种性略说有二。一者性种性。二者习种性。性种性者，是菩萨六入殊胜，展转相续无始法尔，是名性种性。习种性者，若从先来修善所得，是

---

① 杨伯峻译注：《论语译注》，第 82 页。

② 杨伯峻译注：《论语译注》，第 75 页。

名习种性。”[①] 佛种性分为性种性和习种性。性种性即先天本性，类似于性本论。习种性即强调后天的学习和修炼，接近于人本论。《成唯识论》曰：“大乘二种种性：一本性住种性，谓无始来依附本识法尔所得无漏法因；二习所成种性，谓闻法界等流法已闻所成等熏习所成。”[②] 佛性被分为“本性住种性”和“习所成种性”。“本性住种性”即本性，为本来就有的种性。“习所成种性”，即通过闻、熏、习等后天的方式而获得的种性。这两部著作，叫法不同，所指大体一致，即性分为先天本有之性与后天习得之性。前者强调先天性、绝对性与独断性。这是不可更改的东西。后者突出后天性与可改造性。它类似于修养。先天的本性与后天的习性或修养的结合形成了佛教的种性，并产生种性说。这种种性论其实是思辨哲学的共同现象。当人们从经验处追问本源问题时，人们常常接受习种性论，即后天的学习可以形成某种性质或气质。可是当我们继续追问本源时，此时经验的习种性论便无法满足这种需求。人们便提出本性说。这种具有武断或独断形式的回答也是人们在追问终极性问题时通常采用的一种方式。

从中国历史来看，从追问德的本源开始，中国传统哲学便开始了自己的思想征程。这一征程在孟子时期发生了革命性变革。人们把人生中的最初部分称之为德，有时又叫作性，从而明确了德的本源。他们开始从本源论的角度来思考德的问题。本源论的诞生标志着中国思想史上的哲学思维的出场。而荀子人本论的出场有效地弥补了孟子性本论的不足。荀子的人本论认为，人们可以通过自己的努力而成德。成德是人类能够自己掌控的内容或事情。这大大地激发了人们后天努力的热情，并迅速转化为流行数百年的主流意识。在古代思想家们看来，自身努力毕竟比依靠天赐更可靠，更现实。然而，残酷的现实又告诫人们：经验的努力有时并不能为人们带来德。从宋代开始，人们便又搬出绝对的天地之性，辅之以可改造的气质之性，建构了形而上的天地之性与形而下的气质之性相统一的德性

① （北凉）昙无谶译：《菩萨地持经》，《大正藏》第30册，第888页。
② （唐）玄奘译：《成唯识论》，《大正藏》第31册，第48页。

论。在这套理论体系中，气质之性可以为人们的现实努力提供支持。或者说，它是人们后天的修养的来源或基础。而天地之性的设置，则标志着人们开始从超越性思维的角度来思考德的来源问题。或者说，天地之性说回答了经验的气质之性无法回答的问题，从而使中国哲学迈入了思辨哲学的时代。事实上，习性说可以满足人们的经验思维的兴趣点，而本性说则满足了人们的思辨性哲学思维的兴趣点。无论是先天所得的性德或德性，还是后天所得的“道德”或美德，都属于德或得。前者属于天性，后者属于修养。

第二节 性与道：儒家行为规范论[①]

在中国传统儒家文化中，道是一个十分重要的概念。那么，儒家之道的基本内涵是什么呢？它具有哪些特点和功能？《易传》曰：“形而上者谓之道，形而下者谓之器。”[②]道是不是本原性、终极性、形而上的存在？如果不是，它的本原又是什么呢？这便是本节所要考察的主要内容。《说文解字》曰：“道，所行道也。”[③]如《周易》曰：“履道坦坦。”[④]《周礼》曰：“百夫有洫，洫上有途，千夫有浍，浍上有道，万夫有川，川上有路。”[⑤]《论语》曰：“道听而途说。”[⑥]《孟子》曰：“谨庠序之教，申之以孝悌之义，颁白者不负戴于道路矣。”[⑦]道指道路。道路，对于人类来说，具有特殊的功能和意义。假如我们将人生视作行走的过程，正确的行走离不开正确的道路，生存也离不开道。这为古代“道”的主要内涵的形成奠立了基础。

---

① 本节部分内容曾经作为《试论儒家之道》发表于《中国社会科学院研究生院学报》2016年第2期。

② （魏）王弼等注，（唐）孔颖达等正义：《周易正义》，《十三经注疏》（上），第83页。

③ （汉）许慎：《说文解字》，第42页。

④ （魏）王弼等注，（唐）孔颖达等正义：《周易正义》，《十三经注疏》（上），第27页。

⑤ （汉）郑玄注，（唐）贾公彦疏：《周礼注疏》，《十三经注疏》（上），第740—741页。

⑥ 杨伯峻译注：《论语译注》，第210页。

⑦ 杨伯峻译注：《孟子译注》，第13页。

一、道：普遍概念的产生与升华

道德内涵的形成具有历史性。（殷商）甲骨文中并无道字。之后才有了表示道路的道字。春秋时期的子产曰：“天道远，人道迩，非所及也。何以知之？”[①] 这大约是人们关于天道和人道概念的较早期的出处。子贡说：“夫子之言性与天道，不可得而闻也。”[②] 孔子很少谈天道。他主要讲人道。故，孔子所说的道主要指人道。子曰：“朝闻道，夕死可矣。”[③] 所闻之道即人道。“士志于道，而耻恶衣恶食者，未足与议也。”[④]“邦有道，不废；邦无道，免于刑戮。”[⑤]“宁武子，邦有道，则知；邦无道，则愚。其知可及也，其愚不可及也。”[⑥]“有君子之道四焉：其行己也恭，其事上也敬，其养民也惠，其使民也义。”[⑦] 以上这些文献中的道主要指人道，且这些人道主要指正道，即“正确的生活方式、管理方法、生存的理想方式、宇宙的存在方式等”[⑧]。用相对抽象的概念来指称人世间的正当的原理或正确的方法，从而形成一个相对抽象的概念，这在中国思想史上是一个巨大的进步，即人们不仅仅能够直接识别有形之物如路，而且逐渐注意到某些无形的、抽象的存在者比如某些原理或方法。这表明：在子产和孔子生活的年代，人们已经开始进行某些抽象化的思维或理解。

道指人世间所有行为所应当遵循的基本原理或方法。后来，道从褒义词逐渐转向某种相对中性的语词。孟子曰：“逄蒙学射于羿，尽羿之道，思天下惟羿为愈己，于是杀羿。……曰：‘小人学射于尹公之他，尹公之他学射于夫子。我不忍以夫子之道反害夫子。’”[⑨] 此处的道主要指射箭的

---

① （晋）杜预注，（唐）孔颖达等正义：《春秋左传正义》，《十三经注疏》（下），第 2085 页。
② 杨伯峻译注：《论语译注》，第 52 页。
③ 杨伯峻译注：《论语译注》，第 40 页。
④ 杨伯峻译注：《论语译注》，第 40 页。
⑤ 杨伯峻译注：《论语译注》，第 47 页。
⑥ 杨伯峻译注：《论语译注》，第 56 页。
⑦ 杨伯峻译注：《论语译注》，第 53 页。
⑧ Herbert Fingarette, *Confucius: The Secular as Sacred*, Harper & Row, Publishers, 1972, p. 19.
⑨ 杨伯峻译注：《孟子译注》，第 149—150 页。

基本技术，并无褒贬之义。“仁，人心也；义，人路也。舍其路而弗由，放其心而不知求，哀哉！人有鸡犬放，则知求之；有放心而不知求。学问之道无他，求其放心而已矣。”[①] 学问之道即指学习和求问的基本要领或方法。“子过矣。禹之治水，水之道也，是故禹以四海为壑。今吾子以邻国为壑。水逆行谓之洚水——洚水者，洪水也——仁人之所恶也。吾子过矣。”[②] 水之道即水流的运行原理。道指中性的原理或规则。

中性的原理具有两种可能性质，即好或坏。故，孟子的（人）道[③] 分为两类：“欲为君尽君道，欲为臣尽臣道，二者皆法尧舜而已矣。不以舜之所以事尧事君，不敬其君者也；不以尧之所以治民治民，贼其民者也。孔子曰：‘道二，仁与不仁而已矣。’”[④] 世间有两种人道，即尧舜之仁道与桀纣之不仁道。不仁之人所遵循的道理也是某种道，比如：“杨氏为我，是无君也；墨氏兼爱，是无父也。无父无君，是禽兽也。公明仪曰：‘庖有肥肉，厩有肥马；民有饥色，野有饿莩，此率兽而食人也。’杨墨之道不息，孔子之道不著，是邪说诬民，充塞仁义也。”[⑤] 在儒家看来，仲尼之道是正道，杨墨之道则是邪道。邪道也是一种道。道的内涵因此获得了进一步的丰富，即它不仅指人间正道，而且也可以指称世间邪道。正道和邪道皆是道。

到了战国后期，荀子提出了三道论：“天不为人之恶寒也辍冬，地不为人之恶辽远也辍广，君子不为小人匈匈也辍行。天有常道矣，地有常数矣，君子有常体矣。君子道其常，而小人计其功。诗曰，何恤人之言兮，此之谓也。”[⑥] 天、地、人皆有自己的道。其中，荀子最关心人道：“先王

---

① 杨伯峻译注：《孟子译注》，第 206 页。

② 杨伯峻译注：《孟子译注》，第 228 页。

③ 《孟子》文本中出现过两次与“天道”相关的表述，即“圣人之于天道也”和“诚者，天之道也”（杨伯峻译注：《孟子译注》，第 263、130 页）。然而这两次表述，细究起来，皆非指自然界的天道。前者指天与人道的合称，后者指人性之道。事实上，和孔子一样，孟子也很少论述自然界的天道。

④ 杨伯峻译注：《孟子译注》，第 123 页。

⑤ 杨伯峻译注：《孟子译注》，第 116 页。

⑥ （清）王先谦：《荀子集解》，《诸子集成》卷二，第 208 页。

之道，仁之隆也，比中而行之。曷谓中？曰礼义是也。道者非天之道，非地之道，人之所以道也，君子之所道也。”[①] 人道即先王之道。它能够确保长治久安：“故先王案为之制礼义以分之，使有贵贱之等，长幼之差，知愚能不能之分，皆使人载其事而各得其宜。然后使谷禄多少厚薄之称，是夫群居和一之道也。”[②] 人道是天下太平的基础。其最主要内容是礼：“礼者，谨于治生死者也。生，人之始也，死，人之终也，终始俱善，人道毕矣。故君子敬始而慎终，终始如一，是君子之道，礼义之文也。夫厚其生而薄其死，是敬其有知而慢其无知也，是奸人之道，而倍叛之心也。君子以倍叛之心接臧谷，犹且羞之，而况以事其所隆亲乎！故死之为道也，一而不可得再复也，臣之所以致重其君，子之所以致重其亲，于是尽矣。”[③] 礼是人道之极，即人世间最重要、最正确的行为是合礼的行为。

荀子以为天人皆有道，二者相互有别，且各不相干。到了汉代，董仲舒将天人之道进行了统一：“人之诚，有贪有仁。仁贪之气，两在于身。身之名，取诸天。天两有阴阳之施，身亦两有贪仁之性。天有阴阳禁，身有情欲栣，与天道一也。”[④] 人道的贪仁和天道的阴阳是对应的。董仲舒曰：“古之造文者，三画而连其中，谓之王。三画者，天地与人也，而连其中者，通其道也。取天地与人之中以为贯而参通之，非王者孰能当是？”[⑤] 天人之道具有一致性，比如天道之生与人道之仁便具有一致性。天人相应，天道和人道相副。

韩愈明确指出：“博爱之谓仁，行而宜之之谓义，由是而之焉之谓道，足乎己而无待于外之谓德。仁与义为定名，道与德为虚位。故道有君子小人，而德有凶有吉。老子之小仁义，非毁之也，其见者小也。坐井而观天，曰‘天小’者，非天小也，彼以煦煦为仁，孑孑为义，其小之也则

① （清）王先谦：《荀子集解》，《诸子集成》卷二，第 77 页。
② （清）王先谦：《荀子集解》，《诸子集成》卷二，第 44 页。
③ （清）王先谦：《荀子集解》，《诸子集成》卷二，第 238—239 页。
④ （清）苏舆撰，钟哲点校：《春秋繁露义证》，第 286—288 页。
⑤ （清）苏舆撰，钟哲点校：《春秋繁露义证》，第 320—321。

宜。其所谓道，道其所道，非吾所谓道也；其所谓德，德其所德，非吾所谓德也。凡吾所谓道德云者，合仁与义言之也，天下之公言也；老子之所谓道德云者，去仁与义言之也，一人之私言也。”[①] 简单地说，儒家的道便是仁义。韩愈明确提出仁义为道。仁义之道是儒家倡导的，走向圣贤、安治天下的唯一正确的道路。

到了宋明时期，道的概念获得了革命性改造。首先，宋儒以为天地万物与人类一起共守一个道。邵雍曰：“天由道而生，地由道而成，物由道而形，人由道而行。天地人物则异也，其于由道一也。”[②] 天地人共享一个道。这个道便是公道，便是仁。其次，道从经验存在上升为超越之道。邵雍曰：“道无形，行之则见于事矣，如道路之道，坦然使千亿万年行之人知其归者也。”[③] 超越之道是无形的。二程将超越之道叫作“形而上”：“道是形而上者。形而上者则是密也。”[④] 超越之道不仅无形，而且难以知晓（“密”）。它与理相通。朱熹曰：“道，犹路也。人物各循其性之自然，则其日用事物之间，莫不各有当行之路，是则所谓道也。”[⑤] 道即形而上的性、理的自然呈现。道从经验之道升华为超越之道。

由此看来，在中国思想史上，道的内涵的产生有一个历史的过程。从早期的具体的道路，到后来的相对抽象与普遍的、经验的人道、天道，以及天人一道等，到最后的超越之道，不断演化的内容构成了儒家之道的主要内涵。

二、“依于仁”：形而下之道与行为指南

从上述内容来看，儒家之道的内涵的发展经历了两个关键阶段，即以宋代为界限的前后两个不同阶段或时期。道的内涵也因此具有了两个不

---

① （唐）韩愈：《韩愈集》，郑州：中州古籍出版社，2010 年，第 183—184 页。
② （宋）邵雍著，郭彧整理：《邵雍集》，北京：中华书局，2010 年，第 33 页。
③ （宋）邵雍著，郭彧整理：《邵雍集》，第 33 页。
④ （宋）程颢、程颐著，王孝鱼点校：《二程集》（上），第 162 页。
⑤ （宋）朱熹：《中庸章句》，《四书五经》（上），第 1 页。

同性质，即形而下的规则和形而上的“道理”。从先秦至魏晋隋唐时期，古典儒家之道主要指经验的、合理的、基本的规则或规范。

首先，道是合理的：“凡事行有益于理者立之；无益于理者废之。夫是之谓中事。凡知说有益于理者为之；无益于理者舍之。夫是之谓中说。事行失中，谓之奸事；知说失中，谓之奸道。奸事奸道，治世之所弃，而乱世之所从服也。”[①] 道是合理的规则。韩非曰：“道者万物之所然也，万理之所稽也。理者成物之文也，道者万物之所以成也。故曰：‘道，理之者也。’”[②] 道具有理的属性。道是一种合理的规范或法则。

其次，从经验的角度来看，仁义之道是做人的基础。在孔子看来，仁义之道是成人不可或缺的决定性因素。故，孔子提出：“志于道，据于德，依于仁，游于艺。”[③] 依据于仁义之道，才是成人、成圣的唯一正确的道路或方式。“谁能出不由户，何莫由斯道也。”[④] 离开了正道，如何能行？知道、依道、从道是成人的决定性条件或基础。子曰：“笃信好学，守死善道。危邦不入，乱邦不居。天下有道则见，无道则隐。邦有道，贫且贱焉，耻也；邦无道，富且贵焉，耻也。”[⑤] 国家无道，个人举止不从道，富贵又如何？在孔子看来，无论是君子还是小人，都离不开道：“君子学道则爱人，小人学道则易使也。”[⑥] 反之，“士见危致命，见得思义，祭思敬，丧思哀，其可已矣。……执德不弘，信道不笃，焉能为有？焉能为亡？”[⑦] 无道一定亡国损身。故，孔子提出：“朝闻道，夕死可矣。”[⑧] 道是人事中最重要的东西。它决定了人是否善良和伟大：从道者是君子，悖道者为小人。

孟子赞同孔子的基本立场，即仁义之道是治理天下的基础。从政治

---

① （清）王先谦：《荀子集解》，《诸子集成》卷二，第 79 页。
② （清）王先慎：《韩非子集解》，《诸子集成》卷五，第 107 页。
③ 杨伯峻译注：《论语译注》，第 76 页。
④ （清）苏舆撰，钟哲点校：《春秋繁露义证》，第 260 页。
⑤ 杨伯峻译注：《论语译注》，第 94 页。
⑥ 杨伯峻译注：《论语译注》，第 205 页。
⑦ 杨伯峻译注：《论语译注》，第 224—225 页。
⑧ 杨伯峻译注：《论语译注》，第 40 页。

学或社会学等角度来看，安定天下的基础是仁政："离娄之明，公输子之巧，不以规矩，不能成方圆：师旷之聪，不以六律，不能正五音；尧舜之道，不以仁政，不能平治天下。"[①]仁政是天下太平的基本原理。仁政是一种人道。它是一种基础性原理或纲领，具有基础性地位与作用："上无道揆也，下无法守也，朝不信道，工不信度，君子犯义，小人犯刑，国之所存者幸也。故曰：城郭不完，兵甲不多，非国之灾也；田野不辟，货财不聚，非国之害也。上无礼，下无学，贼民兴，丧无日矣。"[②]从道、法的关系来看，道是法或制度等具体规范的基础。孟子尝试着从哲学的视角重新思考人道的基础。这个基础便是人性。在孟子看来，道与性相比，性更为基础。或者说，性才是仁政或人道的基础。

荀子明确提出：君子"从道不从君"[③]。道高于一切，包括君王等（从这个角度来说，儒家政治理论并不是王权主义）。原因在于道决定人事。荀子曰："无土则人不安居，无人则土不守，无道法则人不至，无君子则道不举。故土之与人也，道之与法也者，国家之本作也。"[④]对于国家政体来说，土地、民众以及人道这三者是国家的基础（本），具有决定性作用和地位。荀子将道视作国家存在的决定性力量："道者何也？曰：君道也。君者何也？曰：能群也。能群也者何也？曰：善生养人者也，善班治人者也，善显设人者也，善藩饰人者也。……道存则国存，道亡则国亡。"[⑤]君子依道而治国平天下，反之则亡。故，荀子曰："道也者，治之经理也。"[⑥]道是安治的重要基础（"经"）或原理（"理"）。荀子借孔子之语曰："所谓大圣者，知通乎大道，应变而不穷，辨乎万物之情性者也。大道者，所以变化遂成万物也；情性者，所以理然不取舍也。"[⑦]万物生成于道。道

---

① 杨伯峻译注：《孟子译注》，第 121 页。
② 杨伯峻译注：《孟子译注》，第 121—122 页。
③ （清）王先谦：《荀子集解》，《诸子集成》卷二，第 166 页。
④ （清）王先谦：《荀子集解》，《诸子集成》卷二，第 172—173 页。
⑤ （清）王先谦：《荀子集解》，《诸子集成》卷二，第 156 页。
⑥ （清）王先谦：《荀子集解》，《诸子集成》卷二，第 281 页。
⑦ （清）王先谦：《荀子集解》，《诸子集成》卷二，第 355 页。

是基础，具有决定性力量。

第三，经验之道是相对普遍的规范。道是一个普通名词，指称某类事物，即路，“夫道若大路然”[①]。因此，道具有一定的普遍性。它是人们合理行为的普遍原理或方法，从而在时空上具有一定的普遍性。或者说，它不是特定的行为原理、规范或方法。比如在国际交往中，“惟仁者能以大事小。是故汤事葛，文王事昆夷。惟智者为能以小事大，故大王事獯鬻、句践事吴。以大事小者，乐天者也；以小事大者，畏天者也。乐天者保天下，畏天者保其国”[②]。持守善性是交往之道，它是普遍的原理。孟子曰：“世子疑吾言乎？夫道一而已矣！”[③]不同的人信奉的道可以是一致的，从而出现“许子之道”[④]“儒者之道”[⑤]“先王之道”[⑥]“孔子之道”[⑦]等。孟子将其概括为两大类，即天道和人道：“是故诚者，天之道也；思诚者，人之道也。”[⑧]只有一个“天”道，也只有一个人道。荀子曰：“天有常道矣，地有常数矣，君子有常体矣。君子道其常，而小人计其功。”[⑨]天道是常，既有时间上的持久性，也有空间上的普遍性。荀子曰：“故由用谓之，道尽利矣；由俗（欲）谓之，道尽嗛矣；由法谓之，道尽数矣；由执谓之，道尽便矣；由辞谓之，道尽论矣；由天谓之，道尽因矣。此数具者，皆道之一隅也。”[⑩]利、嗛、数、便、论、因等皆属于道的某种特殊的、具体的形式。在荀子看来，道是普遍的、纲领性原理（“经理”）。董仲舒曰：“道之大原出于天，天不变，道亦不变。”[⑪]他明确指出了人道的纲领性、普遍性与绝对性。

---

① 杨伯峻译注：《孟子译注》，第 214 页。
② 杨伯峻译注：《孟子译注》，第 23 页。
③ 杨伯峻译注：《孟子译注》，第 84 页。
④ 杨伯峻译注：《孟子译注》，第 94 页。
⑤ 杨伯峻译注：《孟子译注》，第 101 页。
⑥ 杨伯峻译注：《孟子译注》，第 94 页。
⑦ 杨伯峻译注：《孟子译注》，第 116 页。
⑧ 杨伯峻译注：《孟子译注》，第 130 页。
⑨ （清）王先谦：《荀子集解》，《诸子集成》卷二，第 208 页。
⑩ （清）王先谦：《荀子集解》，《诸子集成》卷二，第 262 页。
⑪ （汉）班固撰，（唐）颜师古注：《汉书》，第 2518—2519 页。

道是普遍性存在。普遍性存在可以是经验的存在，也可以是超越的存在。超越的普遍存在者，无论是唯名论，还是实在论，都以为需要人们的辩证性思维才能够存在于现实中。比如唯名论者阿伯拉尔（Abelard）说："属和种类存在于个体中。但是它们被想象为普遍者。种类被视为不是别的，而是在数量上不同的单个体的实体性相似，属则是一种源于种类的相似的观念。这种相似，一旦存身于个体中便是可认识的。当它是普遍者时，则必须通过智慧才能领悟。"① 普遍者是一种想象的结果。实在论者如柏拉图也提出，只有理性（intelligence）才能够觉察、认识到它的存在。② 因此，超越的普遍存在者必须依赖于人类的理性才能够被知道。

与此同时，普遍性存在也可以是经验的，比如普遍的科学规则等。它们可以被经验所认识，但是不是直接的，而是需要我们的感觉、理智、理性或智慧等一起共同努力才能够认知它。因此，作为普遍性存在的道，它并不能够直接显现在现实中。从现实的、经验的角度来说，它是无法被直接经验的。道是抽象知识。抽象之道，无法被直接经验所识别，因而是无形的，甚至被当作"形而上"的存在。

第四，无形之道却不是形而上的存在。从经验的角度来看，普遍之道是无形的，并无实际事物与之对应。故，韩愈称："道与德为虚位。"③ 道是通名，并无专有的所指或对象。因此，抽象、普遍而无形的道显得很神秘，似乎高不可及。公孙丑叹曰："道则高矣，美矣，宜若登天然，似不可及也。何不使彼为可几及而日孳孳也？"④ 基础性的、指南性的、普遍而无形的道是崇高而伟大的，同时也是看不见的，显得高不可及。现实中的事物仅仅是普遍之道的一个方面："万物为道一偏，一物为万物一偏。愚者为一物一偏，而自以为知道，无知也。"⑤ 普遍之道表现于现实中，必

---

① *Medieval Philosophy*, edited by Forrest W. Baird, Prentice-Hall, Inc., New Jersey, 2000, p. 150.

② *The Dialogues of Plato*, translated by Benjamin Jowett, p. 124.

③ （唐）韩愈：《韩愈集》，第 183 页。

④ 杨伯峻译注：《孟子译注》，第 251 页。

⑤ （清）王先谦：《荀子集解》，《诸子集成》卷二，第 213 页。

定是个别的。相对于个别而能够经验的事实，普遍之道看似无形而难知。于是，古人将这种普遍的无形之道理解为“形而上者”：“形而上者谓之道，形而下者谓之器。”[①] 人们常常根据这段话来理解道的内涵，即道是形而上学意义上的“形而上者”，其实谬矣。从文字来看，形指形成、成形，其结果便是器。“上”的古义有时间在先之义。于是，“形而上”的意思便指成形之前。上述文献便可以如此解读：道（基本原理或方法）乃是形成器物之前的东西，器物便是形成之后的产物。因此，道便是“形而上者”。这完全符合人们的日常经验。从日常生活的经验来看，通常是先有原理或方法，然后才能够成就事物，宋明理学称之为知先行后。知便是知道。张载曰：“形而上〔者〕是无形体者（也），故形（以）〔而〕上者谓之道也；形而下〔者〕是有形体者，故形（以）〔而〕下者谓之器。无形迹者即道也，如大德敦化是也；有形迹者即器也，见于事实（如）〔即〕礼义是也。”[②] 无形者即“形而上”者。从这个角度来看，道与事或器相比，道在先，器在后。道便是“形而上”的，器物则是“形而下”的。因此，古汉语的“形而上者”仅仅指时间在先的存在者。它并非现代意义上的“形而上”（transcendent）。后者主要指超经验的存在，比如上帝、理念等。作为基本原理和方法，道是可以被经验、被描述和被理解的，比如荀子之礼便是道。礼是具体行为，具有可知的形式，因而是现实的、经验的，并非超越于经验的存在者。此时的“形而上”的道是可以被知晓的。

三、形而上之道

先秦至汉唐时期的人道，虽然被称作“形而上”的，却是经验的，并非真形而上者。然而，到了宋明时期，道得到了改造，并因此获得了形而上的属性。宋明时期的道是形而上的，接近于超越之理。准确地说，理是形而上之理。道之中内含了形而上的、超越（transcendent）之理，道

---

① （魏）王弼等注，（唐）孔颖达等正义：《周易正义》，《十三经注疏》（上），第 83 页。

② （宋）张载著，章锡琛点校：《张载集》，第 207 页。

也因此转化为超越性（transcendental）存在。

朱熹曰：“道，则其进为之方也。”[①] 道是行为举止的基本方法。这种基本方法的背后依据便是理。朱熹曰：“道只是事物当然之理，只是寻个是处。大者易晓。于细微曲折，人须自辨认取。若见得道理分晓，生固好，死亦不妨。”[②] 道即事物当然之理，或者说，理之当然者便是道。理是所以然，道是所当然。朱熹曰：“所谓道者，只是日用当然之理。事亲必要孝，事君必要忠，以至事兄而弟，与朋友交而信，皆是道也……道理也是一个有条理底物事，不是囫囵一物，如老庄所谓恍惚者。”[③] 道是理的真实显现。故，道体现了理。我们甚至可以说，道便是理，此即“道理”。朱熹有时直接将理类同于道：“可见底是器，不可见底是道。理是道，物是器……此是器，然而可以向火，所以为人用，便是道。”[④] 理便是道。道是当然之理。道几乎可以被解释为理。“道者，日用事物当行之理，皆性之德而具于心，无物不有，无时不然，所以不可须臾离也。”[⑤] 当然之理，即与理相匹配的存在。一方面，道含理，即道有形而上之理；另一方面，道又不直接等同于理：仅仅是理之当然，即匹配于理，遵循于理。

道理很接近，却依然有所不同。准确地说，“天道是自然之理具，人道是自然之理行”[⑥]。道乃理的呈现。它表现为功能和作用。朱熹以体用论解释理与道的关系：“道者性之发用处。”[⑦] 理即性是体，道便是其发用处、功能处，是性理的显现。道有用。朱熹将道理解为当然之理的呈现。这种循理之道，朱熹认为有体有用：“道者，兼体、用。”[⑧] 它的功用在于“人所共由之路”[⑨]。道为人们提供行走的基础。朱熹曰：“可见底是器，不可

① （宋）朱熹：《孟子集注》，《四书五经》（上），第61—62页。
② （宋）黎靖德编，王星贤点校：《朱子语类》二，第660页。
③ （宋）黎靖德编，王星贤点校：《朱子语类》三，第863页。
④ （宋）黎靖德编，王星贤点校：《朱子语类》二，第579页。
⑤ （宋）朱熹：《中庸章句》，《四书五经》（上），第1页。
⑥ （宋）黎靖德编，王星贤点校：《朱子语类》二，第698—699页。
⑦ （宋）黎靖德编，王星贤点校：《朱子语类》二，第410页。
⑧ （宋）黎靖德编，王星贤点校：《朱子语类》一，第99页。
⑨ （宋）黎靖德编，王星贤点校：《朱子语类》一，第99页。

见底是道。理是道，物是器……此是器，然而可以向火，所以为人用，便是道。”[①] 道含理而无形，却有实用之功。我们甚至可以说道即用：“道也之道，音导。言诚者物之所以自成，而道者人之所当自行也。诚以心言，本也；道以理言，用也。”[②] 理是体，道便是用。道有功用。它是超越之理的呈现。超越者的呈现已经十分接近现实。但是，在其转换为现实之前，它依然是形而上的、超经验的的存在，比如神。神便是一种天理流行与化用。虽然朱熹不认为它是形而上的存在者，但是，从柏拉图[③] 等哲学家来看，神不是经验的存在。它属于形而上的存在。超越性之道的功用性体现在具体的细目之中：“其道，即议礼制度考文之事也。本诸身，有其德也。……动，兼言行而言。道，兼法则而言。法，法度也。则，准则也。”[④] 此时，超越性的道表现为经验的法则、原理或准则。道从形而上者走向了现实的形而下的、经验的原理或方法，人们因此可以知晓它，并用其来指导人们的行为。

按照西方康德等哲学家的理解，形而上者是无形而不可知的。中国古代儒家通常认为，无论是经验之道还是超越之道都是无形的。邵雍曰：“夫道也者道也。道无形，行之则见于事矣，如道路之道坦然，使千亿万年行之，人知其归者也。”[⑤] 道无形体。抽象之道是无形的。二程曰：“性与天道……可自得之，而不可以言传也。”[⑥] 形而上的性和抽象之道皆不可说。朱熹曰：“道又不是一件甚物，可摸得入手。”[⑦] 道不是某个看得见的物件。抽象之道是无形的存在。和西哲的不可知论立场不同的是，中国儒者通常以为道是可以把握的。二程曰：“观生理可以知道。至诚感通之道，

---

① （宋）黎靖德编，王星贤点校：《朱子语类》二，第 579 页。

② （宋）朱熹：《中庸章句》，《四书五经》（上），第 12 页。

③ 康福德说：“从这个角度来说，神（soul）与永恒世界里的不变的理念十分接近。”(Francis Macdonald Cornford, *Plato's Cosmology: The Timaeus of Plato*, Indianapolis: Hackett Publishing Company, 1997, p. 63)

④ （宋）朱熹：《中庸章句》，《四书五经》（上），第 14—15 页。

⑤ （宋）邵雍：《观物篇》，上海：上海古籍出版社，1992 年，第 17 页。

⑥ （宋）程颢、程颐著，王孝鱼点校：《二程集》（下），第 1253 页。

⑦ （宋）黎靖德编，王星贤点校：《朱子语类》一，第 229 页。

惟知道者识之。”[①] 道是可以知的。这便是知“道”。朱熹也认为道不难知：“言道不难知，若归而求之事亲敬长之闲，则性分之内，万理皆备，随处发见，无不可师，不必留此而受业也。”[②] 道是可以知晓的。当然，中国古人所谓知“道”，并非现代哲学中的认知，而是指通过与之贯通而领悟与获得。知道便是得道。

四、“成性存存，道义之门”：道由性定

那么，道是不是真正的存在本源呢？或者说，道是不是真正的终极性存在呢？回答是否定的。尽管道是行为的基本原理或基础，对人类的经验生活具有重要作用，但是，无论是先秦时期的经验之道，还是后来的超越性的道，都不是真正的本原。有子曰：“其为人也孝弟，而好犯上者，鲜矣；不好犯上，而好作乱者，未之有也。君子务本，本立而道生。孝弟也者，其为仁之本与！”[③] 孝悌是经验的事实。道晚于经验性的孝悌。因此，在这一经验事实之外，还存在着某些或某个更为根本的本原。这个更根本的存在者，儒家以为便是性。这一认识开始于孟子。孟子完全接受了孔子的人道观，即唯一正确的人道乃是仁义之道：“仁，人心也；义，人路也。舍其路而弗由，放其心而不知求，哀哉！人有鸡犬放，则知求之；有放心而不知求。学问之道无他，求其放心而已矣。”[④] 儒家的仁义之道便是路，由此才能够通达目的地。那么，仁义之道从何而来？如何成就它呢？这便是孟子所要回答的主要问题。孟子认为，人天生的四端或性是仁义礼智等人道的本源。孟子曰：“恻隐之心，人皆有之；羞恶之心，人皆有之；恭敬之心，人皆有之；是非之心，人皆有之。恻隐之心，仁也；羞恶之心，义也；恭敬之心，礼也；是非之心，智也。仁义礼智，非由外铄我也，我固有之也，弗思耳矣。”[⑤] 四端乃是恻隐之心、羞恶之心、辞让之

---

① （宋）程颢、程颐著，王孝鱼点校：《二程集》（下），第 1171 页。
② （宋）朱熹：《孟子集注》，《四书五经》（上），第 94 页。
③ 杨伯峻译注：《论语译注》，第 2 页。
④ 杨伯峻译注：《孟子译注》，第 206 页。
⑤ 杨伯峻译注：《孟子译注》，第 200 页。

心和是非之心。它们是人的天生本性。四端或四心分别对应于四德，恻隐之心对应于仁，羞恶之心对应于义，辞让之心对应于礼，是非之心对应于智。仁义礼智四德即人道。由这四端之性便可以成就仁义之道。人性是仁义之道的本、决定者。故，王阳明说：“孟子性善，是从本原上说。”①性是本原，具有基础性：它是人类的仁义礼智等人道的本原或基础。

性是本源，率性便可以成就仁义之道，便可至善。孟子曰：“乃若其情，则可以为善矣，乃所谓善也。若夫为不善，非才之罪也。”②情近性。“乃若其情”即顺性自然可以为善。率性的过程便是诚：“诚者，天之道也；思诚者，人之道也。至诚而不动者，未之有也；不诚，未有能动者也。”③诚即天性的自然展开。“率性之谓道。”④道即率性。率性、自然展开等皆是人性的存在方式，因此皆是人性之道。故，性是道的基础。“成性存存，道义之门。”⑤人通过存性而得道。

不仅经验之道不是真正的本原，而且超越性的道也不是真正的本原。它的本源是性或理。二程曰：“汝以道出于中，是道之于中也，又为一物矣。在天曰命，在人曰性，循性曰道，各有当也。大本言其体，达道言其用。乌得混而一之乎？”⑥道源自于性。朱熹曰：“凡言道者，皆谓事物当然之理，人之所共由者也。”⑦道是理的呈现。理与道的关系，朱熹称之为体与用：“大本者，天命之性，天下之理皆由此出，道之体也。达道者，循性之谓，天下古今之所共由，道之用也。此言性情之德，以明道不可离之意。”⑧理、性是体，道则是用。“道者性之发用处。”⑨性是体，道是用。从体用论的角度来看，体本用末。末源于本。道出于理。或者说，道是理

---

① （明）王阳明撰，吴光、钱明、董平、姚延福编校：《王阳明全集》（上），第61页。
② 杨伯峻译注：《孟子译注》，第200页。
③ 杨伯峻译注：《孟子译注》，第130页。
④ （汉）郑玄注，（唐）孔颖达等正义：《礼记正义》，《十三经注疏》（下），第1625页。
⑤ （魏）王弼等注，（唐）孔颖达等正义：《周易正义》，《十三经注疏》（上），第79页。
⑥ （宋）程颢、程颐著，王孝鱼点校：《二程集》（下），第1182页。
⑦ （宋）朱熹：《论语集注》，《四书五经》（上），第4页。
⑧ （宋）朱熹：《中庸章句》，《四书五经》（上），第1页。
⑨ （宋）黎靖德编，王星贤点校：《朱子语类》二，第410页。

的展开，理（性）是道的本原。朱熹指出："自天之所命，谓之明命，我这里得之于己，谓之明德，只是一个道理。人只要存得这些在这里。才存得在这里，则事君必会忠；事亲必会孝；见孺子，则怵惕之心便发；见穿窬之类，则羞恶之心便发；合恭敬处，便自然会恭敬；合辞逊处，便自然会辞逊。须要常存得此心，则便见得此性发出底都是道理。若不存得这些，待做出，那个会合道理！"[①] 由此性发出的规则皆是道理。道从性出。或，道由性定。朱熹曰："自，由也。德无不实而明无不照者，圣人之德。所性而有者也，天道也。先明乎善，而后能实其善者，贤人之学。由教而入者也，人道也。诚则无不明矣，明则可以至于诚矣。"[②] 道决定于性。即便是超越性之道也决定于性、理。

因此，无论是经验之道，还是超越性之道，皆以性为本。这便是道由性定。

结语　经验之本与哲学之本

和复杂的道家之道相比，儒家之道的内涵还是比较清晰的。它的基本内涵和道家之道相似，指正确的原理或基本方法。在儒家看来，这个正确之道便是仁义。然而，这个仁义之道，却表现为两种性质不同的形态，即早期的经验之道和宋明的超越性之道。经验之道为人们提供正确的观念。它是人类理性行为的指南，并因此成为行为的前提或基础。故，二程曰："故人力行，先须要知。……譬如人欲往京师，必知是出那门，行那路，然后可往。如不知，虽有欲往之心，其将何之？"[③] 知道、有观念才能正行。我们将这种基础性观念称为原理。意识行为依赖于原理。在儒家传统中，侧重于经验的孔子与荀子坚持这种观点。从经验的角度来看，知先行后，知道而后行。因此，在经验生活中，道是行为的基础。

然而，从孟子开始，人们开始从哲学的角度探讨：究竟什么才是世

---

① （宋）黎靖德编，王星贤点校：《朱子语类》二，第 386 页。
② （宋）朱熹：《中庸章句》，《四书五经》（上），第 11 页。
③ （宋）程颢、程颐著，王孝鱼点校：《二程集》（上），第 187 页。

间万事万物的本原或决定性基础？孟子的结论是：性是人道的决定性基础。道出自性。率性自然成就仁义之道。道由性定。由此，孟子推翻了人们的经验认识，或者说，将人们的认识向前大大地推进了一步。人们开始思考：在直接经验之外是否还有某种更根本的本源？孟子找到了人性。尽管他的人性并不是纯粹的超越存在，因而算不上真正的终极性本原，但是，他毕竟开始了这种哲学性的终极式追问。

到了宋明理学，虽然道对于人们的经验行为的指导性意义依然得到了支持，但是，理、性对于道的基础性、优先性和决定性地位得到进一步明确，即性体道用，道发自性，并且最终决定于性。道由性定。这应该是中国传统儒家关于道的第一原理。我们可以这样说：道是知之本，性是道之本。从人类经验生活的角度来看，我们总是先有意识或观念，然后才有行为。这个观念的内容便是道。故，道是基础或根本。但是，从哲学思维来看，性才是基础或根本。道由性定。

第三节　性与理：从实物之性到超越之理

自汉代开始，佛教开始逐渐传入中国，经历了生根、发芽、开花等阶段后，最终结出中国佛教之硕果。中国佛教的产生，不仅仅标志着佛教中国化的完成，而且开启了中国思想的转换之门。中国思想因此发生了根本性转变。从哲学的角度来看，佛教不仅仅带来了印度的浩瀚经典，而且协助中国哲学实现了创造性转换，完成了脱胎换骨式的自我更新。

本节将通过分析和比较理、性这两个术语之间的同与异，以及产生这种差异的原因，试图指出：理的内涵的丰富及其使用，不仅标志着中国哲学对佛教的学习和吸收，而且促使中国哲学产生了质的飞跃，由早期的终极式思维走向了终极性思维，成功脱胎为超越性理论体系。

一、事理与物理

早在先秦时期，理便已经成为一个重要的学术概念。从词源来看，理字本为动词。《说文解字》曰："理，治玉也。"[①] 理指雕琢玉石：将一块璞石雕琢、治理为美玉的活动便是理。作为一个名词概念，它在先秦时期至少具备三项内涵。

首先，理指"事理"[②]，即人类社会的合理制度与道德法则。如《管子》曰："地者，政之本也；朝者，义之理也；市者，货之准也；黄金者，用之量也；诸侯之地千乘之国者，器之制也。五者其理可知也，为之有道。地者政之本也，是故地可以正政也，地不平均和调，则政不可正也；政不正，则事不可理也。"[③] 朝即朝见、朝拜，属于古代君臣之间的一种礼仪或制度。《管子》以为，朝拜是治理国家的基本规范或重要原理。这便是事理。礼义制度等也是理。《管子》指出："义者，谓各处其宜也。礼者，因人之情，缘义之理，而为之节文者也。故礼者谓有理也，理也者，明分以谕义之意也。故礼出乎义，义出乎理，理因乎宜者也。法者所以同出，不得不然者也。"[④] 礼出自义、理。礼义法度等便是人间之事理。彭蒙曰："圣人者，自己出也；圣法者，自理出也。"[⑤] 圣法便是符合理的制度或规范。

这种人间事理体现了一种理智或理性。《管子》曰："修名而督实，按实而定名。名实相生，反相为情，名实当则治，不当则乱。名生于实，实生于德，德生于理，理生于智，智生于当。"[⑥] 理生于智，智生于当。理不仅符合理性要求，而且是合理的、正当的。故，事理是一种理性的、合理的制度与规范。荀子曰："诚心守仁则形，形则神，神则能化矣。诚心行义则理，理则明，明则能变矣。"[⑦] 诚心行义便会合乎理智。有了理智自然明白。出自理智的理因此具备了合理性（rationality）之义。荀子曰：

---

① （汉）许慎：《说文解字》，第 12 页。
② （清）戴望：《管子校正》，《诸子集成》卷五，第 339 页。
③ （清）戴望：《管子校正》，《诸子集成》卷五，第 13 页。
④ （清）戴望：《管子校正》，《诸子集成》卷五，第 221 页。
⑤ （清）钱熙祚：《尹文子》，《诸子集成》卷六，上海：上海书店，1986 年，第 9 页。
⑥ （清）戴望：《管子校正》，《诸子集成》卷五，第 302 页。
⑦ （清）王先谦：《荀子集解》，《诸子集成》卷二，第 28 页。

“不法先王，不是礼义，而好治怪说，玩琦辞，甚察而不惠，辩而无用，多事而寡功，不可以为治纲纪；然而其持之有故，其言之成理，足以欺惑愚众；是惠施邓析也。”[①] 即便惠施之徒的说法最终荒诞无稽，但是从逻辑上来说却是合理的。它满足了人们的理智要求，比如名家之辩，语言表达上是完全合理的，即知识上的合逻辑性与正确性。

在儒家看来，仁义礼智等社会制度与规范，既是正当，也是合理的，它们是理。孟子将义与理几乎等同：“口之于味也，有同耆焉；耳之于声也，有同听焉；目之于色也，有同美焉。至于心，独无所同然乎？心之所同然者何也？谓理也，义也。圣人先得我心之所同然耳。故理义之悦我心，犹刍豢之悦我口。”[②] 理义是本心的自然向往。荀子曰：“义者循理。”[③] 义遵循理，因而是合理的。贾谊曰：“仁行出于德，故曰‘仁者，德之出也’。德生理，理立则有宜，适之谓义。义者，理也，故曰‘义者，德之理也’。”[④] 义即理。这种事理，董仲舒称之为“人理”[⑤]，即人世间的基本原理或道德规范。仁义之道便是理。事理、人类社会的制度规范等为什么是合理之理呢？源于物理。

其次，理是物理，事物的属性。《管子》曰：“栋生桡不胜任，则屋覆而人不怨者，其理然也。”[⑥] 栋梁之木如果不结实必然坍塌，这便是曲木的属性。万物皆有属性。《庄子》曰：“天地有大美而不言，四时有明法而不议，万物有成理而不说。圣人者，原天地之美，而达万物之理。是故至人无为，大圣不作，观于天地之谓也。”[⑦] 万物有理。不同的事物便有各自的理，即“万物殊理”[⑧]。比如：“金声也者，始条理也；玉振之也者，终

① （清）王先谦：《荀子集解》，《诸子集成》卷二，第 59 页。
② 杨伯峻译注：《孟子译注》，第 202 页。
③ （清）王先谦：《荀子集解》，《诸子集成》卷二，第 185 页。
④ （汉）贾谊撰，阎振益、钟夏校注：《新书校注》，第 327 页。
⑤ （清）苏舆撰，钟哲点校：《春秋繁露义证》，第 322 页。
⑥ （清）戴望：《管子校正》，《诸子集成》卷五，第 332 页。
⑦ （清）王先谦：《庄子集解》，《诸子集成》卷三，第 138 页。
⑧ （清）王先谦：《庄子集解》，《诸子集成》卷三，第 173 页。

条理也。始条理者，智之事也；终条理者，圣之事也。”[1] 金玉都有自己不同的理。

那么，什么是事物之理呢？《庄子》曰：“泰初有无，无有无名，一之所起，有一而未形。物得以生，谓之德；未形者有分，且然无间，谓之命；留动而生物，物成生理，谓之形；形体保神，各有仪则，谓之性。性修反德，德至同于初。”[2] 所谓物之理便是产生的形式、形状等。韩非子曰：“凡理者，方圆短长粗靡坚脆之分也。故理定而后物可得道也。故定理有存亡，有死生，有盛衰。”[3] 理即物体的方圆、长短、粗细、坚脆等属性。理即事物的形状等属性。这些属性，韩非子称之为“文”：“道者，万物之所然也，万理之所稽也。理者成物之文也，道者万物之所以成也。故曰：‘道，理之者也。’”[4] 这些文，韩非子认为，它是物体之间相互区别的主要依据。各个物体因此理而不会相互混淆。理使物体各自成为一个物体。

同时，这些属性也是人们认识、分别和对待事物的主要依据。韩非子指出：“凡物之有形者，易裁也，易割也。何以论之？有形则有短长，有短长则有小大，有小大则有方圆，有方圆则有坚脆，有坚脆则有轻重，有轻重则有白黑。短长大小方圆坚脆轻重白黑之谓理。理定而物易割也。”[5] 裁、割即处置物体的手段。懂得物理才能够进行合理的裁割。裁割的前提是分别和认识。因此，物之理是人们认识的对象。荀子曰：“凡以知人之性也；可以知物之理也。”[6] 通过认识这些属性，人们形成事物的概念，即名。《尹文子》曰：“有形者必有名，有名者未必有形。形而不名，未必失其方圆白黑之实。名而不可不寻，名以检其差。故亦有名以检形，形以定名。名以定事，事以检名。察其所以然，则形名之与事物，无所隐

---

① 杨伯峻译注：《孟子译注》，第 180 页。
② （清）王先谦：《庄子集解》，《诸子集成》卷三，第 73 页。
③ （清）王先慎：《韩非子集解》，《诸子集成》卷五，第 108—109 页。
④ （清）王先慎：《韩非子集解》，《诸子集成》卷五，第 107 页。
⑤ （清）王先慎：《韩非子集解》，《诸子集成》卷五，第 111 页。
⑥ （清）王先谦：《荀子集解》，《诸子集成》卷二，第 270 页。

其理矣。”[1] 依靠概念（名），我们便可以知晓事物之理。

天地属于物。物有理，天地自然有理，此即所谓的天理和地理。所谓天理，首先指自然之天的形状或特点。《管子》曰：“圣人若天然，无私覆也……执一之君子执一而不失，能君万物。日月之与同光，天地之与同理。”[2] 天地与圣人一般分享理。这种天之理便是“天理”。其次，天理也指事物的自然状态，如《庄子》所言：“方今之时，臣以神遇，而不以目视，官知止而神欲行。依乎天理，批大卻，道大窾，因其固然。”[3] 天理即自然状态，比如牛的身体结构等。不仅天有天理，而且地也有理即地理。贾谊曰：“古之为路舆也，盖圜以象天，二十八橑以象列宿，轸方以象地，三十辐以象月。故仰则观天文，俯则察地理，前视则睹鸾和之声，侧听则观四时之运，此舆教之道也。”[4] 地貌便是地理。二者合称“天地之理”：“天地之理，分一岁之变以为四时，四时亦天之四选已。”[5] 在古人看来，天地为常：“天覆万物，制寒暑，行日月，次星辰，天之常也，治之以理，终而复始，主牧万民。”[6]《管子·形势解》提出，天是绝对的。因此，绝对之天所具备的形态即理具有一定的必然性：“圣人知必然之理，必为之时势；故为必治之政，战必勇之民，行必听之令。”[7] 理是必然的。

再次，从物理得事理，即物之必然之理是人类社会之理的根据。天理需尊：“敬祖祢，尊始也。齐约之信，论行也。尊天地之理，所以论威也。”[8] 尊天理即循理：“心之在体，君之位也。九窍之有职，官之分也。心处其道，九窍循理。”[9] 故，韩非子曰：“夫能自全也，而尽随于万物之理

---

① （清）钱熙祚：《尹文子》，《诸子集成》卷六，第 1 页。
② （清）戴望：《管子校正》，《诸子集成》卷五，第 222—223 页。
③ （清）王先谦：《庄子集解》，《诸子集成》卷三，第 19 页。
④ （汉）贾谊撰，阎振益、钟夏校注：《新书校注》，第 230 页。
⑤ （清）苏舆撰，钟哲点校：《春秋繁露义证》，第 214 页。
⑥ （清）戴望：《管子校正》，《诸子集成》卷五，第 324 页。
⑦ （清）严可均校：《商君书》，《诸子集成》卷五，上海：上海书局，1986 年，第 33 页。
⑧ （清）戴望：《管子校正》，《诸子集成》卷五，第 194 页。
⑨ （清）戴望：《管子校正》，《诸子集成》卷五，第 219 页。

者，必且有天生。天生也者，生心也。”[①]尽随万物之理，即遵循天地之理。

古人不仅尊理，循理，而且将天地之理类通于人间之道，以之为人间之理。人道源自天道，天人一致：“是故事各顺于名，名各顺于天。天人之际，合而为一。同而通理，动而相益，顺而相受，谓之德道。”[②]天人同理。仁义之道便是圣人对天理的总结和概括：“名者，大理之首章也。录其首章之意，以窥其中之事，则是非可知，逆顺自著，其几通于天地矣。”[③]名即概念。它是人们用来概括天理的语言。人理产生于天理。比如，义便源自天理：“人之德行，化天理而义。”[④]作为人类行为原理的义便产生于天理。

人类因为循天理、物理而得人道、形成仁义制度。无论是物理还是事理，它们都是经验的、现实的，同时也是可以认识的。因此，“‘理’这一概念就与知识活动密切相关，其主要是用来指谓事物或自然的法则与规律”[⑤]。早期之理指称事物的经验属性。对这些属性的概括便是规律或法则。这便是先秦至秦汉时期理概念的基本内涵。

二、质朴之性：早期儒学的经验性思维与终极式追问

早期思想家眼中的事理、物理或天理，类似于今天的规律。这些规律是现实的。那么，这些现实的规律是如何产生的呢？事理、物理的基础是什么呢？事理、物理便是道。那么，什么是道的基础呢？这是哲学家喜欢的问题。

在儒家哲学史上，孔子初次论述人性：“性相近也，习相远也。”[⑥]人的初生之性都是一样的，后天的践行才使人有了君子、小人的差别。此时的“性”，仅仅指人刚生下来时的实物，具有物理性。故，二程称之

① （清）王先慎：《韩非子集解》，《诸子集成》卷五，第112页。
② （清）苏舆撰，钟哲点校：《春秋繁露义证》，第281页。
③ （清）苏舆撰，钟哲点校：《春秋繁露义证》，第278页。
④ （清）苏舆撰，钟哲点校：《春秋繁露义证》，第310页。
⑤ 吾淳：《“理”概念发展的知识线索》，《上海师范大学学报（哲学社会科学版）》2013年第6期。
⑥ 杨伯峻译注：《论语译注》，第204页。

为“生质之性”。它是一种气质实物。作为气质之物的性是形而下的实物，而不是超越的实体。孟子将这种气质之物叫作材、质。孟子曰：“牛山之木尝美矣，以其郊于大国也，斧斤伐之，可以为美乎？是其日夜之所息，雨露之所润，非无萌蘖之生焉，牛羊又从而牧之，是以若彼濯濯也。人见其濯濯也，以为未尝有材焉，此岂山之性也哉？虽存乎人者，岂无仁义之心哉？”[①] 性即是材。它是人们刚出生时的物体。这种材质之物包含着气。或者说与气不分。其中的“浩然之气”便与性无异。汉儒董仲舒将性比作“卵”：“性者，天质之朴也；善者，王教之化也。无其质，则王教不能化；无其王教，则质朴不能善。”[②] 性是成善的材质。材质、质朴之性经过教化和改造可以致善。性是初生时的实物。玄学家王弼曰：“夫耳、目、口、心，皆顺其性也。不以顺性命，反以伤自然，故曰盲、聋、爽、狂也。”[③] 耳目之欲出自于天生的本能。这种本能属于器质性实物。它表现为耳目之欲。性是耳目之欲的载体，为实体之物。故，“夫御体失性，则疾病生；辅物失真，则疵衅作。信不足焉，则有不信，此自然之道也”[④]。如果违背了性，便会生病。这种初生时的实物也是某种气物：“专，任也。致，极也。言任自然之气，致至柔之和，能若婴儿之无所欲乎？则物全而性得矣。”[⑤] 性便是自然之气物。它指初生之物，比如婴儿一般。嵇康曰：“君子识智以无恒伤生，欲以逐物害性。故智用则收之以恬，性动则纠之以和，使智止于恬，性足于和……由此言之，性气自和，则无所困于防闲；情志自平，则无郁而不通。”[⑥] 性是某种实体之物。如果说性是抽象之物，便不存在“养”性、“害性”或违背之说。

这种气质人性论必然造成心性不分、性气不别与性情不辨等。首先，

---

① 杨伯峻译注：《孟子译注》，第 203 页。
② （清）苏舆撰，钟哲点校：《春秋繁露义证》，第 304 页。
③ （魏）王弼著，楼宇烈校释：《王弼集校释》，第 28 页。
④ （魏）王弼著，楼宇烈校释：《王弼集校释》，第 41 页。
⑤ （魏）王弼著，楼宇烈校释：《王弼集校释》，第 23 页。
⑥ 夏明钊译注：《嵇康集译注》，哈尔滨：黑龙江人民出版社，1987 年，第 62—63 页。

心性不分。“孟子道性善”[1]，人人皆有成为善良而伟大的尧舜的潜质。这个潜质便是性。这等性，他称之为心，共有四类，即恻隐之心、羞恶之心、辞让之心和是非之心。这四心又叫四端。四端分别对应于仁、义、礼、智。因为这四端，故，“仁义礼智，非由外铄我也，我固有之也，弗思耳矣”[2]。四心是仁义礼智的本原。因此，四端、四心即性。君子之性，即“仁义礼智根于心”[3]。故，性即心。“存其心”[4]即是“养其性”[5]。心性不分。一些学者将孟子的心翻译为 heart-mind，这样做无疑觉察到了心性之间的贯通性。从今天的角度来看，心主要指主观的存在，即 mind。而孟子之心侧重于客观的存在，即 heart，更接近于性。很显然，孟子尚未严格区别心、性。或者说，孟子之心，夹杂着物理属性。

其次，性气不分。孟子之性既是一种规定性，同时也是一种质料的存在。故，性即是气，或者说，性气不分。孔子曰：“性相近也，习相远也。”[6]其中的性，朱熹认为它离不开“气质”[7]。孟子倡导“善养吾浩然之气”[8]。他所说的“浩然之气”，“其为气也，至大至刚，以直养而无害，则塞于天地之间。其为气也，配义与道；无是，馁也。是集义所生者，非义袭而取之也。行有不慊于心，则馁矣。我故曰，告子未尝知义，以其外之也。必有事焉，而勿正，心勿忘，勿助长也”。[9]至大至刚之气，配上义与道，便是质料与义理的合成。这种合义之才便是性。故，性即气。或者说，性乃是一种特殊的气，即“浩然之气”。荀子曰：“凡奸声感人而逆气应之，逆气成象而乱生焉；正声感人而顺气应之，顺气成象而治生焉。唱和有应，善恶相象，故君子慎其所去就也。”[10]美好的乐曲，浸淫着善良

---

① 杨伯峻译注：《孟子译注》，第 84 页。
② 杨伯峻译注：《孟子译注》，第 200 页。
③ 杨伯峻译注：《孟子译注》，第 241 页。
④ 杨伯峻译注：《孟子译注》，第 233 页。
⑤ 杨伯峻译注：《孟子译注》，第 233 页。
⑥ 杨伯峻译注：《论语译注》，第 204 页。
⑦ （宋）朱熹：《论语集注》，《四书五经》（上），第 14 页。
⑧ 杨伯峻译注：《孟子译注》，第 46 页。
⑨ 杨伯峻译注：《孟子译注》，第 46—47 页。
⑩ （清）王先谦：《荀子集解》，《诸子集成》卷二，第 254 页。

或正气。这些正音能够激发人身上的正气（“顺气”）。同时，它也能够抑制人身上的“逆气”。所谓逆气便是天生的邪性。性是气。性气一致观成为汉代儒家的普遍立场，即人性混含着善恶两种不同的气质。性即气。

第三，性气不分必然导致性情不分。情即性。孟子曰：“夫物之不齐，物之情也；或相倍蓰，或相什百，或相千万。”[①] 世上生物各异，原因在于物之情。此处的情显然指性，即万物因性不同而各异。情即性。“乃若其情”[②] 即循性而为。缠绕儒学史千年的“乃若其情”难题便迎刃而解。荀子曰：“性者，天之就也；情者，性之质也；欲者，情之应也。以所欲为可得而求之，情之所必不免也。”[③] 欲是人的性情的反应。故，欲乃情的表现形式。荀子曰：“人之情，食欲有刍豢，衣欲有文绣，行欲有舆马，又欲夫余财蓄积之富也；然而穷年累世，不知不足，是人之情也。”[④] 欲乃是情的反应，即情之欲。欲是人情的自然反应形式：“夫人之情，目欲綦色，耳欲綦声，口欲綦味，鼻欲綦臭，心欲綦佚。此五綦者，人情之所必不免也。”[⑤] 欲是情欲。荀子曰：“今人之性，饥而欲饱，寒而欲暖，劳而欲休，此人之情性也。”[⑥] 衣食之欲便是性情之自然。性、情、欲一体而不分。

从笛卡尔的情感理论来看，情感的发生既有主观性要素，同时也有客观性基础，尤其是物质性的基础，比如人体器官对外物的感受性等：“情感主要由蕴涵于大脑空洞区的精灵所引起，并传向能够伸张或压缩心脏口的神经，或者以一种显著区别于其他身体部位的方式将血液压往心脏，或者以某些其他方式维持情感。由此看来，我们可以在情感的定义中包含这样的认识：它们产生于精灵的某种个别性运动。”[⑦] 简而言之，情感产生于精灵的器官性反应。这种器官性反应无疑既是质料性的，同时也是

① 杨伯峻译注：《孟子译注》，第 95 页。
② 杨伯峻译注：《孟子译注》，第 200 页。
③ （清）王先谦：《荀子集解》，《诸子集成》卷二，第 284 页。
④ （清）王先谦：《荀子集解》，《诸子集成》卷二，第 42 页。
⑤ （清）王先谦：《荀子集解》，《诸子集成》卷二，第 137 页。
⑥ （清）王先谦：《荀子集解》，《诸子集成》卷二，第 291 页。
⑦ *The Philosophical Writings of Descartes*, Vol. I, translated by John Cottingham, Robert Stoothoff, and Dugald Murdoch, p. 342.

气质性的。以情为性，就是将气质性东西（气）当作性。气性不分必然导致性情不辨。

在儒家思想史上，孟子是第一位专注于人性问题的思想家。对人性问题的思考表明：儒家开始关注于事物（主要是生物）的本原。关注事物“本原”（first principles）的学问或知识，亚里士多德称为“智慧”。哲学即爱智慧。哲学家便喜欢思考原因或本原之类的问题，比如哲学之父泰勒斯提出“水为万物之本”①等。孟子首次尝试了这种终极式思维：寻找事物存在的本原或基础，如，事物从何而来？其最基本单位是什么？等等。从理论问题上，孟子的人性论回答了理、道的来源或基础问题，即人性才是理或道的来源。这一追问，从孟子至玄学时代，都有一个特点，即它既有一定的抽象性，同时也保留了一定的经验性和质料性。或者说，早期儒家用现实的方式追问了事物存在的终极本源问题，提出人性是本源。这种抽象与具体的混合物即人性，严格说来，显然不是真正的“第一原因”，和古希腊的理念相距甚远。这种混合物还可以再分离，即，在它的背后存在着某种更为根本的“终极性存在者”。因此，早期儒家哲学尚未触及真正的根本、本原或究竟者。因此，早期儒家（孔子至韩愈）哲学思考是终极式的，却非终极性的。他们尚未进入思辨哲学的阶段。

三、理：真如与超越

自佛教以来，理便逐渐从经验认识对象转化为一种抽象概念和终极性思维的内容。理是真谛。隋慧远曰：“事理相对。事为世谛。理为真谛。”②法藏曰：“是理即真谛也。”③所谓真谛，慧远曰：“是故事法。且名世谛俗谛等谛。理法且名第一义谛乃至真谛。谛者犹是真实之义。”④真谛即真实者。真实者即真实的样子，即真如。故，法藏曰：“事者心缘色碍

① *The Works of Aristotle*, Vol. I, pp. 501-502.

② （隋）慧远：《大乘义章》，《大正藏》第44册，第483页。

③ （唐）法藏：《华严游心法界记》，《大正藏》第45册，第644页。

④ （隋）慧远：《大乘义章》，《大正藏》第44册，第483页。

等，理者平等真如。”[①] 理即真如、真实。“理是真如。”[②] 所谓真如、真谛、真实，即事物的究竟或终极本性，类似于柏拉图的理念所指称的存在。它指事物的类本性：此事物之所以为此类事物的规定性、所以然者。这种规定性、所以然者，是此类事物的最小的单位，无法再进行分割了。这便是“一”：单一者。真如之理是一。华严曰：“且理一无分限。以遍一切故。”[③] 理是一。“理无二故。但事同理即无分限。故云遍耳。”[④] 它是“唯一真理平等显现。以离真理外无片事可得故”[⑤]。唯一的理是最小的单位。作为最小的单位，它是无法分割的：“能遍之理性无分限，所遍之事分位差别，一一事中理皆全遍，非是分遍何以故？以彼真理不可分故，是故一一纤尘皆摄无边真理无不圆足。”[⑥] 理是单一的、无法分割的存在。这意味着：它是界定事物属性的最小单位，无法再进一步深化了。这样的认识方式便是一种终极性的思维：追问事物的最小规定性，追问事物的终极性存在。这便是哲学的典型任务。佛教以超越之理来规定事物的性质，显然是一种终极性的思维方式。

更为重要的是，理概念从早期的经验思维转向彻底的超越思辨。这便是佛教对理的定义。理是真谛、真如、真实、实相。那么，什么是真谛、真如、真实、实相呢？根据印度佛教的基本原理，真如是空。故，理是空。隋慧远曰：“事者所谓地水火风色香味等；法者所谓苦无常等法之缘数；理者所谓诸法相空；实者所谓非有非无如实法性。”[⑦] 理是相空。天台智顗明确指出：“所入之空空即是理。”[⑧] 理即空。“如尘相圆小是事，尘性空无是理。”[⑨] 空便是佛教眼中的事物的自性。空无自性。

---

① （唐）法藏：《华严经问答》，《大正藏》第 45 册，第 598 页。
② （隋）智顗：《妙法莲华经文句》，《大正藏》第 34 册，第 37 页。
③ （唐）法藏：《华严经明法品内立三宝章》，《大正藏》第 45 册，第 624 页。
④ （唐）法藏：《华严法界玄镜》，《大正藏》第 45 册，第 678 页。
⑤ （唐）法藏：《华严发菩提心章》，《大正藏》第 45 册，第 678 页。
⑥ （唐）法藏：《华严发菩提心章》，《大正藏》第 45 册，第 652—653 页。
⑦ （隋）慧远：《大乘义章》，《大正藏》第 44 册，第 510 页。
⑧ （隋）智顗：《摩诃止观》，《大正藏》第 46 册，第 25 页。
⑨ （唐）法藏：《华严经义海百门》，《大正藏》第 45 册，第 630 页。

空无之理又叫无住："无住者理也。一切法者事也。"[1]无住即无法确定的空洞者。理即无我："言情理者，妄情所立。我众生等，以为世谛。无我之理，说为真谛。"[2]真谛即无我之理。理即无我。我是肉身。理即非肉身的存在。具体地说，理即是空。空无自性。故，"无自性者是真理也"[3]。真理即虚无，即性空。"谓见尘性空。即是十方一切真实之理。"[4]理即性空而无自性。理陷入了彻底的空无。空无之理杳无形象。故，隋慧远曰："理绝形名，心言不及。"[5]华严曰："事有形相，理无形相故。"[6]理是空无者，它没有任何的形体可言，也无法用一般的指物的概念来描述它。它彻底脱离现实的形体事物。没有任何一个现实的、实体性事物与之相匹配。理不具备实体性或实在性。佛教的理是彻底的超越于经验的、空虚的，也是非实有的存在。

因此，中国佛教用一个完全超越于经验的概念，来追问事物的终极性存在，并称之为真谛、真如。这个概念便是理。理即真如、真理、真谛。与中国古典思想（即，未受印度佛教的影响的中国思想）相比，理字还是那个理字，但是其内涵和性质却发生了明显的变化。前者指称经验性的属性，后者针对超越性的存在。中国佛教的这种超越性、思辨性思维方式经过隋唐时期的发酵和酝酿，逐渐被中国哲学尤其是儒家哲学所利用和吸收，并产生了宋明理学，从而使中国哲学的面貌焕然一新。

经过了隋唐思辨性佛教哲学的洗礼与浸染，宋明理学逐渐转换为思辨的哲学形态。中国古典时期的理，也被理学家们改造为一个超越的、思辨的概念，并成为这一时期最重要的概念。它主要表现在三个方面。

第一，理是一个脱离了气等质料性特征的、纯粹抽象的真实存在者。二程将孟子之性分别为形而上与形而下两个部分。其中，形而下的部分，

---

① （隋）智顗：《妙法莲华经文句》，《大正藏》第34册，第37页。
② （隋）慧远：《大乘义章》，《大正藏》第44册，第483页。
③ （唐）法藏：《华严法界玄镜》，《大正藏》第45册，第679页。
④ （唐）法藏：《华严经义海百门》，《大正藏》第45册，第632页。
⑤ （隋）慧远：《大乘义章》，《大正藏》第44册，第476页。
⑥ （唐）法藏：《华严法界玄镜》，《大正藏》第45册，第679页。

即质料性存在被称为气或才。二程曰："聚为精气，散为游魂；聚则为物，散则为变。观聚散，则鬼神之情状着矣。万物之始终，不越聚散而已。鬼神者，造化之功也。"[①] 所有的生物皆有此气。由气而成才："才出于气。"[②] 人生之初，除了天命之性外，还有材料、质料。

和质料性之气、才对应的便是理。理即天命之性。二程道："性即理也，所谓理，性是也。"[③] 性即理。此性乃是孟子之性的抽象化。故，理即抽象之性。它脱离了气。故，此性与气有别。二程曰："论性，不论气，不备；论气，不论性，不明。"[④] 性气虽然相互依赖，但却完全不同。理、性不是气。或者说，理是脱离了气等质料的真实存在者。朱熹更是分别了理与气："也须有先后。且如万一山河大地都陷了，毕竟理却只在这里。"[⑤] 即便没有了气，理还在。理独立于气而实在。这个独立的、真实的存在者便是仁义礼智之性："气则为金木水火，理则为仁义礼智。"[⑥] 理即仁义礼智之性。理是真实而抽象的实在者，故"天理是实理"[⑦]。这明显不同于佛教的空理。

第二，理是形而上者，独立于经验。二程曰："形而上者，存于洒扫应对之间，理无小大故也。"[⑧] 理是形而上者。这种形而上之理是自然之理。伊川先生曰："若性之理也则无不善，曰天者，自然之理也。"[⑨] 因为理是自然的、天然的，故曰理是天然之理。伊川说："莫之为而为，莫之致而致，便是天理。"[⑩] 天理自然无为，没有任何的刻意和人为。明道曰："天地万物之理，无独必有对，皆自然而然，非有安排也。"[⑪] 天理自然如

---

① （宋）程颢、程颐著，王孝鱼点校：《二程集》（下），第 1270 页。
② （宋）程颢、程颐著，王孝鱼点校：《二程集》（上），第 252 页。
③ （宋）程颢、程颐著，王孝鱼点校：《二程集》（上），第 292 页。
④ （宋）程颢、程颐著，王孝鱼点校：《二程集》（上），第 81 页。
⑤ （宋）黎靖德编，王星贤点校：《朱子语类》一，第 4 页。
⑥ （宋）黎靖德编，王星贤点校：《朱子语类》一，第 3 页。
⑦ 张立文主编：《理》，北京：中国人民大学出版社，1991 年，第 3 页。
⑧ （宋）程颢、程颐著，王孝鱼点校：《二程集》（下），第 1175 页。
⑨ （宋）程颢、程颐著，王孝鱼点校：《二程集》（上），第 313 页。
⑩ （宋）程颢、程颐著，王孝鱼点校：《二程集》（上），第 215 页。
⑪ （宋）程颢、程颐著，王孝鱼点校：《二程集》（上），第 121 页。

此。因此，理是自在的。伊川曰："说有便是见，但人自不见，昭昭然在天地之中也。且如性，何须待有物方指为性？性自在也。贤所言见者事，某所言见者理。如日不见而彰是也。"[①] 自在之性即自在之理，自在而自然，完全独立于人们的经验。

第三，作为形而上者，理自然无形而不可知。伊川认为，"理无形也，故因象以明理"[②]。它表现为密、微、神。二程曰："凡物皆有理，精微要妙无穷，当志之尔。"[③] 理是微。微即微小，不可认识。"至微莫如理。"[④] 理是最微小的存在。形而上之理因此是神："神（一本无）。与性元不相离，则其死也，何合之有？"[⑤] 神与性不可分离。伊川曰："神是极妙之语。"[⑥] 性即极妙者、神秘者，也是说不得的，"才说性时，便已不是性也"[⑦]。能够被言说的性并不是真性。性、理说不得。

天理既是超验的，也是超越的。超越区别于超验（a prior）。超验概念，以往的学术界常常称为先天。先天概念带有天然性，比如某人先天六指。而康德所说的 a prior，其定义指脱离经验、与经验无关的存在，比如某种"超验知识"，便指"某种相对于来源于经验的经验知识"[⑧] 的理论形态。这种无关于经验、实践的纯粹知识不含任何的经验成分，比如"任何的变化皆有原因"便是一类超验命题。当然这并非说它与经验绝对无关，仅仅指可以暂时脱离经验，从而成为某种形式的、分析的状态，"必然性与普遍性是超验的标准"[⑨]。故，超验指某种脱离经验的状态。经验，在传统儒家这里大体近似于气质存在。宋明理学之理，脱离了具体的气质质

① （宋）程颢、程颐著，王孝鱼点校：《二程集》（上），第 185 页。
② （宋）程颢、程颐著，王孝鱼点校：《二程集》（上），第 271 页。
③ （宋）程颢、程颐著，王孝鱼点校：《二程集》（上），第 107 页。
④ （宋）程颢、程颐著，王孝鱼点校：《二程集》（下），第 1222 页。
⑤ （宋）程颢、程颐著，王孝鱼点校：《二程集》（上），第 64 页。
⑥ （宋）程颢、程颐著，王孝鱼点校：《二程集》（上），第 64 页。
⑦ （宋）程颢、程颐著，王孝鱼点校：《二程集》（上），第 10 页。
⑧ Immanuel Kant, *Critique of Pure Reason*, translated by Paul Guyer, Cambridge University Press, 1998, p. 136.
⑨ Gilles Deleuze, *Kant's Critical Philosophy*, translated by Hugh Tomlinson and Barbara Habberjam, The Athlone Press, 1984, p. 1.

料。气质材料近似于经验。因此，脱离气质的天理是超验的存在。

与此同时，超越是 transcendent。关于超越，安乐哲解释道："严格说来，超越的意思是指一种原理。这一原理讲的是：只有诉诸 A，B 才能够得到充分的解释，相反则不然。此时，相对于B 来说，A 是超越的。"[①] 超越即不可言说的实体，比如天理便是无形而不可知晓与言说的存在。故冯友兰称：理"略如希腊哲学中之概念或形式"[②]。柏拉图的理念是超越的存在。天理与之相似，指称某种超越于经验的普遍实体。超越之理使理学家的天理区别于先秦时期的理。真实之天理则将理学之理与佛教之空理区别开来。事实上，这也是理学家反对佛教哲学的最主要地方。

四、天理与超越性思维方式

超越之理的使用，不仅标志着中国哲学或中国儒学范畴体系的丰富化，更为重要的是，在使用这类范畴的过程中，中国哲学或儒学成功地转换为超越性、思辨性思维。

首先，二程兄弟以理取代性，并将理定义为事物的"所以然者"："穷物理者，穷其所以然也。天之高，地之厚，鬼神之幽显，必有所以然者。"[③] 理即所以然者。比如伊川曰："凡眼前无非是物，物物皆有理。如火之所以热，水之所以寒，至于君臣父子间皆是理。"[④] 火热之性、水寒之性，以及君臣父子的本质性关系等等皆是理。理规定了火的热性、水的寒性，以及人伦之间的本质规定。伊川曰："凡理之所在，东便是东，西便是西，何待信？凡言信，只是为彼不信，故见此是信尔。孟子于四端不言信，亦可见矣。"[⑤] 东即是东，西即是西。东、西各自有自身的确定的本性。

朱熹也坚持这种定义："凡事固有'所当然而不容已'者，然又当求

---

① David L. Hall, Roger T. Ames, *Thinking through Confucius*, State University of New York Press, 1987, p. 13.

② 冯友兰：《中国哲学史》（下），第 261 页。

③ （宋）程颢、程颐著，王孝鱼点校：《二程集》（下），第 1272 页。

④ （宋）程颢、程颐著，王孝鱼点校：《二程集》（上），第 247 页。

⑤ （宋）程颢、程颐著，王孝鱼点校：《二程集》（上），第 296 页。

其所以然者何故。其所以然者，理也。”[①] 理即事物的“所以然者”，比如“竹椅便有竹椅之理。枯槁之物，谓之无生意，则可；谓之无生理，则不可。如朽木无所用，止可付之焚灶，是无生意矣。然烧甚么木，则是甚么气，亦各不同，这是理元如此。”[②] 万物都有自己的理。理是某物成为某类物的依据、“所以然者”。这种所以然、依据，我们可以用一个名词来描述它：identity（同一性）。

在西方哲学史上，同一性（identity）是一个十分重要的概念。莱布尼茨提出一个著名的原理：the principle of identity of indiscernible。这个原理的主题便是同一性：每个事物都有自己的独特的身份，世界上找不到两个完全相同的事物，即便是树叶、水滴之类的事物，也没有完全相同的。[③] 其原因在于其各自的身份的不同。不同的身份决定了事物的差异。海德格尔提出：身份（Identität）是“每一个成为其自己的东西”[④]，或者叫作：A=A。A=A 便是逻辑命题统一律的符号形式。

同一性有两种用法，即个体同一性与种类统一性。从莱布尼茨和海德格尔等人对 identity 的理解来看，identity 是一个事物成为一个事物、作为一个事物、是一个事物的依据。这个依据、所以然，类似于日常语言的身份。身份是一个事物成为一个事物、作为一个事物的依据。这是个体统一性，与个体性相关。还有一种同一性即种类同一性，比如柏拉图的理念（idea 或 form）。所谓理念，柏拉图指的是：“比如大、健康、力量等，一句话：所有其他事物的真实的东西。它们都是最基本的。”[⑤] 健康之所以是健康，美之所以为美，正义之所以是正义，善良之所以为善良者，靠的就是它们。以美为例。理念就是客观的、能够引起人们美感的实在。它依托

---

① （宋）黎靖德编，王星贤点校：《朱子语类》二，第 414 页。

② （宋）黎靖德编，王星贤点校：《朱子语类》一，第 61 页。

③ Gottfried Wilhelm Leibniz, *Philosophical Papers and Letters*, translated and edited by Leroy E. Loemker, D. Reidel Publishing Company, Dordrecht, Holland, 1976, p. 687.

④ Martin Heidegger, *Identität und Differenz*, Gesamtausgabe, Band Ⅱ, Vittorio Klostermann Frankfurt am Main, 2006, S. 34.

⑤ *The Dialogues of Plato*, translated by Benjamin Jowett, p. 224.

于具体的物体，比如巍巍泰山、滔滔江水，给人以美感，它们的理念不是指泰山、长江，而是致使泰山为崇高、长江为壮美的客观因素。正是这因素使美的事物成为美的事物。它是事物的种属身份即种类同一性。有了这个属性，该事物便归属于此类事物而非彼类事物。它是某种事物的共同点。

理学的理也是此类概念。它是某类事物的"所以然者"，是事物的种类统一性。这种同一性，显然是超越于任何实体性、经验性的事物。它可以是近似于实在论式的理念，也可以是唯名论式的观念。总之，它脱离于经验的、现实的事物。故，朱熹曰："人物之生，天赋之以此理，未尝不同，但人物之禀受自有异耳。如一江水，你将杓去取，只得一杓；将碗去取，只得一碗；至于一桶一缸，各自随器量不同，故理亦随以异。"[①]理如水，却分别为一碗水、一桶水等。没有碗勺，水无法安身。水必然依靠容器而在。同样，水在依附于容器时，自然具有了一定的形状。水通过容器而显现。理彻底分离于物。但是，它们终究还是水。这个共同点便是事物之理。

与此同时，宋明理学又将理理解为本原。二程曰："理必有对，生生之本也。"[②]理乃生物生存之本。其展开便是生生不已的易或道。故二程曰："'生生之谓易'，是天之所以为道也。天只是以生为道，继此生理者，即是善也。"[③]道即理的生长过程。伊川曰："道则自然生万物。今夫春生夏长了一番，皆是道之生，后来生长，不可道却将既生之气，后来却要生长。道则自然生生不息。"[④]道即生生不息。理是生生之本，道乃生生不息，故，我们可以将其总结为：理是道的基础，道乃理的展开。理与道，二者为一："自性言之为诚，自理言之，为道，其实一也。"[⑤]道理为

---

① （宋）黎靖德编，王星贤点校：《朱子语类》一，第 58 页。
② （宋）程颢、程颐著，王孝鱼点校：《二程集》（下），第 1171 页。
③ （宋）程颢、程颐著，王孝鱼点校：《二程集》（上），第 29 页。
④ （宋）程颢、程颐著，王孝鱼点校：《二程集》（上），第 149 页。
⑤ （宋）程颢、程颐著，王孝鱼点校：《二程集》（下），第 1182 页。

一，共为万物存在的基础、本原。

朱熹将事物的本原称为太极："有太极，则一动一静而两仪分；有阴阳，则一变一合而五行具。然五行者，质具于地，而气行于天者也。……五行具，则造化发育之具无不备矣。"①万物生于阴阳之气，却本原于太极。"太极只是天地万物之理。"②所谓太极即理。朱熹有时候将理与道不分，曰："太极，形而上之道也；阴阳，形而下之器也。"③太极即是道。事实上，太极应该是理。于是，太极与万物的关系便是理与万物的关系。太极出万物，万物也出于理。故，理为万物之本原。

对超越本性和本原的追问不仅是一种终极性思考，而且属于一种思辨性或超越性思维。宋明理学的超越性思维存在着两种形式。其一，理是完全脱离现实的、超越的，没有任何的经验属性。理脱节于物。它十分接近于西方的理念，以及作为"思辨（transcendental）对象"的物自身："它是我们称之为质料的现象的基础。它仅仅是某物。对其本质，我们无从知晓。"④这种思辨性对象的设置标志着思辨性哲学的诞生。这种形式的思辨哲学便是体用论。不过，朱熹的这种本自佛学的、略显异端的思辨性哲学遭到了后来的王阳明的批判。

其二，即本末论则与经验藕断丝连：理是经验之物的源头，万物由此而出，物、理之间并没有彻底断绝。这种理解模式接近于中国古典哲学的本末论思维模式。理物分离与理物一贯属于两种不同的思维模式，但是它们却同时并存于程朱理学中。这也表明了宋明理学的混合型特征：它既是古典儒学的复兴，也是外来佛学思维的传承。同时，它也体现了宋明理学在不断思考中的成熟与完善。

---

①（宋）朱熹：《太极图说解》，见（宋）朱熹撰，朱杰人、严佐之、刘永翔主编：《朱子全书》第十三册，第73页。

②（宋）黎靖德编，王星贤点校：《朱子语类》一，第1页。

③（宋）朱熹：《太极图说解》，见（宋）朱熹撰，朱杰人、严佐之、刘永翔主编：《朱子全书》第十三册，第72页。

④ Immanuel Kant, *Kritik der reinen Vernunft*, S. 277.

结语　从经验之性到超越之理

从哲学史的角度来看，理的内涵随着时代的发展而演变。在先秦至秦汉时期，理指事物或事情的属性，即事理与物理，比如社会制度、道德法则，以及事物性质或规律等。这些法则、性质或属性等是经验的、可知的。理的基础，从孟子等开始便界定为性，性是理之本源。性与理成为早期思想家们认识事物的最重要的范畴。这些范畴，从性的内涵来看，具有两个鲜明的特征，即本源性与质料性。本源性表明：从孟子开始，思想家们便开始了对存在问题的追问，开始了终极式思考。质料性表明：这种本源追问，尽管已经属于终极式的哲学形态，但是，并不属于真正的思辨哲学。

后来的中国佛教借用理字来描述佛教的真如观念。理即真如、真谛。理因此成为一个具有终极性指向，却没有实际所指或实体（即空）的、完全抽象的、思辨的概念。理是空。宋明理学家吸收了佛教哲学思想，尤其是其思辨的哲学思维方式，即追究事物、事情的真正的终极存在者、事物的自性。在佛教哲学影响下，理学家对先秦的人性观念进行了改造，从中抽象出绝对纯粹的、超越的概念，将性改造为理。或者说，它将先秦至秦汉时期的经验性的理改造为抽象的、超越的理，将其视为事物的种类同一性。和佛教的空无之理相比，理学之理具有实体性或实在性，是实理。自此，中国儒家哲学终于产生了自己的，完全思辨、具备超越性质的哲学概念，即理。超越的、思辨的理概念的产生，标志着中国儒家哲学从一般的经验性的哲学思维转换为思辨的（transcendental）哲学思维。这种转变，无论对于儒家哲学还是中国哲学来说，无疑是里程碑式的。在这个转变过程中，源自印度的佛教哲学功不可没。

那么，宋明理学家为何不直接说性而改为理呢？对此，朱熹解释曰："性则就其全体而万物所得以为生者言之，理则就其事事物物各有其则者言之。"[①] 性重在生。这也和性字的词源相关："'性'字从'心'，从

---

① （宋）黎靖德编，王星贤点校：《朱子语类》一，第 82 页。

‘生’；‘情字’从‘心’，从‘青’。性是有此理。”[1]性即出生。它侧重于初生者，朱熹以为：“是人物未生以前，说性不得。‘性’字是人物已生，方着得‘性’字。故才说性，便是落于气，而非性之本体矣。”[2]性指向最初的存在或天生性。性是天性。最初本源的性直接关联着作为末节的完成。或者说，性是本。这带有鲜明的本源论特征。理学家所说的理则抛弃了本源性。它指向“事事物物”的行为原理。简单地说，性偏重于人的天生性，生存便是成性、成材与成人。而理偏重于事物、事情的规范性，生存在于做事。理便是做事的原理。由性向理的转变也标志着理学的转向：从做人到做事的转变。和先秦时期的做完善的圣贤相比，做对某件事应该容易得多了。这种转向显然更实用。

第四节　性与文：教育便是教化[3]

儒家哲学具有两个传统，即以孟子为代表的性本论传统和以荀子为代表的人本论传统。人本论即人文教化论，强调学习和教化在人的成长中的基础性地位和作用。两千年来，儒家通过教化，不仅为传承了数千年的华夏文明，而且为古代中国的长盛不衰立下了丰功伟绩。毫无疑问，历史上的儒家教化取得了非凡的成就。虽然将儒家教化论等同于教育理论不尽科学，但是从广义来看，教化也是一种教育。在走向现代文明的今天，我们如何对待这份遗产？或者说，从现代文明与现代教育的角度来看，我们应该如何认识传统儒家教育观念？这便是本节的讨论重点。本节将以近代或现代（modern）哲学与近代教育思想的若干观念为参照系，从哲学基础、教育目的、教育关系和教育内容等角度出发，对以荀子为主要代表的儒家教育观念进行审查，揭示出它的特点，并试图指出：从现代教育理念

---

① （宋）黎靖德编，王星贤点校：《朱子语类》一，第 91 页。

② （宋）黎靖德编，王星贤点校：《朱子语类》一，第 72 页。

③ 本文曾经作为《教育便是教化：论传统儒家教育观念》发表于《华南师范大学学报（社会科学版）》2017 年第 6 期。

出发，传统儒家的教育思想需要革命性的转换。简单地吸收和继承儒家教育思想危害极大。

一、教育的哲学基础：性恶与性善

人性论或性恶论是荀子教育理论的哲学基础。荀子曰："生之所以然者，谓之性；性之和所生，精合感应，不事而自然，谓之性。性之好恶喜怒哀乐谓之情。"[①]性乃人初生时所具备的原始材质。对这种天性或材质，荀子作了进一步的属性界定，认为："今人之性，生而有好利焉，顺是，故争夺生而辞让亡焉；生而有疾恶焉，顺是，故残贼生而忠信亡焉；生而有耳目之欲，有好声色焉，顺是，故淫乱生而礼义文理亡焉。然则从人之性，顺人之情，必出于争夺，合于犯分乱理，而归于暴。故必将有师法之化，礼义之道，然后出于辞让，合于文理，而归于治。用此观之，然则人之性恶明矣，其善者伪也。"[②]人的本性，包括"好利"之心、喜好（"疾恶"）之情和"耳目之欲"等。由于它们将给人带来灾难，因此具有邪恶性或坏的属性，或者属于坏的存在物。这便是性恶论。

荀子的邪恶之性，不仅包括情欲，而且包括具有思维功能的人心。荀子提出："心者，形之君也，而神明之主也，出令而无所受令。自禁也，自使也，自夺也，自取也，自行也，自止也。故口可劫而使墨云，形可劫而使诎申，心不可劫而使易意，是之则受，非之则辞。故曰：心容，其择也无禁，必自见，其物也杂博，其情之至也不贰。"[③]心乃形身之主，能够对身体行为发出指令。同时，这种动作，不是依据于他者而被迫，乃是"自使""自取""自夺"等，由自己决断。心能够自己无限制地活动，即"其择也无禁"。对这种能够自己做主、自行其是的心，荀子给出了消极的判断："道者，古今之正权也；离道而内自择，则不知祸福之所托。"[④]

① （清）王先谦：《荀子集解》，《诸子集成》卷二，第274页。
② （清）王先谦：《荀子集解》，《诸子集成》卷二，第289页。
③ （清）王先谦：《荀子集解》，《诸子集成》卷二，第265页。
④ （清）王先谦：《荀子集解》，《诸子集成》卷二，第286页。

如果任由自己内在之心的自主决断，将会带来祸患。心比较危险。所以，荀子主张用道来改造人心。这种改造方法便是教化。用今天的话说便是教育。因为性恶，所以需要教化。否定荀子的性恶论，以为荀子持性朴论立场，强调"性恶论是荀子后学的理论，《荀子》一书中的《性恶》大概是西汉中后期的作品"[①]，便无法解释荀子的教化理论——荀子思想的最重要部分。或者说，没有性恶便无教化；没有教化便无荀子。

荀子的性恶论为教化论奠定了基础。无独有偶。很多人也将西方近代文明的立论基础解读为"性恶"论。的确，霍布斯曾提出"每一个人按照自己所愿意的方式运用自己的力量保存自己的天性——也就是保存自己生命——的自由"[②]，使得人与人之间的关系变得紧张起来，人对人是狼，彼此关系如同战争一般。人性似乎是邪恶的。但是，这种解读仅仅是表面的，甚至是一种误读。霍布斯对人性的看法并非如此简单。试想：如果近代以来的西方哲学家果真坚持性恶论，他们就应该想方设法地来规范或改造人性。然而事实上，他们的做法却是制定契约。人们制定契约的目的是为了满足人性对利益的需求。契约论不仅保障权利或利益的合理分配，而且，从根本上来说，是对人性的尊重。因此，西方近代（modern）文明视野中的人性，不但没有遭到否定，而且与之相反，它得到了空前的肯定和尊重。

卢梭便积极肯定人性，认为"当世上的东西出自于造物主之手时，它们都是好的。它们在人类的手上变坏了"[③]。人天生善良。在《新爱洛伊丝》中，卢梭明确指出："他们的本性是好的；所有一切都在向我证实，我们所指责他们的那些缺点，根本不是他们本质上的缺点，而是我们给造成的。"[④]人天生本性善良。人类的自然欲望与渴求并无不妥。这便是人类

① 周炽成：《儒家性朴论：以孔子、荀子、董仲舒为中心》，《社会科学》2014年第10期。

② *The English Works of Thomas Hobbes*, Vol. Ⅲ, J. Bohn, 1839, p. 116.

③ *Rousseau's Emile; or, Treatise on Education*, abridged, translated, and annotated by William H. Payne, New York, D. Appleton and Company, 1899, p. 4.

④ 〔法〕卢梭著，陈筱卿译：《新爱洛伊丝》，北京：北京燕山出版社，2007年，第410页。

的自然权利："所有的人天生具有自己所需的东西的权利。"[①]这种天然的权利可以被理解为"第一占有者的权利"。正是这种极其"脆弱的权利宣告了所有人在市民社会拥有尊严"[②]。洛克提出："每一个人生下来就有双重的权利：第一，他的人身自由的权利，这是他人没有权利加以支配的，而只能由他自己自由处理；第二，与其他人相比较，他和他的弟兄最先享有继承他的父亲的财物的权利。"[③]人类的人身自由权利首先表现为保存自己，让生理的人能够生存下来。假如我们按照传统儒家的做法，将这些天生的生理性存在当作人性的话，那么这些人性，在洛克、卢梭等近代思想家那里，显然是值得肯定的，是好的。

康德将这种积极性认识推向顶峰。它最终体现在"人是目的"的纲领中："行为的所有准则的基本原理必须是所有目的的主体，即理性者自身从来也不能够被当作手段来用，相反，它只能够成为限制所有手段的用法的高等条件，即在所有的情形下，人只能够是目的。"[④]在"人是目的"的共同纲领下，人（包括儿童）得到了充分的尊重。人的欲望、兴趣、理性和尊严等得到了空前的重视。早期基督教的近似于性恶论的阴霾终于烟消云散。人（性）获得了解放。儿童获得了解放。蒙台梭利甚至提出"儿童权利"[⑤]的概念。

荀子的性恶论与近代西方的人性论完全不同。荀子以为人天生邪性。这些都是危险的、不好的，因此需要教化来改造人。洛克、卢梭等则将人性视为好的，以为人的一切都应该得到尊重和支持，包括儿童"自己的特有的个性"[⑥]。这是其教育的前提。正是这两种不同的人性观或哲学立场，

① Jean-Jacques Rousseau, *The Text of on the Origin of Inequality, on Political, Economy and Social Contract*, translated by G. D. H. Cole, Encyclopaedia Britannica, Inc., 1988, p. 393.

② Jean-Jacques Rousseau, *The Text of on the Origin of Inequality, on Political, Economy and Social Contract*, translated by G. D. H. Cole, p. 394.

③ John Locke, *The Works of John Locke*, Vol. 5, London: Thomas Tegg; 1823, p. 452.

④ Immanuel Kant, *Kritik der Praktischen Vernunft und andere kritische Schriften*, S. 236-237.

⑤ 〔意〕玛丽亚·蒙台梭利著，马荣根译，单中惠校：《童年的秘密》，北京：人民教育出版社，2005 年，第 209 页。

⑥ 〔意〕玛丽亚·蒙台梭利著，马荣根译，单中惠校：《童年的秘密》，第 46 页。

决定了荀子的教育理论与西方现代教育理论之间存在着巨大的鸿沟。

二、教育目的：圣贤与“绅士”

教育的目的是什么？传统儒家的教育目的是什么？现代教育的目的又是什么呢？

在传统儒家看来，教育的目的是“成人”。准确地说，成为圣贤是儒家教育的目的。荀子指出：“故学也者，固学止之也。恶乎止之？曰：止诸至足。曷谓至足？曰：圣也。圣也者，尽伦者也；王也者，尽制者也；两尽者，足以为天下极矣。”[①]圣人是天下人的楷模。如果能够成为圣人，便可以知足了。儒家圣人至少包含三项内涵。首先，圣人能够辨黑白，故最为智者。圣人是一位知识渊博的人，甚至无所不知。荀子曰：“向是而务，士也；类是而几，君子也；知之，圣人也。”[②]和孟子将圣人视为“人伦之至”[③]相比，荀子更倾向于将圣人视为知者。汉儒董仲舒甚至认为圣人无所不知。其次，圣人守礼，是一位道德高尚的人。孟子曰：“尧舜，性之也；汤武，身之也；五霸，假之也。久假而不归，恶知其非有也。”[④]圣人是能够扩充仁义礼智四端的人。或者说，圣人一定是一位仁者、义者、礼者和智者。故，“圣人，人伦之至也”[⑤]。圣人是道德楷模。荀子亦曰：“仁知之极也。夫是之谓圣人。”[⑥]圣人守仁，是一位仁爱之士。圣人有道德修养。第三，圣人能够建功立业。子贡问：“如有博施于民而能济众，何如？可谓仁乎？”[⑦]孔子回答曰：“何事于仁！必也圣乎！尧舜其犹病诸！夫仁者，已欲立而立人，已欲达而达人。能近取譬，可谓仁之方也已。”[⑧]

---

① （清）王先谦：《荀子集解》，《诸子集成》卷二，第 271 页。
② （清）王先谦：《荀子集解》，《诸子集成》卷二，第 271 页。
③ 杨伯峻译注：《孟子译注》，第 123 页。
④ 杨伯峻译注：《孟子译注》，第 245 页。
⑤ 杨伯峻译注：《孟子译注》，第 123 页。
⑥ （清）王先谦：《荀子集解》，《诸子集成》卷二，第 154 页。
⑦ 杨伯峻译注：《论语译注》，第 72 页。
⑧ 杨伯峻译注：《论语译注》，第 72 页。

圣人能够为天下立功。“大而化之之谓圣，圣而不可知之之谓神。”[①] 圣人能够做事情（“大而化之”）。荀子说：“古者圣王……是以为之起礼义，制法度，以矫饰人之情性而正之，以扰化人之情性而导之也。始皆出于治，合于道者也。”[②] 圣人创造礼法制度，教化众生。总之，圣人能够为天下人建功立业。

知识渊博、道德高尚、建功立业是圣人的三项基本内涵。这三项内涵分别对应于智育、德育和社会实践。前二者为理论修养，后者则为实际行动。在荀子看来，通过后天的学习即德育与智育，以及践行，人人都可以成为圣贤或成才：“凡人之性者，尧舜之与桀跖，其性一也；君子之与小人，其性一也。今将以礼义积伪为人之性邪？然则有曷贵尧禹，曷贵君子矣哉？凡所贵尧禹君子者，能化性能起伪，伪起而生礼义。然则圣人之于礼义积伪也，亦犹陶埏而生之也。”[③] 尧舜与桀纣、君子与小人，本性相同。通过教化，人皆可以为禹，为圣人。这便是化性起伪。儒家的教育工作其实是“化性”工作。这种化性活动便是教化：通过传输一定的观念，改造人们的本性或心灵。教育变成教化。教育、教化的本质是改造。改造，从本质上说，对改造对象而言，是一种消极性的处理方式。这与性恶论相符。

从现代教育观念来看，成人同样也是现代教育的目的，即我们不仅以知识教育人，更教之以观念和修养，从而帮助受教育者成为一个有教养的人。洛克称之为“绅士”（gentleman）。在《教育漫话》中，洛克指出自己讨论的主题便是如何将一位婴儿培养成绅士。对于绅士而言，“修养便是一个人或绅士的首要的，也是必备的品性，它是他受人高度评价和爱戴的绝对条件，也是自己能够容忍和接受的条件。如果没有它，我想，他无论生前还是死后，都不会快活的”[④]。绅士教育是一种修养教育。其中

① 杨伯峻译注：《孟子译注》，第 264 页。

② （清）王先谦：《荀子集解》，《诸子集成》卷二，第 289—290 页。

③ （清）王先谦：《荀子集解》，《诸子集成》卷二，第 294—295 页。

④ John Locke, *The Works of John Locke*, Vol. 5, p. 128.

最重要的便是礼仪："容貌、声音、言词、动作、姿势以及整个外表的举止都要优雅有礼。"[①]他既不忸怩羞怯，局促不安，也不行为不检，轻漫无礼；既尊重别人，也不轻视自己；谦逊温和，明达事理，给人以好感，与人合得来，等等。洛克认为礼仪具有重要的效用：它可以使一个绅士获得一切和他接近的人的尊重与好感，在社会活动中取得成功。洛克说："我敢说：将以修养和良好的教养作为自己的子女的前程的基础的人，选择了一条确定而可靠的路。"[②]以礼仪修养为内容的教养是成功的基础。

绅士教育，与其说是道德教育，毋宁说是一种文明教育。它更关注于交际中的规范与适宜，属于一种文明。它的侧重点不在道德之善，而是在于交际的合理性。得体的举止便是合理的方式，便是一种文明。因此，现代西方人更关注于文明教育，即如何合理地交际。虽然道德教育比较重要，但是在交际日益频繁的今天，文明教育的重要性丝毫不亚于道德教育。在笔者看来，在一定程度上，文明教育要重于道德教育。传统儒家既坚持道德教育，也不忘礼仪教育。礼仪教育，也可以说是一种文明教育。在这一点上，传统儒家的确值得肯定。

三、教育内容：仁义之道与自主能力

传统儒家教学的主要内容是什么呢？在儒家看来，教育的主要内容为人道，简称道。鉴于心灵能够自行其是，比较危险，荀子提出教之以道，从而做到"衡"："何谓衡？曰：道。故心不可以不知道；心不知道，则不可道而可非道。人孰欲得恣而守其所不可以禁其所可？以其不可道之心取人，则必合于不道人而不知合于道人。以其不可道之心与不道人论道人，乱之本也。夫何以知？曰：心知道然后可道；可道然后能守道以禁非道。以其可道之心取人，则合于道人而不合于不道之人矣。以其可道之心与道人论非道，治之要也。何患不知？故治之要在于知道。"[③]这便是使心

① John Locke, *The Works of John Locke*, Vol. 5, p. 134.

② John Locke, *The Works of John Locke*, Vol. 5, p. 57.

③ （清）王先谦：《荀子集解》，《诸子集成》卷二，第263页。

知“道”。在心、道关系中，道是本：“辨说也者，心之象道也。心也者，道之工宰也。道也者，治之经理也。心合于道，说合于心，辞合于说。”[①]道、心、说、辞构成四层结构，其中心象道，心合道，最终道决定心。

那么，什么是道呢？荀子曰：“先王之道，仁之隆也，比中而行之。曷谓中？曰：礼义是也。道者非天之道，非地之道，人之所以道也，君子之所道也。”[②]道即儒家的仁义。荀子曰：“凡得人者，必与道也。道也者何也？曰：礼让忠信是也。故自四五万而往者，强胜非众之力也，隆在信矣。”[③]道即仁义。《礼记》曰：“凡礼之大体，体天地，法四时，则阴阳，顺人情，故谓之礼。訾之者，是不知礼之所由生也。夫礼，吉凶异道，不得相干，取之阴阳也。丧有四制，变而从宜，取之四时也。有恩，有理，有节，有权，取之人情也。恩者仁也；理者义也；节者礼也；权者知也。仁义礼知，人道具矣。”[④]人道的内容便是仁义礼智。唐韩愈明确指出：“博爱之谓仁，行而宜之之谓义，由是而之焉之谓道，足乎己而无待于外之谓德。仁与义为定名，道与德为虚位。故道有君子小人，而德有凶有吉。……凡吾所谓道德云者，合仁与义言之也，天下之公言也；老子之所谓道德云者，去仁与义言之也，一人之私言也。”[⑤]简单地说，儒家的道便是仁义。于是，仁、义、礼、智等人道便成为儒家教育的主要内容，即教、学以仁义之道。荀子曰：“今人之性恶，必将待圣王之治、礼义之化，然后皆出于治，合于善也。”[⑥]人如木材，只有礼义之道等才能够改造它。这便是“伪”。“伪”的工具便是仁义之道。此即“率性之谓道”[⑦]：道是管理人性（“率性”）的东西。所谓以道养心便是以仁义养心：“君子养心莫善于诚，致诚则无它事矣。唯仁之为守，唯义之为行。诚心守仁则

① （清）王先谦：《荀子集解》，《诸子集成》卷二，第281页。
② （清）王先谦：《荀子集解》，《诸子集成》卷二，第77页。
③ （清）王先谦：《荀子集解》，《诸子集成》卷二，第199页。
④ （汉）郑玄注，（唐）孔颖达等正义：《礼记正义》，《十三经注疏》（下），第1694页。
⑤ （唐）韩愈：《韩愈集》，第183—184页。
⑥ （清）王先谦：《荀子集解》，《诸子集成》卷二，第294页。
⑦ （汉）郑玄注，（唐）孔颖达等正义：《礼记正义》，《十三经注疏》（下），第1625页。

形，形则神，神则能化矣。诚心行义则理，理则明，明则能变矣。”[①] 养心的内容便是仁义之道。以仁义之道纯洁人们的思想、改造人们的心灵。仁义之道是儒家的教学内容。

儒家甚至将其具体至教材中。荀子曰：“其数则始乎诵经，终乎读礼；其义则始乎为士，终乎为圣人。真积力久则入。学至乎没而后止也。故学数有终，若其义则不可须臾舍也。为之人也，舍之禽兽也。故书者政事之纪也，诗者中声之所止也，礼者法之大分，类之纲纪也。故学至乎礼而止矣。夫是之谓道德之极。礼之敬文也，乐之中和也，诗书之博也，春秋之微也，在天地之间者毕矣。”[②] 包含仁义之道的文献不仅成为儒家的经典，而且成为儒家的教材。

传统儒家灌输仁义之道为教学的主要内容。那么，现代教育是否也将某种人道当作教学的主要内容呢？毫无疑问，教之以做人的道理通常会成为多数教学活动的重要内容。但是，从现代视野来看，它的地位遭到了挑战，即从现代教育学看来，传统的知识教育和权威的道德教育的独大地位受到了挑战。在现代教育家们看来，与知识传输和道德教化相比，儿童的思维能力、判断能力的培养更重要。洛克把培养儿童的好奇心纳入了教育的内容，指出：“除非这些东西曾经被提及过，否则他们不会被注意到。因此，当他们追问自己愿意知道的东西、渴求被告知时，他们总是愿意被听到、被认真回答。对儿童来说，培养他们的好奇心要超过其他的兴趣。”[③] 除了培养儿童的好奇心，洛克还指出：“假如我在这篇通信的开头讨论的内容是真实的，我丝毫不怀疑，一个人的行为举止和能力的差异，不是出于别的因素，而是在于他们所接受的教育。”[④] 教育不仅改变人们的行为，而且影响到他的能力。洛克指出：“尽管它（声誉）不是修养的主要原则和方式，然而，它却最有效。在别人的证实与表示同意的掌声中，

---

① （清）王先谦：《荀子集解》，《诸子集成》卷二，第28页。
② （清）王先谦：《荀子集解》，《诸子集成》卷二，第7页。
③ John Locke, *The Works of John Locke*, Vol. 5, pp. 97-98.
④ John Locke, *The Works of John Locke*, Vol. 5, p. 27.

人们的有教养的、安排合理的行为将会给孩子们带来鼓励和指南，直到他们成长到能够自己判断，能够依靠自己的理性发现是非。”[①]这意味着儿童的判断能力并非天生已有，而是后天逐渐形成的。在形成过程中，教育具有重要的贡献，其中包括周围人的意见，即“声誉”。洛克说：“声誉表明了旁人依据自己的推理，对于有教养和安排适当的行为的普遍赞同。对于儿童来说，声誉无疑是一种恰当的指南和鼓励，直到他们成长为能够自己做出判断，并且根据自己的理性找到什么是正确的。”[②]正确的、独立的判断十分重要。

卢梭说：“如果你想培养你的学生的智慧，就应当先培养他的智慧所支配的体力，不断地锻炼他的身体，使他健壮起来，以便他长得既聪慧又有理性，能干活，能办事，能跑，能叫，能不停地活动，能凭他的精力做人，能凭他的理性做人。”[③]培养学生独立地思考、自主地活动也是教育的重要内容。在卢梭看来，“我们最初的哲学老师是我们的脚、我们的手和我们的眼睛。用书本来代替这些东西，那就不是在教我们自己推理，而是在教我们利用别人的推理，在教我们老是相信别人的话，而不是自己去学习”[④]。自己推理远比听别人的话重要。自己推理的主要机制便是独立判断。故，卢梭说：“我相信，将自己的观点教给年轻人，远不如教会他正确地判断重要。”[⑤]培养正确的判断力是教育的主要内容。

蒙台梭利说：“科学的教育学的基本原则，应该是儿童自由的原则——这一原则允许个性发展，允许儿童天性的自然表现。”[⑥]发展儿童的天性和个性是现代教育的基本原理。尤其是儿童的精神或心理。蒙台梭利

---

① John Locke, *The Works of John Locke*, Vol. 5, p. 44.

② John Locke, *The Works of John Locke*, Vol. 5, p. 44.

③ *Rousseau's Emile: or, Treatise on Education*, abridged, translated, and annotated by William H. Payne, p. 84.

④ *Rousseau's Emile; or, Treatise on Education*, abridged, translated, and annotated by William H. Payne, p. 90.

⑤ *Rousseau's Emile; or, Treatise on Education*, abridged, translated, and annotated by William H. Payne, p. 166.

⑥ 《蒙台梭利幼儿教育科学方法》，任代文主译校，北京：人民教育出版社，1993 年，第 68 页。

认为，人类对待儿童，“除了对新生儿的身体健康给予精心的照料之外，也应该注意儿童的心理需要”[①]。她认为，儿童从其诞生之日起，便有“一种寓于肉体之中的精神也在这个世界中出现了”[②]。因此，对儿童的培养和教育，不仅是生理的“实体化”，而且也是心理的“实体化”。尤其重要的是，儿童的发展过程是一个个性化的发展过程。动物可以批量生产，儿童却像手工制作的物品，每个人都不同。对于儿童来说，“通过看和听，一个人的个体得到塑造和发展”[③]。个体发展是儿童教育的特点。其中的特色便表现在儿童的心理或精神中。因此，在现代教育学看来，让学生身心得到健康成长，尤其是获得独立自主的思维能力或判断能力，无疑是教育的重要任务。

从这个角度来看，传统儒家有所不足。传统儒家的教育内容主要是向学生灌输仁义之道，然后要求学生遵照而行，却有意无意地忽略了对人们的独立自主意识和能力的培养。因此，传统教育下成长的人很听话，却缺少独立思考、自主判断的意识和能力。我们的学生如此，我们的成年人也是如此。这项特点，已经严重阻碍了市场经济在中国的发展。这也是当前中国教育面临的最大问题。

四、教育中的角色关系：权威与平等

教育活动需要两个主要角色来参与，即教育者和被教育者，或者说，老师和学生。师生之间的不同关系，也直接影响到教育的效果。那么，在不同的思想体系中，师生具有怎样的关系呢？

荀子很早便对师生关系作出了明确的界定。荀子提出，学习需要导师和指导。荀子提出“师法”概念：“故人无师无法，而知则必为盗，勇则必为贼，云能则必为乱，察则必为怪，辩则必为诞；人有师有法，而知则速通，勇则速威，云能则速成，察则速尽，辩则速论。故有师法者，人

---

① 〔意〕玛丽亚·蒙台梭利著，马荣根译，单中惠校：《童年的秘密》，第 42 页。
② 〔意〕玛丽亚·蒙台梭利著，马荣根译，单中惠校：《童年的秘密》，第 43 页。
③ 〔意〕玛丽亚·蒙台梭利著，马荣根译，单中惠校：《童年的秘密》，第 109 页。

之大宝也；无师法者，人之大殃也。人无师法，则隆性矣；有师法，则隆积矣。而师法者，所得乎情，非所受乎性。”[①]如果没有师、法，便没有规矩和章法，便会出现盗、贼、乱、怪。沿循师法才能够顺利地学习和掌握礼义。师法概念被汉代经学家吸收。它对于儒家教育理论具有重要意义。荀子曰：“礼有三本：天地者，生之本也；先祖者，类之本也；君师者，治之本也。无天地恶生？无先祖恶出？无君师恶治？三者偏亡焉无安人。故礼上事天，下事地，尊先祖而隆君师，是礼之三本也。”[②]老师是礼法制度得以实施的基础之一。荀子认为，邪恶的人性，“必将待师法然后正，得礼义然后治。今人无师法，则偏险而不正，无礼义，则悖乱而不治。古者圣王以人之性恶，以为偏险而不正，悖乱而不治，是以为之起礼义，制法度，以矫饰人之情性而正之，以扰化人之情性而导之也。始皆出于治，合于道者也。今之人化师法、积文学、道礼义者为君子；纵性情、安恣睢而违礼义者为小人”[③]。通过老师的教化，百姓才能知晓道理、变化气质、成就圣贤。圣贤教化是成就王道乐土的保障。

什么人可以为师呢？荀子曰：“礼者所以正身也，师者所以正礼也。无礼何以正身？无师吾安知礼之为是也？礼然而然，则是情安礼也；师云而云，则是知若师也。情安礼，知若师，则是圣人也。故非礼，是无法也；非师，是无师也。不是师法而好自用，譬之是犹以盲辨色，以聋辨声也，舍乱妄无为也。故学也者，礼法也。夫师，以身为正仪而贵自安者也。”[④]懂得儒家礼法制度且能够身体力行的人可以为师。故，儒家的老师，不仅知识渊博，懂得礼法制度，而且本身便是谦谦君子，甚至为圣贤。孙卿曰：“其为人上也，广大矣！志意定乎内，礼节修乎朝，法则度量正乎官，忠信爱利形乎下。行一不义、杀一无罪，而得天下，不为也。此君义信乎人矣，通于四海，则天下应之如欢。是何也？则贵名白而天下

① （清）王先谦：《荀子集解》，《诸子集成》卷二，第90—91页。
② （清）王先谦：《荀子集解》，《诸子集成》卷二，第233页。
③ （清）王先谦：《荀子集解》，《诸子集成》卷二，第289—290页。
④ （清）王先谦：《荀子集解》，《诸子集成》卷二，第20页。

治也。故近者歌讴而乐之，远者竭蹶而趋之，四海之内若一家，通达之属莫不从服。夫是之谓人师。”[①] 人师是知识的向导、道德的楷模。

儒家之师不仅具有知识品质，而且具有道德修养。故，圣贤可以为老师：“凡议必将立隆正然后可也。无隆正，则是非不分，而辨讼不决，故所闻曰：‘天下之大隆，是非之封界，分职名象之所起，王制是也。’故凡言议期命，是非以圣王为师。而圣王之分，荣辱是也。”[②] 圣王可以为人师。荀子曰：“故学也者，固学止之也。恶乎止之？曰：止诸至足。曷谓至足？曰：圣也。圣也者，尽伦者也；王也者，尽制者也；两尽者，足以为天下极矣。故学者以圣王为师，案以圣王之制为法，法其法，以求其统类，以务象效其人。”[③] 老师不仅是知识的权威，而且掌握着道德判断的权柄，是人们道德价值观的提供者。圣贤、老师决定是非善恶。人们只需听从圣贤、老师的话便可以了。这与犹太教注重知识的先知的地位明显不同。犹太教的先知“不是道德教育的追求目标”[④]，人们不必向先知学习。

作为知识和道德的双重权威，老师在教育活动中享有绝对的权威地位。与之相比，学生仅仅是一个小小的、无知的听众。因此，在儒家教学活动中，师生之间并没有平等的关系。老师是权威，为尊，学生为卑微者，即在教学活动中，学生处于微弱的地位。这与现代教育观念显然不同。相对于单纯的知识传授和书本教育，洛克指出：“（对于家长、老师和学生们来说，）他们的全部时间不能够全部花在阅读演讲稿、听写等上。自己听，然后对提出的问题做出推断等，将会使这项规则变得容易，沉入深处，而且将会给他带来学习与接受教育的兴趣：当他发现自己能够会话时，他会开始评价知识，而且会对自己能够成为会话的角色、自己的推理得到认可和倾听等而感到快乐和有面子。尤其是在道德、审慎和教养方面，他们的判断力会得到考验。和能够给出精准的解释的准则相比，这

---

① （清）王先谦：《荀子集解》，《诸子集成》卷二，第76—77页。
② （清）王先谦：《荀子集解》，《诸子集成》卷二，第228页。
③ （清）王先谦：《荀子集解》，《诸子集成》卷二，第271页。
④ 傅有德：《希伯来先知与儒家圣人比较研究》，《中国社会科学》2009年第6期。

将开放给理智，会在实践角度更有效地解决规则问题。依靠这种方式，人们会将所学习的事物吸收到自己的大脑中，扎根在那儿。”[①] 如果一个学生能够投入教学活动中，在教学中发挥自己的主动性，那么，他会取得较好的学习效果。毫无疑问，现代教育更加重视教学活动中学生的主动性与地位。教育从教过渡到学，从被动的学过渡到主动的学。

这种转变的突出表现便是“儿童中心论”。杜威在《学校与社会》中宣称：“现在，我们教育中将引起的改变是重心的转移。这是一种变革，这是一种革命，这是和哥白尼把天文学的中心从地球转到太阳一样的那种革命。这里，儿童变成了太阳，而教育的一切措施则围绕着他们转动，儿童是中心，教育的措施便围绕他们组织起来。”[②] 这几乎是“儿童中心论”的纲领。在这一理论支持下，儿童成为教育活动的中心。它体现在对儿童的尊重中。它首先包括对儿童天性的尊重：“儿童的世界是一个具有他们个人兴趣的人的世界，而不是一个事实和规律的世界。”[③] 儿童的兴趣得到了充分的尊重。在这种教育活动中，“学生们在课堂或任何其他地方可相互交谈，而且常常兴致勃勃地讨论困难的问题”[④]。教育或学习活动，对儿童来说，变成了快乐的事情。

儿童中心论改变了师生关系。现代教育学家罗杰斯将教学中的教和学进行了比较，认为，主动的学比教要重要得多，也难得多：“教比学难，是因为教学的目的只有一个：允许学习。真正的教师除了让学生学之外，没有别的目的。”[⑤] 教是为了学。学生的学习是主要的。教服务于学。这意味着：老师的教服务于学生的学。这样，传统教学中的师生关系比重发生了逆转。学生成为教学活动的中心。这和传统儒家的教育观完全不同。这

① John Locke, *The Works of John Locke*, Vol. 5, pp. 90-91.

② 〔美〕约翰·杜威著，赵祥麟、王承绪编译：《杜威教育论著选》，上海：华东师范大学出版社，1981年，第32页。

③ 〔美〕约翰·杜威著，赵祥麟等译：《学校与社会·明日之学校》，北京：人民教育出版社，1994年，第116页。

④ 〔美〕约翰·杜威著，赵祥麟等译：《学校与社会·明日之学校》，第4页。

⑤ Carl Rogers, *Freedom to Learn for the80's*, Columbus, Merrill Publishing Company, 1983, p. 18.

无疑值得我们进一步思考。

结语　教育是一种教化

传统儒家注重教化。教化论无疑是一种教育观念。这种观念体系以性恶论为理论基础。以荀子为代表的性恶论宣称人天生具有的性、情、欲、（利）心等具有坏的品质，并最终给人带来灾难，所以这些天性需要被改造，即通过向普通民众灌输正确的观念（“道”），引导民众接受这些观念。民众在这些观念的指导下，不断地学和习，日积月累，最终成为圣贤之人。这一过程便是儒家的教育过程。

对人性恶的认识和判断，为儒家教育观奠立了基础。既然人性恶，那么，教育便是对人的恶性的改造。儒家称之为“化”。儒家的教育活动，本质上是一种“化”或改造。这一宗旨注定了儒家教育的基本性质。它的教育目的是教学生学做圣贤，即不仅成为知识渊博的人，而且成为一个道德高尚的人，是德智体等都得到发展的人。这似乎也符合现代教育理念。但是，从具体情形来看，则不容乐观了。传统儒家的教育内容主要限定在已有知识范围，它包括《诗》《书》中的知识，和儒家认定的做人的道理等。这些德智体合一的教育内容固然重要，但是，按照现代教育观念，学生在学习已有知识的同时，更关注于培养自己的兴趣、增强自己的毅力、提高自己的独立判断能力等素质性教育。传统儒家的教学内容显然有所不足。

在教育活动过程中，传统儒家的老师以权威者的身份，向学生“灌输”“普遍正确”（“常”）的知识、观点或学说（“道”），学生只能够被动地接受。同时，根据上述的性恶论，学生学习的目的是让自己能够“洗心革面”，“重新做人”。学生原有的天性、本性，以及兴趣、爱好、个性等，几乎完全被无视。在自己的兴趣和爱好被“遗忘”的前提下，学生能在学习中获得快乐吗？按照现代教育观念，学习尤其是儿童的学习应该伴随着愉悦。同时，在传统儒学教育过程中，学生只是被动地接受（他们也无权对老师的学说提出质疑）。这如何激发学生的积极性呢？没有了积极性，学生如何快乐？这些都是传统儒学忽略的地方。

简而言之，在历史上，儒学十分重视教育，并因此形成了一种文化传统或遗产。这份遗产虽然具有许多值得肯定和继承的地方，但是，儒家传统教育，说到底，是一种教化。这种教育活动的最大不足在于忽略了被教育者的个性、尊严和人格。学习者仅仅是一个被改造的“物件”。性恶论便是这种教化论或教育改造论的理论基础。在尊重个性、尊重尊严和人格的今天，这种传统显然需要反省。故，罗素早就指出：“中国传统教育并不适合于现代社会，也已经被中国人自己抛弃。”[①] 虽然罗素的观点有些绝对，却大体符合事实。

最后有两个小问题补充说明。其一，有人可能会问：传统儒家代表人物很多，为什么我选择性恶论的代表荀子，而不选性善论的代表孟子呢？简单地说，倡导性善论的孟子不怎么重视教育。其二，有人可能会认为我将前后相差两千年的荀子与洛克、卢梭等人进行比较，有失公允。的确如此。但是，殊不知，洛克、卢梭等人的教育思想代表了现代文明视野下的教育理念。它是我们理解、反思荀子教育思想的有效参照。

---

① Bertrand Russell, *The Basic Writings of Bertrand Russell*, London & New York: Routledge, 1961, p. 392.

结论　德性论是一种方法论

中国传统儒家思想或儒家哲学包含两个传统，即以孟子为代表的性本论传统和以荀子为代表的人本论传统。其中的人本论传统，强调人文教化是人类成人或正确地生存的基础。因篇幅的原因，此处将搁置不论。我们将重点论述性本论传统。所谓性本论，即将善良的人性或德性看作是人类生存的最重要、具有决定性的基础。我们将通过纵向考察与横向分析，指出：德性问题不仅贯穿了儒家哲学的始终，而且成为儒家哲学的核心或基础。也就是说，性本论或德性论并非一种简单的论述德性概念的学说。事实上，由于它在儒家思想体系中占据了基础性地位，因而是理解儒家思想体系与核心概念的"阿基米德点"。德性论也是理解儒家思想的方法论。

一、德性的内涵

德性由两个词组合而成，即德与性。所谓德即得。根据儒家的两个哲学传统，得有两个渠道：其一，天生之得；其二，后天之得。天生之得便是德，又叫德性。它是人们源自于苍天的、天然而固有的本性。德便是德性或性之德。这是性本论传统的观点。后天之得强调德产生于后天的学习和训练，属于习得之德。这种德，其源头是道，因此属于道之德。这里重点讲述性德或德性。德性属于人性。人性论开始于孔子，成熟于孟子。孟子始，儒家人性或德性至少具备四层内涵，即初生性、实体性、规定性和主宰性。

性首先指初生者。这是性的本义。和孟子同时代的告子明确指出："生之谓性。"[①] 性即初生者。孟子也部分地接受这一立场："口之于味也，

① 杨伯峻译注：《孟子译注》，第 196 页。

目之于色也，耳之于声也，鼻之于臭也，四肢之于安佚也，性也，有命焉，君子不谓性也。仁之于父子也，义之于君臣也，礼之于宾主也，知之于贤者也，圣人之于天道也，命也，有性焉，君子不谓命也。”[①] 口对于味道的天生偏好便是性。天生为性。后来的荀子也基本赞同这种人性观。在荀子看来，“生之所以然者，谓之性；性之和所生，精合感应，不事而自然，谓之性”[②]。性即天生的资质或状态。几乎所有的儒家都赞同这一点，即性指生存之初的存在。

其次，初生之性是一个实体之物。孔子曰：“性相近也，习相远也。”[③] 皇侃在《论语义疏》中解释道：“性者，人所禀以生也；习者，谓生后有百仪常所行习之事也。人俱天地之气以生，虽复厚薄有殊，而同是禀气，故曰‘相近也’。及至识，若值善友则相效为善，若逢恶友则相效为恶，恶善既殊，故曰‘相远也’。”[④] 性指所禀之气，或禀气所成的初生物体。在孟子那里，性即浩然之气：“我知言，我善养吾浩然之气。……其为气也，至大至刚，以直养而无害，则塞于天地之间。其为气也，配义与道；无是，馁也。是集义所生者，非义袭而取之也。行有不慊于心，则馁矣。我故曰，告子未尝知义，以其外之也。必有事焉，而勿正，心勿忘，勿助长也。”[⑤] 养性即养浩然之气。浩然之气便是性。“夜气”说、“浩然之气”论表明：孟子将某类气视作性。或者说，孟子之性特指某类气，即能够引人向善之气。董仲舒汇总了孟荀人性论，以为人天生之性内含两种不同的气：“人之诚，有贪有仁。仁贪之气，两在于身。身之名，取诸天。天两有阴阳之施，身亦两有贪仁之性。天有阴阳禁，身有情欲栣，与天道一也。”[⑥] 人天生便有贪仁之气共在于一身。善导于仁气便为善人、君

---

① 杨伯峻译注：《孟子译注》，第263页。
② （清）王先谦：《荀子集解》，《诸子集成》卷二，第274页。
③ 杨伯峻译注：《论语译注》，第204页。
④ 程树德撰，程俊英、蒋见元点校：《论语集释》，第1181页。
⑤ 杨伯峻译注：《孟子译注》，第46—47页。
⑥ （清）苏舆撰，钟哲点校：《春秋繁露义证》，第286—288页。

子。反之则为小人、恶人。王充曰："用气为性，性成命定。"[①]人天生之性便是气。气分两类："豆麦之种，与稻粱殊，然食能去饥。小人君子，禀性异类乎？譬诸五谷皆为用，实不异而效殊者，禀气有厚泊，故性有善恶也。"[②]仁气厚者成好人，戾气重者为坏人。性即气。性属于实体之物。到了理学时期，人们将初生之物分化为两类东西：天地之性和气质之性。张载曰："性于人无不善，系其善反不善反而已，过天地之化，不善反者也；命于人无不正，系其顺与不顺而已，行险以侥幸，不顺命者也。形而后有气质之性，善反之则天地之性存焉。故气质之性，君子有弗性者焉。"[③]人生而有天地之性和气质之性。天地之性便是后来所讲的理或天理。从实在论的角度来说，理属于普遍而客观的实体。因此，理是实在之物。与性相对应的气质之性，其实是气质。气质显然属于实在之物。因此，初生之性，无论是超越之性还是气质之性，都是实在之物。

再次，性具有规定性。起初，性字并无这层内涵，至少在孟子之前的学术界都认为，性即初生实物，没有性质之义。从孟子开始，性字不仅指初生之质，而且获得了进一步的限制，即性指某种属性的东西。孟子将这种具备善的属性的东西叫作性，比如人性，孟子认为人性是人的规定性，否则的话，"牛之性犹人之性与？"[④]人性是人之所以为人，同时区别于牛马的规定性。人类因为有了这点规定性，便区别于禽兽："人之所以异于禽兽者几希，庶民去之，君子存之。"[⑤]人和动物的差别只有一点点。有了它，人便是人，否则便是禽兽。故，孟子曰："人皆有不忍人之心。先王有不忍人之心，斯有不忍人之政矣。以不忍人之心，行不忍人之政，治天下可运之掌上。所以谓人皆有不忍人之心者，今人乍见孺子将入于井，皆有怵惕恻隐之心——非所以内交于孺子之父母也，非所以要誉

① （汉）王充著，张宗祥校注，郑绍昌标点：《论衡校注》，第30页。
② （汉）王充著，张宗祥校注，郑绍昌标点：《论衡校注》，第39—40页。
③ （宋）张载著，章锡琛点校：《张载集》，第22—23页。
④ 杨伯峻译注：《孟子译注》，第197页。
⑤ 杨伯峻译注：《孟子译注》，第147页。

于乡党朋友也，非恶其声而然也。由是观之，无恻隐之心，非人也；无羞恶之心，非人也；无辞让之心，非人也；无是非之心，非人也。恻隐之心，仁之端也；羞恶之心，义之端也；辞让之心，礼之端也；是非之心，智之端也。”[①] 如果没有这种心（性），人便不再是人。性乃是人的规定性。从孟子开始，性便具有了性质之义。后来的荀子、董仲舒、王充、王弼以及宋明理学家们基本都持这一立场。性有性质。

最后，性具有主宰性。性是初生之物，属于本源，且这个本源具有一定的规定性。因此，这种具有属性的本源自然成为物体生存的基础。这个基础，无疑从源头上、根本上决定了事物的生存性质与发展方向。比如孟子曰：“恻隐之心，仁之端也；羞恶之心，义之端也；辞让之心，礼之端也；是非之心，智之端也。人之有是四端也，犹其有四体也。有是四端而自谓不能者，自贼者也；谓其君不能者，贼其君者也。凡有四端于我者，知皆扩而充之矣，若火之始然，泉之始达。”[②] 圣贤决定于人的四端之性。如果没有人性，便不会成为圣贤。对待自然之性，王弼主张“崇”：尊重它，服从于它。自然之性成为仁义之道的主宰者。王弼称之为“主”：“道顺自然，天故资焉。天法于道，地故则焉。地法于天，人故象焉。所以为主，其一之者主也。”[③] 自然之性是生存的主导者和决定者。郭象曰：“以情性为主也。”[④] 性是主宰。人性决定论在宋明时期得到了继承。朱熹曰：“天道流行，发育万物，有理而后有气。虽是一时都有，毕竟以理为主，人得之以有生。”[⑤] 理是主。假如说人心掌控人的经验思维，那么，作为理的道心便是其“将”：“人心如卒徒，道心如将。”[⑥] 道心如同指挥士兵的将军一般，“人心听命于道心”[⑦]。道心是人心之主。王阳明更是将良

---

① 杨伯峻译注：《孟子译注》，第 59 页。
② 杨伯峻译注：《孟子译注》，第 59 页。
③ （魏）王弼著，楼宇烈校释：《王弼集校释》，第 65 页。
④ （周）庄周撰，（晋）郭象注：《庄子》，《二十二子》，第 45 页。
⑤ （宋）黎靖德编，王星贤点校：《朱子语类》一，第 36—37 页。
⑥ （宋）黎靖德编，王星贤点校：《朱子语类》五，第 2012 页。
⑦ （宋）黎靖德编，王星贤点校：《朱子语类》五，第 2012 页。

知之心视为万物之主："人者，天地万物之心也；心者，天地万物之主也。"[①] 心主宰世界一切。性是生存的主宰，具有主宰性。

二、德性与儒家哲学主题

具备上述内涵的人性或德性贯穿了儒家哲学史的始终。朱熹曾总结道："孔子所谓'克己复礼'，《中庸》所谓'致中和'，'尊德性'，'道问学'，《大学》所谓'明明德'，《书》曰'人心惟危，道心惟微，惟精惟一，允执厥中'：圣贤千言万语，只是教人明天理，灭人欲。天理明，自不消讲学。人性本明，如宝珠沉溷水中，明不可见；去了溷水，则宝珠依旧自明。自家若得知是人欲蔽了，便是明处。只是这上便紧紧着力主定，一面格物。今日格一物，明日格一物，正如游兵攻围拔守，人欲自消铄去。"[②] 千百年来，圣贤最关心的事情便是教人"明天理、灭人欲"。明天理、灭人欲的第一种形态便是孔子的"克己复礼"。如何克己复礼？孔子提供了两种路径。第一种路径是"为仁由己"，即尊重人自身的因素，而不能够过分勉强。第二种路径是"性相近也，习相远也"[③]，即通过后天的教化或学习，致善成人。这两种路径分别为孟子和荀子哲学指明了方向。孟子承袭了第一种路径，将"己"（自身）发展为"性"，从而发展出性本论传统。荀子遵循了第二种方向，开发出儒家的教化论传统。

严格说来，孟子应该是中国哲学史上的第一位哲学家。孟子将孔子之"己"发展为"性"，认为人天生有性。这种性乃是仁、义、礼、智等四端之心。这四心，"非由外铄我也，我固有之也，弗思耳矣"[④]。它们又叫"良知""良能"。这些不待经验、无需人为的先天的本心，便是人性。在孟子看来，至善无非是人之本心的成长："凡有四端于我者，知皆扩而

① （明）王阳明撰，吴光、钱明、董平、姚延福编校：《王阳明全集》（上），第214页。

② （宋）黎靖德编，王星贤点校：《朱子语类》一，第207页。

③ 杨伯峻译注：《论语译注》，第204页。

④ 杨伯峻译注：《孟子译注》，第200页。

充之矣，若火之始然，泉之始达。苟能充之，足以保四海。”[①]“扩充”人性便可以致善成人，并因此天下大治。所以，无论是单个人的成长，还是天下的大治，在孟子看来，皆依赖于人性是否得到正常的成长。人性或德性是其哲学理论的核心。或者说，孟子力图为人的生存提供一种终极性根据。这个根据便是人性或德性。这种尝试无疑是哲学式的。

荀子思想可以被分为两个部分，即题中之义和言外之意。在其题中之义中，荀子反对孟子的性善说，认为人性是邪恶的，从而强调礼乐教化。但是，从礼乐教化的机制或作用原理等来看，善的材质、善心等是其理论必不可少的基础。如果没有某些天生的、善的气质之物，教化是不可能的，普通人也不可能成为圣贤。这些天生的、善的气质之物，荀子称为德。德类似于孟子的性。德论的出现是荀子的言外之意。从德论的角度来说，荀子也坚持了某种形式的德性论。

以董仲舒为主要代表的汉代哲学面临的中心问题是：如何论证儒家人文教化的合法性和权威性？董仲舒通过天人同类、天人相副、天人感应等命题，最终提出：“道之大原出于天。天不变，道亦不变。”[②]仁义之道类似于天道。天道至尊而永恒，人道自然也是永恒而绝对的，比如“孝者，天之经也”[③]。仁义之道由此上升到与天几乎平等的地位。那么，什么是人文教化的基础呢？即是说，人文教化的可能性、合法性和必要性是什么呢？董仲舒亦将人分为三类：“圣人之性不可以名性，斗筲之性又不可以名性，名性者，中民之性。”[④]其中的圣人圣智，上通皇天，知晓天道，并借此来教化，改造中民。这使教化成为可能。将百姓视为中民，揭示了教化的必要性，即教化是中民成才成人的重要条件。因此，在汉代，人文教化成为儒学的主要任务。董仲舒的思想主旨也是倡导人文教化。然而，这丝毫不影响人性论在董仲舒哲学体系中的基础性地位。

---

① 杨伯峻译注：《孟子译注》，第59页。
② （汉）班固撰，（唐）颜师古注：《汉书》，第2518—2519页。
③ （清）苏舆撰，钟哲点校：《春秋繁露义证》，第307页。
④ （清）苏舆撰，钟哲点校：《春秋繁露义证》，第303页。

汉代对人文教化的重视和强化，直接威胁到了人性的基础性地位。这便是魏晋时期儒学家们所面临的问题。王弼曰："仁义，母之所生，非可以为母。"[①]仁义之道是子，是"末"[②]。其本源则是人的自然之性："不塞其原，则物自生，何功之有？不禁其性，则物自济，何为之恃？"[③]由于自然之性为人固有，因而是"内"："夫仁义发于内。"[④]仁义之道本于内在本性，或曰，名教本于自然。嵇康的立场更为激烈："矜尚不存乎心，故能越名教而任自然；情不系于所欲，故能审贵贱而通物情。"[⑤]即超越于人文之道而任自然之性，最终实现"越名任心"[⑥]，即顺应自然之性情。魏晋时期的名教与自然的关系终究体现了仁义之道与人性的关系。尊崇人性是其宗旨。

隋唐之际，佛学发展，儒学沉寂。至宋明时期，理学兴起。据牟宗三的观点，宋明理学大约可以被分为"三系"[⑦]，即性本论、理本论和心本论，或曰，性学、理学和心学。性学的主要代表是湖湘学派的胡宏。胡宏明确提出："性，天下之大本也。"[⑧]以性为本。同时，受到佛学的影响，胡宏援心证性，认为"天下有三大：大本也，大几也，大法也。大本一心也"[⑨]。他将具有认识功能的心视为成全本性的关键，甚至是基础，故为大本。以心证性或以性证心成为胡宏哲学的主题。性依然是胡宏哲学的中心。

理学派的主要代表二程曰："性即理也，所谓理，性是也。"[⑩]性即是理。他们以理解释性。所谓理，朱熹曰："凡事固有'所当然而不容已'者，然又当求其所以然者何故。其所以然者，理也。"[⑪]理即事物之所以

---

① （魏）王弼著，楼宇烈校释：《王弼集校释》，第95页。
② （魏）王弼著，楼宇烈校释：《王弼集校释》，第139页。
③ （魏）王弼著，楼宇烈校释：《王弼集校释》，第24页。
④ （魏）王弼著，楼宇烈校释：《王弼集校释》，第94页。
⑤ 夏明钊译注：《嵇康集译注》，第120页。
⑥ 夏明钊译注：《嵇康集译注》，第120页。
⑦ 牟宗三：《心体与性体》（上），第42页。
⑧ （宋）胡宏，吴仁华点校：《胡宏集》，北京：中华书局，1987年，第328页。
⑨ （宋）胡宏，吴仁华点校：《胡宏集》，第42页。
⑩ （宋）程颢、程颐著，王孝鱼点校：《二程集》（上），第292页。
⑪ （宋）黎靖德编，王星贤点校：《朱子语类》二，第414页。

然、事物之自性（identity）。它是一物成为一物的最终根据。这种根据在人便是人性。因此，理即性。朱熹曰：“命，犹令也。性，即理也。”[①] 性理一物。或者说，朱熹等用理取代了先秦哲学中的性。在朱熹看来，性和理是有区别的：“性则就其全体而万物所得以为生者言之，理则就其事事物物各有其则者言之。”[②] 性重在出生，理则强调了事物的所以然的依据。前者具有经验的动态特点（“生”），后者则属于静态的存在。理是性的发展。理本论是德性论的新形态。性、理是程朱理学的核心主题。

心学代表陆九渊曰：“且如情、性、心、才，都只是一般物事，言偶不同耳。”[③] 性、心、情、才实为一物。陆九渊以心解释性。尊德性便是尊心：“人惟患无志。有志无有不成者，然资禀厚者，毕竟有志。”[④] 尊德性便是立心、立志。德性转换为心志。心学的最大代表王阳明以心释理，提出“心外无事”“心外无物”“心即理”。所谓“心外无事”，即人的言行比如忠、孝、信等，“都只在此心，心即理也。此心无私欲之蔽，即是天理，不须外面添一分。以此纯乎天理之心，发之事父便是孝，发之事君便是忠，发之交友治民便是信与仁。只在此心去人欲、存天理上用功便是”[⑤]。忠孝之事本于心。心是事的本原。同时，心还是世界的本原。“先生游南镇，一友指岩中花树问曰：‘天下无心外之物，如此花树，在深山中自开自落，于我心亦何相关？’先生曰：‘你未看此花时，此花与汝心同归于寂。你来看此花时，则此花颜色一时明白起来。便知此花不在你的心外。’”[⑥] 人心是世上万物的本原。这种天下万物的大本，又叫作良知：“人孰无是良知乎？独有不能致之耳。……是良知也者，是所谓‘天下之大本’也。致是良知而行，则所谓‘天下之达道’也。”[⑦] 良知、心是万物

---

① （宋）朱熹：《中庸章句》，《四书五经》（上），第 1 页。

② （宋）黎靖德编，王星贤点校：《朱子语类》一，第 82 页。

③ （宋）陆九渊：《陆九渊全集》，北京：中国书店，1992 年，第 288 页。

④ （宋）陆九渊：《陆九渊全集》，第 285 页。

⑤ （明）王阳明撰，吴光、钱明、董平、姚延福编校：《王阳明全集》（上），第 2 页。

⑥ （明）王阳明撰，吴光、钱明、董平、姚延福编校：《王阳明全集》（上），第 107—108 页。

⑦ （明）王阳明撰，吴光、钱明、董平、姚延福编校：《王阳明全集》（上），第 279 页。

生存之本。心是理。理是性。心最终还是性。或者说，它是德性论的更高级阶段或形态。

笔者曾指出："从儒、释、道三家哲学主题及其历史演变来看，我们可以得出如下结论：'性'是中国哲学的基本主题，或曰基本问题。它分显为德性、天性和佛性。在儒家那里，'性'主要表现为德性（荀子为例外），并成为儒家哲学的主题。德性最终指向成圣。"[①] 德性是儒家哲学的基本问题或主题。千年来的儒学发展史，其实是对德性的追寻史。"圣人千言万语，只是说个当然之理。恐人不晓，又笔之于书。自书契以来，《二典》《三谟》伊尹武王箕子周公孔孟都只是如此，可谓尽矣。"[②] 同时，从先秦到隋唐时期的人性与气没有严格的区别，即性气不分。孔子之性是"气质"[③]，孟子的"浩然之气"、董仲舒的阴阳之气、王弼的"自然之气"[④] 等是性。这种性气不分的人性论反映了早期哲学家们对人性的认识还处在一个初级阶段。从宋代开始，儒学家们借用佛教的体用论，将儒学改造为具有鲜明思辨性的哲学或形而上学。人性也由早期的实物性变身为超越的理或心。质朴的哲学也转身一变，成为思辨的哲学或形而上学。

三、作为范式的德性

德性不仅贯穿于儒家哲学史，而且在儒家思想体系中具有重要地位。它是理解儒家主要观念和核心概念的基石、"阿基米德点"，即儒家的核心概念和观念最终都归结到人性上。

现代观念中的真，古汉语主要用信字来表示。《说文解字》曰："信，诚也，从人从言，会意。"[⑤] 信即诚。《白虎通》曰："信者，诚也，专一不移也。"[⑥] 信即诚。所谓诚，即诚实、真实，事情、事物本身。事物自身后

---

① 沈顺福：《"性"与中国哲学基本问题》，《哲学研究》2013 年第 7 期。
② （宋）黎靖德编，王星贤点校：《朱子语类》一，第 187 页。
③ （宋）朱熹：《论语集注》，《四书五经》（上），第 14 页。
④ （魏）王弼著，楼宇烈校释：《王弼集校释》，第 23 页。
⑤ （汉）许慎：《说文解字》，第 52 页。
⑥ （清）陈立撰，吴则虞点校：《白虎通疏证》（上），第 382 页。

来转化为性。诚即性的展开。孟子曰:“诚者,天之道也。”[1]诚即天道。天道即天性的在世方式。这种自然的在世方式,孟子概括为“尽心”和“养性”:“尽其心者,知其性也。知其性,则知天矣。存其心,养其性,所以事天也。”[2]“尽心”“养性”的过程便是天道,便是诚。诚即尽性。诚乃性的展开。诚为信本,事实上是性为信本。“性为信本”成为后来的儒家哲学家的主要思路。《礼记》曰:“子思曰:丧三日而殡,凡附于身者,必诚必信,勿之有悔焉耳矣。三月而葬,凡附于棺者,必诚必信,勿之有悔焉耳矣。”[3]哭丧之礼一定体现了哀伤者的真情实性,故必诚必信。诚信乃是出于人的性情。信体现了自己之性。小程曰:“尽己为忠,尽物为信。极言之,则尽己者尽己之性也,尽物者尽物之性也。信者,无伪而已,于天性有所损益,则为伪矣。”[4]尽己即尽自己之性。小程曰:“仁、义、礼、智、信五者,性也。仁者,全体;四者,四支。仁,体也。义,宜也。礼,别也。智,知也。信,实也。”[5]信即实。所谓信即实,并非说信等同于实,而是说信乃源自实。真实即诚。信变成了诚信。信即尽性。反过来说,性为信本。信本于性。信即真实。真实的根据是性。性是真的基石。

现代思维中的善的观念,也是传统儒家思想体系中的重要观念。孟子曰:“乃若其情,则可以为善矣,乃所谓善也。”[6]孟子之情近乎性。顺情即顺性、随性。任由性情的成长便是“为善”。善即性的成长或完成状态。人性又被叫作“大体”,孟子曰:“所以考其善不善者,岂有他哉?于己取之而已矣。体有贵贱,有小大。无以小害大,无以贱害贵。养其小者为小人,养其大者为大人。”[7]善者即大人,大人便是养性者。孟子据此区别了圣人与小人:“鸡鸣而起,孳孳为善者,舜之徒也;鸡鸣而起,孳

① 杨伯峻译注:《孟子译注》,第130页。
② 杨伯峻译注:《孟子译注》,第233页。
③ (汉)郑玄注,(唐)孔颖达等正义:《礼记正义》,《十三经注疏》(下),第1275页。
④ (宋)程颢、程颐著,王孝鱼点校:《二程集》(上),第315页。
⑤ (宋)程颢、程颐著,王孝鱼点校:《二程集》(上),第14页。
⑥ 杨伯峻译注:《孟子译注》,第200页。
⑦ 杨伯峻译注:《孟子译注》,第207页。

孳为利者，蹠之徒也。欲知舜与蹠之分，无他，利与善之间也。”[1] 圣人便是完备本性之人，小人则失去本性之人。因此，在孟子看来，“穷则独善其身，达则兼善天下”[2]。致善便是修身养性，最终使其完备。善即人性的完备或圆满。比如仁义礼智等，自然属于善的范畴。它们便是人性的“扩而充之”：“恻隐之心，仁之端也；羞恶之心，义之端也；辞让之心，礼之端也；是非之心，智之端也。人之有是四端也，犹其有四体也。有是四端而自谓不能者，自贼者也；谓其君不能者，贼其君者也。凡有四端于我者，知皆扩而充之矣，若火之始然，泉之始达。苟能充之，足以保四海；苟不充之，不足以事父母。”[3] 扩充人性、使之完善便是仁义，便是善。性是善的基石。《易传》曰：“一阴一阳之谓道，继之者善也，成之者性也。仁者见之谓之仁，知者见之谓之知。”[4] “成之者性也”：性是基础性条件。同时，善则是性长成的结果，是性的圆满状态，故曰“继之者善也”。善是性的圆满。董仲舒将性与善的关系比作禾与米、卵与丝：“性比于禾，善比于米。米出禾中，而禾未可全为米也。善出性中，而性未可全为善也。善与米，人之所继天而成于外，非在天所为之内也。天之所为，有所至而止。止之内谓之天性，止之外谓之人事。事在性外，而性不得不成德。……性如茧如卵。卵待覆而成雏，茧待缫而为丝，性待教而为善。此之谓真天。”[5] 性是禾苗，善如稻米。性需教化方能至善，达到完善的阶段。善是性的圆满。小程曰：“自性而行，皆善也。圣人因其善也，则为仁义礼智信以名之；以其施之不同也，故为五者以别之。合而言之皆道，别而言之亦皆道也。舍此而行，是悖其性也，是悖其道也。而世人皆言性也，道也，与五者异，其亦弗学欤！其亦未体其性也欤！其亦不知道之所存欤！”[6] 性是起点，善是终点。善即性的终点。同时善终究是性之善，即人

---

① 杨伯峻译注：《孟子译注》，第 243 页。
② 杨伯峻译注：《孟子译注》，第 236 页。
③ 杨伯峻译注：《孟子译注》，第 59 页。
④ （魏）王弼等注，（唐）孔颖达等正义：《周易正义》，《十三经注疏》（上），第 78 页。
⑤ （清）苏舆撰，钟哲点校：《春秋繁露义证》，第 289—293 页。
⑥ （宋）程颢、程颐著，王孝鱼点校：《二程集》（上），第 318 页。

性是善的主体。善最终必须归结到性中。善即性的完善。性是善的基石。

与善近似的是美的观念。孟子曰："可欲之谓善，有诸己之谓信，充实之为美，充实而有光辉之谓大，大而化之之谓圣，圣而不可知之之谓神。"[①] 性的充实和圆满便是美，即人性得到扩充、完善之后的状态便是美。美即完美。早期思想家性气不分。故，古人将文艺之美与气联系起来。钟嵘说，"诗之至"[②] 在于能够使人得味、动心。而动心在于气："气之动物，物之感人，故摇荡性情，行诸舞咏。"[③]"动物""感人"之处在于气。因此，诗之魅力或美在于气。比如曹植诗作之美在于"骨气奇高，词采华茂，情兼雅怨，体被文质，粲溢今古，卓尔不群"[④]，而刘桢作品之美在于"仗气爱奇，动多振绝"[⑤]。刘琨、卢谌的作品之美在于"自有清拔之气"[⑥]。在钟嵘看来，气是诗的魅力所在。美在于气，在于性。刘勰曰："《诗》总六义，风冠其首；斯乃化感之本源，志气之符契也。是以怊怅述情，必始乎风；沈吟铺辞，莫先于骨。故辞之待骨，如体之树骸；情之含风，犹形之包气。"[⑦] 志气乃是诗之所成的原因。由气方能成就风骨，成就美。故，曹丕曰："文以气为主，气之清浊有体，不可力强而致。"[⑧] 以为孔融之文"体气高妙"[⑨]，徐干之文"时有齐气"[⑩]，刘桢之文"有逸气"[⑪]。这些主张都意在"重气之旨也"[⑫]。气是文学作品的魅力或美的所在。这便是著名的"文气说"："文以气为主，气之清浊有体，不可力强

① 杨伯峻译注：《孟子译注》，第 263—264 页。
② （南朝）钟嵘著，陈廷杰注：《诗品注》，第 2 页。
③ （南朝）钟嵘著，陈廷杰注：《诗品注》，第 1 页。
④ （南朝）钟嵘著，陈廷杰注：《诗品注》，第 20 页。
⑤ （南朝）钟嵘著，陈廷杰注：《诗品注》，第 21 页。
⑥ （南朝）钟嵘著，陈廷杰注：《诗品注》，第 37 页。
⑦ （南朝）刘勰著，陆侃如、牟世金译注：《文心雕龙译注》，第 397 页。
⑧ （南朝）刘勰著，陆侃如、牟世金译注：《文心雕龙译注》，第 400 页。
⑨ （南朝）刘勰著，陆侃如、牟世金译注：《文心雕龙译注》，第 400 页。
⑩ （南朝）刘勰著，陆侃如、牟世金译注：《文心雕龙译注》，第 400 页。
⑪ （南朝）刘勰著，陆侃如、牟世金译注：《文心雕龙译注》，第 400 页。
⑫ （南朝）刘勰著，陆侃如、牟世金译注：《文心雕龙译注》，第 400 页。

而致。”[①] 在曹丕、钟嵘、刘勰等看来，文章之美在于气。气亦是才。日常语言叫作才气。在评价陆机作品时，钟嵘曰：“才高词赡，举体华美。”[②] 因才而成美文。才气好是文章之美的基本保证。在评价嵇康作品时，钟嵘曰：“过为峻切，讦直露才，伤渊雅之致。”[③] 美在于才。刘勰曰：“斯乃旧章之懿绩，才情之嘉会也。”[④] 好文章是才与情的汇合。文艺之美在于才气。其中，气是生命力，才是生命的载体。二者贯通，宋明理学合称“气质”，二者实为一体。文章之美在于才气。早期的才、气与性几乎不分。故，美在于才、气，其实就是美在于性。后人将其发展为性灵说。袁宏道曰：“弟少也慧……泛舟西陵，走马塞上，穷览燕、赵、齐、鲁、吴、越之地，足迹所至，几半天下，而诗文亦因之以日进。大都独抒性灵，不拘格套，非从自己胸臆流出，不肯下笔。有时情与境会，顷刻千言，如水东注，令人夺魄。”[⑤] 袁宏道以为袁中道之诗文“独抒性灵”，体现了自己的性情，因而为美。袁宏道曰：“夫唐人千岁而新，今人脱手而旧，岂非流自性灵与出自模拟者所从来异乎？……流自性灵者，不期新而新；出自模拟者，力求脱旧而转得旧。由斯以观，诗期于自性灵出尔，又何必唐，何必初与盛之为沾沾哉！”[⑥] 出自性灵之作便是美文。清代袁枚继承了袁宏道的性灵说：“自《三百篇》至今日，凡诗之传者，都是性灵，不关堆垛。”[⑦] 诗传性灵。袁枚曰：“诗者，人之性情。”[⑧] 诗言性情，故，“作诗颇有性情”[⑨]。诗中必有性情。“有性情而后真。”[⑩] 诗、文章之美在于性情。性是美的基石。美即性的完美。

---

① （南朝）刘勰著，陆侃如、牟世金译注：《文心雕龙译注》，第 400 页。
② （南朝）钟嵘著，陈廷杰注：《诗品注》，第 24 页。
③ （南朝）钟嵘著，陈廷杰注：《诗品注》，第 32 页。
④ （南朝）刘勰著，陆侃如、牟世金译注：《文心雕龙译注》，第 512 页。
⑤ （明）袁宏道著，钱伯城笺校：《袁宏道集笺校》（上），第 187—188 页。
⑥ （明）袁宏道著，钱伯城笺校：《袁宏道集笺校》（下），第 1685 页。
⑦ （清）袁枚：《随园诗话》，第 87 页。
⑧ （清）袁枚：《随园诗话》，第 116 页。
⑨ （清）袁枚：《随园诗话》，第 124 页。
⑩ （清）袁枚：《随园诗话》，第 139 页。

儒家的情感说完全可以被归结为性情说。早期儒家性情不分。孟子曰："夫物之不齐，物之情也；或相倍蓰，或相什百，或相千万。"[①]世上生物各异，原因在于物之情。此处的情显然指性，即万物因性不同而各异。比如人，"人见其禽兽也，而以为未尝有才焉者，是岂人之情也哉？"[②]人情别于禽兽，即人性异于禽兽。在此，情即性。故，孟子曰："乃若其情，则可以为善矣，乃所谓善也。若夫为不善，非才之罪也。"[③]因为情即性，贴近情也就是尽性而致善。故，戴东原解读道："情，犹素也，实也。"[④]情即素、实。所谓素、实，接近性。情即性。情被解释为性。性情一致。性情一致论的另一种形式是"情出自性"。《性自命出》称："性自命出，命自天降。道始于情，情生于性。始者近情，终者近义。知情［者能］出之，知义者能内之。"[⑤]情生于性。"忠，信之方也。信，情之方也，情出于性。"[⑥]情出自性。董仲舒曰："天地之所生，谓之性情。性情相与为一瞑。情亦性也。谓性已善，奈其情何？故圣人莫谓性善，累其名也。身之有性情也，若天之有阴阳也。言人之质而无其情，犹言天之阳而无其阴也。穷论者，无时受也。"[⑦]人既有性亦有情。情也是一种性，或源自于性。王弼则提出"性其情"："不性其情，焉能久行其正，此是情之正也。若心好流荡失真，此是情之邪也。若以情近性，故云性其情。情近性者，何妨是有欲。若逐欲迁，故云远也；若欲而不迁，故曰近。"[⑧]既然性是情的依据，那么，只要情感遵循了本性，即情近性，情欲之心又有何妨？性决定情。伊川曰："称性之善谓之道，道与性一也。以性之善如此，故谓之性善。性之本谓之命，性之自然者谓之天，自性之有形者谓

---

① 杨伯峻译注：《孟子译注》，第 95 页。
② 杨伯峻译注：《孟子译注》，第 203 页。
③ 杨伯峻译注：《孟子译注》，第 200 页。
④ （清）戴震撰，张岱年主编：《戴震全书》（六），第 197 页。
⑤ 荆门市博物馆编：《郭店楚墓竹简》，第 179 页。
⑥ 荆门市博物馆编：《郭店楚墓竹简》，第 180 页。
⑦ （清）苏舆撰，钟哲点校：《春秋繁露义证》，第 290—292 页。
⑧ （魏）王弼著，楼宇烈校释：《王弼集校释》，第 631—632 页。

之心，自性之有动者谓之情，凡此数者皆一也。”[1]性动为情。朱熹继承了二程的基本立场，以为“虚明不昧，便是心；此理具足于中，无少欠阙，便是性；感物而动，便是情。”[2]性感于物而自然生情。朱熹借用了佛学的形而上学思维模式，提出：“性是体，情是用。”[3]性情关系是体用关系。性是体，情是用。王阳明虽然更喜欢言心，却也不反对朱熹的体用论，以为“夫喜怒哀乐，情也。既曰不可，谓未发矣。喜怒哀乐之未发，则是指其本体而言，性也。……性，心体也；情，心用也”[4]。性体情用。性是情之体。作为体，性无疑对于情具有奠基性、决定性作用和地位。对儒家情感的理解和解释最终必定归结到人性论中。

结语　德性是基础

从儒家哲学史来看，德性贯穿于儒家哲学的整个历史。儒家哲学史其实也是儒家德性论史。德性问题在不同时期表现出不同的形式。德性的内涵和性质也具有历史性，即在不同的时期，德性各有不同，甚至具有性质差异。德性问题萌芽于孔子，却正式开始于孟子。孟子的人性论解决了孔子仁义之道的基础问题。荀子另辟蹊径，以性恶说为人文教化提供了合理性解释。汉儒重心在倡导人道。其理论基础仍然在于善恶混之性。玄学家们的名教与自然之辨，说到底仍然是探讨人性与人文教化的关系。宋明理学家将人性进行抽象化，分离出天地之性与气质之性。其中的天地之性被叫作理，有时又被称作心。理和心是新时期的性的形态。因此，德性是儒家哲学发展史的中心主题。它也是我们理解儒家哲学继承与发展关系的基本视角。

从儒家哲学来看，德性是生存的本源和基础，对生存具有决定性地位和作用。生长是德性的生长，完善是德性的完善，完美是德性的完满。

---

① （宋）程颢、程颐著，王孝鱼点校：《二程集》（上），第318页。
② （宋）黎靖德编，王星贤点校：《朱子语类》一，第94—95页。
③ （宋）黎靖德编，王星贤点校：《朱子语类》一，第91页。
④ （明）王阳明撰，吴光、钱明、董平、姚延福编校：《王阳明全集》（上），第146页。

它对于理解儒家哲学的主要问题即生存具有基础性地位。因此，关于德性的理论即德性论也是理解儒家哲学观念与概念的方法论，即对一些主要观念与核心概念的理解必须以德性为基本视角。现代意义上的真，古人归结为性。合性便是真。现代语境中的善、美，均具有鲜明的主观性或判断色彩。古人却将性的“扩而充之”称作善、美。善、美是对客观的、性的完善状态的描述。现代意义中的情具有明显的主观性。但是古人之情最终依然归结为性。情由性定。对情的理解或解释最终必须还原到性上。诸如此类。因此，古代德性论不仅是一种关于德性的学说，它更是我们理解儒家哲学或思想的“阿基米德点”。对儒家思想的最终解释必定归结到人性的问题上。因此，儒家人性论是我们理解儒家思想的方法论。只有理解和接受这种方法论，我们才能够克服日常生活中的、西化的方法论的影响，才能够真实地、彻底地、准确地理解儒家思想或哲学。因此，儒家德性论是我们理解儒家哲学与思想的基本方法论。

参考文献

中国古代经典与汉语书籍

《太平经》，上海：上海古籍出版社，1993年。

《四书五经》，天津：天津市古籍书店，1988年。

《二十二子》，上海：上海古籍出版社，1986年。

《十三经注疏》，上海：上海古籍出版社，1997年。

《家语》，《钦定四库全书荟要》子部。

《文选》，《四部丛刊》本。

《诸子集成》，上海：上海书店，1986年。

《新编诸子集成续编》，北京：中华书局，2009年。

（春秋）左丘明撰，李维琦标点：《国语》，长沙：岳麓书社，1988年。

（战国）吴起撰，83110部队理论组等注：《吴子兵法注释》，上海：上海人民出版社，1977年。

（汉）班固撰，（唐）颜师古注：《汉书》，北京：中华书局，1962年。

（汉）班固：《白虎通德论》，上海：上海古籍出版社，1990年。

（汉）河上公章句：《宋刊老子道德经》，福州：福建人民出版社，2008年。

（汉）贾谊撰，阎振益、钟夏校注：《新书校注》，北京：中华书局，2000年。

（汉）刘向编著，石光瑛校释，陈新整理：《新序校释》，北京：中华书局，2001年。

（汉）刘向撰，向宗鲁校证：《说苑校证》，北京：中华书局，1987年。

（汉）司马迁：《史记》，长沙：岳麓书社，1988年。

（汉）王充著，张宗祥校注，郑绍昌标点：《论衡校注》，上海：上海古籍出版社，2013 年。

（汉）许慎：《说文解字》，天津：天津市古籍书店，1991 年影印。

（汉）许慎撰，（清）段玉裁注：《说文解字注》，上海：上海古籍出版社，1981 年。

（魏）王弼著，楼宇烈校释：《王弼集校释》，北京：中华书局，1980 年。

（晋）陈寿撰，裴松之注：《三国志》，北京：中华书局，1982 年。

（晋）郭璞注，（宋）邢昺疏：《尔雅注疏》，上海：上海古籍出版社，2010 年。

（晋）郭象著，（唐）成玄英疏：《庄子注疏》，北京：中华书局，2011 年。

（晋）陆机：《文赋集释》，北京：人民文学出版社，2002 年。

（南朝）顾野王：《大广益会玉篇》，北京：中华书局，1987 年。

（南朝）刘勰著，陆侃如、牟世金译注：《文心雕龙译注》，济南：齐鲁书社，2009 年。

（南朝）僧祐：《弘明集》，上海：上海古籍出版社，1991 年。

（南朝）释慧皎撰，汤用彤校注，汤一玄整理：《高僧传》，北京：中华书局，1992 年。

（南朝）谢赫：《古画品录》，《钦定四库全书》（文渊阁）子部。

（南朝）钟嵘著，陈廷杰注：《诗品注》，北京：人民文学出版社，1961 年。

（唐）韩愈：《韩愈集》，郑州：中州古籍出版社，2010 年。

（唐）李翱：《复性书》，《李文公集》卷二，四部丛刊。

（唐）张彦远：《历代名画记》，杭州：浙江人民美术出版社，2011 年。

（宋）程颢、程颐著，王孝鱼点校：《二程集》，北京：中华书局，2004 年。

（宋）胡宏著，吴仁华点校：《胡宏集》，北京：中华书局，1987 年。

（宋）黎靖德编，王星贤点校：《朱子语类》，北京：中华书局，1986 年。

（宋）陆九渊：《陆象山全集》，北京：中国书店，1992 年。

（宋）邵雍著，郭彧整理：《邵雍集》，北京：中华书局，2010 年。

（宋）张载著，章锡琛点校：《张载集》，北京：中华书局，1978 年。

（宋）周敦颐：《通书》，上海：上海古籍出版社，1992 年。

（宋）朱熹撰，朱杰人、严佐之、刘永翔主编：《朱子全书》，上海：上海古籍出版社、合肥：安徽教育出版社，2010 年。

（明）黄宗羲著，沈芝盈点校：《明儒学案》，北京：中华书局，1985 年。

（明）黄宗羲等编：《宋元学案》，北京：中国书店，1990 年。

（明）王夫之：《船山全书》，长沙：岳麓书社，2011 年。

（明）王阳明撰，吴光、钱明、董平、姚延福编校：《王阳明全集》，上海：上海古籍出版社，1992 年。

（明）袁宏道著，钱伯城笺校：《袁宏道集笺校》，上海：上海古籍出版社，2008 年。

（清）陈乔枞：《诗纬集证》，《续修四库全书·经部·诗类》。

（清）戴震撰，张岱年主编：《戴震全书》（六），合肥：黄山书社，1995 年。

（清）石涛著，周远斌点样纂注：《苦瓜和尚画语录》，济南：山东画报出版社，2007 年。

（清）苏舆撰，钟哲点校：《春秋繁露义证》，北京：中华书局，1992 年。

（清）袁枚：《随园诗话》，杭州：浙江古籍出版社，2011 年。

安正辉选注：《戴震哲学著作选注》，北京：中华书局，1979 年。

程树德撰，程俊英、蒋见元点校：《论语集释》，北京：中华书局，1990 年。

邓晓芒：《康德哲学讲演录》，桂林：广西师范大学出版社，2006 年。

方东美：《中国哲学之精神及其发展》，台北：成均出版社，1985 年。

冯契：《中国古代哲学的逻辑发展》，上海：上海人民出版社，1983 年。

冯友兰：《中国哲学简史》，北京：北京大学出版社，1985 年。

冯友兰：《三松堂全集》，郑州：河南人民出版社，2000年。

冯友兰：《中国哲学史》，重庆：重庆出版社，2009年。

傅斯年：《傅斯年全集》，长沙：湖南教育出版社，2000年。

郭齐勇、郑文龙编：《杜维明文集》，武汉：武汉出版社，2002年。

胡伟希：《中国哲学概论》，北京：北京大学出版社，2005年。

荆门市博物馆编：《郭店楚墓竹简》，北京：文物出版社，1998年。

李泽厚：《论语今读》，合肥：安徽文艺出版社，1998年。

牟宗三：《中国哲学的特质》，上海：上海古籍出版社，1997年。

牟宗三：《心体与性体》，上海：上海古籍出版社，1999年。

牟宗三：《智的直觉与中国哲学》，北京：中国社会科学出版社，2008年。

皮朝纲主编：《中国美学体系论》，北京：语文出版社，1995年。

任继愈主编：《中国哲学发展史》，北京：人民出版社，1983年。

汪荣宝撰，陈仲夫点校：《法言义疏》，北京：中华书局，1987年。

王国维：《观堂集林》，石家庄：河北教育出版社，2001年。

王国维集，周锡山编校：《王国维集》，北京：中国社会科学出版社，2008年。

夏明钊译注：《嵇康集译注》，哈尔滨：黑龙江人民出版社，1987年。

杨伯峻译注：《论语译注》，北京：中华书局，2006年。

杨伯峻译注：《孟子译注》，北京：中华书局，2008年。

杨国荣：《王学通论——从王阳明到熊十力》，上海：华东师范大学出版社，2003年。

叶朗：《中国美学史大纲》，上海：上海人民出版社，1985年。

余敦康：《魏晋玄学史》，北京：北京大学出版社，2004年。

于省吾：《甲骨文字释林》，北京：商务印书馆，2010年。

张岱年：《张岱年文集》第三卷，北京：清华大学出版社，1992年。

张立文主编：《理》，北京：中国人民大学出版社，1991年。

周作人：《中国新文学的源流》，上海：华东师范大学出版社，1995年。

朱自清：《诗言志辨》，上海：华东师范大学出版社，1996 年。

宗白华：《美学散步》，上海：上海人民出版社，1981 年。

宗白华：《美学与意境》，北京：人民出版社，2009 年。

汉语杂志及书籍文章

曾繁仁：《中国古代生命论美学及其当代价值》，《山东师范大学学报（人文社会科学版）》2012 年第 5 期。

曾令香：《〈诗经〉〈论语〉中第一人称代词“我”的比较》，《枣庄学院学报》2005 年第 3 期。

陈卫平：《中国传统哲学的主要问题和哲学基本问题》，《教学与研究》1998 年第 2 期。

丁守和：《“天”“人”关系的思考》，《传统文化与现代化》1997 年第 1 期。

杜保瑞：《中国哲学的基本哲学问题与概念范畴》，《文史哲》2009 年第 4 期。

段德智：《从儒学的宗教性看儒家的主体性思想及其现时代意义》，《华中科技大学学报（社会科学版）》2003 年第 3 期。

方立天：《心性论——佛教哲学与中国固有哲学的主要契合点》，《社会科学战线》1993 年第 1 期。

傅佩荣：《人性与善的关系问题》，《中国文化》2013 年第 38 期。

傅有德：《希伯来先知与儒家圣人比较研究》，《中国社会科学》2009 年第 6 期。

宫哲兵：《中国古代哲学有没有唯心主义？——中国哲学史新探之一》，《广西民族学院学报（哲学社会科学版）》1996 年第 1 期。

谷方：《论哲学的基本问题——关于中国哲学史研究方向的探讨》，《学习与探索》1982 年第 1 期。

何乐士：《〈左传的〉人称代词》，见中国社会科学院语言研究所古代汉语研究室编：《古汉语研究论文集（二）》，北京：北京出版社 1984 年版。

胡家祥：《志：中国哲学的重要范畴》，《江西师范大学学报（哲学社会科学版）》1996年第3期。

焦国成：《“善”语词考源》，《伦理学研究》2013年第2期。

金春峰：《“德”的历史考察》，《陕西师范大学学报（哲学社会科学版）》2007年第6期。

金克木：《试论梵语中的“有——存在”》，《哲学研究》1980年第7期。

景海峰：《朱子哲学体用观发微》，《深圳大学学报（人文社会科学版）》1995年第4期。

李清良：《“天人合一”与中国哲学基本问题》，《社会科学家》1998年第2期。

李天道：《“诚”：中国美学的最高审美之维》，《社会科学研究》2011年第6期。

李晓春：《王弼“体用论”述真》，《兰州大学学报（社会科学版）》2010年第4期。

林安梧、欧阳康、邓晓芒、郭齐勇：《中国哲学的未来：中国哲学、西方哲学、马克思主义哲学的交流与互动》（下），《学术月刊》2007年第5期。

林可济：《中国古代哲学基本问题新探》，《东南学术》2006年第1期。

刘俊杰、洪磊：《也谈“天人合一”与中国哲学的基本问题》，《临沂大学学报》2001年第1期。

刘林鹰：《德字古义新考》，《船山学刊》2010年第2期。

刘笑敢：《天人合一：学术、学说和信仰——再论中国哲学之身份及研究取向的不同》，《南京大学学报（哲学·人文科学·社会科学）》2011年第6期。

刘学智：《心性论与当代伦理实践》，《陕西师范大学学报（哲学社会科学版）》2002年第1期。

蒙培元：《两个世界还是一个世界——朱子哲学辩证之一》，《学术月刊》2008年第3期。

任吾心：《天人关系是中国哲学的基本问题吗？——论“天人合一”的内涵》，《河北学刊》1990年第6期。

沈顺福：《精神与生存——中西哲学对话》，《江西社会科学》2011年第7期。

沈顺福：《道家哲学是一种世界观吗？》，《安徽大学学报（哲学社会科学版）》2013年第4期。

沈顺福：《“性”与中国哲学基本问题》，《哲学研究》2013年第7期。

沈顺福：《自然与中国古代道德纲领》，《北京大学学报（哲学社会科学版）》2014年第2期。

沈顺福：《荀子之“心”与自由意志——荀子心灵哲学研究》，《社会科学》2014年第3期。

沈顺福：《儒家情感论批判》，《江西社会科学》2014年第4期。

沈顺福：《人心与本心——孟子心灵哲学研究》，《现代哲学》2014年第5期。

沈顺福：《试论中国早期儒家的人性内涵——兼评“性朴论”》，《社会科学》2015年第8期。

沈顺福：《性即气：略论汉代儒家人性之内涵》，《中山大学学报（社会科学版）》2017年第1期。

沈顺福：《魏晋天人一体论生成的义理脉络》，《求索》2017年第2期。

沈顺福：《三本论与董仲舒思想的历史地位》，《衡水学院学报》2018年第4期。

宋志明：《论中国哲学的基本问题》，《学习与探索》2009年第3期。

孙海峰：《略论传统美学中的“自然”观念》，《阜阳师范学院学报（社会科学版）》2007年第4期。

孙熙国、肖雁：《“德”的本义及其伦理和哲学意蕴的确立》，《理论学刊》2012年第8期。

文碧方：《试论作为儒家道德本原根据的“心”“性”范畴》，《天津社会科学》2005年第2期。

吾淳：《“理”概念发展的知识线索》，《上海师范大学学报（哲学社会科学版）》2013 年第 6 期。

肖鹰：《论中国艺术的哲学精神》，《天津社会科学》1998 年第 5 期。

谢文郁：《善的问题：柏拉图和孟子》，《哲学研究》2012 年第 11 期。

杨国荣：《中国近代的唯意志论思潮与王学》，《学术月刊》1988 年第 11 期。

叶朗：《美是什么》，《社会科学战线》2008 年第 10 期。

张岱年：《中国哲学基本问题辨析》，《社会科学辑刊》1991 年第 6 期。

张刚：《论中国哲学的基本问题》，《山东社会科学》2007 年第 2 期。

张继军：《周初“善”、“恶”观念考》，《求是学刊》2006 年第 6 期。

张世英：《中国人的“自我”》，《人民论坛》2012 年 12 月（上）。

郑开：《道家心性论研究》，《哲学研究》2003 年第 8 期。

周炽成：《儒家性朴论：以孔子、荀子、董仲舒为中心》，《社会科学》2014 年第 10 期。

朱汉民：《儒家主体性伦理和安身立命》，《求索》1993 年第 2 期。

中文译作与外语文献

〔美〕约翰·杜威著，赵祥麟、王承绪编译：《杜威教育论著选》，上海：华东师范大学出版社，1981 年。

〔美〕约翰·杜威著，赵祥麟等译：《学校与社会·明日之学校》，北京：人民教育出版社，1994 年。

〔法〕卢梭：《新爱洛伊丝》，陈筱卿译，北京：北京燕山出版社，2007 年。

〔德〕Pufendorf（普芬道夫），*On the Duty of Man and Citizen*，北京：中国政法大学出版社，2003 年。

〔意〕玛丽亚·蒙台梭利著，马荣根译，单中惠校：《童年的秘密》，北京：人民教育出版社，2005 年。

〔日〕高楠顺次郎编辑：《大正新修大藏经》，大正一切经刊行会，

1928 年。

〔日〕平川彰：《佛教汉梵大辞典》，东京灵友会，1997 年。

《蒙台梭利幼儿教育科学方法》，任代文主译校，北京：人民教育出版社，1993 年。

Ames, Roger T., *Confucian Role Ethics*, University of Hawaii Press, 2011.

Anscombe, G. E. M., *From Parmenides to Wittgenstein*, Oxford: Basil Blackwell, 1981.

Aristotle, *Politics*, The Pocket Aristotle, Pocket Books New York, 1958.

Aristotle, *Nicomachean Ethics*, translated and edited by Roger Crisp, Cambridge University Press, 2004.

Augustine, *The City of God*, Book XII, Chapter 14, Encyclopaedia Britanica, Inc., 1952.

Baird, Forrest W. (ed.), *Medieval Philosophy*, Prentice-Hall, Inc., New Jersey, 2000.

Baker, Deane-Peter (ed.), *Alvin Plantinga*, Cambridge University Press, 2007.

Borchert, Donald M. (editor in Chief), *Encyclopedia of Philosophy*, 2nd edition, Thomson Gale, 2006.

Bremmer, Jan, *The Early Greek Concept of The Soul*, Princeton University Press, 1983.

Brentano, Franz, *Psychology from an Empirical Standpoint*, Routledge, 1995.

Brüllmann, Philipp, *Die Theorie des Guten in Aristoteles' Nikomachischer Ethik*, De Gruyter, 2011.

Cooper, John M., and D. S. Htchinson (ed.), *Plato: Complete Works*, Indianapolis: Hackett Publishing Company, 1997.

Cornford, Francis Macdonald, *Plato's Cosmology: The Timaeus of Plato*, Hackett Publishing Company, 1935.

Degroot, J. J. M., *The Religion of the Chinese*, New York: The Macmillan

Company, 1910.

Deleuze, Gilles, *Kant's Critical Philosophy*, translated by Hugh Tomlinson and Barbara Habberjam, The Athlone Press, 1984.

Descartes, René, *Philosophical Essays and Correspondence*, edited with Introduction by Roger Ariew, Hackett Publishing Company, Inc., 2000.

Edel, Abraham, *Aristotle and his Philosophy*, London: Croom Helm, 1982.

Fingarette, Herbert, *Confucius: The Secular as Sacred*, Harper & Row, Publishers, 1972.

Fingarette, Herbert, "Comment and Response," in *Rules, Rituals, and Responsibility: Essays Dedicated to Herbert Fingarette,* edited by Mary I. Bockover, La Salle: Open Court, 1991.

Fung Yu-Lan, *Selected Philosophical Writings of Feng Yu-Lan*, Foreign Languages Press, 1998.

Grant, Ruth W., (ed.), *Search of Goodness*, University of Chicago Press, 2011.

Hall, David L., Roger T. Ames, *Thinking through Confucius*, State University of New York Press, 1987.

Heidegger, Martin, *Identität und Differenz*, Gesamtausgabe, Band II, Vittorio Klostermann Frankfurt am Main，2006.

Jiyuan Yu, "Soul and Self: Comparing Chinese Philosophy and Greek Philosophy," *Philosophy Compass* 3/4, 2008.

Kanada, *The Vaisesika Sutras of Kanada*, translated by Nandalal Sinha, Vol. VI, Vijaya Press, 1923.

Kant, Immanuel, *Kritik der Praktischen Vernunft und andere kritische Schriften*, Koenemann, 1995.

Kirk, G. S., *The Presocratic Philosophers: A Critical History with a Selection of Texts*, Cambridge University Press, 1957.

Laërtius, Diogenes, *The Lives and Opinions of Eminent Philosophers*, translated by R. D. Hicks, London: Henry G. Bohn, York Street, Covent

Garden, 1853.

Leibniz, Gottfried Wilhelm, *Philosophical Papers and Letters*, translated and edited by Leroy E. Loemker, D. Reidel Publishing Company, Dordrecht, Holland, 1976.

Lloyd, G. E. R., *Aristotle: The Growth and Structure of his Thought*, Cambridge University Press, 1968.

Locke, John, *An Essay Concerning Human Understanding*, William Tegg & Co., Cheapside, 1841.

Luther, Martin, *Thesis and Address*, Harvard Classics, Vol. 36, 沈阳万卷出版公司，2006.

Moore, G. E., *Principia Ethica*, Cambridge University Press, 1922.

Perkins, Franklin, "Mencius, Emotion, and Autonomy," *Journal of Chinese Philosophy* 29: 2, 2002.

Plantinga, Alvin, *Warranted Christian Belief*, Oxford, New York: Oxford University Press, 2000.

Potts, Michael, Paul A. Byrne and Richard D. Nilges, *Beyond Brain Death: The Case against Brain Based Criteria for Human Death*, New York: Kuwer Academic Publisher, 2000.

Rogers, Carl, *Freedom to Learn for the 80's*, Merrill Publishing Company, 1983.

Ross, David, *The Right and the Good*, edited by Philip Stratton-Lake, Oxford University Press, 1930, 2002.

Rousseau, Jean-Jacques, *The Text of on the Origin of Inequality, on Political, Economy and Social Contract*, translated by G. D. H. Cole, Encyclopaedia Britannica, Inc., 1988.

Russell, Bertrand, *The Basic Writings of Bertrand Russell*, London & New York: Routledge, 1961.

Scheler, Max, *Der Formalismus in der Ethik und die materiale Wertethik:*

Neuer Versuch der Grundlegung eines ethischen Personalismus, A. Francke AG. Verlag, 1980.

Shun, Kwong Loi, "The Self in Confucian Ethics," *Journal of Chinese Philosophy* 18, 1991.

Städtler, Michael, *Kant und die Aporetik moderner Subjektivität zur Verschränkung historischer und systematischer Momente im Begriff der Selbstbestimmung*, Berlin: Akademie Verlag GmbH, 2011.

Stevenk Strange (ed.), *Stoicism: Traditions and Transformations*, Cambridge University Press, 2011.

Wei-Hsun Fu, Charles, "The Mencian Theory of Mind (Hsin) and Nature (Hsing) : A Modern Philosophical Approach," *Journal of Chinese Philosophy* 10, 1983.

Georg Wilhelm Friedrich Hegel Werke, Suhrkamp Verlag Frankfurt am Main, 1970.

Kant's Gesammelte Schriften, Druck und Verlag von Georg Reimer, 1911.

Rousseau's Emile; or, Treatise on Education, abridged, translated, and annotated by William H. Payne, New York, D. Appleton and Company, 1899.

The Dialogues of Plato, translated by Benjamin Jowett, Encyclopaedia Britain Inc., 1952.

The English Works of Thomas Hobbes, Vol. III, J. Bohn, 1839.

The Philosophical Writings of Descartes, Vol. I-II, translated by John Cottingham, Robert Stoothoff, and Dugald Murdoch, Cambridge University Press, 1984.

The Sayings of Confucius,《哈佛经典》第 44 卷，沈阳：万卷出版公司，2006.

The Summa Theologica of Saint Thomas Aquinas, Encyclopaedia Britannica, Inc., 1952.

The Works of Aristotle, Vol. I, Encyclopaedia Britannia Inc., 1952.

附录一：试论中国哲学的基本问题[①]

近些年来，中国哲学合法性问题再次浮现于学术界，诚如首先提出这一问题的金岳霖所云："所谓中国哲学史是中国哲学的史呢？还是在中国的哲学史呢？"[②]问题的核心在于：是否存在"中国哲学"？对这类问题的思考，被许多人误解，以为否定"中国哲学"，似乎意味着中国哲学、中国思想走向末路，从而被些许轻浮之徒狂呼。对中国哲学合法性的讨论，原本仅仅在于论证是否存在着某种自成一体的"中国哲学"，它如同自成体系的西方哲学、印度哲学，甚至在一定程度上类同于力学、细胞学等。

如康德所云："如果要想将某种认识当作科学，首要任务是寻找到该认识的特殊之处。……其特殊处包括研究对象的特殊性、认识来源的特殊性，或者认识种类的特殊性，以及如果不能够全部相异，至少部分相异。这些都是可能成为科学的基础，同时也是其研究领域。"[③]一门科学有一门科学独特的研究主题或对象。要想证实"中国哲学"的合法性，首要任务在于澄清并证明："中国哲学"有自己特殊的研究对象或问题，如同力学之于机械运动、细胞学之于细胞、印度哲学之于"自我"、西方哲学之于存在（being）等一样。那么，中国哲学有没有自己独特的研究对象或问题？如果有，它是什么？这是本文试图思考并回答的问题。

一、观点综述与反思

关于中国哲学基本问题的思考，学术界目前有以下几种典型观点。

---

① 本文的主要内容曾经作为《"性"与中国哲学基本问题》发表于《哲学研究》2013 年第 7 期。
② 金岳霖：《审查报告》二，载冯友兰著之《中国哲学史》下册。
③ *Kant's Gesammelte Schriften*, Band Ⅳ, S. 265.

第一种观点以任继愈等为代表。他们接受了恩格斯与列宁的观点，将思维（Denken）与存在（Sein）的关系问题当作中国哲学的基本问题，或将哲学史当作认识史，哲学史的研究对象是“整个人类认识的历史”[①]，自然而然，“中国哲学史是中华民族的认识史”[②]。刘俊杰、洪磊依然坚持认为，“思维和存在的关系问题，是‘天人合一’论的基本问题，也是整个中国哲学的基本问题”[③]。目前，这种观点的声音愈来愈弱。

第二种观点以冯契、谷方等为代表。他们接受了恩格斯的观点，承认思维与存在是哲学基本问题，同时又认为，这一根本问题在中国表现为某些具体的形式：“以先秦来说，‘天人’之辩与‘名实’之辩是哲学斗争的中心。‘天人’之辩主要是天道观和人道观上的争论，‘名实’之辩主要是认识论和逻辑学上的争论。”[④]冯氏弟子陈卫平亦持类似立场：“中国传统哲学在不同历史时期所探讨的主要问题都蕴含着对哲学基本问题的思考，先秦至两汉的天人之辩和名实之辩表征着哲学基本问题的开端，魏晋至唐宋的有无之辩和形神之辩预示着哲学基本问题的深入，宋元至明清的理气之辩和心物之辩则标志着哲学基本问题的明晰。”[⑤]谷方以为，“思维和存在的关系”“是哲学基本问题的统一性和普遍性”。在中国哲学史上，“思维和存在的关系问题贯穿在天道观发展过程的各个阶段上”[⑥]。

第三种观点认为，天人关系乃中国哲学基本问题。如冯友兰认为：“人和自然之间的关系就是中国传统哲学中所说的‘天人之际’。人类的生活，无论是精神的或物质的，都是和‘天人之际’有关系的，所以中国哲学认为‘天人之际’是哲学的主要对象。”[⑦]余敦康亦持类似的观点：

---

① 任继愈主编：《中国哲学发展史》，北京：人民出版社，1983年，第11页。

② 任继愈主编：《中国哲学发展史》，第5页。

③ 刘俊杰、洪磊：《也谈“天人合一”与中国哲学的基本问题》，《临沂师范学院学报》2001年第1期。

④ 冯契：《中国古代哲学的逻辑发展》（上），上海：上海人民出版社，1983年，第8—9页。

⑤ 陈卫平：《中国传统哲学的主要问题和哲学基本问题》，《教学与研究》1998年第2期。

⑥ 谷方：《论哲学的基本问题——关于中国哲学史研究方向的探讨》，《学习与探索》1982年第1期。

⑦ 冯友兰：《三松堂自序》，北京：人民出版社，1998年，第235页。

“中国哲学以天人关系为主题。所谓天人合一，就是说天与人的关系是合而不是分，天与人相互联结，构成为一个统一的整体，人们把握此整体的思路也是立足于合而不是立足于分。”[①] 目前国内多数学者持这种观点，如宋志明[②]、丁守和[③]、宫哲兵[④]、林可济[⑤]等。

在这一派别中，有人甚至认为天人合一为中国哲学基本问题。如李清良说：“‘天人合一’实是中国哲学对于人的存在境域、人的物性、存在价值取向、人生境界和超越维度以及认识方法与思维方式的高度综合的规定。这些规定确定了中国哲学的基本走向。因此它才在中国哲学中居于核心地位，才是整个中国哲学乃至中国传统文化的根本命脉和基本的意义生长点。”[⑥] 针对这一观点，国内也有学者提出反对，如任吾心认为：“中国古代天人之学讨论的核心并不是世界的本源与派生、精神和自然的关系等问题，而是封建道德伦理和政治制度的合理性、神圣性等问题。”[⑦] 天人关系关联于神圣问题，颇有道理。而张刚以佛学来应对天人关系问题，认为：“‘天人合一’理论无法表征中国佛教哲学的特质，因为，在佛教哲学中，天和人都属于虚妄不实的尘俗之物，根本不是表述终极存在的基本范畴。”[⑧] 这可谓一语中的。

第四种观点认为，中国哲学基本问题不是一项，而是数项内容。如胡伟希认为中国哲学主要关注如下三个基本问题：一、天人关系；二、人我关系；三、身心关系。[⑨] 张岱年认为：“在中国哲学中，理气问题可谓相当于西方所谓思维与存在的问题；心物问题可谓相当于西方所谓精神与

① 余敦康：《魏晋玄学史》，北京：北京大学出版社，2004年，第3页。

② 宋志明：《论中国哲学的基本问题》，《学习与探索》2009年第3期。

③ 丁守和：《“天”“人”关系的思考》，《传统文化与现代化》1997年第1期。

④ 宫哲兵：《中国古代哲学有没有唯心主义？——中国哲学史新探之一》，《广西民族学院学报（哲学社会科学版）》1996第1期。

⑤ 林可济：《中国古代哲学基本问题新探》，《东南学术》2006年第1期。

⑥ 李清良：《“天人合一”与中国哲学基本问题》，《社会科学家》1998年第2期。

⑦ 任吾心：《天人关系是中国哲学的基本问题吗？——论“天人合一”的内涵》，《河北学刊》1990年第6期。

⑧ 张刚：《论中国哲学的基本问题》，《山东社会科学》2007年第2期。

⑨ 胡伟希：《中国哲学概论》，北京：北京大学出版社，2005年，第7页。

物质的问题。这都是对于哲学基本问题的明确表述。”① 不过，有时，张岱年把包括中国哲学在内的哲学称作“天人之学”②。台湾学者杜保瑞认为：“以儒释道三教的实践哲学为主的中国哲学基本哲学问题……应该是‘宇宙论’、‘本体论’、‘工夫论’、‘境界论’四项哲学基本问题。”③

第五种观点认为：“与西方哲学相比，中国哲学基本问题应是情与理的关系。为了更符合传统表述习惯，我把情与理的关系改译成情与性的关系。”④ 如果说是性情关系倒有几分道理，可是作者的意图是情理关系。这似乎抛弃了许多内容，尤其是先秦至魏晋哲学的部分内容，不太全面。

第六种观点以“心性论”来概括中国哲学，包括儒家哲学、道家哲学和佛教哲学，如刘学智先生说：“心性论不仅在儒学中不断被诠释、被发展、被提升，而且也影响了佛教、道教。……心性论正是中国文化内在精神的集中体现。”⑤

上述的第一种观点忽略了中国哲学的特殊性，因此该派观点逐渐式微。第二种观点将西方哲学基本问题视为普遍者，中国哲学基本问题如天人关系视为特殊者，无形中弱化了中国哲学的独立性与平等性。第三种观点以天人之际为中国哲学基本问题，却无法解释中国佛教哲学基本问题。第四种观点无法集中主题。第五种观点有些新意，遗憾的是理情问题出现较晚，未能够全面概括中国哲学传统。第六种观点接近了事实，但是亦不能够解释汉魏时期的中国哲学重性而无心的现象。

针对上述观点，笔者认为，首先，我们必须扭转“哲学基本问题”的思维模式，而相应地转换为“研究对象”或主题，即中国哲学主要关心什么？其主题是什么？其次，笔者提出，和西方哲学、印度哲学等相比较，中国哲学的研究对象或主题是性：或为儒家的德性，或为道家的天

---

① 张岱年：《中国哲学基本问题辨析》，《社会科学辑刊》1991 年第 6 期。

② 张岱年：《张岱年文集》第三卷，北京：清华大学出版社，1992 年，第 209 页。

③ 杜保瑞：《中国哲学的基本哲学问题与概念范畴》，《文史哲》2009 年第 4 期。

④ 张刚：《论中国哲学的基本问题》，《山东社会科学》2007 年第 2 期。

⑤ 刘学智：《心性论与当代伦理实践》，《陕西师范大学学报（哲学社会科学版）》2002 年第 1 期。

性，或为佛教的佛性。以下分别论证之。

二、德性与儒学哲学基本问题（从略）[①]

三、天性与早期道家哲学基本问题

儒家以德性作为自己的理论焦点。道家无德性理论。它的理论焦点则是人性的另一个视角：天性。

《老子》并未直接讨论人性。但是，这并不意味着《老子》不关心人性。《老子》十分倚重婴儿。如："载营魄抱一，能无离乎？专气致柔，能婴儿乎？"[②]婴儿般的专气至柔便是抱一。"我独泊兮其未兆，如婴儿之未孩，儡儡兮若无所归。"[③]绝学而无忧，便可混泊而无明，如同婴儿一般。"含德之厚，比于赤子。"[④]孩童赤子含德至厚。孩童赤子显然是一个隐喻式表达。这种表达传达了两个信息。第一个信息是孩童的特征，即纯朴自然，没有做作。第二个信息是：孩童是生存之初。

孩童纯朴自然。很显然，《老子》关注的不是儿童自身，而是儿童的自然。自然是《老子》的真正旨趣所在："有物混成，先天地生。……人法地，地法天，天法道，道法自然。"[⑤]道以自然为旨归，为特征，为根本。自然才是《老子》的真正追求。"道生之，德畜之，物形之，势成之。是以万物莫不尊道而贵德。道之尊，德之贵，夫莫之命而常自然。"[⑥]万物尊道贵德，究其原因乃在于其常自然。老死不相往来的"小国寡民"之所以成为《老子》的理想世界，原因便在于那里的人们能够自然地生存。

孩童亦是生存之初的比喻。《老子》理想的状态便是回归原初状态、本根状态："夫物芸芸，各复归其根。归根曰静，是谓复命；复命曰常，

---

① 此部分主要内容已经出现于结论的第二节，即"德性与儒家哲学主题"，为避免重复故此处略之。
② （春秋）老子著，（魏）王弼注：《老子道德经》，《诸子集成》卷三，第 5 页。
③ （春秋）老子著，（魏）王弼注：《老子道德经》，《诸子集成》卷三，第 11 页。
④ （春秋）老子著，（魏）王弼注：《老子道德经》，《诸子集成》卷三，第 33 页。
⑤ （春秋）老子著，（魏）王弼注：《老子道德经》，《诸子集成》卷三，第 14 页。
⑥ （春秋）老子著，（魏）王弼注：《老子道德经》，《诸子集成》卷三，第 31 页。

知常曰明。"[①]复归其根，即回归本初。根，后来的天台宗将其和性几乎等同视之："过去名根，现在名欲，未来名性。"[②]根、欲与性仅仅是时间的差异，所指基本一致。故，从根与本初状态来说，孩童之喻与自然之意几乎同时指向人性。故，有学者指出："实际上，《老子》之'德'与'命'、'朴'与'素'、'赤子'与'婴儿'，《庄子》之'德'、'真'和'性命之情'等概念，乃相当于后来所说的'性'的概念。……'素'、'赤子'、'婴儿'等亦无非是人性的隐喻，意味着尚未社会化的自然之性，象征着原初而完整的人本然之性（包括人性和物性）。显然，它略近于'生之谓性'。"[③]

人之初虽然美好，却遭到了现实的侵蚀，如"五色令人目盲，五音令人耳聋，五味令人口爽，驰骋畋猎，令人心发狂，难得之货，令人行妨"[④]。人类的物欲与自然之间相互矛盾。儒家的仁义礼智等，更是对人性的遮蔽和颠覆，所谓"故失道而后德，失德而后仁，失仁而后义，失义而后礼。夫礼者，忠信之薄，而乱之首"[⑤]。礼义道德是乱之首恶。其判断标准便是人性。鉴于此，《老子》主张："绝圣弃智，民利百倍；绝仁弃义，民复孝慈；绝巧弃利，盗贼无有。"[⑥]绝圣弃智，放弃社会教化与文明，任由纯朴的本性自然呈现。对于俗人们所看重的、喜欢的物欲、文化，乃至名誉等，《老子》一概不以为然：功成身退，怀素抱朴，圣人追求的仅仅是本性之自然，"复归于婴儿"[⑦]。圣人对待民众亦"皆孩之"[⑧]。

《老子》解决天然、自然与现实名利之间的冲突的方法便是"无为"："是以圣人无为故无败，无执故无失。"[⑨]无为即不作为。不作为显然是为

---

① （春秋）老子著，（魏）王弼注：《老子道德经》，《诸子集成》卷三，第9页。
② （隋）智顗：《妙法莲华经文句》，《大正藏》第34册，第52页。
③ 郑开：《道家心性论研究》，《哲学研究》2003年第8期。
④ （春秋）老子著，（魏）王弼注：《老子道德经》，《诸子集成》卷三，第6页。
⑤ （春秋）老子著，（魏）王弼注：《老子道德经》，《诸子集成》卷三，第23页。
⑥ （春秋）老子著，（魏）王弼注：《老子道德经》，《诸子集成》卷三，第10页。
⑦ （春秋）老子著，（魏）王弼注：《老子道德经》，《诸子集成》卷三，第16页。
⑧ （春秋）老子著，（魏）王弼注：《老子道德经》，《诸子集成》卷三，第30页。
⑨ （春秋）老子著，（魏）王弼注：《老子道德经》，《诸子集成》卷三，第39页。

了剔除人为。剔除人为即返回本初状态，复归本根："复命曰常，知常曰明。"[①]复归本根，返回本性，让本性显露、呈现。《老子》通篇没有直接论及性，这表明《老子》作品的哲学思维尚未完全成熟。但是它对质朴、自然的思考足以证明其关注的焦点和人性几乎没有太大的差别。它以形象的隐喻表达了自己对人性的看法。

和《老子》不同的是，《庄子》明确提出人性概念并进行了深入的阐述。什么是性？《庄子》明确指出："泰初有无，无有无名……形体保神，各有仪则，谓之性。性修反德，德至同于初。"[②]性即事物保留形体、持守精神之仪则和标准，或曰一物为一物的规定性。它既可以是物性，亦可以为人性。事物的规定性是天然的、自然的。"骈拇枝指，出乎性哉！"[③]天生多指，便是其性。鹤天生腿长，"马，蹄可以践霜雪，毛可以御风寒，龁草饮水，翘足而陆，此马之真性也"[④]。马，蹄踏霜雪，毛御风寒，这是马的真性、天性。性是苍天的赋予。"是天地之委形也；生非汝有，是天地之委和也；性命非汝有，是天地之委顺也。"[⑤]性命乃天地委顺于人，源于天地之自然。性命的天地之源决定了性命的属性和地位。《庄子》认为，性是不可改变的，因而是绝对的："性不可易。"[⑥]既然性是绝对的，不可改变，人们就应该顺性。

然而，事实却是"丧己于物，失性于俗"[⑦]，自我之性沦陷于世俗物欲之中。对于个体来说，对感官享受的追求勾引着人们丧失本性："且夫失性有五：一曰五色乱目，使目不明；二曰五声乱耳，使耳不聪；三曰五臭薰鼻，困惾中颡；四曰五味浊口，使口厉爽；五曰趣舍滑心，使性飞扬。此五者，皆生之害也。"[⑧]古今圣愚的失性，都是一个道理。只不过许多人

① （春秋）老子著，（魏）王弼注：《老子道德经》，《诸子集成》卷三，第9页。
② （清）王先谦：《庄子集解》，《诸子集成》卷三，第73页。
③ （清）王先谦：《庄子集解》，《诸子集成》卷三，第53页。
④ （清）王先谦：《庄子集解》，《诸子集成》卷三，第56页。
⑤ （清）王先谦：《庄子集解》，《诸子集成》卷三，第139页。
⑥ （清）王先谦：《庄子集解》，《诸子集成》卷三，第95页。
⑦ （清）王先谦：《庄子集解》，《诸子集成》卷三，第99页。
⑧ （清）王先谦：《庄子集解》，《诸子集成》卷三，第79页。

却以此为得，不以为困而已。名利之心直接背反本性，成为本性自然的最大障碍："离道以善，险德以行，然后去性而从于心。"① 名利与本性是矛盾的："轩冕在身，非性命也，物之傥来寄者也。寄之，其来不可圉，其去不可止。"② 名利是对人性的限制和约束，二者之间存在着一定的矛盾。《庄子》甚至将这种矛盾关系扩大至冲突关系。儒家的仁义礼仪等，也会造成物失其性："缮性于俗俗学，以求复其初；滑欲于俗思，以求致其明；谓之蔽蒙之民……礼乐徧行，则天下乱矣。彼正而蒙己德，德则不冒，冒则物必失其性也。"③ 仁义道德与性之间形成矛盾和冲突。

因此，在《庄子》看来，俗与性之间是对立的，二者水火不容。对此，《庄子》感到悲伤和失望。在《庄子》看来，理想的世界应该是："吾所谓臧者，非所谓仁义之谓也，任其性命之情而已矣。"④《庄子》所推崇的是任由性命的自然舒展，"彼正正者，不失其性命之情"⑤。天下正道乃不失性命。古代社会令人向往，原因在于能够保留民众的"常性"："彼民有常性，织而衣，耕而食，是谓同德；一而不党，命曰天放。故至德之世，其行填填，其视颠颠。"⑥ 人如同动物一般任由性命而常自然。

针对现实对于人性的违背和妨碍，《庄子》沿袭了《老子》的消极态度，采取了无为的做法，还原事物本身与本性。《庄子》认为，人类经历了四个人为阶段。最初，"古之人，其知有所至矣。恶乎至？有以为未始有物者，至矣尽矣，不可以加矣"⑦。这是本然状态。"以为有物矣，而未始有封也。"⑧ 此时，产生了物，从而分离我与物。这标志着人类的自我觉醒。再次，"以为有封焉，而未始有是非也"⑨。此时，人类知晓了世界中

① （清）王先谦：《庄子集解》，《诸子集成》卷三，第 98 页。
② （清）王先谦：《庄子集解》，《诸子集成》卷三，第 99 页。
③ （清）王先谦：《庄子集解》，《诸子集成》卷三，第 97—98 页。
④ （清）王先谦：《庄子集解》，《诸子集成》卷三，第 56 页。
⑤ （清）王先谦：《庄子集解》，《诸子集成》卷三，第 54 页。
⑥ （清）王先谦：《庄子集解》，《诸子集成》卷三，第 57 页。
⑦ （清）王先谦：《庄子集解》，《诸子集成》卷三，第 11 页。
⑧ （清）王先谦：《庄子集解》，《诸子集成》卷三，第 11 页。
⑨ （清）王先谦：《庄子集解》，《诸子集成》卷三，第 11 页。

的物无分别，产生了知识。最后是“是非之彰也，道之所以亏也。道之所以亏，爱之所以成”[1]。是非即善恶与道德判断。这标志着人类的道德文明的产生。经过了这三个阶段的作为和建构，道即自然之性被完全淹没，人类进入了混乱的年代。《庄子》认为，混乱源于思想、意识和道德等人为建构。解决的办法便是解构这些人为的建构。针对道德，《庄子》提出“齐是非”，消解人类的道德与礼乐等。针对知识，《庄子》主张大智若愚而昏昏。针对物我之别，《庄子》提出“天地与我并生，而万物与我为一”[2]，从而忘却物我之分，彻底回归自然本性。

从《老子》与《庄子》等文献来看，早期道家的核心主题是人性，即天生之质朴状态或天性。其哲学体系的建构与实践方法的设想，无不围绕着天性这一主题。天然人性无疑亦是早期道家哲学的研究对象和关注的基本内容。

四、佛性与中国佛教哲学基本问题

在中国思想史上，影响较大的佛教派别主要是天台宗、华严宗、唯识宗及禅宗。这些宗派，承接着双重传统：中国古典哲学思想传统和印度佛教传统。这意味着它们面临着双重的历史难题：来自中土的汉魏思想的难题与来自印度的佛教大乘佛学的难题。这双重传统带来的话题有时候并列于一家体系中，形成并列的双重话题，如天台宗与华严宗；有时候各自偏重，仅遗留某一话题，如唯识宗。

从中国古典哲学传统的发展来看，玄学之后的中国佛教所面临的问题显然是玄学所带来的历史问题：为什么自然与名教的关系是本末关系？这需要从世界观的高度予以解释或处理。这便是中国佛教哲学所面临的基本问题。它同时也是中国古典哲学的逻辑发展所带来的问题。从印度佛学传统来看，中国佛教所面临的主要问题是《华严经》的心造论所带来的

---

① （清）王先谦：《庄子集解》，《诸子集成》卷三，第 11 页。
② （清）王先谦：《庄子集解》，《诸子集成》卷三，第 13 页。

难题。《华严经》曰："心如工画师，能画诸世间，五蕴悉从生，无法而不造，如心佛亦尔，如佛众生然……应观法界性，一切唯心造。"[①]心好比工画师，世界是心所造。这意味着"心先法后"。这种"心先法后"的论点，人为地将心与万法分割为两物，以为有一个独立的心，亦有一个依心而起的万相。其问题是：离开万法，心安何处？这是中国佛教哲学所面临的另一个问题。

针对《华严经》的心造论，天台宗提出性具说。性具说首先表现为"一念三千"："夫一心具十法界，一法界又具十法界百法界，一界具三十种世间，百法界即具三千种世间。此三千在一念心。若无心而已，介尔有心即具三千……只心是一切法，一切法是心故。"[②]从圆教的角度来看，一念之心与大千世界之间不是造作关系，而是共在关系，即心在物在，物在心在；心物之间，"不前不后"[③]，"不纵不横"[④]。从时（"纵"）空（"横"）的角度来看，心物同时存在。

依心解物，延续了印度哲学与佛教的传统。在此基础上，天台将印度佛教的唯心论改造为和中国哲学相应的中国佛教的佛性论或性具论。天台之性有三层内涵，即"不改名性""性名性分"和"性是实性"[⑤]。不改之性即绝对者，如同竹子所具有的火性、燃烧性。佛教之绝对者即性空。性空终究依据于唯心论。这便是真。性分则通过假物的差异性而显现。这便是假。实性即中道第一义谛。它不仅包含着纯粹抽象的自性（不改名性），而且指称具体的个体（性名性分），它既是二者的双遮或超越，又是二者的综合与统一。

真假中形成三谛。三谛依心而圆融："即心而是，一切诸法中悉有安乐性，即观心性名为上定。心性即空即假即中。五行三谛一切佛法，即心

---

① （唐）实叉难陀译：《大方广佛华严经》，《大正藏》第10册，第102页。
② （隋）智顗：《摩诃止观》，《大正藏》第46册，第54页。
③ （隋）智顗：《摩诃止观》，《大正藏》第46册，第110页。
④ （隋）智顗：《摩诃止观》，《大正藏》第46册，第9页。
⑤ （隋）智顗：《摩诃止观》，《大正藏》第46册，第53页。

而具。”[①]三谛一心具。故而同时具在，圆融无碍。心是三谛圆融的基础。“一念心中具足三谛。”[②]三谛圆融理论的提出，不仅体现了印度佛教的心论，而且实现了唯心论向佛性论的转向。天台宗以心具说取代《华严经》的心起说，回应了印度佛学的历史问题，传承并发展了佛学的传统主题，同时也回应了汉魏哲学所遗留的问题。三谛圆融说则实现了由心向性的转移，佛教唯心论转变为佛教佛性论，传承并发展了中国古典哲学传统，实现了佛学与中国古典哲学的融合。天台中期的湛然的“无情有性”说，显然重在佛性论，而非心论。

针对《华严经》的缘起心造论，华严宗提出性起论。性起论的基础依然是唯心论。法藏说：“一体者，谓自性清净圆明体。然此即是如来藏中法性之体。”[③]法藏将这一心体称作“自性清净圆明体”，意指此心本性自足，自性清净，遍照圆明。这种自足的心灵是世界万物存在的根基。万相依心而起，而存在。其存在乃真空、真如、真理。这种真如者、真理者，便是绝对的性：“不改名性，显用称起，即如来之性起。又真理名如名性，显用名起名来，即如来为性起。”[④]性即真如，它是不改者（绝对不变者，即如）。起即产生、发生、呈现，（来）性起即真如显现。

《华严经》主张万相唯心作。华严宗依此提出心起、性起。心起即心作万物。万物因此而空。空无自性之真，理依托色，事得以呈现。这便是性起。性起论描述了其基本世界观：“性从缘现故名性起。”[⑤]性即真如性，它随缘而现，故名性起。对于性起取代缘起，法藏阐述了四点理由：“一以果海自体当不可说。不可说性，机感具缘，约缘明起。起已违缘而顺自性，是故废缘，但名性起。二性体不可说，若说即名起。今就缘说起，起无余起，还以性为起，故名性起，不名缘起。三起虽揽缘，缘必无

① （隋）智顗：《妙法莲华经玄义》，《大正藏》第33册，第726页。
② （隋）智顗：《摩诃止观》，《大正藏》第46册，第16页。
③ （唐）法藏：《修华严奥旨妄尽还源观》，《大正藏》第45册，第637页。
④ （唐）法藏：《华严经探玄记》，《大正藏》第35册，第405页。
⑤ （唐）法藏：《华严经探玄记》，《大正藏》第35册，第406页。

性，无性之理，显于缘处，是故就显，但名性起，如从无住本立一切法等。四若此所起，似彼缘相，即属缘起。今明所起，唯据净用，顺证真性故属性起。”[①] 我们可以将其概括为“随机感应顺自性”，“性体无名性起名”，“缘起无性无缘起”和“缘相非真性起真”。性起即感应。本土却无实。由此，本体之性与感应之相构成存在的两个向度。其表现便是所起之用，最终成就相。由心作万相之缘起论转向性起万相论，标志着其主题的转变：由心转向性。

从印度佛学的角度来看，禅宗面临的问题，反映于神秀的偈子中：“身是菩提树，心如明镜台。时时勤拂拭，勿使惹尘埃。”[②] 这个偈子反映了两个问题：一是树立超世的典型，二是倡导刻意的修行。所谓超世的典型，便是一种法执：执着于法，比如对空性的执着，对往生的向往等。这是禅宗所面临的一个佛学史问题：如何对待般若空？另一个问题是修行。神秀等认为通过刻意的修行便可以解脱和成佛，从而主张渐修。渐修的最大问题是刻意修行。刻意渐行，漫长而烦琐，远离生活现实，从而给人带来一些负担。如何让修行简约而易行？这便是慧能所面临的另一个佛学问题。

慧能继承了佛学唯心主义传统，认为：“不是风动，不是幡动，仁者心动。”[③]“仁者心动”论揭示了心在存在中的基础性地位。主体的心是风吹幡动境相的必要基础或本体。心是存在本体之一。三界唯心，万法唯心，世界唯心。世界无非是人类心灵作用的产物。禅宗的这种唯心主义观证明它继承了佛学的基本精神。然而，慧能又指出：“心是地，性是王；王居心地上。性在王在；性去王无。性在身心存；性去身坏。佛向性中作，莫向身外求。自性迷即是众生；自性觉即是佛。”[④]“心是地”，心是基础。“性是王”，起主宰作用的却是性。性在心在，性亡心无。于是，性的问题似乎更重于心的问题。这一强调体现了由心向性的转向。这种转向

① （唐）法藏：《华严经探玄记》，《大正藏》第35册，第405页。
② （唐）慧能：《六组大师法宝坛经》，《大正藏》第48册，第348页。
③ （唐）慧能：《六组大师法宝坛经》，《大正藏》第48册，第349页。
④ （唐）慧能：《六组大师法宝坛经》，《大正藏》第48册，第352页。

在如下一段文献中尤为明显："三科法门者，阴界入也。阴是五阴：色受想行识是也。入是十二入，外六尘色声香味触法；内六门眼耳鼻舌身意是也。界是十八界：六尘六门六识是也。自性能含万法，名含藏识；若起思量即是转识。生六识出六门见六尘，如是一十八界，皆从自性起用。自性若邪，起十八邪；自性若正，起十八正。若恶用即众生用，善用即佛用。用由何等，由自性有。"[①] 三科法门即阴界入。按照佛学的观点，阴界入构成了大千世界。那么，大千世界从何而来呢？来源于六识。六识源于第七识即转识，最终源于含藏识，即自性。这和唯识学的解释有些不同。按照唯识学的观点，大千世界，万法唯心。阿赖耶识及转识、意识等，辗转生成五识及万相。到了慧能这里，六识未变，七识即转识亦得以保留。但是关键的第八识、根本识，二者产生了差别。唯识学以阿赖耶识为根本识，慧能却以自性为含藏识，为万相的根本依据。心的任务交付于性。自性成为世界之本。

这段文献凸显了禅宗或中国佛教的特色：印度佛教强调心生万物，心为本，而禅宗却明确提出，性含万法，性是本，万物是末。心本转换为性本。唯心论转向了佛性论。禅宗的这一转向，成功地将印度佛学的核心话题即心的问题，转向为性的问题，从而和中国古典哲学的核心话题成功对接。故，方立天先生指出："中国佛教心性论是佛教哲学与中国固有哲学思想旨趣最为契合之点，也是中国佛教的核心内容。"[②] 这种对接和转向，导致了两个直接后果。其一，实现了佛学由心向性的话题转向。其二，通过给中国哲学带来"宇宙的心"[③]，将中国古典哲学的单一之性的问题丰富为心性问题。从此，中国哲学的主题由性论转向为心性论。这一过程在宋明理学中得到充分展开。

---

① （唐）慧能：《六组大师法宝坛经》，《大正藏》第 48 册，第 360 页。

② 方立天：《心性论 —— 佛教哲学与中国固有哲学的主要契合点》，《社会科学战线》1993 年第 1 期。

③ 冯友兰：《三松堂全集》第六卷，郑州：河南人民出版社，2000 年，第 215—216 页。

结语　性是中国哲学的研究对象和主题

从儒释道三家来看，我们可以得出如下结论：性是中国哲学的基本主题。它分显为德性、天性和佛性。在儒家那里，性主要表现为德性（荀子为例外），并成为儒家哲学的主题。德性最终指向成圣。在道家那里，性表现为抽象的天性，并成为道家哲学的主题。天性最终指向长生与成仙。在佛教那里，性表现佛性，并成为中国佛教哲学的研究主题。佛性最终指向成佛。

故，由儒释道三家为主体的中国哲学，其研究对象或主题是性。性为中国哲学的基本问题或主题。不少学者如牟宗三认为："中国哲学，从它那个通孔所发展出来的主要课题是生命，就是我们所说的生命的学问。"[1] 中国哲学重视生命，是生命的学问。生命的基础无疑是性。研究对象或主题的确立，直接证实了中国哲学的独立性与合法性。

---

① 牟宗三：《中国哲学十九讲》，第 12 页。

附录二：自然与中国古代道德纲领[①]

性是事物的本原。生长开始于此。开始于性的生长、生存或生成是自然的或自发的。生长的自发性与自然性决定于性自身。性从源头上决定了事物的未来生长。既然是决定者，生长便顺从它。这个顺从便是率性。率性自然的另一种表达方式便是静。本文将通过分析儒家、道家与中国佛教各自的人生哲学或基本道德立场，试图指出：自然，或顺其自然、任由自然是中国古代道德哲学的基本纲领，并据此区别于西方的理性主义人生哲学。

一、“顺物自然”[②]：道家道德思想之要义

我们可以“顺物自然”[③]来概括或描述道家道德哲学的基本精神。首先，人法道。《老子》曰：“人法地，地法天，天法道，道法自然。”[④]人法天地。天地则以道为指南并效法之。于是，人最终效法道。人对道的效法主要是因为道是人的基础。在道家看来，道乃万物之本原：“道生一，一生二，二生三，三生万物。万物负阴而抱阳，冲气以为和。”[⑤]万物由道而生。故曰：“道生之，德畜之，物形之，势成之。”[⑥]道是万物之母。人是万物之一。故，道亦是人的生存本原、基础。虽然《道德经》明确用生成观念来表述道与人的生存关系，即提出道生万物包括人，似乎意指人生于道。

---

① 本文的主要部分已发表于《北京大学学报》2014 年第 2 期。

② 以“顺物自然”来描述人生，似乎不妥。其实不然。在道家看来，人即（生）物，而无意于任何的社会性、道德性的规定性。参阅拙作《道家哲学是一种世界观吗？》，《安徽大学学报（哲学社会科学版）》2013 年第 4 期。

③ （清）王先谦：《庄子集解》，《诸子集成》卷三，第 49 页。

④ （春秋）老子著，（魏）王弼注：《老子道德经》，《诸子集成》卷三，第 14 页。

⑤ （春秋）老子著，（魏）王弼注：《老子道德经》，《诸子集成》卷三，第 26—27 页。

⑥ （春秋）老子著，（魏）王弼注：《老子道德经》，《诸子集成》卷三，第 31 页。

在笔者看来，这个说法应该纠正。这里的道，与其说是生产者，毋宁说是基础，它的意思应该指：万物生生离不开道，道是万物生存的基础。《庄子》对道作了进一步的深化，提出："泰初有无，无有无名，一之所起，有一而未形。物得以生谓之德；未形者有分，且然无间，谓之命；留动而生物，物成生理，谓之形；形体保神，各有仪则，谓之性。性修反德，德至同于初。"[①]道分为无、一、德、命、形、性，最终表现为生物、生命。人类的性、命等决定于最初的道。因此，人法道。

其次，"道法自然"[②]。道以自然为圭臬，自然乃是道之本质。《老子》曰："道生一，一生二，二生三，三生万物。万物负阴而抱阳，冲气以为和。"[③]道生万物。它先天地而在："有物混成，先天地生。寂兮廖兮，独立不改，周行而不殆。可以为天下母。吾不知其名，字之曰道，强为之名曰大。"[④]天地产生之前已经有了一个东西。这个产生天地的东西，按照后来的宇宙论应该是气。天地之先，应该有混沌一体的气存在。正是这个混沌一体而不分的气最终演化出天地与万物。同时，这个混沌一体的气，自然自在而无为。我们可以把这种气的生存方式叫作道。道即自然而自在的方式。自然界的万物生存必须依据于此道。

《庄子》说："夫道有情有信，无为无形；可传而不可受，可得而不可见。自本自根，未有天地，自古以固存，神鬼神帝，生天生地。在太极之先而不为高，在六极之下而不为深，先天地生而不为久，长于上古而不为老。"[⑤]道是万物之本原。作为万物之本原的道在天地万物之前便已然鹤立，无待人为。这便是混沌一体的气。气的存在不仅是自在的、天然的，而且是自然的。道即自然之气的存在方式。

这种自在、自然、天然之道，也是不可认知的。《老子》以为，道，

---

① （清）王先谦：《庄子集解》，《诸子集成》卷三，第 73 页。

② （春秋）老子著，（魏）王弼注：《老子道德经》，《诸子集成》卷三，第 14 页。

③ （春秋）老子著，（魏）王弼注：《老子道德经》，《诸子集成》卷三，第 26—27 页。

④ （春秋）老子著，（魏）王弼注：《老子道德经》，《诸子集成》卷三，第 14 页。

⑤ （清）王先谦：《庄子集解》，《诸子集成》卷三，第 40 页。

“视之不见名曰夷，听之不闻名曰希，抟之不得名曰微。此三者不可致诘，故混而为一。其上不皦，其下不昧，绳绳不可名，复归于无物。是谓无状之状，无物之象，是谓惚恍。迎之不见其首，随之不见其后。执古之道，以御今之有，能知古始，是谓道纪”[①]。道是隐、微、夷、希，故不可认识。从经验的角度来看，它不可认识，不可知晓，因而为无。“道常无名”[②]。道是无。故，《老子》说：“无名天地之始；有名万物之母。”[③] 道是无，不可知晓。《庄子》曰：“因是已，已而不知其然，谓之道。”[④] 道即不可知晓的、可以作为根据的东西。作为万物之本原的道，不仅是自在的、自然的，而且是天然而然的。这种自在、自然与天然，我们将其描述为自然。故，道法自然。

人法道，而道法自然，故，人亦法自然。人法自然，即人顺自然。人顺自然表现在正负两个方面。从正面来说，顺自然即顺应天生之然。《老子》十分崇尚赤子、孩提之天真与纯朴，以为“载营魄抱一，能无离乎？专气致柔，能婴儿乎？修除元览，能无疵乎？爱民治国，能无知乎？天门开阖，能为雌乎？明白四达，能无为乎？生之、畜之，生而不有，为而不恃，长而不宰，是为元德”[⑤]。元德即玄德，保留天生之自然。天然之赤子，“含德之厚，比于赤子。蜂虿虺蛇不螫，猛兽不据，攫鸟不搏。骨弱筋柔而握固。未知牝牡之合而全作，精之至也。终日号而不嗄，和之至也”[⑥]。孩童至真，至善。

从社会来看，“小国寡民。使有什伯之器而不用；使民重死而不远徙。虽有舟舆，无所乘之；虽有甲兵，无所陈之。使人复结绳而用之。甘其食，美其服，安其居，乐其俗。邻国相望，鸡犬之声相闻，民至老死不

① （春秋）老子著，（魏）王弼注：《老子道德经》，《诸子集成》卷三，第 7—8 页。
② （春秋）老子著，（魏）王弼注：《老子道德经》，《诸子集成》卷三，第 18 页。
③ （春秋）老子著，（魏）王弼注：《老子道德经》，《诸子集成》卷三，第 1 页。
④ （清）王先谦：《庄子集解》，《诸子集成》卷三，第 11 页。
⑤ （春秋）老子著，（魏）王弼注：《老子道德经》，《诸子集成》卷三，第 5—6 页。
⑥ （春秋）老子著，（魏）王弼注：《老子道德经》，《诸子集成》卷三，第 33—34 页。

相往来”[1]。这种近乎原始的自然社会乃是《老子》的理想。

《庄子》完全继承了《老子》的顺自然的立场，曰：“性不可易，命不可变，时不可止，道不可壅。”[2]性、命是不可更改的，具有确定性。其之所以具有确定性或绝对性的原因在于性命源于天：“生非汝有，是天地之委和也；性命非汝有，是天地之委顺也；孙子非汝有，是天地之委蜕也。”[3]性、命是天赋。因此，它是天，高于人为。对于这样的不可更改的、确定的存在，经验的生活只能听命于它：“彼正正者，不失其性命之情。”[4]性命不可违背。顺从性命便成天道自然。即便是变态的“骈拇枝指”[5]，由于其“出乎性”[6]，在《庄子》看来，亦需顺由其自然之性，而无需任何的刻意改造。顺从性命便是任由性命之自然。

从负面来看，任何的社会与人类文明，均是对自然的违背，因此统统遭到了道家的批判。《老子》认为，儒家的仁义道德是一种人为：“上德不德，是以有德。下德不失德，是以无德。上德无为而无以为；下德为之而有以为。上仁为之而无以为。上义为之而有以为。上礼为之而莫之应，则攘臂而扔之。故失道而后德，失德而后仁，失仁而后义，失义而后礼。夫礼者，忠信之薄，而乱之首。前识者，道之华，而愚之始。”[7]儒家的仁义礼智等是对真正道德的背叛，故亦需要“攘臂而扔之”[8]，以此“复归于朴”[9]。于是，《老子》提出：“绝圣弃智，民利百倍；绝仁弃义，民复孝慈；绝巧弃利，盗贼无有。”[10]放弃所有的人为的价值或道德，任其自然。在《庄子》看来，“相濡以沫”的善良，远不如“相忘乎江湖”[11]之自然来

① （春秋）老子著，（魏）王弼注：《老子道德经》，《诸子集成》卷三，第46—47页。
② （清）王先谦：《庄子集解》，《诸子集成》卷三，第95页。
③ （清）王先谦：《庄子集解》，《诸子集成》卷三，第139页。
④ （清）王先谦：《庄子集解》，《诸子集成》卷三，第54页。
⑤ （清）王先谦：《庄子集解》，《诸子集成》卷三，第53页。
⑥ （清）王先谦：《庄子集解》，《诸子集成》卷三，第53页。
⑦ （春秋）老子著，（魏）王弼注：《老子道德经》，《诸子集成》卷三，第23页。
⑧ （春秋）老子著，（魏）王弼注：《老子道德经》，《诸子集成》卷三，第23页。
⑨ （春秋）老子著，（魏）王弼注：《老子道德经》，《诸子集成》卷三，第16页。
⑩ （春秋）老子著，（魏）王弼注：《老子道德经》，《诸子集成》卷三，第10页。
⑪ （清）王先谦：《庄子集解》，《诸子集成》卷三，第39页。

得自在。为此，齐是非、齐万物便是回归自然的策略。

自然而然、顺其自然的生活乃是道家的理想人生。顺自然是道家人生哲学的基本立场，也是其道德哲学的基本纲领。“上善若水”[①]一般地自然。

二、“率性”：传统儒家伦理精神

《中庸》曰：“率性之谓道”[②]。故，我们可以用“率性”来概括传统儒家的伦理精神。

“率性”在孔子那里表现为“为仁由己”：“克己复礼为仁。一日克己复礼，天下归仁焉。为仁由己，而由人乎哉？”[③]为仁由己而不在于人。其中的“己”，类似于后来的善性。如孔子曰：“古之学者为己，今之学者为人。”[④]古之学者是为了完善自身的善性。“为仁由己”即指：顺由自性便可致仁成人。于是，孔子提出：“志于道，据于德，依于仁。”[⑤]即依据于仁德便可。“为仁由己”、据德依仁的立意便在于顺其自然。

在孟子那里，“率性”即尽性、养性。孟子认为，人天生有四心：“恻隐之心，仁也；羞恶之心，义也；恭敬之心，礼也；是非之心，智也。仁义礼智，非由外铄我也，我固有之也，弗思耳矣。”[⑥]四心分别为仁、义、礼、智之端。此乃本有，无需后天强求。此四心即成为人的自性（identity）。无此四心，便不是人：“无恻隐之心，非人也；无羞恶之心，非人也；无辞让之心，非人也；无是非之心，非人也。恻隐之心，仁之端也；羞恶之心，义之端也；辞让之心，礼之端也；是非之心，智之端也。人之有是四端也，犹其有四体也。有是四端而自谓不能者，自贼者也；谓其君不能者，贼其君者也。”[⑦]这四种心便是人性。人性或本心的活动被称

---

① （春秋）老子著，（魏）王弼注：《老子道德经》，《诸子集成》卷三，第4页。
② （汉）郑玄注，（唐）孔颖达等正义：《礼记正义》，《十三经注疏》（下），第1625页。
③ 杨伯峻译注：《论语译注》，第138页。
④ 杨伯峻译注：《论语译注》，第173页。
⑤ 杨伯峻译注：《论语译注》，第76页。
⑥ 杨伯峻译注：《孟子译注》，第200页。
⑦ 杨伯峻译注：《孟子译注》，第59页。

为良知、良能。孟子曰："人之所不学而能者，其良能也；所不虑而知者，其良知也。孩提之童无不知爱其亲者，及其长也，无不知敬其兄也。亲亲，仁也；敬长，义也；无他，达之天下也。"[①]良知之知、良能之能皆作动词用。良知即正当地知，良能即合理地行。顺性自然有良善之知、合理之行。

有了这些天生的本性之后，尽性、养性便成为人生的主要目的："凡有四端于我者，知皆扩而充之矣，若火之始然，泉之始达。苟能充之，足以保四海；苟不充之，不足以事父母。"[②]成人即是扩充四心，由本性自然成长，如火之燃、泉之达。呵护本性、顺其自然地成长便成为孟子的主旨。故，孟子主张："舜明于庶物，察于人伦，由仁义行，非行仁义也。"[③]"由仁义行"，即任由人性自然发展，而不要添加什么主观的、故意的"行仁义"的动作。否则的话，便是揠苗助长。很显然，孟子不赞同主观故意或刻意，而倾向于顺其（性）自然。

孟子剖析了北宫黝与孟施舍二人之勇敢，曰："北宫黝之养勇也"[④]，在于无惧。这近乎无知者无畏之"勇"。相反，"孟施舍之所养勇也……虑胜而后会"[⑤]，他懂得取舍之策略，意在故意。不过，孟子对此二者均不以为然，"孟施舍之守气，又不如曾子之守约也"[⑥]。相比之下，只有曾子能够真正懂得持守仁义之心，此即守约：持守本性，顺应本性之然。在孟子看来，"居仁由义，大人之事备矣"[⑦]。率性才是孟子所欣赏、所倡导的做人之道。

在这种自然之道观和汉人天人关系论的影响下，王弼以为，这种自然之道具有普遍意义，适用于人间。自然之道或无为由此成为普遍之道，

---

① 杨伯峻译注：《孟子译注》，第 238 页。
② 杨伯峻译注：《孟子译注》，第 59 页。
③ 杨伯峻译注：《孟子译注》，第 147 页。
④ 杨伯峻译注：《孟子译注》，第 46 页。
⑤ 杨伯峻译注：《孟子译注》，第 46 页。
⑥ 杨伯峻译注：《孟子译注》，第 46 页。
⑦ 杨伯峻译注：《孟子译注》，第 247 页。

即不仅自然界遵循无为之道，而且人类社会也应该恪守无为之道。这便是道的内涵。道即无为。

玄学家王弼继承了道家的重道传统，提出："何以得德？由乎道也。何以尽德？以无为用。以无为用，则莫不载也。故物，无焉，则无物不经；有焉，则不足以免其生。是以天地虽广，以无为心；圣王虽大，以虚为主。"[①]道是万物生存的正确方式。道即"无为"。故，"以无为用"，即顺物自然而无为便是养万物的正确方式。他从而倡导自然而无为的精神。它表现为"静"："归根则静，故曰'静'。静则复命，故曰'复命'也。复命则得性命之常，故曰'常'也。"[②]静即无为。无为便可以守住性命之常。"躁罢然后胜寒，静无为以胜热。以此推之，则清静为天下正也。静则全物之真，躁则犯物之性，故惟清静，乃得如上诸大也。"[③]"静"即自然无为。自然无为即顺万物之性。任物由性便成为玄学的基本立场："无私自有，唯善是与，任物而已。"[④]任由万物自生。物自生即物性自然："不塞其原，则物自生，何功之有？不禁其性，则物自济，何为之恃？物自长足，不吾宰成，有德无主，非玄如何？凡言玄德，皆有德而不知其主，出乎幽冥。"[⑤]"明物之性，因之而已，故虽不为，而使之成矣。"[⑥]顺应物性便是玄学的共同主张。无、无为的方法，便是不加人工、顺其自然。王弼曰："故大制不割。大制者，以天下之心为心，故无割也。"[⑦]天下之心即自然之性。"大制不割"，不待人为，任性自然。"天地任自然，无为无造，万物自相治理，故不仁也。仁者必造立施化，有恩有为。造立施化，则物失其真。有恩有为，则物不具存。物不具存，则不足以备载。（矣）地不为兽生刍，而兽食刍；不为人生狗，而人食狗。无为于万物而

① （魏）王弼著，楼宇烈校释：《王弼集校释》，第93页。
② （魏）王弼著，楼宇烈校释：《王弼集校释》，第36页。
③ （魏）王弼著，楼宇烈校释：《王弼集校释》，第123页。
④ （魏）王弼著，楼宇烈校释：《王弼集校释》，第192页。
⑤ （魏）王弼著，楼宇烈校释：《王弼集校释》，第24页。
⑥ （魏）王弼著，楼宇烈校释：《王弼集校释》，第126页。
⑦ （魏）王弼著，楼宇烈校释：《王弼集校释》，第75页。

万物各适其所用，则莫不赡矣。若慧由己树，未足任也。”[①] 以无为之道、不仁之行，自然成就仁义。“顺自然而行，不造不始，故物得至，而无辙迹也。”[②] “大巧因自然以成器，不造为异端，故若拙也。”[③] 顺其自然便是不造作、不故意作为。这看起来是拙，实际上是大巧、大智慧。

理学家朱熹将孟子的本心发展为道心或理，曰：“道心，人心之理。”[④] 道心即人心之理。在朱熹看来，“人心则危而易陷”[⑤]。于是，他提出由道心来“主宰”人心：“人心亦不是全不好底，故不言凶咎，只言危。盖从形体上去，泛泛无定向，或是或非不可知，故言其危。故圣人不以人心为主，而以道心为主。盖人心倚靠不得。人心如船，道心如柁。”[⑥] 人心如同一艘没有舵的船。道心便是那个舵。它能够左右，决定船的航行。“人心如卒徒，道心如将。”[⑦] 道心如帅，人心似卒。帅卒关系体现了一种主宰与被主宰、命令与听从的社会关系。在这种关系中，将帅能够命令、主导卒徒的行为。主观和故意无疑是主宰的基本特征。这显然大大区别于自然。那么，道心对人心的“主宰”关系是否突出了主观与故意，并反动于自然呢？或者说，朱熹的道德哲学是否也持守率性自然的主张呢？

秘密全在“主宰”一词上。原来，古汉语的“主”“主宰”“帝”等的含义与今日之义有较大差异。主，《说文解字》曰：“主，灯中火主也。”[⑧] 主即灯芯，灯火之原。故，《黄帝内经》曰：“心主脉，肺主皮，肝主筋，脾主肉，肾主骨，是谓五主。”[⑨] 所谓“心主脉”，即脉搏源自心脏，或曰，心脏乃是生命力之元。何谓“帝”？南宋郑樵认为，帝是象形字：

---

① （魏）王弼著，楼宇烈校释：《王弼集校释》，第 13 页。
② （魏）王弼著，楼宇烈校释：《王弼集校释》，第 71 页。
③ （魏）王弼著，楼宇烈校释：《王弼集校释》，第 123 页。
④ （宋）黎靖德编，王星贤点校：《朱子语类》五，第 2012 页。
⑤ （宋）黎靖德编，王星贤点校：《朱子语类》五，第 2009 页。
⑥ （宋）黎靖德编，王星贤点校：《朱子语类》五，第 2009 页。
⑦ （宋）黎靖德编，王星贤点校：《朱子语类》五，第 2012 页。
⑧ （汉）许慎：《说文解字》，第 105 页。
⑨ （唐）王冰注，（宋）林亿等校正：《补注黄帝内经素问》，《二十二子》，第 904 页。

“帝，象华蒂之形”[①]。后吴大澂进一步指出：“蒂落而成果，即草木之所由生，枝叶之所有发，生物之始。”“其为‘帝’字无疑如花之有蒂，果之所自出也。”[②]这一观点“逐渐发展成目前广为学界详悉、认同的‘定论’”[③]。故，帝解作植物生长之端或本原。因此，从“主”“帝”二字本义来看，二者本指生长之初。所谓“主宰”“为主”等乃是从生长的起点、开端、本原的角度而言，即它是事物的起点、原点，并从根本上决定了事物生长的属性和方向，如同种子一般。这便是古汉语中“主宰”之义。

故，朱熹的“主宰”与今日之侧重于主观故意或意志的主宰概念，二者内涵差别明显。此“主宰”非彼主宰。道心“主”人心的真实意义是：道心是人心的起点、根据或依据，并从根本上规定了事物的性质。故，朱熹将道心理解为人心之理。所谓“人心听命于道心”[④]，“但以道心为主，而人心每听命焉耳”[⑤]。所谓道心“主宰”人心，并非说道心发出一个指令，人心听从之，而是说：道心乃人心之源、基础，“如水有源便流，这只是流出来，无阻滞处。如见孺子将入井，便有个恻隐之心。见一件可羞恶底事，便有个羞恶之心。这都是本心自然恁地发出来，都遏不住”[⑥]。仁义之举，是本心的自然流露。这便是顺从其源，人心与道心合一，或者人心顺从道心。朱熹说：“人心只见那边利害情欲之私，道心只见这边道理之公。有道心，则人心为所节制，人心皆道心也。”[⑦]依道心、依理而行便是成人之道。正是从这个意义上，人心从属于道心，道心是主、帝、帅。这正好符合主、主宰、帝等之本义，即原点、起点。道心乃人心的合理依据，循性而行、顺应道心之自然方是成人之道。

心学家王阳明认为，心涵括万事万物，即“心外无事”“心外无物”。

---

① （宋）郑樵：《六书略》，台北：艺文印书馆1976年，第8页。
② 转引自郭静云：《殷商的上帝信仰与“帝”字字形新解》，《南方文物》2010年第2期。
③ 转引自郭静云：《殷商的上帝信仰与“帝”字字形新解》，《南方文物》2010年第2期。
④ （宋）黎靖德编，王星贤点校：《朱子语类》五，第2012页。
⑤ （宋）黎靖德编，王星贤点校：《朱子语类》五，第2011页。
⑥ （宋）黎靖德编，王星贤点校：《朱子语类》三，第812页。
⑦ （宋）黎靖德编，王星贤点校：《朱子语类》五，第2011页。

所谓心外无事，比如忠、孝、信等，“都只在此心，心即理也。此心无私欲之蔽，即是天理，不须外面添一分。以此纯乎天理之心，发之事父便是孝，发之事君便是忠，发之交友治民便是信与仁。只在此心去人欲、存天理上用功便是”[①]。忠孝之事本于心，心是其本、基础、根据。由此本原，心自然生出善行，此即“生知安行：圣人之事也”[②]。“生知安行”显然突出了顺其自然，无意于任何的故意或作意。

从孟子的“由仁义行”“非行仁义”，朱熹的道心“主宰”人心，到王阳明的“心外无事”等命题来看，传统儒学的主旨是：人天生有颗善良的本心或良知；所谓做人，便是任由其本性自然，无需任何的刻意或人为。率性自然乃是传统儒家的伦理精神。

三、无心与无作：中国佛教道德的主旨

自两汉时期，印度佛教传入中国。魏晋时期，始生般若学。它的产生标志着中国佛学的产生。般若学的重要代表之一便是僧肇。僧肇的核心观点是“物不迁”[③]和“不真空”[④]。其“物不迁”论的核心是讨论时空中的物并非完全不实与真空，它也有相对的确定性，即“静”。其“不真空论”的核心是非有非无：“夫有若真有，有自常有，岂待缘而后有哉？譬彼真无，无自常无，岂待缘而后无也？若有不自有，待缘而后有者，故知有非真有。”[⑤]通过双遣有无，从而达到“契神于有无之间哉……是以圣人乘真心而理顺，则无滞而不通；审一气以观化，故所遇而顺适。无滞而不通，故能混杂致淳；所遇而顺适，故则触物而一”[⑥]。这种非有非无、无心无意之境，便是顺适万物之自然。

僧肇的般若学立场直接启发了天台宗。天台宗的主要理论有一念

---

① （明）王阳明撰，吴光、钱明、董平、姚延福编校：《王阳明全集》（上），第2页。
② （明）王阳明撰，吴光、钱明、董平、姚延福编校：《王阳明全集》（上），第43页。
③ （晋）僧肇：《肇论》，《大正藏》第45册，第151页。
④ （晋）僧肇：《肇论》，《大正藏》第45册，第152页。
⑤ （晋）僧肇：《肇论》，《大正藏》第45册，第152页。
⑥ （晋）僧肇：《肇论》，《大正藏》第45册，第152页。

三千、三谛圆融、十界互具等。智顗主张："三千在一念心。"[①] 心具三千世界。在心具三千的世界观下，智顗提出了圆融三谛论。所谓三谛，"谓有谛无谛中道第一义谛"[②]。三谛即真、假、中三谛。"今约三谛明观。若通论十法界皆是因缘所生法。此因缘即空即假即中。即空是真谛即假是俗谛即中是中道第一义谛。若别论六道界是因缘生法。二乘界是空菩萨界是假佛界是中。"[③] 用十界来形容便是：二乘是真谛，菩萨界是假谛，佛教为中道第一义谛。

其中的中道第一义谛，"此正显中道遮于二边。非空非假非内非外观十法界众生。如镜中像水中月。不在内不在外。不可谓有不可谓无。毕竟非实而三谛之理宛然具足。无前无后在一心中。即一而论三，即三而论一。观智既尔谛理亦然。一谛即三谛。三谛即一谛"[④]。中道第一义谛即非有非无，不执着于真假二谛。真假中三谛既为不同，又为不异，此即圆融："非但中道具足佛法。真俗亦然。三谛圆融一三三一。"[⑤]

这种圆融智慧依赖于圆融之观，即一观三观。天台宗曰："若观心空从心所造一切皆空；若观心有从心所生一切皆有。心若定有不可令空；心若定空不可令有。以不定空空则非空；以不定有有则非有。非空非有双遮二边，名为中道。"[⑥] 以空破有，以有破空，便达到了双遮两边的中道观。"中道第一义观者，前观假空是空生死，后观空空是空涅槃。双遮二边，是名二空观，为方便道得会中道。故言心心寂灭流入萨婆若海。"[⑦] 只有通过中道观才能够得菩提，入涅槃。

中道第一义谛、中道观、中道义，在天台宗看来，即是无作："因缘所生法，即是生灭。我说即是空，是无生灭。亦名为假名，是无量。亦名

---

① （隋）智顗：《摩诃止观》，《大正藏》第 46 册，第 54 页。
② （隋）智顗：《妙法莲华经玄义》，《大正藏》第 33 册，第 704 页。
③ （隋）智顗：《观音玄义》，《大正藏》第 34 册，第 885 页。
④ （隋）智顗：《观音玄义》，《大正藏》第 34 册，第 886 页。
⑤ （隋）智顗：《妙法莲华经玄义》，《大正藏》第 33 册，第 705 页。
⑥ （隋）智顗：《观音玄义》，《大正藏》第 34 册，第 887 页。
⑦ （隋）智顗：《摩诃止观》，《大正藏》第 46 册，第 24 页。

中道义，是无作。”[①] 中道即无作。所谓“无作”乃无心之作，“以有心故造作善恶。无心则无作者”[②]。既是无心，便是自然。“寂灭相即是双遮双亡行类相貌皆知，即是双流双照。无心亡照任运寂知，故名不可思议，即无作四谛慧。”[③] 任运寂知，任其自然。

比如苦、集、灭、道之四谛，依据天台之判教理论，即有“生灭无生灭无量无作”[④] 等四种形态。依藏教之义，四谛乃生灭四谛，即“生灭者苦集是世因果。道灭出世因果。苦则三相迁移。集则四心流动。道则对治易夺。灭则灭有还无。虽世出世皆是变异。故名生灭四谛也”[⑤]。依通教讲，四谛为无生四谛，即“无生者，苦无逼迫一切皆空，岂有空能遣空？即色是空。受想行识亦复如是。故无逼迫相也。集无和合相者，因果俱空，岂有因空与果空合？历一切贪瞋痴亦复如是。道不二相无能治所治。空尚无一云何有二耶？法本不然今则无灭。不然不灭故名无生四谛也”[⑥]。别教四谛为无量四谛，“无量者，分别校计苦有无量相，谓一法界苦尚复若干，况十法界则种种若干？非二乘若智若眼所能知见。乃是菩萨所能明了。谓地狱种种若干差别，铍剥割截烧煮剉切，尚复若干不可称计，况复余界种种色种种受想行识？尘沙海渧宁当可尽。故非二乘知见。菩萨智眼乃能通达。又集有无量相，谓贪欲瞋痴种种心种种身口集业若干。身曲影斜声喧响浊。菩萨照之不谬耳。又道有无量相，谓析体拙巧方便曲直长短权实菩萨精明而不谬滥。又灭有无量相。如是方便能灭见谛。如是方便能灭思惟……称无量四谛也”[⑦]。圆教以无作讲究四谛，“无作四谛者，皆是实相不可思议。非但第一义谛无复若干。若三悉檀及一切法无复若干。此义可知不复委记。若以四谛竖对诸土有增有减。同居有四。方便则三。实

---

① （隋）智顗：《摩诃止观》，《大正藏》第 46 册，第 5—6 页。
② （隋）智顗：《妙法莲华经玄义》，《大正藏》第 33 册，第 720 页。
③ （隋）智顗：《妙法莲华经玄义》，《大正藏》第 33 册，第 721 页。
④ （隋）智顗：《摩诃止观》，《大正藏》第 46 册，第 5 页。
⑤ （隋）智顗：《摩诃止观》，《大正藏》第 46 册，第 5 页。
⑥ （隋）智顗：《摩诃止观》，《大正藏》第 46 册，第 5 页。
⑦ （隋）智顗：《摩诃止观》，《大正藏》第 46 册，第 5 页。

报则二。寂光但一。若横敌对者。同居生灭。方便无生灭。实报无量。寂光无作（云云）”[①]。无作即合而为一，“非作法非佛非天人修罗所作。常境无相常智无缘。以无缘智缘无相境，无相之境相无缘之智，智境冥一而言境智。故名无作也”[②]。境智冥一，不可思议。此即“一念三千”，无意做作，自然而然。因此，天台宗所倡导或崇尚的圆教境界，其精神或主旨亦是自然。

当然，此处之自然，不同于道家之自然。道家以自然与人为划分人类世界，并崇尚完全无为的自然世界。天台宗的自然，剔除了道家的单纯自然与人为。它意在强调：既不执着于假有的世俗世界（从而得到真谛），亦不迷恋于空如的境界（从而还原为世俗生活），“既遮此二边无住无著，名为中道”[③]。它以中道观获取中道谛，即世俗世界与真如世界的统一，从而拒绝人为的世俗世界，亦无意于纯粹的空灵世界。空灵真如的世界，在天台看来，无异于故意或做作。这是它所反对的。对两者的拒绝或反对，体现了天台宗对故意的排斥与对自然的追求。“中道如水。”[④]

另一派禅宗是佛教中国化后影响最大的佛教派别。慧能说：“大众！世人自色身是城；眼耳鼻舌是门；外有五门内有意门；心是地，性是王；王居心地上。性在王在；性去王无。性在身心存；性去身坏。佛向性中作，莫向身外求。”[⑤]心是大地，性是帝王。其中性为主宰。作为主宰，性从本源上决定、规定了一切，比如佛性。佛性为成佛之依据。由性而生，即可成佛。依性而为，必定自然。

为了争夺正统地位，神秀与慧能曾分别作偈争势。神秀曰：“身是菩提树，心如明镜台。时时勤拂拭，勿使惹尘埃。”[⑥]神秀之偈，秉承了印度佛教的主旨，突出刻意的修行，即“时时勤拂拭”，努力精进，修成正

① （隋）智顗：《摩诃止观》，《大正藏》第46册，第5页。
② （隋）智顗：《摩诃止观》，《大正藏》第46册，第9页。
③ （隋）智顗：《观音玄义》，《大正藏》第34册，第889页。
④ （隋）智顗：《摩诃止观》，《大正藏》第46册，第25页。
⑤ （唐）慧能：《六祖大师法宝坛经》，《大正藏》第48册，第352页。
⑥ （唐）慧能：《六祖大师法宝坛经》，《大正藏》第48册，第348页。

果。而慧能则别出心裁："菩提本无树，明镜亦非台。本来无一物，何处惹尘埃。"[①]慧能的偈子明显违背了印度佛教的基本立场，却与中国传统思想相契合：无需刻意或人为，顺其自然。而慧能的最终取胜，也证明了中国禅宗的最终选择，即顺其自然成为以慧能为代表的中国禅宗的主旨。

从天台、禅宗等佛教派别的思想主旨来看，受中国传统文化的影响，中国佛教倚重于性，而无意于独爱偏心。无作于心、顺其自然显然要比作意于心、发慈悲心等要重要得多。于是，顺性自然成为中国佛教道德哲学的主旨。源自性的生成理论必然追求率性与自然。故，中国哲学重视自然。安乐哲将其称作为自发。这种忽然性的、无原因的自发行为（spontancity），等同于汉语的自然。[②]

结语　自然是中国传统道德纲领

在道家看来，至善、为人即顺其（性）自然，摒弃人为。在正统儒家看来，人天生有仁义、道心、良知等德性，成人即率性："由仁义行"，"人心"由"道心"，及由心做事。中国佛教强调以无心、"无作"之中道，得智慧，入涅槃，成就理想人生，其基本精神亦是顺其自然。由此我们可以得出一个结论：率性自然或顺其自然乃是以儒、释、道为主体的中国古代道德哲学的共同纲领。周敦颐曰："动而无静，静而无动，物也。动而无动，静而无静，神也。动而无动，静而无静，非不动不静也。"[③]所谓静不是不动，而是顺性而动。顺性而动便是自然。周敦颐将顺性自然称作慎独："圣学之要，只在慎独。独者，静之神，动之几也。动而无妄曰静，慎之至也。是之谓主静立极。"[④]率性自然、慎独乃是圣学要义。朱熹曰："静，谓心不妄动。"[⑤]静即安静。安于自己本有之性。安于本性便是

---

① （唐）慧能：《六祖大师法宝坛经》，《大正藏》第 48 册，第 349 页。

② Roger T. Ames, *Confucian Role Ethics*, University of Hawaii Press, 2011, p. 250.

③ （宋）周敦颐：《通书》，第 20—21 页。

④ （明）黄宗羲等编：《宋元学案》（上），第 239 页。

⑤ （宋）朱熹：《大学章句》，《四书五经》（上），第 1 页。

顺性。顺性便是率性自然。率性自然即静。静、率性自然因此成为中国古代人生哲学。

中国古代道德哲学之所以倡导顺其自然，其根本原因在于性与中国哲学的关系，即中国哲学以性为其基本问题。正统儒家以德性为其基本问题。道家以天性为其基本问题。受印度重“心”传统的影响，中国佛教的基本问题便集中在佛性与心上，其中佛性乃是中国佛学独有的主题。确立了性作为基本问题，并以此作为做人的基点，顺应其性便成为必然。顺应其性即顺其自然。顺其自然即顺性之自然。

倡导顺其自然的中国古代道德哲学，与倡导理性的西方道德哲学形成了较大差别。当理性应用于人类实践时，理性便是实践理性。实践理性便是意志。意志表现为一种主观故意和刻意。这恰恰是中国哲学所极力回避的。中西道德哲学与为人之道因此差别巨大。

后　记

2007年9月至2008年8月间，受韩国高等教育财团奖学金支持，在韩国高丽大学哲学系吴相武教授的协助下，笔者来到了高丽大学进行访问学习和研究。在这一整年的访学期间，除了享受轻松和闲暇之外，我也拥有了充裕的时间进行读书和思考。正是在那里的学习与研究为后来的若干研究成果奠定了基础，其中包括本书。随后在2011年，在此基础上，成功地申报了教育部人文社会科学重点研究基地重大项目“儒家形而上学：儒家哲学基本问题及其历史演变”（项目编号11JJD720014）。随后于2015年我又成功地申请了国家社科基金一般项目“比较视野下的儒家哲学基本问题研究”（项目编号15BZX052）。从这两项课题的题目便可以看出，这两项研究其实是姊妹篇，前者侧重于儒家哲学史，后者侧重于儒家哲学。具体地说，前者探讨了儒家德性观念的历史演变，后者则着重考察了以德性为核心的儒家人学体系。二者各有分工，又相互支持。前者于2020年出版。后者便是此书稿。随后，在山东大学儒学高等研究院的支持下，本书稿得以付梓并见教于学界。

斟酌再三，笔者最终确定以“德性与生存：传统儒家人学基本原理”为本书名。书名中包含了四个关键词，即“德性”“生存”“儒家”和“基本原理”。其中，“德性”是本书的中心词。它标志着本书的基本任务是力图从德性或人性的角度来阐述儒家思想，并最终将儒家哲学的基础落实在德性之上，以区别于西方的、以理性为核心的传统。德性既是中国传统儒家哲学的基本主题，同时也是儒家思想的特色。我们甚至可以将其称作是儒家思想的“阿基米德点”。正是这个“阿基米德点”左右了传统儒家思想。从德性出发，我们可以对传统儒家哲学作出焕然一新的解释。这种新解释不仅意味着儒家思想的新面貌，而且揭示了儒家思想的真面目。

“生存”则表明了本书的研究范围或内容，即本书重点放在生存之上，而不是传统西方所关注的存在。西方思辨哲学常常被叫作形而上学或本体论。本体论的主要任务便是研究存在（being）。源于系动词的存在既有所指，又无范围。它既可以因为主语而变化，又可以在谓词中体现特殊性。存在甚至可以脱离主语与谓语而孤零零地呈现存在自身。总之，存在即所有的存在。与之相比，中国传统儒家哲学并无上述关切。按照传统哲学定义，传统儒家主要关注生命世界的存在。这种存在我们称之为生存，如万物的生存、人的生存等。其实，在笔者看来，中国古代的生存概念或观念应该被放弃或被改造。人的存在理论，与其说是生存论，毋宁说是人生论或人生哲学。所谓人生论指人为的生存，即人类在自己的理性指导、安排下的生存。这种生存方式不仅是生命体的存在，而且是人类理性与理智共同参与的过程。生存论伴随着人类生存的自然性与生物性。而人生论，相对而言，则体现了人类行为的主动性与目的性，即人的存在不仅是生物体的生生不息地生存，而且有所行，有所为。在理性的安排下，人类的理性生存能够超越自身的自然性而成就超越性生存。人生论偏重于人类生存的超越性。“儒家”一词的内涵不用多说了。“基本原理”指称了本书的内容，即本书以德性为基础，探讨了传统儒家对人的生存的理解。它所关注的视域是人，揭示的内容则是人的生存的基本原理或基础性原理。所谓基础性原理，是相对于生存的本质性原理而言的原理。基础性原理确保了人类生存的基础，而本质性原理则是让人成为人的原理。本书重点讨论前者，即基础性原理。至于后者则有待于未来的研究。

图书在版编目（CIP）数据

德性与生存：传统儒家人学基本原理 / 沈顺福著. — 北京：商务印书馆，2023
ISBN 978-7-100-21900-6

Ⅰ. ①德… Ⅱ. ①沈… Ⅲ. ①儒家—伦理学—研究
Ⅳ. ①B82-092 ②B222.05

中国版本图书馆CIP数据核字（2022）第238589号

德性与生存：传统儒家人学基本原理
沈顺福　著

商　务　印　书　馆　出　版
（北京王府井大街36号　邮政编码 100710）
商　务　印　书　馆　发　行
北京兰星球彩色印刷有限公司印刷
ISBN 978-7-100-21900-6

2023年7月第1版　　开本 680×960　1/16
2023年7月第1次印刷　　印张 22 1/2　插页 1

定价：128.00元